公路工程施工工艺标准系列图书

GONGLU GONGCHENG SHIGONG GONGYI BIAOZHUN XILIE TUSHU

悬索桥和斜拉桥
施工工艺标准

XUANSUOQIAO HE XIELAQIAO
SHIGONG GONGYI BIAOZHUN

HNCC
湖南交通建设集团

湖南路桥

湖南路桥建设集团有限责任公司 / 编著

中南大学出版社
www.csupress.com.cn
·长沙·

公路工程施工工艺标准系列图书编委会

本书编写人员名单

主　　　　编：盛　希　彭南越

副　主　编：刘玉兰　石　柱　龙秋亮

审　定　专　家：（以姓氏笔画排序）

万　华　左宜军　刘玉兰　欧阳钢　谢晖明

谭涌波

主要编写人员：（以姓氏笔画排序）

万　华　仇　磊　石　柱　龙　泉　刘　武

刘朝强　杨新湘　苏巧江　李诗君　林立军

易继武　赵煜成　袁　理　徐　旺　黄　影

谢　良　廖　灿　廖剑锋

参与编写人员：（以姓氏笔画排序）

方鸿斌　揭　晓　戴黎霞

统　　　　稿：陈玉春　刘泽亚

　　湖南路桥建设集团有限责任公司(以下简称集团)始建于1954年,是全国首批获得公路工程施工总承包特级资质的大型国有企业,拥有公路设计甲级、施工总承包特级等各类资质50余项,业务涵盖路桥、市政、房建、轨道交通等基建领域,以及交通路网、智慧城市、文化旅游等多元产业,业务遍及亚洲、非洲的10多个国家和地区,以及全国20多个省级行政区。

　　60多年来,集团秉承产业报国、交通为民的历史使命,弘扬"创新、诚信、一流、奉献"的企业精神,先后承建了以南京长江三桥、矮寨大桥为代表的各类大中型桥梁1000余座,以京港澳高速公路、沪昆高速公路为代表的高速公路和高等级公路5000余公里,以湖南雪峰山、广东牛头山隧道为代表的隧道工程170余公里,在大跨径桥梁、长大隧道施工等领域形成了核心技术优势,享有"路桥湘军"的美誉。

　　集团是受国务院表彰的14家"全国先进企业"之一,获首届"中国桥梁十大英雄团队""创鲁班奖工程特别荣誉企业",荣获全国"五一劳动奖状"。先后荣获古斯塔夫斯·林德恩斯奖、GRAA国际道路成就奖等国际大奖两项,国家科学技术进步奖6项;国家优质工程奖5项,并多次荣获鲁班奖、詹天佑奖,拥有国家级、省部级工法、专利等科技成果200余项,多次被评为"全国优秀施工企业",连续多年获评高新技术企业,2018年入选ENR"全球最大250家国际承包商",受到业界推崇。

　　当前,我国公路建设已进入高质量发展阶段,在确保安全和环保的同时,如何持续提升工程品质和建造能力,是施工企业面临的一个重要课题。为适应日趋激烈的市场竞争环境,达到国家在安全、质量、环保方面的更高要求,集团明确了高质量快速发展的路径和措施,大力推进技术创新和管理升级,积极开展品质工程创建,着力提升企业的快速建造能力,在各项目加快推进项目管理和工艺标准化建设过程中,取得了良好的效果。为进一步提升企业管理能力和技术水平,加速成熟工艺和先进技术的推广应用,集团结合行业要求和企业发展需求,决定系统总结近年来标准化实施的成果,制订一套企业施工工艺标准,用于指导项目施工。

　　科学技术是第一生产力,创新是引领发展的第一动力,推动集团科技的发展,要在工程实践中应用更多新技术、新工艺、新材料和新设备,希望集团全体员工勇于创新、加强总结,努力打造核心技术,不断提升企业技术水平,为树立技术品牌,铸造精品工程,实现集团高质量快速发展而奋力拼搏。

2019 年 3 月

前言
PREFACE

　　为进一步提升湖南路桥建设集团有限责任公司(以下简称集团)的管理能力和技术水平，规范施工作业行为，推广成熟工艺和先进技术，实现技术资源共享，集团组织技术骨干和专家着手编写了"公路工程施工工艺标准"系列图书，自2016年开始起草，先后经多次审稿、修改，直至最终定稿，历时3年多。

　　"公路工程施工工艺标准"系列图书的编写，是在现行公路工程施工标准和规范的基础上，参考了大量施工方案、技术总结、施工工法、论文、专著等技术资料和文献，经总结、提炼而成，是集团60多年来公路工程施工经验和技术的系统总结。这一系列工艺标准的推行，将在提高集团生产效率，打造品质工程，强化安全管控等方面发挥重要作用。

　　"公路工程施工工艺标准"系列图书共6册，包括《路基工程施工工艺标准》《路面工程施工工艺标准》《隧道工程施工工艺标准》《桥梁下部结构施工工艺标准》《常见桥梁工程施工工艺标准》和《悬索桥和斜拉桥施工工艺标准》。每项工艺标准包括：总则、术语、施工准备、工艺设计和控制要求、施工工艺、质量标准、成品保护、安全环保措施、质量记录9个方面的内容。

　　本书主要包括悬索桥上部结构、斜拉桥上部结构施工等工艺标准，分别介绍了各种不同类型和不同工艺的悬索桥与斜拉桥的施工工艺。

　　本书是集团的企业标准之一，也可供同行参考。本书在编写过程中得到了各级领导的全力支持，和集团内外多位专家的指导和帮助，参与编写的众多同事付出了大量的时间和精力，在此一并感谢。由于编写者水平有限，错漏之处在所难免，恳请读者斧正。

编　者
2019 年 3 月

目 录
CONTENTS

1　重力锚爆破开挖施工工艺

1.1　总则

1.1.1　适用范围

本工艺标准适用于悬索桥重力锚土石方爆破开挖施工。其主要内容包括：土石方爆破，选择出渣通道，以机械开挖与人工修整配合进行底层开挖、边坡防护等施工。

1.1.2　编制参考标准及规范

(1)《公路桥涵施工技术规范》(JTG/T F50—2011)。

(2)《公路桥涵设计通用规范》(JTG D60—2015)。

(3)《公路工程技术标准》(JTG B01—2014)。

(4)《公路工程质量检验评定标准》(JTG F80/1—2017)。

(5)《公路工程施工安全技术规范》(JTG F90—2015)。

(6)《爆破安全规程》(GB 6722—2014)。

1.2　术语

1.2.1　预裂爆破

进行石方开挖时，在主爆区爆破之前沿设计轮廓线先爆出一条具有一定宽度的贯穿裂缝，以缓冲、反射爆破形成的振动波，控制其对保留岩体的破坏作用，以获得较平整的开挖轮廓的爆破技术。

1.2.2　松动爆破

炸药爆炸时，岩体被松动但不抛掷的爆破技术。

1.2.3　光面爆破

先爆除主体开挖部位的岩体，然后再起爆布置在设计轮廓线上的周边孔药包，将光面爆破岩层炸掉，形成一个平整的开挖面，是通过正确选择爆破参数和合理的施工方法，达到爆后壁面平整规则、轮廓线符合设计要求的一种控制爆破技术。

1.3 施工准备

1.3.1 技术准备

为确保工期，实行全天候施工作业。锚碇开挖进度主要受机械影响，因此要强化机械设备管理，充分合理地利用机械，使之发挥最大的工作性能。大方量的石方爆破受天气影响较小，尽量做到雨雪天气不停工。前期技术准备工作有：

（1）组织有关技术人员和施工人员学习和熟悉设计图纸，领会设计意图、了解锚碇地层岩石性质、地质构造、水文等因素。

（2）根据设计要求、合同条件、地质构造和现场情况等，编制实施性施工组织设计。

（3）编制爆破专项方案与高边坡防护专项方案和基坑内外排水方案，组织专家评审会，并根据评审意见完善施工方案。

（4）做好安全、技术交底工作。安全、技术交底均采用三级制，技术交底均有书面文字及图表，级级交底签字归档。

（5）由有丰富高速公路施工经验的人员组成锚碇施工队伍，保证高效、优质地完成施工任务。

（6）做好施工机械和设备进场、检修和调试、保养工作，使设备处于良好工作状态，保证设备总量满足施工任务要求。

1.3.2 材料准备

（1）火工材料：炸药（乳化炸药和硝铵炸药）、雷管。
（2）防护材料：护栏立柱钢管、护栏钢筋、钢丝网。

1.3.3 机具准备

挖掘机、装载机、自卸汽车、液压钻、潜孔钻、空压机、凿岩机等设备。

1.3.4 作业条件

（1）施工前场地应完成三通一平。建立临时排水系统、临时电力线路，完成弃渣运输线路和场地布置，树立砂、石、水泥、施工配合比等标牌。

（2）施工放样，测定要开挖部位的中轴线、高程水准点，办理驻地工程师复核、签认手续。

（3）根据施工图纸提供的地质围岩类别，确定开挖支护的施工方案。总体开挖施工应遵循"周边稳定、分层开挖、重视环境、动态施工"的原则。

1.3.5 劳动力组织

重力锚开挖平面分区应根据锚碇体积大小而定，本书按两个分区作业面介绍，2个工作面进行施工时，应配备2~4台挖掘机、10~15台自卸车。采取2班倒组织施工，劳动力组织见表 1-1。

表 1-1　重力锚开挖劳动力组织表

工种	人数/人	工作地点	职责范围
施工队长	2	整个施工现场	负责跟班组织施工管理工作、协助总指挥等
工班长	2	重力锚开挖及出渣	负责跟班组织施工，协调各工种交叉作业等
技术员	4	整个施工现场	负责跟班解决施工中的技术问题，编写技术措施等
专职安全员	2	整个施工现场	负责跟班检查安全设施、安全措施的执行情况及安全教育工作，对安全生产负责
质检员	2	整个施工现场	负责跟班检查工程质量，组织各工种交接及检查质量保证措施的执行情况，对工程质量负责
测量工	4	施工现场	负责边坡开挖放样，基坑位置高程等测量
钻孔操作工	8	基坑开挖现场	负责重力锚的石方开挖作业、打炮眼
爆破工	6	基坑开挖现场	装药、连线爆破（光面爆破和松动爆破）
装车卸车指挥员	4	施工现场及弃土场	负责指挥重力锚挖机装车和弃土场自卸车卸车
起重工	4	基坑开挖现场	负责基坑底部石方及设备吊运
挖掘机司机	4	整个施工现场	负责重力锚土石方弃渣装车、修运输通道
装载机司机	4	仓库到现场	负责施工现场材料及小型设备转运
自卸车司机	20	弃渣场至重力锚	负责重力锚基坑土石方弃渣运输
普工	20	整个施工现场	负责开挖、搬运及现场清理等
电工	2	整个施工现场	负责现场动力、照明、通信等电气系统的维修保护
机修工	4	机修班及现场	负责开挖机械设备及运输车辆的保养及修理
合计	92		

注：此表为两个作业班施工配备人员，未计后勤、行政等人员。

1.4　工艺设计和控制要求

1.4.1　技术要求

（1）爆破施工必须由有爆破专业资质的队伍进行，爆破作业人员必须持有公安部门核发的《爆破员作业证》。

（2）爆破采用先周边预裂、后主体松动、最后轮廓光面爆破的施工方法。严格控制爆破药量，防止飞石伤人。

（3）爆破开挖工作在平面上分区进行，在竖向上按从上至下的顺序分层进行。

（4）为避免影响地基强度，在开挖至基底以上 1 m 后，严禁实施爆破施工。

1.4.2 材料质量要求

(1)雷管必须符合国家相关材料质量要求,每个雷管必须挂牌标识微差段数。

(2)炸药必须符合国家相关危险品材料质量要求和操作保管要求。

(3)雷管与炸药的稳定性必须符合规范要求。

(4)雷管、炸药的存放库必须严格执行炸药库保管制度和规章,库内要保持通风良好,并做到防潮、防晒、防震、防雷、防鼠。同时炸药使用要做到先进先出,避免超期储存。

(5)雷管发放前,必须做外观检查和导通试验。

1.4.3 职业健康安全要求

(1)施工前做好施工安全交底,施工过程中,安全员应随时检查安全情况。

(2)根据施工要求配备足额的专职安全员。

(3)特种机械操作人员必须经过专业的技术培训及专业考试合格,持证上岗,并必须定期进行体格检查。

(4)爆破作业人员必须持有经县(市)公安局考试合格后发放的《爆破员作业证》才能上岗。

(5)爆破作业人员在保管、加工、运输爆破器材过程中,严禁穿化纤材质的衣服。施工人员进入爆破区必须戴安全帽。

1.4.4 环境要求

(1)保护植被,对施工界限内外的植被、树木等尽量维持原状,保护生态环境。

(2)应尽量减少对周围水体的污染。

(3)施工时的临时道路应定期维修和养护,经常洒水,减少尘土飞扬。渣土运输车辆必须采取防止漏失措施,以防渣土污染环境。

(4)保护野生动物,严禁施工人员猎杀野生动物。

1.5 施工工艺

1.5.1 工艺流程

重力锚爆破开挖施工工艺流程图如图1-1所示。

1.5.2 操作工艺

(1)测量放样。

根据建立的测量控制网,按图纸上断面形状及开挖范围对基坑各个角点进行放样,放出开挖控制线。

根据施工进度,每开挖一级即对开挖面的标高、边坡坡度进行检测,将标高控制点引入基坑中,控制开挖高程。在边坡上建立变形观测点,随时监测边坡的变形情况。

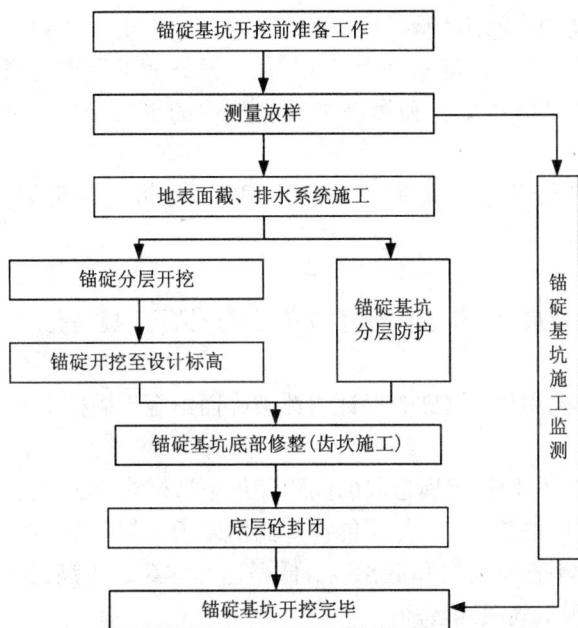

图 1-1 重力锚爆破开挖施工工艺流程图

（2）场地布置。

在基坑开挖工作进行前，按技术要求首先完成施工便道和弃土场的修建工作。施工便道作为渣土的出渣便道，其状况对基坑开挖施工影响较大。施工便道要经常进行维护，以满足施工需要。

（3）基坑外排水系统设置。

在重力锚四周边坡顶及时修建片石混凝土砌筑的截水沟，防止流水进入基坑。

（4）地表土方开挖。

利用挖掘机和人工清理表土后，再进行基坑爆破开挖施工。

（5）土石方爆破。

①基本布置。

岩层开挖采用爆破开挖、挖掘机、人工开挖相结合的开挖方式。基坑开挖面积大，在平面上可分为多个区域平行施工，竖向分层厚度宜为 8~10 m。在基坑开挖施工的同时开挖基坑的出口，出口与临时施工便道相连。将基坑开挖形成的弃方利用自卸汽车从出口运至弃土场。部分弃渣可作为锚碇砼浇筑完成后的基坑回填材料，在弃土场将其分开堆放。对弃土场做好挡土等防护工作，以保护周边环境。

②爆破方案选择。

为保证施工安全与合理安排工作面，重力锚主体爆破采用深眼周边预裂后深眼主体松动的爆破施工方法，边坡采用光面爆破。

（A）预裂爆破。

（a）预裂缝要贯通且在地表有一定开裂宽度。对于中等坚硬岩石，缝宽不宜小于1.0 cm；

坚硬岩石缝宽应达到 0.5 cm；但在松软岩石上缝宽达 1.0 cm 以上时，减震效果并未显著提高，应多做些现场试验，以总结经验。

（b）预裂面开挖后的不平整度不宜大于 15 cm。预裂面不平整度通常是指预裂孔所形成之预裂面的凹凸程度；是衡量钻孔和爆破参数合理性的重要指标，可依此验证、调整设计参数。

（c）预裂面上的炮孔痕迹保留率应不低于 80%，且炮孔附近岩石不出现严重的爆破裂隙。

（B）松动爆破。

（a）松动爆破工程量最大，应选择较好的岩石进行钻孔，提高孔眼的质量，从而提高工作效率。

（b）控制孔径和炸药用量，爆破时保证岩体破碎而不至于抛掷。

（C）光面爆破。

（a）根据围岩特点，合理选定周边眼的间距和最小抵抗线，尽量提高钻眼质量。

（b）严格控制周边眼的装药量，尽可能使炸药沿眼长均匀分布。

（c）周边眼宜使用小直径药卷和低猛度、低爆速的炸药。为满足装药结构要求，可借助导爆索（传爆线）来实现空气间隔装药。

（d）采用毫秒微差有序起爆。要安排好开挖顺序，使光面爆破具有良好的临空面。

（e）边孔直径小于等于 50 mm。

③爆破开挖施工顺序安排。

为保证边坡稳定和作业人员、设备的安全，爆破开挖工作在平面上分区作业，基坑开挖工作面要逐渐形成台阶和平面分区作业。为充分发挥凿岩机的效率，预裂孔深宜取 10 m，台阶高度宜取 8～10 m。爆破开挖在竖向按从上至下的顺序分层进行。

④爆破设计。

（A）预裂孔参数设计。

（a）预裂孔的深度一般按台阶高度取值，即为 H。

（b）炮孔直径：炮孔直径为 D。

（c）炮孔间距：$a = 10D$。

（d）炮孔深度：$L = (H + h)/\sin\alpha$，其中 H 为台阶高度，h 为超钻深度，取 $h = 0.5$ m，α 为炮孔倾角。

（e）装药与填塞：采用人工装药，药柱置于炮孔中心，药卷直径为 32 mm。将药卷绑在竹片上，再插入孔内，竹片置于孔的下侧面。炸药装填好后，先用纸团等松软的物质盖在药柱上，再填干砂等松散材料。填塞应密实，以防止炸药气体冲出，影响预裂效果。装药结构如图 1-2 所示。

图 1-2　装药结构图

(f)起爆网络：采用导爆索起爆网络。由于重力锚断面较大，预裂孔数多，采用分段起爆的方式，每段雷管起爆预裂孔布置20个。起爆网络布置如图1-3所示。

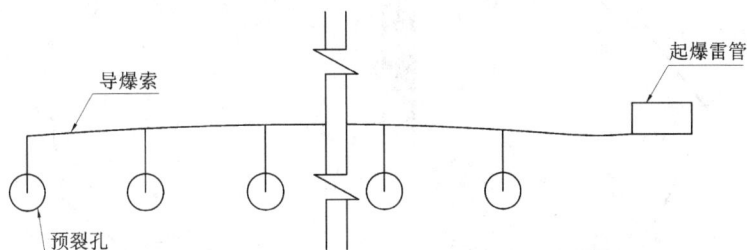

图1-3　起爆网络布置图

(B)松动爆破参数设计。

(a)台阶高度：每次爆破台阶高度为H。

(b)孔径：采用普通潜孔钻钻孔，钻头一般为$d=90$ mm。

(c)孔深：$L=H+h$，h为超钻深度，取$h=0.5$ m。

(d)抵抗线：$W=(20\sim50)d$，取$30d$。

(e)孔距a和排距b：$a=1.2W$；采用梅花形布孔，取$b=0.886a$。

(f)堵塞长度：取2 m。

(g)起爆方式：采用奇偶微差方式起爆。奇偶起爆方式实行孔间微差，能增加自由面，爆破方向交错，岩石碰撞机会多，破碎均匀，减震效果好。

(h)装药量：在没有水的条件下作业时，使用2号岩石炸药；在有水的条件下作业时，应采用乳化炸药。具体药量应根据不同区域岩石的特性、裂隙发育情况等在现场试验的基础上适当调整。装药结构如图1-4所示。

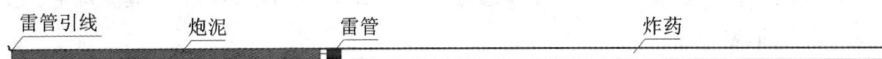

图1-4　装药结构图

⑤大块岩石二次爆破。

在石方爆破过程中，无论采取什么样的爆破方法，都不可避免地会产生一定数量的大块岩石。这些大块岩石超过了生产要求规格或挖装机械的铲斗容量，必须进行二次破碎。

(A)装药结构。

炸药装至炮孔的底部，或分层装药(特大块岩石)，空余部分用砂土堵塞，并用炮棍捣实。钻孔、装药示意如图1-5所示。

(B)起爆网络。

采用串联电爆网络，大块岩石的二次爆破所需的炸药单耗为$0.06\sim0.10$ kg/m³，爆破参数如表1-2所示。

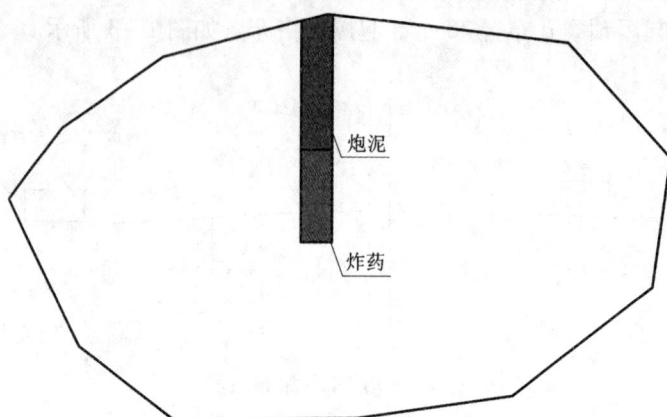

图 1-5　钻孔、装药示意图

表 1-2　爆破参数表

大块岩石体积/m³	大块岩石厚度/m	炮孔深度/m	炮孔个数/个	单孔装药量/(kg·孔⁻¹)
0.5	0.8	0.5	1	0.03
1.0	1.0	0.5	1	0.08
2.0	1.0	0.65	2	0.06
3.0	1.5	1.0	2	0.10

⑥爆破法开挖石方操作流程。

炮位设计与设计审批→钻孔→装药与安装引爆器材→布置安全岗与人员疏散→炮孔堵塞→拉响爆破警报，检查人员撤离爆破区→起爆→清理瞎炮→解除警戒→检测爆破效果。

⑦炮眼位置施工要点。

(A)炮位设计应充分考虑岩石层状、类别、节理发育程度，炮孔药室宜避开溶洞和大裂隙。避免在两种岩石硬度相差很大的交界处设置炮孔药室。

(B)非群炮的单炮或数炮施爆，炮孔宜选在抵抗线最小、临空面较多，且与临空面大致距离相符的位置，同时应为下次布置炮孔创造更多的临空面。

(C)群炮炮眼间距宜根据地形、岩石类别、炮型等确定，并根据炮眼间距、岩石类别、地形、炮眼深度计算确定每个炮眼的装药量和炸药种类。对于群炮，宜分排或分段采用微差爆破。

(D)非群炮的单炮或数炮施爆，炮眼方向宜与岩石临空面大致平行，一般根据岩石外表、节理、裂隙等情况，分别选择正炮眼、斜炮眼、平炮眼或吊眼等。

⑧布孔与钻孔施工要点。

(A)爆破施工员、测量员按爆破设计放出炮孔位置并标注。

(B)用机械或人工钻孔。孔位样点放出后，由钻工按要求钻孔，钻孔过程中严格控制孔位偏差和倾角。钻工自检合格后报施工员检查，合格后方可移钻。

（C）钻孔完成后，应对炮孔内的废渣予以清除，由质检人员逐个检查孔距、排距、孔深、倾斜度等并与设计值进行对比，符合要求后方可装药。

⑨炮孔装药、堵塞、起爆网络连接施工要点。

（A）炸药、雷管等器材使用前，必须进行检验，合格后方能使用。

（B）炮孔装药、堵塞、起爆网络连接必须由持有爆破证的专职爆破工依据爆破设计方案确定的装药量、炸药种类、堵塞措施作业。起爆网络操作必须由爆破负责人统一指挥，从药室开始，逐渐向主线及电源方向接近。

⑩检查、警戒及起爆施工要点。

由爆破负责人、爆破工、质检人员联合检查，符合要求后方可申请起爆，在爆破负责人的统一指挥下，专职爆破工起爆。安排人员进行安全警戒，警戒距离不得小于表1-3中的规定。

表1-3　爆破飞散物最小安全距离

序号	爆破类型及方法	飞散物的最小安全距离/m
1	裸露药包爆破法	400
2	浅孔爆破法(复杂地质条件下)	300
3	浅孔爆破法	200
4	浅孔药壶爆破法	300
5	深孔爆破法	按设计，但不小于200
6	深孔药壶爆破法	按设计，但不小于200
7	浅孔孔底扩壶法	50
8	深孔孔底扩壶法	20

⑪爆破效果检测施工要点。

爆破后，由负责该工程的爆破技术员会同爆破工等待5 min以后检测爆破效果，如发现哑炮，安排专业人员及时处理。必须确认爆破无误后，方由爆破负责人下令解除警戒。

（6）出渣通道。

由于重力锚开挖方量大、深度深，上一层爆破施工后必须完成渣土的运输才能进行下一层开挖施工，因此基坑的出渣通道设计是基坑开挖的关键。一般在基坑底部直接挖通一条便道作为出渣便道向外运输渣土。如因地形原因基坑底部不能开设施工便道，运输通道只能设在基坑内。运输通道在基坑内侧环向布设，为满足坡度、坡长需要，可延长至基坑外。通道随着基坑的开挖而逐渐设置完成。基坑底没有由汽车运出的石方可通过人工和塔吊出渣。

（7）基坑底部开挖。

为避免影响地基强度，在开挖至基底以上1 m时，严禁实施爆破施工。该部分采用风动凿岩机或破碎锤等全机械方式进行开挖。最后0.5 m厚岩层在浇筑垫层砼前突击开挖，避免基底岩石因裸露面过长而受水分侵蚀。在开挖至各级齿基部位时，应及时进行混凝土垫层处理。

（8）边坡防护。

开挖遵循"边开挖，边修理"的原则。在第一级边坡开挖的同时，按设计要求对已完成的边坡进行整平，直至第一级边坡开挖工作全部完成。

如果重力锚所处地段地质条件差，在基坑开挖过程中有可能风化，应在征得业主、设计单位同意的情况下，对岩石裸露面采取适当的保护措施，如喷涂、刷涂等，杜绝水的侵蚀，使全过程达到干作业的要求。在开挖过程中若出现地质与勘察结果有较大出入、地质较差的情况，则将情况上报监理工程师、业主和设计单位，协同相关部门采取相应措施。

（9）基坑验收。

待基坑开挖至设计底标高时，对基坑周边尺寸进行复核。若存在欠挖部位，应补挖至达到要求。此后将坑内虚渣清理干净，对基岩原位承载力及摩擦系数进行测试。各项指标满足设计要求后，经监理工程师检查确认后，立即浇筑 30 cm 厚的 C30 垫层砼。

（10）质量控制措施。

①建立质量管理体系与质量保证体系，施工中进行严格的质量控制，从技术上保证安全高效高质量。

②按设计要求施工，严格执行《公路工程质量检验评定标准》（JTG F80/1—2017）的相关规定，参与项目施工的全体员工，必须坚持质量方针，严把质量关。

③实行三级技术交底制度。交底的内容包括施工方法、施工程序、质量目标、施工期限及安全措施等，并作好记录，使参与施工的各级人员都明确自己的职责和技术要点。

④保证购进的原材料有生产合格证、检验试验单，并进行严格的清点验收。对于检验和试验不合格的采购物资，通知供货方，并及时作出处理，不准发放不合格物资到工程施工中。

⑤严格按照设计开挖边线与高程进行施工，每开挖一级即对开挖面的标高、边坡坡度进行检测。

⑥基坑开挖时应沿等高线自上而下分层进行，以机械开挖和爆破开挖方法为主，人工辅助进行基底、平台整平和边坡修理等工作。当开挖至距基底 1 m 范围时，由测量组确定最后 1 m 的高程。最后 1 m 用人工清理，不能采用爆破开挖方法，以确保基底岩的完整性和强度。

⑦质检部会同试验室、测量组对基坑齿坎尺寸、高程和基底原位承载力及摩擦系数进行复检，以验证结构是否按照设计图纸施工。

⑧当基坑至接近设计高程时，须在基坑底面设置排水沟和积水井排水，防止基底被长时间浸泡而降低基底承载力和摩擦系数。

⑨使工程质量与个人效益挂钩。成立质量管理组，每月至少进行一次全面质量检查和评分，并将结果予以通报。

1.6 质量标准

重力锚开挖质量要求：
（1）保证不欠挖、不超挖。
（2）爆破时保证不扰动持力层。
（3）开挖完成后轮廓尺寸符合设计要求。
（4）基坑质量标准见表 1-4。

表 1-4　基坑质量标准

项次	检查项目	规定值或允许偏差	检查方法和频率
1	基底高程/mm	50, -200	水准仪:测量 5~8 点
2	基坑尺寸/mm	±50	尺量:长、宽各 3 处
3	轴线偏位/mm	25	全站仪:纵、横各 2 点
4	基底承载力	符合图纸要求	测量 5~8 点

1.7　成品保护

重力锚开挖成品保护措施:

(1)对完成的边坡采取喷射混凝土、覆盖坡面等保护措施,防止风化与塌方。

(2)控制爆破药量,防止冲击波损坏边坡稳定性与持力层结构。

(3)应充分做好排水措施,防止基坑泡水,保持边坡稳定。

1.8　安全环保措施

1.8.1　安全措施

(1)危险源辨识。

重力锚开挖过程中常见安全危险因素见表 1-5。

表 1-5　安全危险因素

序号	作业活动	重大危险因素	可造成的事故	危险等级
1		爆破器材存储、使用、回收没有专人管理	爆炸	5
2		爆破相关人员未经培训、无证上岗	爆炸	3
3		爆破器材混装混放	爆炸	5
4		爆破器材库、作业区有明火、自燃物	爆炸	5
5		爆破器材库无通风、防雷、防鼠等设施	爆炸	4
6	爆破作业	爆破器材使用前未检验	爆炸	4
7		爆破作业未经批准	爆炸	4
8		爆破作业未设警戒区及警戒人员	物体打击	4
9		爆破后提前进入作业区	物体打击	4
10		瞎炮处理方法不当	爆炸	4
11		在可能有涌水地段或易造成边坡滑坍地段施爆	坍塌	4

续表 1-5

序号	作业活动	重大危险因素	可造成的事故	危险等级
12	防护作业	在岩石上爆破产生的飞石	物体打击	5
13		坡面上的浮岩、危石	物体打击	3
14	动火	防火区、密闭场所附近动火作业	火灾	2
15	机械作业	不按操作规程作业	机械伤害	2
16		未穿戴好防护用品	机械伤害	2

(2)危险源的控制措施。

①爆破安全控制措施。

(A)调查掌握爆破工程地点周围环境的障碍物及需要重点保护的对象。

(B)根据安全要求,选择好临时爆破器材仓库、爆破加工房以及爆破时避炮室的位置。

(C)领取雷管和炸药必须在白天,并由爆破负责人分别装入非金属容器内,保管和领用人必须当面点数签字。领用人必须亲自送到现场,不得转送。

(D)点炮前应出示点炮信号,并在安全距离内派人把守各个通道口。

②物体坠落控制措施。

(A)每次爆破完毕,应及时进行边坡、台阶上方边缘的浮石清理工作。

(B)当人员在边坡下方作业时,应先检查边坡是否有浮石和边坡开裂等情况,先将浮石和边坡开裂清理干净后,才能开始作业。

(C)当边坡上方有人作业时,上方作业人员的正下方不得有人作业。

(D)做好防护工作。为防止岩石爆破产生的飞石伤人,在邻近公路的地方做好安全防护,采取钢管加竹架板的方式阻挡爆破产生的飞石。

(3)冬季、雨季、大风期控制措施。

(A)在施工过程中,采取雨季、冬季防滑措施和冬季防冻措施,保证冬、雨季施工安全。

(B)建立冬季、雨季、大风期安全责任制度和检查制度,从制度上保证施工安全。

(C)跟踪气象变化情况,提前完成各项预防措施,确保冬季、雨季、大风期的各项安全。

(D)组织制订安全事故应急救援预案,根据监理工程师要求进行预案演练(每年至少一次),不断完善应急预案。

1.8.2 环保措施

(1)大气环境保护及粉尘的防治。

①在设备选型时选择低污染设备,安装空气污染控制系统。

②配备专用洒水车,对施工现场和运输道路经常洒水,以保持湿润,减少扬尘。

③混凝土拌合站应有防尘措施。操作人员要配备必要的劳保防护用品。

(2)弃土场环境保护措施。

①弃土本着少占耕地的原则,在设计指定的弃土位置弃土前,必须先按设计要求设置防护和排水设施。

②弃土堆放时应整齐、稳定,并形成较规则的形状,且不得对周围的建筑物或其他设施

产生干扰和损坏,同时不得干扰车辆的行驶。

1.9　质量记录

(1)边坡测量放样记录。

(2)炮位放样记录。

(3)炮孔装药记录。

(4)爆破记录。

(5)锚碇齿坎及底面标高记录。

(6)松散岩层凿除记录。

(7)基坑验收记录。

2 重力锚混凝土浇筑施工工艺

2.1 总则

2.1.1 适用范围

重力锚混凝土浇筑施工是指悬索桥重力锚大体积分层浇筑混凝土施工。本工艺标准适用于悬索桥重力锚施工。

2.1.2 编制参考标准及规范

(1)《公路桥涵施工技术规范》(JTG/T F50—2011)。

(2)《钢结构设计标准》(GB 50017—2017)。

(3)《公路桥涵设计通用规范》(JTG D60—2015)。

(4)《钢结构工程施工质量验收规范》(GB 50205—2017)。

(5)《公路工程技术标准》(JTG B01—2014)。

(6)《公路工程质量检验评定标准》(JTG F80/1—2017)。

(7)《公路工程施工安全技术规范》(JTG F90—2015)。

(8)《预应力筋用锚具、夹具和连接器》(GB/T 14370—2015)。

(9)《钢结构焊接规范》(GB 50661—2011)。

2.2 术语

2.2.1 大体积混凝土

现场浇筑的最小边尺寸大于或等于 1 m，且必须采取措施以避免因水化热引起的内表温差过大而导致裂缝的混凝土。

2.2.2 微膨胀混凝土

加了外加剂(膨胀剂)的混凝土，等同于补偿收缩混凝土。

2.2.3　施工缝

因设计或施工需要分次浇筑而在先、后浇筑的混凝土之间形成的接缝。

2.3　施工准备

2.3.1　技术准备

（1）调查、熟悉施工现场地形、地貌。确定拌和站的位置、便道走向。

（2）熟悉图纸，根据施工设计图中锚碇最大一次砼和砼总量，确定拌和站的拌和能力、备料场大小以及输送泵管的布设。

（3）根据现场实际情况，确定塔吊的位置及起吊能力、钢筋加工厂位置。

（4）根据重力锚电力设备数量确定变压器容量及用电线路的布置。

（5）根据混凝土结构的几何尺寸、形状及对温度变化的敏感程度，选定合适的原材料，并根据设计文件和有关资料，对结构进行温控计算，当设计未规定时，按规范执行内外温差控制在小于等于25℃以内。必要时进行抗裂计算。

（6）编制详细的施工组织设计，向施工管理技术人员及作业队进行书面的三级技术交底和安全交底。

（7）施工前进行测量放样，确定混凝土结构的几何特征，并办理监理工程师复核、签认手续。

2.3.2　材料准备

（1）结构材料：水泥、沙子、石头、钢筋、外加剂等。

（2）施工辅助材料：水、脱模剂、钢管支架及温控施工材料。

2.3.3　机具准备

（1）提升设备：卷扬机、电动葫芦、塔吊、汽车吊。

（2）运输设备：平板车、装载机。

（3）拌和设备：供应量不少于180 m^3/h 的砼输送泵（泵车）及砼搅拌运输车。

（4）钢筋加工设备：钢筋切断机、钢筋弯曲机、电焊机等。

2.3.4　作业条件

（1）施工前场地应完成三通一平。完成场地平整、场地硬化，建立临时排水系统、临时电力线路等。

（2）基坑开挖完成，并验收合格。

（3）施工放样，测定要浇筑部位的中轴线、高程水准点，办理驻地监理工程师复核、签认手续。

（4）砼配合比符合要求，并经监理工程师的验收合格。

（5）砂石材料、水泥等材料备料能满足大方量砼连续浇筑的要求。选择适当大小的场地主要来存放砂、细骨料、粗骨料等材料。另外还需配置相配套的粉煤灰和水泥储存罐。

(6)为满足施工吊装需求，在锚碇左右两侧各布设一台塔吊，塔吊的起吊能力要满足现场施工需要。

2.3.5 劳动力组织

锚碇混凝土浇筑劳动力组织表如表2-1所示。

表2-1 锚碇混凝土浇筑劳动力组织(单个)

工种	人数	工作地点	职责范围
施工队长	2	整个施工现场	负责跟班组织施工管理工作、协助总指挥等
工班长	2	整个施工现场	负责跟班组织施工,协调各工种交叉作业等
技术员	4	整个施工现场	负责跟班解决施工中的技术问题,编写技术措施等
专职安全员	2	整个施工现场	负责跟班检查安全设施、安全措施的执行情况及安全教育工作,对安全生产负责
质检员	2	整个施工现场	负责跟班检查工程质量,组织各工种交接及检查质量保证措施的执行情况,对工程质量负责
测量工	4	施工现场	负责模板、预埋件放样,混凝土位置高程测量等
起重工	8	施工现场	负责起重机生产作业设备维护、保养和协助维修
电焊工	10	施工现场	负责重力锚钢筋接头、定位支架等焊接
钢筋工	24	施工现场	负责重力锚钢筋加工与安装
模板工	12	施工现场	负责重力锚模板安装
架子工	10	施工现场	负责支架搭设与拆除
木工	6	施工现场	负责异形模板及槽口模板制作
砼工	18	混凝土施工现场	负责混凝土浇筑及养护
普工	18	整个施工现场	负责转运各种施工材料等
电工	2	整个施工现场	负责现场动力、照明、通信等电气系统维修保养
吊车司机	2	钢筋班、机加班	负责装车、卸车等
平板车司机	1	钢筋班、机加班至施工现场	负责施工现场钢筋、定位支架转运
装载车司机	1	仓库至施工现场	负责施工现场材料及小型设备转运
塔吊司机	4	施工现场	负责现场吊装工作及塔吊维护与保养
机修工	2	机修班及现场	负责机械设备及运输车辆保养及修理
合计	134		

注:此表为两个作业班施工配备人员,未计后勤、行政等人员。

2.4　工艺设计和控制要求

2.4.1　技术要求

（1）锚碇砼属于大体积砼，砼配合比按照大体积砼要求配置。

（2）大体积砼必须进行温控设计，采取技术措施防止砼开裂。

（3）钢筋表面光洁平整，无锈蚀、油漆、混凝土残渣等。钢筋布置满足设计及规范要求。

（4）模板表面干净、平整。相邻模板表面高差控制在 2 mm 之内。

（5）砼施工中注意预应力锚固系统、散索鞍和猫道等相关预埋件的预埋。

（6）混凝土浇筑完毕后，用浸湿的麻袋或土工布覆盖，并经常洒水。养生时间为 7 天。

（7）分层施工时凿除处理层混凝土表面的水泥砂浆和松弱层，保证接缝密实。

2.4.2　材料质量要求

（1）钢筋混凝土中的钢筋和预应力混凝土中非预应力钢筋必须符合现行《钢筋混凝土用钢 第 1 部分：热轧光圆钢筋》（GB 1499.1—2017）、《钢筋混凝土用钢 第 2 部分：热轧带肋钢筋》（GB 1499.2—2018）、《冷轧带肋钢筋》（GB 13788—2017）、《低碳钢热轧圆盘条》（GB 701—2008）的规定。

（2）钢筋应具有出厂质量证明书和试验报告单。对桥涵所用的钢筋应抽取试样做力学性能试验。

（3）水泥应符合现行国家标准，选用附有制造厂的水泥品质试验报告等合格证明文件的低水化热水泥。水泥进场后，应按其品种、强度、证明文件以及出厂时间等情况分批进行检查验收。对所用水泥应进行复查试验。为快速鉴定水泥的现有强度，也可用促凝压蒸法进行复验。

（4）水泥如受潮或存放时间超过 3 个月，应重新取样检验，并按其复验结果使用。

（5）混凝土的细骨料，应采用级配良好、质地坚硬、颗粒洁净、粒径小于 5 mm 的河砂，也可用山砂或用硬质岩石加工的机制砂。细骨料试验可按现行《公路工程集料试验规程》（JTG E42—2005）执行。

（6）混凝土的粗骨料，应采用坚硬的卵石或碎石，按产地、类别、加工方法和规格等，分批进行检验。粗骨料的试验可按现行《公路工程集料试验规程》（JTG E42—2005）执行。骨料在生产、采集、运输与储存过程中，严禁混入影响混凝土性能的有害物质。骨料应按品种规格分别堆放，不得混杂。在装卸及存储时，应采取措施，使骨料颗粒级配均匀，并保持洁净。

（7）砼配合比所采用的外加剂，必须是经过有关部门检验并附有检验合格证的产品，其质量应符合现行《混凝土外加剂》（GB 8076—2008）的规定，使用前应复验其效果，使用时应符合产品说明及本规范关于混凝土配合比、拌制、浇筑等各项规定以及外加剂标准中的有关规定。不同品种的外加剂应分别存储，做好标记，在运输与存储时不得混入杂物和遭受污染。

（8）粉煤灰由生产单位进行产品检验并出具产品合格证，其技术条件应分别符合现行《用于水泥和混凝土中的粉煤灰》的规定。

2.4.3 职业健康安全要求

（1）施工前做好施工安全交底，施工过程中，安全员应随时检查安全情况。

（2）根据施工要求配备足额的专职安全员。

（3）特种机械操作人员必须经过专业的技术培训及专业考试合格，持证上岗，并必须定期进行体格检查。

（4）严禁患有恐高症的人员从事高空作业。

2.4.4 环境要求

（1）施工时的临时道路应定期维修和养护，经常洒水，减少尘土飞扬。

（2）应尽量减少对周围水体的污染。

（3）应尽量减少对周围自然生态环境的破坏。

2.5 施 工 工 艺

2.5.1 工艺流程

重力锚混凝土浇筑施工工艺流程图如图 2－1 所示。

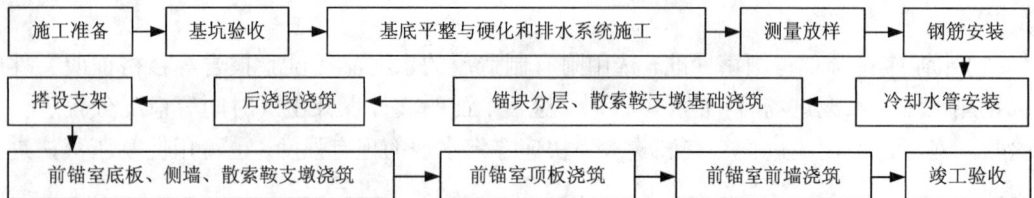

图 2－1　重力锚混凝土浇筑施工工艺流程图

2.5.2 操作工艺

（1）施工准备。

包括保证锚碇砼施工顺利进行的施工道路、水电设施、仓库和料场、混凝土拌和站和输送线路、吊装设施、钢结构加工场等设施的布置。

①施工道路。

在施工场地内布置连接锚碇施工各区域的必要施工道路，使人员、设备、材料、构件等能顺利到达各施工区域，以满足锚碇施工正常运转的通行、运输需要。

②水电设施。

大体积砼施工用水量与用电负荷很大，应确保砼搅拌和砼温控用水。施工用高压电在锚碇体施工前接通。在施工场地内建专用变电站，以满足锚碇体施工用电需要。

③料场。

重力锚砼工程不但总量大，单次浇筑方量也在 1000 m³ 以上，因此必须准备充足砼材料才能满足砼施工的需要。在拌和站附近设置可储备6天砼施工所需砂石材料的砂石料储放场，按6天4个工作区浇筑一次砼的总方量确定砂石料堆放场占地面积。

④吊装设施。

为满足施工吊装需求，在锚碇左右两侧各布设一台可以覆盖整个锚碇施工区域、满足施工吊装要求的塔吊。另外配一台25 t吊车、一台平板车、一台装载机，用于转运材料设备。

（2）锚碇砼浇筑顺序。

顺序为：锚块、散索鞍支墩基础浇筑→后浇段浇筑→散索鞍支墩浇筑→前锚室底板及侧墙浇筑→前锚室顶板及前墙浇筑。

（3）混凝土配合比。

锚碇体结构中包括三种标号、类型的混凝土，即锚块及散索鞍支墩基础为低标号混凝土，后浇段为微膨胀混凝土，散索鞍支墩及前锚室为高标号混凝土。

锚块及散索鞍支墩基础混凝土属于大体积砼，尽可能选用低热水泥，掺用30%以上的粉煤灰，采用缓解水化热效果好的外加剂，降低混凝土的水化热温升。在满足混凝土设计强度的前提下，尽量优化配合比，减少水泥用量。

（4）锚碇砼浇筑分块与分层。

根据温度控制、施工操作、混凝土供应等要求和设计要求，对锚碇砼浇筑进行分块、分层划分。

锚块、散索鞍支墩基础为大体积混凝土结构，在平面上由后浇段分成四块，每块分层浇筑。分块、分层满足温控、混凝土供应要求。混凝土一次浇筑一块中的一层，即一个块层。

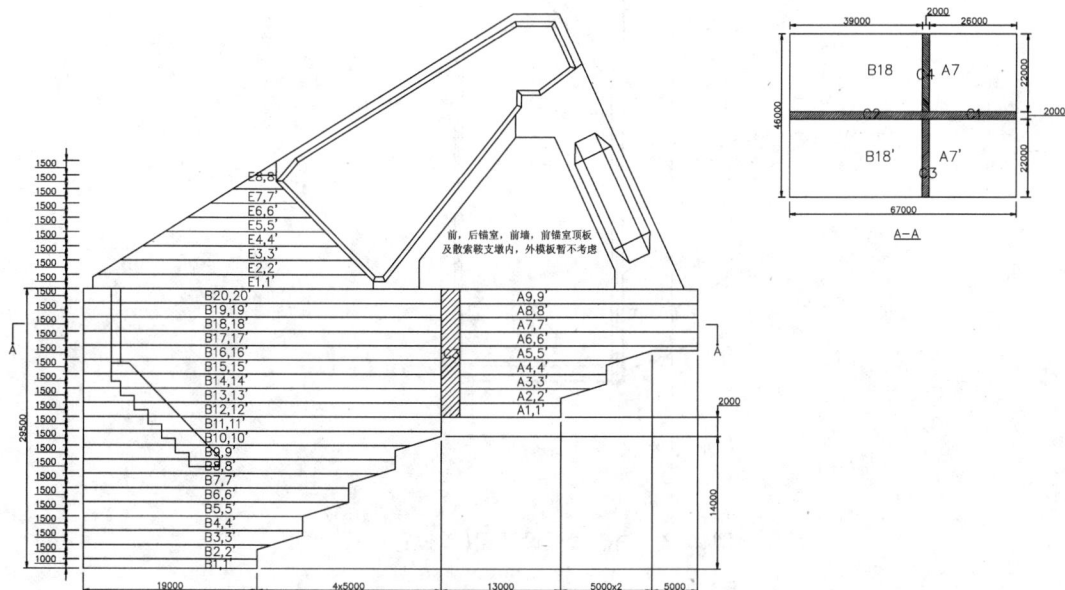

图2-2　锚碇砼浇筑分层分块图（单位：mm）

后浇段分顺桥向后浇段和横桥向后浇段两个部分进行浇筑，顺桥向段混凝土与横桥向段混凝土体积均较大，应分层进行浇筑；散索鞍支墩分上、下游两个墩，两个墩分别浇筑完成，

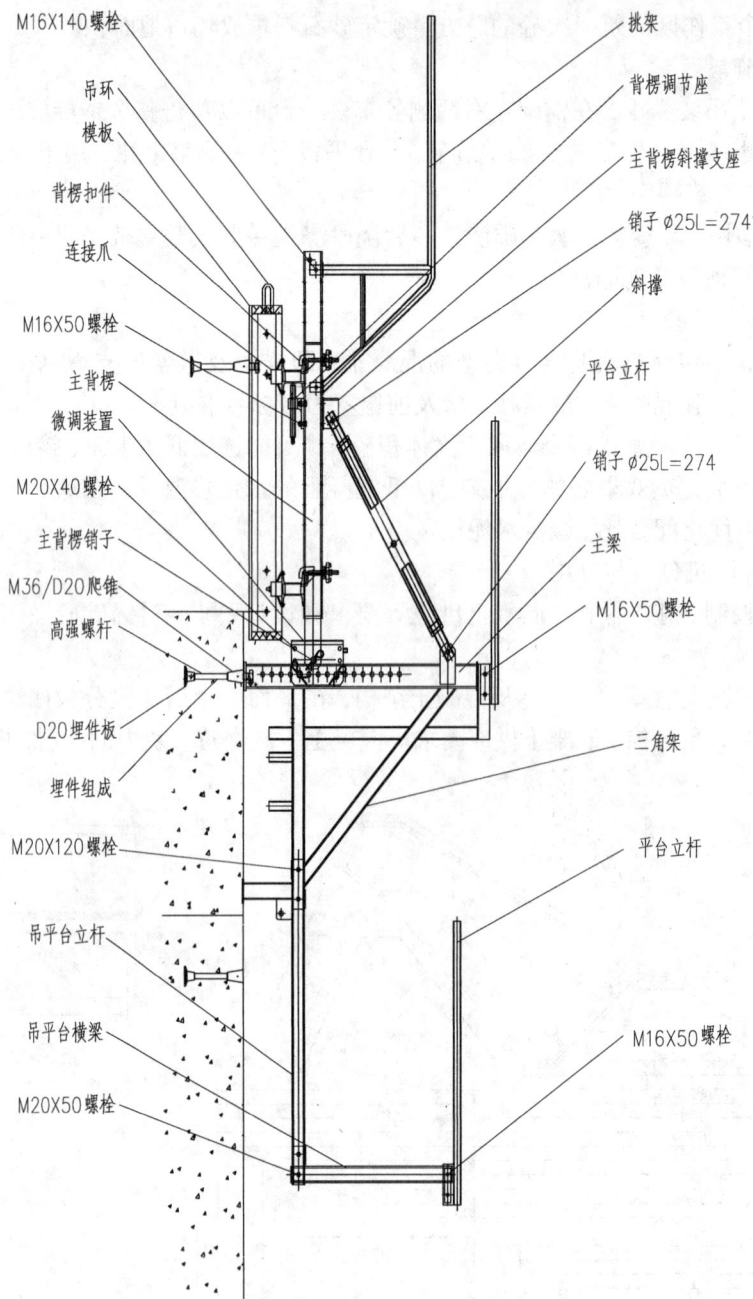

M16X140螺栓
吊环
模板
背楞扣件
连接爪
M16X50螺栓
主背楞
微调装置
M20X40螺栓
主背楞销子
M.36/D20爬锥
高强螺杆
D20埋件板
埋件组成
M20X120螺栓
吊平台立杆
吊平台横梁
M20X50螺栓

挑架
背楞调节座
主背楞斜撑支座
销子 ⌀25L=274
斜撑
平台立杆
销子 ⌀25L=274
主梁
M16X50螺栓
三角架
平台立杆
M16X50螺栓

图2-3 锚碇模板设计图(单位: mm)

每个墩分层浇筑；前锚室底板及侧墙也分为上、下游两块分别浇筑，每块均分层浇筑；前锚室顶板及前墙同样也分上、下游两块分别浇筑。每块混凝土体积不大，但为拆模方便，也分层浇筑。

(5)模板设计。

模板分为标准模板和异形模板。标准模板可周转使用，异形模板只适用于形状不规则的局部部位。在满足施工质量、进度的前提下，模板设计尽可能考虑重复、周转使用。

(6)大体积混凝土的温度控制。

在锚碇体浇筑中，锚块及散索鞍支墩基础、散索鞍支墩底、顶部的实心段部分均为大体积混凝土浇筑施工，必须要采取温度控制措施，包括温度控制计算、设计和现场监控等工作。

①温度控制标准。

(A)混凝土的入模温度应小于 $T+3℃$ ，最高温升不超过 20℃ 。其中 T 为浇筑日的日平均气温，砼最高温升指本层砼平均最高温度与入仓温度之差。

(B)混凝土的基础温差应小于 20℃ 。

(C)混凝土的内表温差应小于 16℃ 。

(D)混凝土的层间浇筑间歇期应不超过 5~7 d 。

②温度控制措施。

(A)优化选料配比。

(a)尽可能选用低热水泥，掺用 30% 以上的粉煤灰，采用缓解水化热效果好的外加剂，降低混凝土的水化热温升。

(b)改善骨料级配。

在现场条件许可和保证质量的前提下，可选择较大粒径的骨料。

(c)在满足混凝土设计强度的前提下，尽量优化配合比，减少水泥用量，确保水化热温升不超过 20℃ 的温控标准。

(B)调整浇筑时间。

应尽量选择气温较低的日期施工(寒冷季节施工时，应保证浇筑温度在 5℃ 以上)，同时安排每一浇筑层的中下部混凝土在夜间和早上浇筑，上部在白天浇筑。

(C)降低入模温度。

(a)使混凝土的浇筑温度小于浇筑日的日平均气温 $T+3℃$ 。

(b)水泥提前 6 d 入罐，让其自然冷却，确保拌和前的水泥温度不高于 50℃ 。

(c)当日平均气温超过 23℃ 时，采用堆高骨料、底层取料和用凉水喷淋骨料等方法降低骨料温度。当搅拌砼入模温度仍不满足温控标准时，应用冰水拌和混凝土。

(d)当气温高于出机口温度时，要加快运输和入仓速度，减少混凝土在运输和浇筑过程中的温度回升。当用管道输送混凝土时，应在混凝土输送管上覆盖保温布，并洒水降温。当气温低于出机口温度时，应揭开保温布散热。

(D)采用冷却水管。

(a)冷却水管的水平间距应小于 1.0 m ，每个浇筑层布置一层水管，各层水管距底面 0.6 m ，水管位置和间距误差不得超过 ±3 cm 。

(b)单根水管长度以小于 300 m 为宜。

(c)水管内通水流量为 16~20 L/min ，冷却水的进水口水温以 8~20℃ 为宜。

(d)通水冷却时间从水管被混凝土覆盖后开始，至 2.5~4 d 结束，各层的通水时间不完全相同。

(e)冷却水管应采用导热性能好的金属管，管内径宜大于 30 mm 。水管安装应保证质量，安装后应通水检查,防止管道漏水或阻塞。

(f)应确保通水期间的水源和流量,中途不得发生停水事故。

(E)控制间歇时间。

应严格控制混凝土层间的浇筑间歇期,间歇期为5~7 d。

(F)控制浇筑层厚。

一般浇筑层厚度应不超过1.5 m,第一层不宜超过1.0 m。

(G)加强保温养护。

(a)混凝土浇筑完毕待初凝后立即在表面洒水养护,并覆盖塑料薄膜或麻袋保温,保温时间至少3 d。

(b)浇筑层四周表面的保温措施。

在模板面板的背面,镶嵌2 cm厚度的泡沫板,保持本层混凝土拆模前的温度。在每块模板的下边缘悬挂土工布,全面覆盖前一层混凝土在模板提升后四周暴露出来的混凝土表面,减少其热量的散发。拆模时间控制:应在2 d龄期、抗压强度大于2.5 MPa、悬挂于模板下边缘的保温土工布已安装完成后再拆模。

(c)第一层早龄期应力很大,要特别注意保温,表面必须用两层保温材料(土工布或草袋)覆盖,保温时间至少4 d。

(d)在非保温期间内,若遇温度骤降(2 d内日平均气温下降5℃以上),仍需对10 d龄期内的混凝土继续保温。

(e)应加强混凝土的表面养护,使其始终保持湿润状态。

(H)均匀布料振捣。

保证浇筑施工质量,提高砼的均匀性和抗裂性。

(a)混凝土按一定的厚度、顺序和方向分层浇筑,在下层混凝土初凝前浇筑完毕上层混凝土。混凝土水平分层浇筑厚度不超过0.3 m。

(b)浇筑混凝土时,采用振捣棒捣实,保证移动间距不超过振捣棒作用半径的1.5倍,与侧模保持5~10 cm距离,避开预埋件或监控元件30 cm以上。振捣棒插入下层混凝土5~10 cm;每一部位混凝土必须振捣到停止下沉,不冒气泡,表面平坦、泛浆时止。

(7)混凝土浇筑。

①浇筑施工要点。

(A)混凝土浇筑前对已浇筑混凝土接触面进行人工凿毛和清理。

(B)混凝土按30 cm厚度、从下至上顺序分层进行浇筑,并采用振捣棒进行振捣。每次混凝土浇筑前,进行现场交底,提醒注意事项。

(C)对振捣人员进行分区、分工安排,使振捣人员责任明确。特别是要对棱角和斜面处加强振捣。施工中技术人员和质检员应加强监督,避免欠振、漏振、过振现象发生。

(D)混凝土浇筑时不得对钢筋、模板造成冲击。混凝土从泵管端头下落的距离如超过2 m,应在泵管端头布设串筒,使混凝土从串筒端口下落的距离小于2 m。

(E)振捣棒使用时,移动间距不宜大于振捣棒作用半径的1.5倍。振捣棒距离模板不应大于振捣棒作用半径的0.5倍,且不宜紧靠模板振动,尽量避免碰撞钢筋、预埋件等结构。振捣棒插入下层混凝土内的深度应不小于50 mm。一般每点的振捣时间为20~30 s。振捣棒作用半径一般按振捣棒半径的3倍计算。

（F）在振捣过程中，要派人观察钢筋、水管、预埋件、模板的牢固程度和位置的准确性，发现异常应及时处理，保证各结构的牢固性和位置准确性。

（G）混凝土浇筑时振捣棒要做到"快插慢拔"。

②混凝土养护。

（A）养护方法。

混凝土浇筑完毕后，用浸湿的麻袋或土工布进行覆盖，并经常洒水。养生时间为 7 d。根据当地气温，冬季可采用蒸汽养护。

（B）顶面覆盖养护。

锚碇体顶面用麻袋或土工布洒水保湿养生。如果温度过低，则在定期对麻袋或土工布洒雾状水保湿的情况下，用足够数量的碘钨灯对顶面进行加热增温，保证混凝土表面所需的外表温度。

（C）侧面覆盖养护。

锚碇体侧面的支架用土工布包裹。如果温度过低，则在定期对土工布洒水保湿的情况下，在土工布里面用足够数量的碘钨灯烘烤升温，保证混凝土侧面所需要的外表温度。

③拆模控制。

在混凝土浇筑后，混凝土达到一定强度和所需时间方可拆模。模板拆卸日期应按结构特点、混凝土所达到的强度以及温度控制需要确定。

（A）非承重侧模板应在混凝土强度能保证其表面及棱角不致因拆模而受损时方可拆除，一般混凝土抗压强度达到 2.5 MPa 时方可拆除侧模板。

（B）预留孔道内模应在混凝土强度能保证其表面不发生塌陷和裂缝时，方可拔除。拔除时间应通过试验确定，以混凝土抗压强度达到 0.4 ~ 0.8 MPa 时为宜。

（C）钢筋混凝土结构的承重模板、支架应在混凝土强度能承受其自重力及其他可能的叠加载荷时，方可拆除。当构件跨度不大于 4 m 时，在混凝土强度符合设计强度标准值的 50% 的要求后拆除；当构件跨度大于 4 m 时，在混凝土强度符合设计强度标准值的 75% 的要求后拆除。

（D）在冬季施工期间，模板拆除时间按温控要求确定，一般为混凝土浇筑后的 4 ~ 5 d。

④施工缝处理。

施工缝应按下列要求进行处理：

（A）应凿除处理层混凝土表面的水泥砂浆和松弱层，但凿除时，处理层混凝土须达到下列强度：

①用水冲洗凿渣时，须达到 0.5 MPa。

②用人工凿除时，须达到 2.5 MPa。

③用风动机凿毛时，须达到 10 MPa。

（B）经凿毛处理的混凝土面，应用水冲洗干净，在浇筑次层混凝土前，对垂直施工缝宜刷一层水泥净浆，对水平施工缝宜铺一层厚为 10 ~ 20 mm 的 1:2 的水泥砂浆。

（C）施工缝处理后，须待处理层混凝土达到一定强度后才能继续浇筑混凝土。需要达到的强度不得低于 2.5 MPa。

（8）质量控制措施。

①建立重力锚砼施工的质量管理体系与质量保证体系，施工中进行严格的质量控制，从

技术上保证重力锚砼施工安全、高效、高质量。

②实行三级技术交底制度。内容包括施工方法、施工程序、质量目标、施工期限及安全措施等，并作好记录，使参与施工的各级人员都明确自己的职责和技术要点。

③坚持"三检"制度。即在每道工序完成后，首先由作业队进行自检，再由项目经理部组织有关施工人员、质检员、技术员进行互检和交接检。隐蔽工程在做好"三检制"的基础上，请监理工程师审核并签证认可。

④实施混凝土开盘令签发制度。混凝土施工前，施工人员或现场技术人员必须向质检部提出签发"混凝土开盘令"的书面申请，经质检部审查确认已具备混凝土开盘条件后，签发"混凝土开盘令"，否则不得开机进行混凝土施工。

⑤在各种材料进场时，一定要求供应商随货提供产品的合格证或质保书，有必要提供进场许可证的必须提供进场许可证；同时对钢材、水泥等材料及时做进场复试和成分分析，只有当复试报告、分析报告等全部合格时方能用于施工。

⑥聘请有资质的专业单位进行大体积砼的温控设计，温控设计方案报监理单位、设计单位与业主批准同意后，严格按照温控方案实施，保证大体积砼的施工质量。

⑦为降低大体积混凝土水化热，锚块、散索鞍支墩及基础等部位混凝土采用低水化热水泥，并充分考虑掺入粉煤灰后混凝土的后期活性，采用 60 d 龄期的抗压强度作为设计强度。

⑧控制混凝土坍落度，在满足泵送混凝土的条件下，尽量减小水灰比，有效控制混凝土坍落度。

⑨控制分层浇筑混凝土，每层厚度不大于 30 cm，以加快热量散发，并可使温度分布较均匀。

⑩控制混凝土入模温度。控制砂石材料温度，高温季节应对砂石材料采取遮阴、冲水等降温措施；降低拌和水温度，高温季节可以在拌和水中加冰冷却；降低模板温度，通过遮阴、洒水等措施降低模板温度。

⑪保持混凝土表面温度。控制内表温差，除了尽量降低混凝土内部温度以外，还应该尽量保持混凝土表面温度，使之不至于因下降过快引起温差过大。

⑫控制混凝土的降温速率。在温度峰值出现之后加大温度观测频率，观察降温速度。一般情况下，当峰值过后，温度开始下降，就应该减小冷却水的流量，并逐渐停水，让混凝土自然缓慢冷却。在冷却过程中，仍然要观察内表温差，使之满足控制标准。

⑬为确保重力锚锚室的密水性，前锚室侧墙、顶板及前墙施工时严禁采用对拉螺杆，并做好施工缝的防水处理。

2.6 质量标准

2.6.1 钢筋质量控制标准(表2-2)

表2-2 钢筋质量控制标准

项次	检查项目			规定值或允许偏差
1	受力钢筋间距 /mm	两排以上排距		±5
		同排	锚碇	±20
2	箍筋、横向水平钢筋、螺旋筋间距/mm			±10
3	钢筋骨架尺寸 /mm	长		±10
		宽、高		±5
4	弯起钢筋位置			±20

2.6.2 混凝土质量控制标准(表2-3)

表2-3 混凝土质量控制标准

项次	检查项目		规定值或允许偏差	检查方法和频率
1	混凝土强度/MPa		在合格标准内	压试块
2	轴线偏位/mm	基础	20	经纬仪:逐个检查
		槽口	10	
3	断面尺寸/mm		±30	尺量:检查3~5处
4	基底标高/mm	土质	±50	水准仪或全站仪:测8~10处
		石质	+50,-200	
5	顶面高程/mm		±20	水准仪或全站仪:测8~10处
6	预埋件位置/mm		符合设计要求	尺量或经纬仪:每件
7	大面积平整度/mm		8	2 m直尺:每20 m² 测1处×3尺

2.6.3 模板精度控制要求(表2-4)

表2-4 模板精度控制要求

项目	允许偏差/mm
加工要求	
模板外形尺寸	长宽:0,-1;肋高:±5
面板端偏斜	≤0.5
连接栓孔的位置	孔中心与板面的间距:±0.3; 板端孔中心与板端的间距:0,-0.5; 沿板长、宽方向的孔:±0.6
板面局部平整度	(用300 mm长平尺检查):1.0
板面和板侧挠度	±1.0
模板标高	±10
安装要求	
模板安装后内部尺寸	±20
模板轴线偏位	10
相邻两板表面高低差	2
模板表面平整度	5

2.7 成品保护

(1)施工过程中妥善保护好场地的导线控制桩、水准点。

(2)已经完成施工的砼工程禁止重物碰撞与打击。

(3)已经完成施工的砼工程防止油钢丝绳、机油、齿轮油等油污染。

(4)已经完成施工的砼工程的外露钢筋与预埋件采用覆盖或涂刷水泥浆的保护措施,防止生锈。

(5)重力锚锚块浇筑完成后,采取措施防止基坑泡水,以免影响地基承载力。

2.8 安全环保措施

2.8.1 安全措施

(1)危险源辨识。

重力锚砼施工的危险源包括物的不安全状态、人的不安全行为等几个方面。

①物的不安全状态。

(A)起吊重物绑扎不规范。

（B）作业层脚手板未铺满、铺稳。

（C）起重机回转范围无防护。

（D）塔吊起吊操作系统失灵。

（E）开关箱内未按规定设置漏电保护装置。

（F）无保护性的地线或地线保护不良。

（G）同一垂直面上交叉作业。

（H）高空作业下方的人行通道上方无防护棚。

②人的不安全状态。

（A）患有不适合从事高空作业和其他施工作业相应的疾病。

（B）酒后、疲劳、带病、情绪异常状态下作业。

（C）无证从事特种作业。

（D）不经过规定的交接程序私自替换重要设备定岗操作员。

（E）在作业中出现工具脱手、物品飞溅掉落、碰撞和拖拉别人等行为。

（F）高空作业不佩挂安全带或挂置不可靠。

（G）违反施工方案和技术措施相关规定的指挥行为。

（H）在已发现有事故隐患和征兆的情况下，继续进行作业。

（2）施工安全措施。

①高空坠落防护措施。

（A）强化安全教育，提高安全防护意识，提高工人安全操作技能。

（B）合理组织交叉作业，采取防护措施。各工作进行上下立体交叉作业时，不得在同一垂直方向上操作，下层作业的位置必须处于依上层高度确定的可能坠落范围半径之外。当不符合交叉作业条件时，应设置安全防护层。

（C）拆除作业应有监护措施和施工方案，并进行技术和安全交底。防护棚搭设与拆除时，应设警戒区，并应派专人监护。严禁上下层同时拆除。

（D）起重吊装作业应制订专项安全技术措施。对起重工进行安全交底，落实"十不吊"措施。对上方施工可能坠落物件或处于起重机把杆回转范围之内的通道，在其受影响的范围内必须搭设顶部能防止穿透的双层防护棚。

（E）起重吊物应绑扎平稳、牢固，不得在重物上再堆放或悬挂零星物件。易散物件应使用吊笼栅栏固定后方可起吊。

（F）施工作业场所有坠落可能的物件应一律先行撤除或加以固定。结构施工自二层起，凡人员进出的通道口上部（包括井架、施工用电梯的进出通道口），均应搭设安全防护棚。高度＞24 m 层次上的交叉作业应设双层防护棚。双笼井架通道中间，应予以分隔封闭。

（G）高处作业中所用的物料均应堆放平稳，不妨碍通行和装卸。物料临时堆放处离楼层边沿≥1 m，堆放高度≤1 m，楼层边口、通道口、脚手架边缘等处严禁堆放任何物料。

②防滑、防寒和防冻措施。

雨雪天进行高处作业时，必须采取可靠的防滑、防寒和防冻措施。凡有水、冰、霜、雪均应及时清除。暴风雪及台风暴雨后，应对高处作业安全设施逐一检查，发现有松动、变形、损坏或脱落等现象，应立即修理完善。遇有6级以上强风、浓雾等恶劣气候不得进行露天攀登与悬空高处作业。

③临边防护措施。

下列临边高空作业,必须设置防护栏杆:

(A)基坑周边、料台与悬挑平台周边、施工面靠悬崖壁周边等处,都必须设置防护栏杆。

(B)井架、施工用电梯、脚手架以及建筑物通道的两侧边必须设防护栏杆。

(C)各种垂直运输接料平台,除两侧设防护栏杆外,平台口还应设置安全门或活动防护栏杆。

(D)临时楼梯口和梯段边,必须安装临时护栏。顶层临边应随工程结构进度安装正式防护栏杆。施工中的顶层楼梯平台不通行时,应封闭或采取其他防护措施。

2.8.2 环保措施

优先选用先进的环保机械,降低施工噪声到允许值以下。对施工场地道路进行硬化,并在晴天经常对施工通行道路进行洒水,防止尘土飞扬,污染周围环境。

加强对施工燃油、工程材料、设备、废水、生产生活垃圾、弃渣的控制和治理,遵守废弃物处理的规章制度。油污与废油应严格执行定期登记检查清理制度,确保废弃机油按规定收集,并转运至指定地点。定期检查专用吊具的液压油缸的密封件,防止泄漏,污染环境。

2.9 质量记录

(1)原材料进场质检记录。

(2)钢筋安装质检记录。

(3)冷却水管安装质检记录。

(4)模板测量验收记录。

(5)预埋件验收质检记录。

(6)混凝土配合比报告。

(7)每次浇筑砼施工配合比通知单。

(8)砼浇筑开盘令。

(9)混凝土浇筑施工记录。

(10)混凝土温控记录。

(11)混凝土养生记录。

3　隧道锚开挖施工工艺

3.1　总则

3.1.1　适用范围

本工艺标准适用于悬索桥隧道式锚碇的开挖。

3.1.2　编制参考标准及规范

(1)《公路隧道设计规范》(JTG D70—2004)。
(2)《公路桥涵设计通用规范》(JTG D60—2015)。
(3)《公路隧道施工技术规范》(JTG F60—2009)。
(4)《公路桥涵施工技术规范》(JTG/T F50—2011)。
(5)《公路工程技术标准》(JTG B01—2014)。
(6)《公路工程施工安全技术规范》(JTG F90—2015)。
(7)《爆破安全规程》(GB 6722—2014)。
(8)《公路工程质量检验评定标准》(JTG F80/1—2017)。

3.2　术语

3.2.1　隧道式锚碇

隧道式锚碇是悬索桥锚固系统的一个重要结构形式,通常适用于桥址岩层较好的地方。

3.2.2　掏槽爆破

掏槽爆破是指在只有一个临空面的条件下,首先在工作面中央爆破,形成较小但有足够深度的槽穴的爆破方式,是整个隧道锚开挖施工的先导工作。

3.2.3　光面爆破

光面爆破是指开挖至设计边线时,预留一层厚度为炮孔间距1.2倍左右的岩层,在炮孔中装入低威力的小药卷,使药卷与孔壁间保持一定的空隙,爆破后能在孔壁面上留下半个炮孔痕迹的爆破方法。

3.2.4　钢拱架支护

钢拱架支护是采用型钢成形后加固地下工程的支护措施。

3.2.5　喷射混凝土

将胶凝材料、骨料等按一定比例拌制的混凝土拌和物送入喷射设备,借助压缩空气或其他动力输送,高速喷至受喷面所形成的一种混凝土。

3.3　施工准备

3.3.1　技术准备

(1)熟悉设计图纸,对设计图纸进行审查。

(2)会同设计单位进行测量控制点的现场交接和复查,并对施工测量用的基准点、水准点和导线点进行复测。

(3)熟悉和分析施工现场地形、地貌及水文资料和道路、场地等情况,根据整体施工计划编制单项施工组织设计,向施工班组进行书面的技术交底和安全交底。

(4)制订安全紧急救援措施和应急预案。

3.3.2　材料准备

(1)结构用材:中空注浆锚杆、药卷锚杆、锚固剂、水泥浆、钢筋、钢拱架、喷射混凝土。

(2)辅助用材:雷管、炸药。

(3)雷管、炸药使用前须经当地民爆部门审批。施工现场须设置专业爆破器材库,严格做好避雷措施。

(4)水泥和锚固剂应符合现行国家标准,并附有制造厂的品质试验报告等合格证明文件。材料进场后,应按其品种、强度、证明文件以及出厂时间等情况分批进行检查验收,并进行强度、安定性等复查试验。

3.3.3　机具准备

(1)隧道锚开挖出渣设备:挖掘机、空压机、钻机、卷扬机、自卸车。

(2)隧道锚混凝土搅拌及喷射设备:装载机、混凝土搅拌机、混凝土喷射器。

(3)钢筋施工设备:电焊机、钢筋调直机、钢筋切断机、钢筋弯曲机。

(4)安全设备:安全帽、安全护栏、水泵、应急发电机。

(5)通信设备:对讲机。

3.3.4　作业条件

(1)施工前场地应完成三通一平。建立临时排水系统、临时电力线路,完成弃渣场地布置,设立砂、石、水泥、施工配合比等标牌。

（2）施工放样，测定要开挖部位的中轴线、高程水准点，办理驻地工程师复核、签认手续。

（3）根据施工图纸提供的地质围岩类别，确定隧道锚开挖支护的施工方案。总体开挖施工应遵循"保护围岩、内实外美、重视环境、动态施工"的原则。

3.3.5 劳动力组织（表3-1）

表3-1 隧道锚开挖主要专业班组配置

工种	人数/人	工作地点	职责范围
施工队长	2	整个施工现场	负责跟班组织施工管理工作、协助总指挥等
工班长	2	隧道锚开挖及出渣	负责跟班组织施工，协调各工种交叉作业等
技术员	4	整个施工现场	负责跟班解决施工中的技术问题，编写技术措施等
专职安全员	4	整个施工现场	负责跟班检查安全设施、安全措施的执行情况及安全教育工作，对安全生产负责
质检员	2	整个施工现场	负责跟班检查工程质量，组织各工种交接及检查质量保证措施的执行情况，对工程质量负责
测量工	2	施工现场	负责边坡开挖放样，隧道锚位置高程测量等
钻孔操作工	6	基坑开挖现场	负责隧道锚炮眼孔以及锚杆孔钻孔
爆破工	6	基坑开挖现场	装药、连线爆破（光面爆破和松动爆破）
挖掘机司机	2	整个施工现场	负责隧道锚土石方弃渣装车、修运输通道
自卸车司机	5	弃渣场至隧道锚	负责隧道锚土石方弃渣运输
钢筋工	6	整个施工现场	钢筋加工、安装
混凝土工	12	整个施工现场	锚杆安装、喷射混凝土
电工	2	整个施工现场	负责现场动力、照明、通信等电气系统的维修保护
机修工	2	机修班及现场	负责开挖机械设备及运输车辆保养及修理
合计	57		

注：此表为两个作业面施工配备人员，未计后勤、行政等人员。

3.4 工艺设计和控制要求

3.4.1 技术要求

（1）爆破用品雷管、炸药的领取必须要有合格的签证程序及记录。

（2）开挖过程中超挖控制在规范之内，严禁欠挖。

（3）施工前检查喷射混凝土所用原材料及其合格证明，并对施工程序、工艺流程、检测手段进行检查。

（4）钢筋加工和安装质量标准，按照《公路桥涵施工技术规范》和相关的工艺标准执行。

3.4.2 材料质量要求

(1)水泥:应优先选用普通硅酸盐水泥,在软弱围岩地区宜选用早强水泥。

(2)速凝剂:必须采用质量合格的产品,注意保管,不使其变质。使用前应做速凝效果试验,要求初凝时间不超过 5 min,终凝时间不超过 10 min。应根据水泥品种、水灰比等,通过试验确定速凝剂的最佳掺入量,并应在使用时准确计量。

(3)砂:喷射混凝土应采用硬质洁净的中砂或粗砂,细度模数宜大于 2.5,含水率一般为5% ~7%,使用前一律过筛。

(4)石料:采用坚硬耐久的碎石或卵石,粒径不宜大于 15 mm,且级配良好。当使用碱性速凝剂时,石料不得含活性二氧化硅。

(5)雷管、炸药:雷管、炸药的存放库地面要铺设防潮层,库内要保持通风良好,并做到防潮、防晒、防震、防雷、防鼠,雷管箱底部要铺胶皮。同时炸药使用要做到先进先出,避免超期储存。

(6)水:水质应符合工程用水的有关标准,水中不得含有影响水泥正常凝结与硬化的有害杂质。

3.4.3 职业健康安全要求

(1)施工前做好施工安全交底,施工过程中,安全员应随时检查安全情况。

(2)根据施工要求配备足额的专职安全员。

(3)特种机械操作人员必须经过专业的技术培训及专业考试合格,持证上岗,并必须定期进行体格检查。

(4)爆破作业人员必须持有经县(市)公安局考试合格后发放的《爆破员作业证》才能上岗。

(5)爆破作业人员在保管、加工、运输爆破器材过程中,严禁穿化纤衣服。人员进入爆破区必须戴安全帽。

3.4.4 环境要求

(1)保护植被,对施工界限内、外的植被、树木等尽量维持原状,保护生态环境。

(2)应尽量减少对周围水体的污染。

(3)施工时的临时道路应定期维修和养护,经常洒水,减少尘土飞扬。渣土运输车辆必须采取防止漏失措施,以防渣土污染环境。

(4)保护野生动物,严禁施工人员猎杀野生动物。

3.5 施工工艺

3.5.1 工艺流程

隧道锚开挖施工工艺流程图如图 3-1 所示。

```
锚洞测量放样 → 布置炮孔 → 钻孔爆破 → 出渣、运至弃渣场 → 检查开挖尺寸

挂钢筋网 ← 钻孔、安装锚杆 ← 初喷混凝土 ← 架设钢拱架(钢拱架提前制作)

复喷混凝土
```

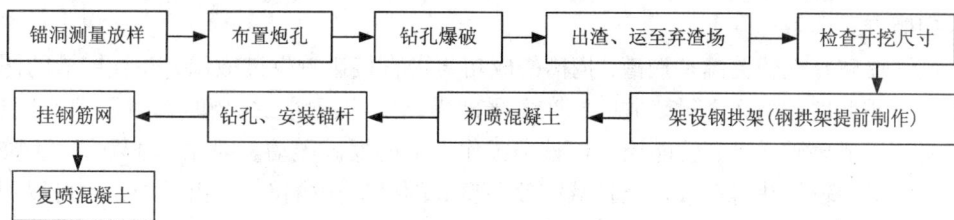

图 3 - 1　隧道锚开挖施工工艺流程图

3.5.2　操作工艺

(1) 锚洞测量放样。

每一次锚洞钻孔爆破前,对锚洞待开挖部位进行一次测量,根据设计尺寸找出边线位置。

(2) 布置炮孔。

测量放样先确定开挖线(此时开挖线为一闭合框),然后开始布设周边炮眼。根据台阶不同采用不同的炮孔布置方式及孔网参数。

(3) 钻孔爆破。

① 爆破原则。

在锚洞开挖过程中,严格执行有关规范规程,按设计要求进行施工,采用浅爆破、小药量、预裂爆破的方法进行爆破施工。严格控制周边眼的装药量,周边眼间距宜为 45 ~ 60 cm,周边眼最小抵抗线宜为 60 ~ 75 cm,间隔布置空眼(视实际开挖效果定),E/V 宜为 0.8 ~ 1.0,按 2 号岩石硝铵炸药考虑,装药集中度为 0.2 ~ 0.3 kg/m。若采用低爆速炸药,应按以下公式进行换算:

$$K = \frac{1}{2}\left(\frac{2 \text{号岩石炸药猛度}}{\text{换算炸药猛度}} + \frac{2 \text{号岩石炸药爆力}}{\text{换算炸药爆力}}\right)$$

起爆应采用毫秒雷管进行微差爆破,以尽量保护围岩的整体性。

② 最大循环尺确定。

一般爆破分上、中、下台阶布孔和起爆。根据台阶不同确定循环进尺。台阶长度一般控制为 3 ~ 5 m。不同台阶设计循环进尺指标见表 3 - 2。

表 3 - 2　不同台阶设计循环进尺指标

台阶	上台阶	中台阶	下台阶
循环进尺	上台阶 1.5 m/炮	中台阶 3.0 m/炮 (上台阶 2 炮,中台阶 1 炮)	下台阶 3.0 m/炮 (上台阶 2 炮,中台阶 1 炮)

③ 爆破器材选型。

根据隧道锚所穿越围岩的坚固性系数及岩石纵波波速等,选用威力适中、匹配性好、防水性能好、易于切割分装成小卷的 2 号岩石乳化炸药,起爆器材则选用国产 Ⅱ 系列 15 段非电

毫秒微差导爆管。

④掏槽方式选型。

隧道锚爆破开挖的关键是掏槽，掏槽的成功与否直接影响爆破效果，并且掏槽的深度直接影响隧道锚掘进的循环进尺。同时，许多爆破震动实测证明：掏槽时爆破震动速度最大，只要控制住掏槽爆破震动，就能控制住整个工作面上的爆破震动。因此，对只有一个临空面的上台阶应采用较易获得有效进尺且减震效果良好的楔形掏槽技术。由于中台阶可以利用上台阶所开创出的台阶面作为临空面，其石渣向台阶面上方抛掷，因此不需要进行掏槽；同样，下台阶也不需要进行掏槽。

爆破后，用人工配合机械修整坑壁，使之达到设计要求，并及时进行支护。

(4)出渣。

基坑及洞口部分开挖爆破后，出渣主要采用人工配合、挖掘机装渣的方式。渣土利用挖掘机装于自卸车上，运至指定弃渣场。进入锚洞开挖部分后，出渣主要采用人工和小型挖掘机装渣方式，利用轨道将运渣斗车提升运输至洞口，直接卸到车上，运至弃渣场。

(5)检查开挖尺寸。

出渣完成后测量检查开挖尺寸是否满足设计及规范要求，如部分位置小于设计要求，则在下次开挖时对欠挖部分进行补炮处理。

(6)钢拱架支护。

洞内支护根据施工规范"短进尺，强支护，快封闭"的原则进行，锚洞爆破后及时派专人清除危石、欠挖部分，立即进行初期支护，尽量缩短围岩裸露时间，确保围岩、施工人员和机具的安全。

前锚室初期支护采用钢支撑、D25中空注浆锚杆和网喷混凝土相结合的方式。

锚塞体初期支护采用锚杆、加强钢筋和网喷混凝土相结合的方式。

施工时先进行钢拱架安装，再初喷5 cm厚喷射混凝土，接着安装锚杆、挂钢筋网，复喷喷射混凝土至设计厚度。

(7)初喷混凝土。

出渣完成后，先按设计要求检查锚洞尺寸，再用高压气体、水冲洗岩面并清除险石，埋设控制喷层厚度的参照物。在喷射混凝土之前还应认真检查喷射机具和风、水、电、管线等设施，并准备好照明和防尘设施。在喷射混凝土时，应先给水后送料，并合理划分控制喷射区段。在区段划分中一般以6 m长为1个基本段，每个基本段再分为2 m长的3个小段。在喷直墙部分时，每喷完1.5 m高便依次以小段前进。对于一些凹凸不平的地方，先喷射凹部，再喷射凸部。

①喷射混凝土的作业要求：

(A)在喷射混凝土之前，应用水或高压气体将岩壁面的粉尘和杂物冲洗干净。

(B)喷射中发现松动石块或遮挡喷射混凝土的物体时，应及时清除。

(C)喷射作业应分段、分片由下而上顺序进行，每段长度不超过6 m。

(D)一次喷射厚度应根据设计厚度和喷射部位确定，初喷厚度不得小于4~6 cm。

(E)喷射作业应以适当厚度分层进行，后一层喷射应在前一层混凝土终凝后进行。若终凝时间后间隔1 h以上且初喷表面已蒙上粉尘，受喷面应用高压气体、水清洗干净。岩面有较大凹洼时，应结合初喷予以找平。

（F）作业中应控制回弹率，拱部不超过40%，直墙不超过30%，挂钢筋网后，回弹率可放宽5%。应尽量采用经过验证的新技术，减少回弹率，回弹物不得重新用作喷射混凝土材料。

（G）喷射混凝土作业需紧跟开挖面时，下次爆破距喷射混凝土作业完成时间的间隔不得小于4 h，防止爆破震动影响已喷射混凝土的强度。

（H）冬季施工时，喷射作业区的气温不应低于5℃，在结冰的层面上不得喷射混凝土。混凝土强度未达到6 MPa前，不得受冻。混合料应提前入洞。

②喷射机使用要求：

（A）对喷射机应经常进行保养维修，使之处于不漏气、不堵塞的良好工作状态。

（B）喷射机的工作气压应控制为0.1～0.15 MPa。可根据喷出料束情况适当调节气压。喷头处的水压应大于气压（干喷时水压应比气压高0.05～0.1 MPa）。

（C）喷头与受喷面宜垂直，距离应与工作气压相适应，以0.6～1.2 m为宜。有钢筋网时，喷射距离可少于0.6 m，喷射角度可稍偏一些。喷射混凝土应覆盖钢筋网2 cm以上。

（D）严格控制水灰比，喷到岩面上的混凝土应湿润光泽，黏塑性好，无干斑或滑移流淌现象。

（E）控制喷层厚度和均匀度，操作时喷头应不停且缓慢地作横向环形移动，循序渐进。

（F）作业完成后，喷射机和输料管内的积料必须及时清除干净。

（G）突然断水或断料时，喷头应迅速移离喷射面，严禁用高压气体、水冲击尚未终凝的混凝土。

（H）喷射作业人员必须穿戴安全防护用品。

（8）钻孔及安装锚杆。

①钻孔。

初喷混凝土凝固后，根据设计图纸进行钻孔。

②安装锚杆。

药卷锚杆一般采用清孔后先注药卷再插锚杆的方法施工。具体步骤及注意事项如下：

（A）钻孔前应根据设计要求定出孔位，作出标记。

（B）钻孔位置应按照设计位置严格控制，钻孔方向与岩层主要结构面垂直，孔的深度允许偏差为±50 mm。

（C）钻完孔后，先用水冲洗，并将钻孔内的岩粉等杂物捞取干净。

（D）用一根小钢管将药卷逐卷塞入孔内，并插捣密实，直至孔口。

（E）将锚杆打入孔内，若孔口有少许流失，可补塞药卷使孔口达到密实效果。

（F）锚杆安装到位后，用木楔或小石子卡住孔口，防止锚杆滑出。锚杆安设后不得随意敲击。

中空注浆锚杆采用先安装锚杆再注浆的施工方法。清孔后插入锚杆，再注浆。中空注浆锚杆的钻孔方法与药卷锚杆相同，施工步骤及注意事项如下：

（A）钻孔完成后，插入锚杆，并装好止浆塞和锁紧螺帽。

（B）将注浆管连接中空注浆锚杆头并固定。

（C）开始注入水泥浆，水泥浆的水灰比为1:(0.6～0.7)。

（D）当注浆压力达到0.5 MPa以上时，即可停止注浆。

（9）钢筋网施工。

钢筋网应在锚杆安装以及初喷一层混凝土后进行铺设。钢筋网采取人工施工，钢筋网的铺设应符合下列要求：

①钢筋使用前应清除锈蚀部分。

②钢筋网交叉点采用扎丝绑扎固定，并与钢筋锚杆牢固焊接，以保证钢筋网在喷射混凝土时不发生晃动。

③钢筋网随洞壁起伏铺设，应注意钢筋网距洞壁不得小于 3 cm，钢筋网被混凝土覆盖的保护层不得小于 2 cm。采用初喷混凝土工艺可使钢筋网距洞壁的距离不小于 3 cm，同时初喷混凝土还可对钢筋网形成一个保护层。

（10）复喷混凝土。

钢筋网铺设完成之后，再进行混凝土复喷，混凝土厚度达到设计要求即可。

（11）质量控制措施。

①洞身开挖质量保证及控制措施。

（A）测量组对洞门位置进行精确放样，填写施工放样报验单，报送测量监理工程师复核并签字。

（B）作业队对拱架进行加工，在加工过程中，现场技术员对其加工质量进行过程控制，质检工程师和监理工程师对焊接质量进行不间断检查，加工完后进行试拼装，质检工程师和监理工程师对试拼装尺寸进行检查，合格后方可安装。

（C）每榀拱架安装时，测量组对其倾斜度进行严格控制，保证拱架的安装角度。

（D）洞身开挖过程中，测量组用测量仪器对锚洞的位置、标高、倾角、尺寸等要经常复核，严格监控，确保锚体位置的准确。

（E）洞身开挖到一定深度后，测量组每隔 20 m 用激光断面仪对其开挖断面进行检查，合格后填写洞身开挖测量记录表和质检表，报送测量监理工程师复核并签字。

②洞身支护质量保证及控制措施。

（A）锚杆支护：隧道锚洞边开挖边防护，机料部需提前准备充足的锚杆和附件的备用件，以备随时使用，避免待料贻误工作。材料进场后，试验室对锚杆进行检查验收。质检部对锚杆的数量、外观进行检查。锚杆安装前，由作业队班组对锚杆进行初检，作业队长在自检表格上签字确认，然后通知技术员进行再检，技术员和工区主管在自检表格上签字确认后，由质检部通知监理对锚杆孔进行第三次检查，合格后由质检部通知作业队进行锚杆安装。质检员现场填写《锚杆支护质检表》和《检验申请批复单》，监理工程师签字同意后方可进入下道工序。

（B）钢筋网支护：锚杆安装验收完成后进行钢筋网支护，钢筋网加工制作验收程序参照钢筋加工验收程序。钢筋网安装完成后，按三级质检流程进行检查，由现场技术员填写自检表格，作业队队长、现场技术员、质检工程师共同签认。质检工程师应依据自检表格及时填报《钢筋网安装现场质量检验报告单》，监理工程师签字并对《检验申请批复单》进行批复后方可进入下道工序。

（C）喷射混凝土支护：喷射混凝土前，作业队须对喷射基面进行清理，由现场技术员填写喷射混凝土各项准备工作确认申请表和喷射混凝土开盘令申请单，各项准备工作就位和质检部签发开盘令后进行混凝土喷射。在喷射过程中，作业队队长、现场技术员、质检工程师都应在现场全程旁站,严格执行喷射混凝土的作业要求,并由现场技术员现场填写喷射混凝土施工过程记录表,作业队队长、现场技术员、试验员、质检员、工区主管共同签字确认。喷射完成后,喷射混凝土表面如有缺陷或损伤等均由作业队修复完好。质检工程师填写《喷射混凝土支护质检表》和《检验申请批复单》,监理工程师签字同意后方可进行下道工序。每300根抽样一组进行拉拔试验,每组不少于3根,并填写锚杆试验报告。

3.6 质量标准

隧道锚开挖施工质量标准见表3-3。

表3-3 隧道锚开挖施工质量标准

项目			规定值或允许偏差
洞室/mm	总体	偏位	200
		高度	±100
		宽度	
	允许超挖	平均	50
		最大	100
岩锚/mm	中心线偏位		100
	深度		不小于设计值

3.7 成品保护

(1)喷射混凝土完成后,应间隔一段时间才能爆破,以免震动影响喷射混凝土的强度。
(2)隧道锚开挖完成后应布设排水系统,以免长时间泡水,造成不良影响。

3.8 安全环保措施

3.8.1 安全措施

(1)危险源辨识。
为加强安全生产管理,应严格监控危险源,避免发生重大事故,确保安全生产。主管安全部门应负责制订、完善危险源管理制度,现场应设置危险源告知牌。
(2)安全控制措施。
①隧道锚开挖施工具体安全措施。
(A)设专职安全检查员,集体对锚碇施工各工作面进行检查,发现问题及时解决。
(B)明确各班组安全责任。将安全责任落实到人,并贯穿于整个施工过程当中,进入工作面首先检查安全情况，将工作面安全状态作为交接班的主要内容之一。

（C）爆破、吊装、电焊等专业操作人员必须持证上岗。

（D）严禁违章作业、违章操作，杜绝违章指挥。

（E）工作面严禁存放爆破雷管和炸药，严格执行爆破器材使用管理制度。

（F）在锚洞施工中，洞室放炮，人员必须全部撤回地面，避开洞口，并在洞口外200 m设置警戒线。

（G）洞室提升运输严禁放飞车，施工人员严禁扒车，严禁用矿车载人，提升轨道上严禁站人。

（H）喷射混凝土作业必须紧跟工作面，工作面空顶距离不能超过1.5 m，严禁超距离进行作业。

（I）吊装设备、提升设备应经常派专人检查吊钩、吊绳、牵引绳等有无异常，发现问题及时处理。

②爆破安全专项措施。

（A）爆破器材必须到公安部门办理相关手续后持证购买，严禁从其他工地挪用爆破器材。

（B）爆破器材的运输、保管和使用必须符合《中华人民共和国民用爆炸物品管理条例》和《爆破安全规程》（GB 6722—2014）以及当地关于民用爆炸物品管理的相关规定。

（C）临时爆破器材库的设立必须符合国家相关标准，距离爆破施工现场的距离不能小于200 m。并应设置防雷装置。雷管、炸药必须隔离存放。

（D）雷管不得与炸药或导火索混运。

（E）爆破器材的装卸必须轻拿轻放，并严防在装卸过程中丢失爆破器材。

（F）存放雷管和炸药的地点必须经公安机关审批。

（G）对爆破器材的管理建立领取和清退制度，收发爆破器材必须有台账。

（H）领用爆破器材的人员必须持有有效的《爆破员作业证》。领用爆破器材的数量不得超过当天的用量，剩余的爆破器材应交回。

（I）所有与爆破器材接触的人员必须穿劳保服，严禁穿化纤类材质的衣服。

3.8.2 环保措施

（1）所有人员必须遵守国家的政策、法律、法规。

（2）建立、健全管理组织机构。工地成立以项目经理为组长，各业务部室和生产班组为成员的文明施工管理组织机构。积极联系当地政府和群众，了解当地民风民俗，尊重民族宗教信仰和生活习惯，处理好与当地政府和群众的关系，避免与百姓发生冲突。

（3）教育职工，严格遵守法律、法规和当地的规章制度。杜绝偷盗、斗殴等违法现象发生。

（4）着装整齐，挂牌上岗，安全员应戴红袖章，手持小红旗。

（5）施工现场、生产房、生活房的布置和修建应因地制宜，整齐有序，便于施工。机具、材料堆码整齐，场地整洁，无脏乱差现象。

（6）合理调配材料，各类物资分类堆放，并有明显标志。储备数量适宜，做到工完料净。

（7）所有工点及生活区排水畅通，建立必要卫生设施。

(8)施工中要做到规范化、标准化、制度化，杜绝野蛮施工和违章作业。

(9)做到施工文明、语言文明，树立良好的企业形象。

3.9　质量记录

(1)锚杆支护质检表。

(2)钢筋网安装现场质量检验报告单。

(3)喷射混凝土支护质检表。

4 隧道锚锚塞体混凝土施工工艺

4.1 总则

4.1.1 适用范围

本工艺标准适用于悬索桥隧道式锚碇的混凝土施工。

4.1.2 编制参考标准及规范

(1)《公路隧道设计规范》(JTG D70—2004)。

(2)《公路桥涵设计通用规范》(JTG D60—2015)。

(3)《公路隧道施工技术规范》(JTG F60—2009)。

(4)《公路桥涵施工技术规范》(JTG/T F50—2011)。

(5)《公路工程技术标准》(JTG B01—2014)。

(6)《公路工程施工安全技术规范》(JTG F90—2015)。

(7)《公路工程质量检验评定标准》(JTG F80/1—2017)。

(8)《钢结构设计标准》(GB 50017—2017)。

(9)《钢结构工程施工质量验收规范》(GB 50205—2017)。

(10)《后张预应力体系验收建议》(FIP—1993)。

(11)《钢结构焊接规范》(GB 50661—2011)。

(12)《公路施工手册(桥涵)》(上下册)。

(13)《公路施工手册(基本作业)》。

(14)《公路施工手册(基本资料)》。

(15)《施工监理实施办法》。

(16)《悬索桥手册》(人民交通出版社)。

4.2 术语

4.2.1 锚塞体

为悬索桥主缆锚固部位,呈倒锥形,与周边岩层紧密结合。

4.2.2 大体积混凝土

现场浇筑的最小边尺寸大于或等于 1 m，且必须采取措施以避免水化热引起的内表温差过大而导致裂缝的混凝土。

4.2.3 温控元件

在大体积混凝土浇筑施工前预埋，混凝土浇筑后用于收集混凝土凝固期间温度的电子元件。

4.2.4 冷却水管

大体积混凝土施工中，通过通水来控制混凝土内外温差的临时水管。

4.2.5 钢定位支架

在锚塞体施工过程中，用于支撑锚塞体预应力预埋构件的临时结构。

4.3 施 工 准 备

4.3.1 技术准备

（1）熟悉和分析工程施工位置的地质、水文及施工期间的气候气温情况。

（2）根据混凝土结构的几何尺寸、形状及对温度变化的敏感程度，选定合适的原材料，并根据设计文件和有关资料，对结构进行温控计算。当设计未规定时，按规范执行，内表温差不大于25℃，必要时进行抗裂计算。

（3）编制详细的单项施工组织设计，向施工管理技术人员及作业队进行书面的二次技术交底和安全交底。

（4）施工前进行测量放样，确定混凝土结构的几何特征点，并办理监理工程师复核、签认手续。

4.3.2 材料准备

（1）工程材料。

水泥、石子、砂、钢筋、外加剂、掺合剂等工程材料，由持证材料员和试验员按规定进行检验，确保工程材料质量符合相应标准，保证施工时足量供应。

（2）施工材料。

模板、支架、保温养生材料等提前准备，保证施工时足量供应。

（3）温控材料。

冷却水管、测温元件、测温元件数据线等。

（4）其他材料。

根据施工情况，准备相应的防冻、安全施工、文明施工等材料。

4.3.3 机具准备

(1)安全设备。

照明灯、施工梯、安全帽、安全带、漏电保护装置、应急车辆等。

(2)混凝土浇筑设备。

混凝土拌和站、混凝土输送泵、泵管、振捣棒等。

(3)钢筋加工安装设备。

成套钢筋加工设备、电焊机、对焊机或钢筋机械连接设备、吊车或其他起重设备等。

(4)冷却、温控设备。

冷却水箱、冷却水循环泵、冷却水流量计、数据收集仪等。

4.3.4 作业条件

(1)隧道锚混凝土施工,应根据原地形地貌条件,提前做好"三通一平"工作,尽量避免破坏生态环境。

(2)调查历年气候及水文条件是否对隧道锚混凝土施工有影响,对混凝土有无腐蚀性。

(3)隧道锚混凝土开始施工前,必须对散索鞍支墩基础做承载力及摩擦力试验,锚洞经雷达检测合格。

(4)机械设备到位并运转良好。

(5)施工材料及工程材料足量、到位。

(6)各类作业应急预案及措施落实到位,并与监理工程师办理施工许可手续。

(7)混凝土施工配合比已经批准使用,有关大体积混凝土的降温、测温、温控设备已就位,并已检验通过。

4.3.5 劳动力组织(表4-1)

表4-1 隧道锚锚塞体混凝土施工主要专业班组配置

工种	人数/人	工作地点	职责范围
施工队长	2	整个施工现场	负责跟班组织施工管理工作、协助总指挥等
工班长	2	整个施工现场	负责跟班组织施工,协调各工种交叉作业等
技术员	4	整个施工现场	负责跟班解决施工中的技术问题,编写技术措施等
专职安全员	2	整个施工现场	负责跟班检查安全设施、安全措施的执行情况及安全教育工作,对安全生产负责
质检员	2	整个施工现场	负责跟班检查工程质量,组织各工种交接及检查质量保证措施的执行情况,对工程质量负责
测量工	4	施工现场	负责模板、预埋件放样,混凝土位置、高程等测量
起重工	8	施工现场	负责起重机生产作业设备维护、保养和协助维修
电焊工	12	施工现场	负责隧道锚钢筋接头、定位支架等焊接
钢筋工	24	施工现场	负责隧道锚钢筋加工与安装

续表 4-1

工种	人数/人	工作地点	职责范围
模板工	8	施工现场	负责隧道锚模板安装
木工	2	施工现场	负责异形模板及槽口模板制作
砼工	28	混凝土施工现场	负责混凝土浇筑及养护
温控人员	6	混凝土施工现场	负责隧道锚混凝土冷却水以及温度测量与控制、记录
普工	12	整个施工现场	负责转运各种施工材料等
电工	2	整个施工现场	负责现场动力、照明、通信等电气系统维修保养
吊车司机	2	钢筋班、机加班	负责装车、卸车等
平板车司机	1	钢筋班、机加班至施工现场	负责施工现场钢筋、定位支架转运
装载车司机	1	仓库至施工现场	负责施工现场材料及小型设备转运
机修工	2	机修班及现场	负责机械设备及运输车辆保养及修理
合计	124		

注：此表为两个作业班施工配备人员，未计后勤、行政等人员。

4.4　工艺设计和控制要求

4.4.1　技术要求

（1）钢筋表面清洁，无锈蚀、油漆、混凝土残渣等。钢筋布置满足设计及规范要求。模板表面干净、平整。相邻模板表面高差控制在 2 mm 之内。

（2）当混凝土浇筑高度高于冷却水管高度时开始通水。保证混凝土内外温差控制在 25℃之内。

（3）每次混凝土浇筑都要取样做成试块，试块试压强度满足设计要求。

4.4.2　材料质量要求

（1）钢筋。

①钢筋混凝土中的钢筋和预应力混凝土中非预应力钢筋必须符合现行规范的规定。

②钢筋应具有出厂质量证明书和试验报告单。对桥涵所用的钢筋应抽取试样做力学性能试验。

③钢筋必须按不同钢种、等级、牌号、规格及生产厂家分批验收，分别堆存，并设立识别标志。

（2）水泥。

①选用水泥时，应注意其特性对混凝土结构强度、耐久度和使用条件是否有不利影响。

②选用水泥时，宜选用中、低热硅酸盐水泥或低热矿渣硅酸盐水泥。

③水泥应符合现行国家标准，并附有生产厂家提供的合格证明文件。水泥进场后，应按

其品种、强度、证明文件以及出厂时间等情况分批进行检查验收，验收通过后分别堆放。

④袋装水泥在运输和储存时应防止受潮，堆垛高度不宜超过10袋。

⑤水泥如受潮或存放时间超过3个月，应重新取样检验，并按其复验结果使用。

（3）混凝土细骨料。

混凝土的细骨料，应采用级配良好、质地坚硬、颗粒洁净、粒径小于5 mm的河砂。河砂不易得到时，也可用山砂或用硬质岩石加工的机制砂。细骨料试验可按现行《公路工程集料试验规程》（JTG E42—2005）执行。

（4）混凝土粗骨料。

混凝土的粗骨料，应采用坚硬的卵石或碎石，并按产地、类别、加工方法和规格等，分批进行检验。机械集中生产时，每批不宜超过400 m³；人工分散生产时，每批不宜超过200 m³。粗骨料的试验可按现行《公路工程集料试验规程》（JTG E42—2005）执行。骨料在生产、采集、运输与储存过程中，严禁混入影响混凝土性能的有害物质。骨料应按品种、规格分别堆放，不得混杂。在装卸及存储时，应采取措施，使骨料颗粒级配均匀，并保持洁净。

（5）混凝土拌和用水。

拌和用水的水质应符合工程用水的有关标准，水中不得含有影响水泥正常凝结与硬化的有害杂质。

（6）外加剂。

混凝土中所掺加的外加剂，必须是经过有关部门检验并附有检验合格证的产品，其质量应符合现行规范的规定。

（7）混凝土所用混合材料。

混凝土所用混合材料包括粉煤灰、火山灰质材料、粒化高炉矿渣等，应由生产单位专门加工、进行产品检验并出具产品合格证，其技术条件应分别符合现行规范的规定。

4.4.3 职业健康安全要求

（1）施工前做好施工安全交底，施工过程中，安全员应随时检查安全情况。

（2）根据施工要求配备足额的专职安全员。

（3）特种机械操作人员必须经过专业的技术培训及专业考试合格，持证上岗，并必须定期进行体格检查。

（4）严禁患有恐高症的人员从事高空作业。

4.4.4 环境要求

（1）施工时的临时道路应定期维修和养护，经常洒水，减少尘土飞扬。

（2）应尽量减少对周围水体的污染。

（3）应尽量减少对周围自然生态环境的破坏。

4.5　施工工艺

4.5.1　工艺流程

隧道锚锚塞体混凝土施工工艺流程图如图 4 – 1 所示。

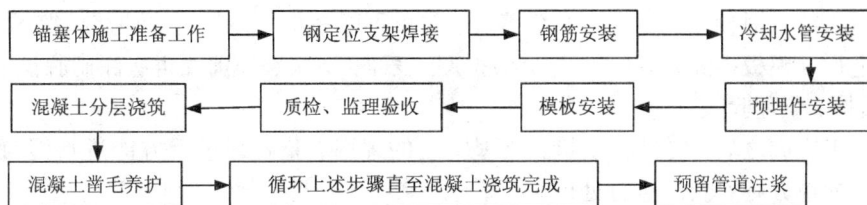

图 4 – 1　隧道锚锚塞体混凝土施工工艺流程图

4.5.2　操作工艺

（1）锚塞体施工准备工作。

施工前对施工现场进行清理修整，修筑必要的施工便道、排水系统，安装施工用电供应设备。

（2）钢定位支架焊接。

锚塞体预应力分丝管在混凝土浇筑前要预先进行设置，为了保证分丝管能固定在设计位置，首先要进行钢定位支架焊接。

（3）钢筋安装。

钢筋按照施工图设计在钢筋加工场地集中下料加工，现场绑扎成形，在弯曲前必须调直除锈，保证钢筋表面洁净。钢筋连接可采用焊接、绑扎和机械连接等方式，均应满足规范或相关技术规程要求，上下级接头必须按规范规定错开。局部位置调整须征得相关监理同意。

（4）冷却水管安装。

冷却水管可与钢筋同步布设，平面位置和每层高度可根据承台内钢筋的布置做适当调整，以便不设或少设冷却水管的架立钢筋。按温控设计布置冷却水管，其空间间距不宜超过 1 m，距结构表面不宜超过 40 cm，且单根水管长度不宜超过 300 m。

冷却水管的接头必须牢固，每层冷却水管安装后，必须通水试压，保证在 0.5 MPa 的压力下不渗漏，并根据温控设计确定单位时间通水量。冷却水管一般采用传热效果良好的金属管，不宜采用塑料或橡胶管。

（5）预埋件安装。

锚塞体混凝土施工预埋件主要有预应力分丝管、温控元件以及预留注浆管道。

预应力分丝管空间位置根据设计图纸计算得出，测量定位后焊接固定在钢定位支架上。

温控元件根据结构的对称性和温度变化的一般规律来布置。测温仪器主要布置在相互垂直的两个中心断面上，每个中心断面又以其中半个断面为重点。对于结构形式对称的，可只在其中的 1/2 布置。

由于锚塞体顶部与周边岩体之间存在缝隙，因此须于混凝土施工前在顶部预埋注浆管道，待锚塞体混凝土施工完成后，再进行注浆。

(6) 模板安装。

锚塞体模板由前、后锚面模板组成。考虑隧洞内无法使用大型起重机械设备，因此，前、后锚面模板可采用定型组合钢模。

模板安装前必须将表面清刷干净，并刷涂脱模剂，脱模剂涂刷应适量、均匀，不得漏刷。涂刷完成后不能及时使用的，要注意覆盖好，防止再度污染。模板拆除须严格按照设计要求和规范规定进行。模板拆除后及时检查、清理模板表面，下次装模前要再次涂刷脱模剂。

(7) 质检、监理验收。

上述施工完成之后，要进行质检、监理验收的程序，验收通过后方能进行混凝土浇筑，如有不合格的地方则要及时进行处理。

(8) 混凝土分层浇筑。

锚塞体混凝土采用分层浇筑的形式。分层浇筑高度根据温控设计要求划分。

①混凝土的拌制：由于锚塞体的砼浇筑方量较大，控制内外温差是一个关键。所以在砼拌制前，要定时地进行原材料温度的检测，并做好记录。按照大体积砼专项温控设计要求，严格控制砂石料入仓温度，必要时对砂石料采取洒水降温措施。水泥入场温度同样须严格控制，要求水泥厂家将刚出炉的水泥在库房存放一段时间后再运输到工地现场，如果仍不能达到要求，可以要求厂家采取在库房安装空调等降温措施。

混凝土要严格按照试验室提供的配合比拌制，搅拌时间控制在 120 s 以上，坍落度控制为 16 ~ 18 cm，确保砼的和易性和流动性。砼拌制时要经常对骨料的含水量进行检测，雨天时要增加检测次数，并以此检测结果来调整用水量，从而保证砼的拌和质量达到要求。

②混凝土施工操作平台：锚塞体混凝土浇筑面积大，且钢筋布置稀疏，不像其他部分的混凝土浇筑，可以利用模板和钢筋作为混凝土的浇筑平台，因此必须另设操作平台。锚塞体混凝土施工时可以钢定位支架为依托，用钢筋焊设骨架并铺设木板，形成工作平台。

③混凝土的浇筑：混凝土由搅拌站集中生产，砼输送泵泵送，采用泵管直接输送入仓，插入式振捣棒振捣。振捣时，振捣棒的振捣方向应顺时针进行，振捣的距离不大于 40 cm。在振捣过程中，应注意振捣棒插入旧层砼的厚度控制为 5 ~ 10 cm。在振捣过程中，应遵循"快插慢拔"的原则。振捣棒在砼里停留的时间不能超过 30 s。对角落的砼要加强振捣，保证砼的密实。混凝土振捣应密实，不得漏振、欠振和过振。

(9) 混凝土凿毛养护。

在每层砼浇筑完后，为了保证与下一层次浇筑的砼黏结密实，须对砼的表面进行凿毛施工。采用人工凿毛时，在砼表面强度达到 2.5 MPa 时开始；采用风动机凿毛时，砼强度须达到 10 MPa 方可开始。

砼浇筑完成后要及时进行养护，初始养护时间依现场观测情况而定。用手指试压砼表面，感到有硬感，表面砼又不粘手指时，即可洒水，同时用麻袋或者土工布进行覆盖，保证砼表面的温度和湿度。在养护中，除了对砼表面洒水养生，还要对砼的模板进行洒水降温。锚塞体两端面洒水养护的时间不能少于 7 d。

冬季低温天气施工期间，混凝土浇筑完成后采用麻袋覆盖养护。如果温度过低，则可采用蒸汽养护。

根据专项温控设计方案，做好温度观测并记录，及时通循环冷却水，确保砼内外温差控制在设计要求内。

（10）循环施工。

重复以上步骤，直至锚塞体混凝土施工完成。

（11）预留管道注浆。

锚塞体混凝土施工完成后，对锚塞体与周围岩体间的缝隙进行注浆。

（12）质量控制措施。

①钢筋施工质量控制措施。

（A）选择具有熟练钢筋加工制作经验的施工人员成立钢筋加工班。钢筋弯曲机、调直机、镦粗机、套丝机的操作人员及电焊、气割操作人员均应具备相应资质证书，经项目部组织岗前培训合格后方可上岗。

（B）钢筋制作所需的Ⅰ级、Ⅱ级钢筋以及连接套筒、电焊条等材料均应具备有效的产品合格证和质保书，并经项目部验收合格、试验监理工程师认可后方可进场使用。主筋机械接头的现场检验按验收批进行。

（C）钢筋加工的形状、尺寸必须符合设计要求，钢筋的表面确保洁净、无损伤、无麻孔斑点、无油污，不得使用带有颗粒状或片状老锈的钢筋。

（D）钢筋加工后应按规格、品种分开堆放，并进行标识，以防拿错。

（E）钢筋焊接的接头形式、焊接工艺和质量检验应符合国家现行规范的有关规定。

（F）受力钢筋的焊接接头在同一构件上应按规范和设计要求错开足够距离。

（G）雨天焊接钢筋时，要按规范要求和钢筋材质特点采取科学有效的保护措施，以保证焊接质量达到设计和规范要求。按规范和设计要求设置垫块。

（H）钢筋安装完成后，应按照三级质检体系要求对钢筋安装情况进行检查验收。

②模板质量控制措施。

（A）为确保模板的加工及外观质量，必须由专业厂家进行加工。

（B）专业厂家加工完成后，在出厂前进行试拼装，拼装合格后进行编号并向项目部提供相关质量保证资料。

（C）模板进入工地后，作业队采取相应的防护措施，确保防锈和不变形。

（D）先对锚碇平面位置进行施工放样，然后进行钢筋安装、各种预埋件的埋设及定位、预应力钢管的安装，最后进行模板安装。安装过程中，由项目部的测量工程师用全站仪全过程监控，确保安装质量，检查合格后报请测量监理工程师检查验收。

③钢定位支架及预应力管道质量控制措施。

（A）安装前，由专业加工作业队对已加工好的定位支架和预应力管道进行试拼装并编号，自检合格后向质检工程师申请检查验收，质检工程师检查合格后填写检验申请批复单，报请监理工程师签认。

（B）定位支架安装过程中，测量工程师用全站仪进行精确测量，准确定位，确保高程、里程、倾角误差在允许范围内，最后向测量监理工程师申请验收签证。

（C）定位支架安装合格后，进行预应力管道卡环安装，同样采用全站仪进行准确定位，确保卡环的中心与预应力管道中心重合。最后向测量监理工程师申请验收签证。

（D）预应力管道安装时，先由测量工程师在后锚面模板上放样出锚点中心轴线，然后将锚垫板按轴线精确安装，检查合格后，将管道套接在槽口中并搭放在卡环中。

④混凝土浇筑质量控制措施。

（A）施工前，要认真做好混凝土试配，以获得符合设计强度要求的最佳配合比。

（B）振捣棒的插点布置要均匀，振捣时间长短要适宜，做到不漏振、不过振；遵循"快插慢拔"的原则。

（C）在混凝土浇筑过程中产生的泌水和浮浆要及时排出，严禁让其混入混凝土结构中，以免影响混凝土结构自身的密实性。

（D）混凝土表面和侧面的养护一定要按作业指导书要求进行操作，以防产生收缩裂缝。

（E）混凝土浇筑前，由试验室出具配合比清单，各相关部门在砼浇筑申请表上签认后方可开盘。

4.6 质量标准

4.6.1 锚塞体混凝土施工质量标准（表4-2）

表4-2 锚塞体混凝土施工质量标准

项目		规定值或允许偏差
轴线偏位/mm	基础	20
	锚面槽口	10
断面尺寸/mm		±30
基础地面高程/mm	土质	±50
	石质	+50，-200
顶面高程/mm		±20
大面积平整度/mm		8
预埋件位置/mm		10

4.6.2 预应力锚固系统施工质量标准（表4-3）

表4-3 预应力锚固系统施工质量标准

项目	规定值或允许偏差
前锚面孔道中心线/mm	10
前锚面孔道角度/(°)	±0.2
拉杆轴线偏位/mm	5
连接器轴线/mm	5

4.6.3　钢筋加工及安装质量标准(表4-4)

表4-4　钢筋加工及安装质量标准

项次	检查项目	规定值或允许偏差
1	受力钢筋间距/mm	±20
2	横向水平钢筋间距/mm	0, -20
3	保护层厚度/mm	±10

4.6.4　温度控制质量标准(表4-5)

表4-5　温度控制质量标准

项次	检查项目	规定值或允许偏差
1	混凝土的内表温差	≤25℃
2	混凝土的浇筑温度	≤T+3℃(T为浇筑期间平均气温)
3	混凝土最高温升	≤28℃

4.7　成品保护

(1)混凝土浇筑完成后,应按要求进行养护,以免产生温度裂缝。混凝土未达到设计强度前,严禁大型设备压在砼上。锚塞体混凝土必须达到设计强度才能进行预应力施工。

(2)冷却水管确保畅通。避免温控元件及数据线被破坏,以确保收集的数据真实可靠。

(3)预应力管道安装完后,应注意保护,以免碰坏导致漏油。

(4)蜂窝管安装完毕后,管口应用土工布堵塞,以免石子、混凝土浮浆等堵塞管道,直至预应力工作开始后方可拔出土工布。

(5)保护好已经完成的钢筋半成品和成品,防止污染及锈蚀。

4.8　安全环保措施

4.8.1　安全措施

(1)危险源辨识。

为加强安全生产管理,应严格监控危险源,避免发生重大事故,确保安全生产。主管安全部门应负责制订、完善危险源管理制度,现场应设置危险源告知牌。

(2)安全控制措施。

①加强现场施工管理,作业前检查作业人员安全帽及其他安全防护用品的佩戴情况。特殊工种必须持证上岗。

②设置各种警告标志，夜间应有良好的照明并采取限速行驶措施，保证施工现场道路畅通。严禁非司驾人员开车或试车，严禁酒后驾驶，施工机械由专人驾驶操作。

③注意用电安全，施工用电由专职电工负责安排，统一使用配电箱，并安装漏电保护装置。使用前对线路进行一次安全检查，出现故障时由专职电工处理，未经电工同意，不得擅自挪用电线或配电箱等设施。

④建立健全安全检查制度。专职安全人员除正常在工地检查外，对重点新工序要提出安全注意事项，并配合工地技术人员做好安全、技术交底。定期召开安全会议，解决出现的问题，及时采取措施，消除事故隐患。

4.8.2　环保措施

(1)在施工现场建立环境保护、环境卫生检查制度，并做好检查记录。对现场作业人员做好教育培训、考核。培训、考核包括环境保护、环境卫生等有关法律、法规的内容。

(2)建筑垃圾、渣土在指定的地点堆放，每日进行清理。施工产生的垃圾及废弃物采取密闭式串筒或其他措施清理搬运。

(3)施工现场的污水、废水未经处理不得直接排入山下的河流、池塘。

(4)在场内道路上定期洒水，避免灰尘对环境卫生的不利影响。

(5)对施工产生的噪声进行有效控制。

4.9　质量记录

(1)钢筋安装质检表。

(2)钢定位支架安装质检表。

(3)冷却水管安装质检表。

(4)预埋件安装质检表。

(5)模板安装质检表。

5　悬索桥索塔施工工艺

5.1　总则

5.1.1　适用范围

本工艺标准适用于公路工程中的悬索桥钢筋混凝土索塔的施工,其他类型的索塔参照施工。

5.1.2　编制参考标准及规范

(1)《公路桥涵施工技术规范》(JTG/T F50—2011)。

(2)《公路工程质量检验评定标准》(JTG F80/1—2017)。

(3)《混凝土结构工程施工质量验收规范》(GB 50204—2015)。

(4)《钢结构设计标准》(GB 50017—2017)。

(5)《公路桥涵设计通用规范》(JTG D60—2015)。

(6)《钢结构工程施工质量验收规范》(GB 50205—2017)。

(7)《公路工程技术标准》(JTG B01—2014)。

(8)《公路工程施工安全技术规范》(JTG F90—2015)。

(9)《预应力筋用锚具、夹具和连接器》(GB/T 14370—2015)。

(10)《公路施工手册(桥涵)》(上下册)。

(11)《公路施工手册(基本作业)》。

(12)《公路施工手册(基本资料)》。

(13)《悬索桥手册》(人民交通出版社)。

5.2　术语

5.2.1　支架

用于支承模板或其他施工载荷的临时结构。

5.2.2 液压爬模

在塔柱施工时利用液压系统进行顶升和利用塔柱预埋螺栓进行锚固的塔柱模板系统。

5.2.3 劲性骨架

在塔柱施工时起到保证钢筋架立、模板安装空间定位作用的钢结构。

5.3 施工准备

5.3.1 技术准备

(1)熟悉设计文件、领会设计意图，由设计单位进行设计交底。

(2)在对工程进行全面施工调查和现场核对后，根据设计要求、合同条件及现场情况等，编制实施性施工组织设计。

(3)根据施工组织设计的要求，对全体施工人员进行岗前培训和安全教育，以及技术、安全交底。

(4)做好材料成本及人工成本核算的基础工作，做好材料、人工、设备需用量的计划。

(5)混凝土、砂浆配合比报告已送审批。

5.3.2 材料准备

(1)钢筋、预应力钢绞线。

(2)水泥、细骨料、粗骨料、水、混凝土外加剂。

(3)模板、支架、钢管桩、工字钢。

5.3.3 机具准备

(1)混凝土拌制及运输设备：拌和站、输送泵、泵管。

(2)钢筋加工、安装设备：钢筋弯曲机、钢筋切断机、电焊机、钢筋镦粗机、直螺纹加工机。

(3)钢筋、模板吊装设备：汽车吊、塔吊。

(4)液压爬模升降设备：液压杆及配套高压油泵。

(5)预应力张拉压浆设备：千斤顶及配套油泵、真空压浆机、水泥浆搅拌机。

(6)人员及小型材料垂直运输设备：电梯。

(7)混凝土浇筑设备：砼输送车、振捣棒。

(8)模板加工设备：电锯、电刨、电动磨光机。

5.3.4 作业条件

(1)施工前场地应完成三通一平。完成场地平整、场地硬化，建立临时排水系统、临时电力线路等。

(2)施工放样，测定要浇筑部位的中轴线、高程水准点，办理驻地监理工程师复核、签认手续。

（3）安装好防风、防雷雨、保温设施。

（4）完成混凝土拌和站的设置，主要材料、构件、半成品堆放场的安排等。

5.3.5 劳动力组织

根据总体工期和索塔工程量进行组织劳动力，主要工种有电工、钢筋工、模板工、混凝土工、吊装工、电焊工等，具体人员数量如表5-1所示。

表5-1 悬索桥索塔施工劳动力组织

工种	人数/人	工作地点	职责范围
施工队长	2	整个施工现场	负责跟班组织施工管理工作、协助总指挥等
工班长	2	索塔施工现场	负责跟班组织施工，协调各工种交叉作业等
技术员	4	索塔施工现场	负责跟班解决施工中的技术问题，编写技术措施等
专职安全员	2	索塔施工现场	负责跟班检查安全设施、安全措施的执行情况及安全教育工作，对安全生产负责
质检员	2	索塔施工现场	负责跟班检查工程质量，组织各工种交接及检查质量保证措施的执行情况，对工程质量负责
测量工	4	索塔施工现场	负责模板、预埋件放样，混凝土位置、高程等测量
起重工	8	施工现场	负责起重机生产作业设备维护、保养和协助维修
电焊工	10	施工现场	负责重力锚钢筋接头、定位支架等焊接
电工	2	整个施工现场	负责现场动力、照明、通信等电气系统维修保养
吊车司机	2	钢筋班、机加班	负责装车、卸车等
平板车司机	1	钢筋班、机加班至施工现场	负责施工现场钢筋、定位支架转运
装载车司机	1	仓库至施工现场	负责施工现场材料及小型设备转运
塔吊司机	4	施工现场	负责现场吊装及塔吊维护与保养
机修工	2	机修班及现场	负责机械设备及运输车辆保养及修理
钢筋工	18	施工现场	负责重力锚钢筋加工与安装
模板工	8	施工现场	负责重力锚模板安装
架子工	10	施工现场	负责支架搭设与拆除
木工	6	施工现场	负责异形模板及槽口模板制作
砼工	14	混凝土施工现场	负责混凝土浇筑及养护
普工	10	整个施工现场	负责转运各种施工材料等
合计	112		

注：此表为两个作业班施工配备人员，未计后勤、行政等人员。

5.4　工艺设计和控制要求

5.4.1　技术要求

（1）索塔的施工方案，应根据索塔的结构、外形尺寸和设计要求，采用劲性骨架、液压爬模等施工方法。

（2）须编制整体和局部的专项施工方案，如设置塔吊起吊重量限制器、断索防护器、风压脱离开关等；防范雷击、强风、暴雨、飞行器对施工产生影响；防范吊落和作业事故，并有应急措施；应对塔吊和支架的安装、使用和拆除阶段的强度和稳定性等进行计算和检查。

（3）组织技术交底和安全交底，使参与施工的所有人员详细了解结构设计特点、质量要求、施工工艺、安全隐患和防护措施等，做到人人心中有数。

（4）变截面施工时，必须对各阶段塔柱的强度和变形进行计算，应分高度设置横撑，以使其线形、应力、倾斜度满足设计要求并保证施工安全。

（5）索塔横梁施工时应根据其结构、重量及支撑高度，设置可靠的模板和支撑系统。要考虑弹性和非弹性变形、支承下沉等影响。

5.4.2　材料质量要求

（1）混凝土原材料及配合比。

根据设计要求选择符合规范的砂、碎石、水泥、水、外加剂等原材料并进行混凝土配合比试配、验证，经批复后方可使用。

（2）钢筋。

钢筋出厂时，应具有出厂质量证明书或检验报告单。品种、级别、规格和性能应符合设计要求。进场时，应抽取试件进行力学性能和外观检测，其质量应符合现行国家标准《钢筋混凝土用钢　第 2 部分：热轧带肋钢筋》（GB 1499.2—2017）、《钢筋混凝土用钢　第 1 部分：热轧光圆钢筋》（GB 1499.1—2017）的规定。

（3）钢绞线。

钢绞线应根据设计规定的规格、型号和技术指标进行选用。出厂时厂家必须提供材料性能检验证或产品质量合格证，进场时应对其进行表面质量、直径偏差和力学性能复检，其质量应符合《预应力混凝土用钢绞线》（GB/T 5224—2014）的规定。

（4）波纹管。

进场时除应按出厂合格证和质量保证书核对其类别、型号、规格及数量外，还应对其外观、尺寸、集中载荷下的径向刚度、载荷作用后的抗渗漏及抗弯曲渗漏等进行检验后，方能使用。

（5）锚具、夹片和连接器。

锚具、夹片和连接器应具有可靠的锚固性能、足够的承载能力和良好的适应性能。进场时除应按出厂合格证和质量保证书核对其类别、型号、规格及数量外，还应对其外观、硬度及静载锚固性能进行检验，确认合格后方可使用。

5.4.3　职业健康安全要求

（1）施工前做好施工安全交底，施工过程中，安全员应随时检查安全情况。根据施工要求配备足额的专职安全员。

（2）特种机械操作人员必须经过专业的技术培训及专业考试合格，持证上岗，并必须定期进行体格检查。

（3）严禁患有恐高症的人员从事高空作业。

（4）所有进入施工现场的人员必须按规定佩戴安全防护用具。

5.4.4　环境要求

（1）施工时的临时道路应定期维修和养护，经常洒水，减少尘土飞扬。

（2）清洗机械、施工设备的废水严禁直接排入周围场地内，应尽量减少对周围水体的污染。

（3）应尽量减少对周围自然生态环境的破坏。

（4）优先选用先进的环保机械，降低施工噪声到允许值以下，减少对周围的噪声污染。

5.5　施　工　工　艺

5.5.1　工艺流程

（1）索塔施工工艺流程。

索塔施工工艺流程图如图 5－1 所示。

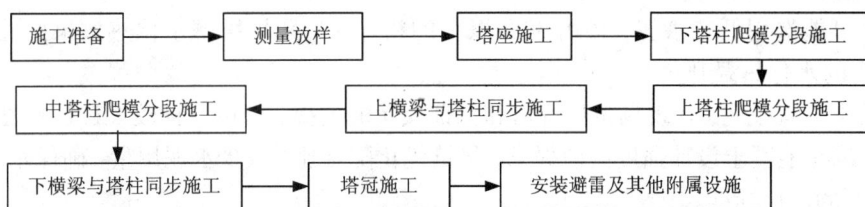

图 5－1　索塔施工工艺流程图

（2）塔柱爬模施工工艺流程。

塔柱爬模施工工艺流程图如图 5－2 所示。

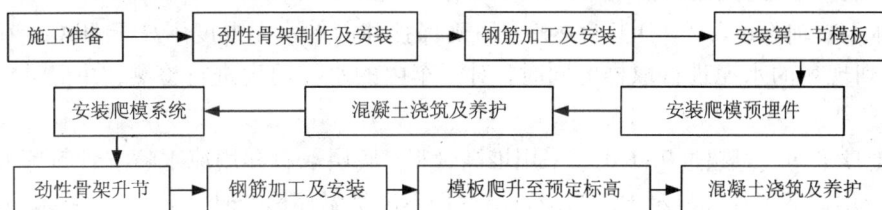

图 5－2　塔柱爬模施工工艺流程图

（3）横梁施工工艺流程。

横梁施工工艺流程如图 5-3 所示。

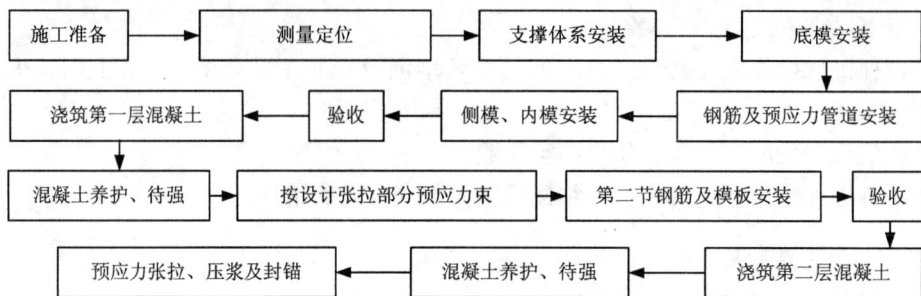

施工准备 → 测量定位 → 支撑体系安装 → 底模安装

浇筑第一层混凝土 ← 验收 ← 侧模、内模安装 ← 钢筋及预应力管道安装

混凝土养护、待强 → 按设计张拉部分预应力束 → 第二节钢筋及模板安装 → 验收

预应力张拉、压浆及封锚 ← 混凝土养护、待强 ← 浇筑第二层混凝土

图 5-3　横梁施工工艺流程图

5.5.2　操作工艺

（1）塔座施工要点。

①塔座模板施工。

塔座模板一般是倾斜的形式，在模板安装时，先要在塔座内装好内撑，作为模板的支撑体系，保证模板自身稳定。

倾斜的模板在混凝土浇筑过程中会上浮，所以在承台混凝土浇筑时要埋好预埋板，用型钢将其与模板背楞焊接，拉住模板底部，可有效控制模板上浮。

②塔座温控设计。

（A）优化选料配比。

（a）尽可能选用低热水泥，掺用 30% 以上的粉煤灰，采用缓解水化热效果好的外加剂，降低混凝土的水化热温升。

（b）改善骨料级配，在现场条件许可和保证质量的前提下，可选择较大粒径的骨料。

（c）在满足混凝土设计强度的前提下，尽量优化配合比，减少水泥用量，确保水化热温升不超过 20℃ 的温控标准。

（B）调整浇筑时间。

应尽量选择气温较低的日期施工（寒冷季节施工时，应保证浇筑温度在 5℃ 以上），同时安排浇筑层的中下部混凝土在夜间和早上浇筑，上部在白天浇筑。

（C）降低入模温度。

（a）使混凝土的浇筑温度小于浇筑日的日平均气温 $T+3$℃。

（b）水泥提前 6d 入罐，让其自然冷却，确保拌和前的水泥温度不高于 50℃。在工地试验室对送到现场的水泥进行取样的同时，对罐车内的水泥温度进行检测，并记录在检验报告中。

（c）当日平均气温超过 23℃ 时，采用堆高骨料、底层取料和用凉水喷淋骨料等方法降低骨料温度，用地下水拌和混凝土。当浇筑温度仍不满足温控标准时，应用冰水拌和混凝土。

（d）当气温高于出机口温度时，要加快运输和入仓速度，减少混凝土在运输和浇筑过程中的温度回升。当用管道输送混凝土时，应在混凝土输送管上覆盖保温布，并洒水降温；当气温低于出机口温度时，应揭开保温布散热。

（D）采用冷却水管。

采用水管冷却具有较好的降温效果，但必须正确掌握。

（a）控制冷却水管布置的层数和每层水管的数量、间距、位置和通水量等。

（b）冷却水管应采用导热性能好的金属管，管内径宜大于 30 mm，水管安装应保证质量，安装后应通水检查，防止管道漏水或阻塞。

（c）应确保通水期间的水源和流量，中途不得发生停水事故。

（2）塔身施工要点。

①测量放线。

（A）用全站仪测量出塔底边线及中心线。

（B）测量完成后及时复测，计算精度，确保测量误差在允许范围内。

（C）索塔基准点：用多台水准仪进行多回合测量，以确保索塔基准点的准确性。

（D）索塔基准点传递采用钢卷尺与全站仪相配合的方式，以钢卷尺垂直测量为主，用全站仪复核。

②劲性骨架安装。

（A）为了便于钢筋空间定位并固定模板，塔柱内应设置劲性骨架。

（B）劲性骨架应采用设计规定的角钢，按设计节段高度在场外进行制作。骨架制作须通过测量放样，先焊制加工用的标准模型，再通过标准模型控制制作。要求骨架平直，焊接牢固。

（C）制作好的骨架用塔吊运至塔上拼装、定位、焊接而成整体桁架。骨架的四角每隔 3.0 m 焊接测量用角钢，以便钢筋定位。

③钢筋安装。

（A）钢筋加工：主筋直接采用定尺长，一般为 12 m。箍筋的长度则随着塔柱的升高、墩柱环向半径的减小而相应变短。施工中按设计节段高度配料加工，各种加工的钢筋按型号、规格、尺寸进行编号挂牌，分别堆放，以便吊运、绑扎。

（B）主筋的安装：主筋按由内至外的顺序用塔吊吊升就位，对接竖直后，临时固定在劲性骨架上，再进行套筒连接，接头应相互错开。主筋接长后根据焊接在劲性骨架上的测量用角钢的位置和设计图纸，对主筋的间距、排距进行调整，再焊接主筋的支撑钢筋。

（C）箍筋的安装：在主筋安装就位后，开始进行箍筋的绑扎，绑扎顺序一般由上而下、由外到内进行。分段箍筋绑扎高度以每次混凝土浇筑高度为准，一般为 4.5 m 左右。

（D）钢筋安装过程中，不得损坏内外模板，并注意预埋穿墙螺栓和套筒的位置。

④安装第一节模板。

（A）模板应采用大面积钢模，支架采用钢管支架。

（B）模板就位前，先把模板表面清理干净，然后用脱模剂涂刷均匀。

（C）模板可采用插模法安装。即在模板下端两侧面每隔 1.0~1.5 m 向承台内植入螺栓，螺栓内侧焊接工字钢，在两排工字钢之间插入模板。模板上部用螺杆对拉固定，侧面设置斜撑、水平拉杆、剪刀撑等。

（D）相邻模板采用芯带连接，每 2 块相邻模板每根芯带必须插 4 个芯带销，同时调整相连模板间的错台。

（E）第一节模板的支设高度以满足爬模系统安装为准，一般为3.0~4.0 m。

⑤浇筑混凝土。

（A）拌制混凝土前试验工程师测定砂石材料的当日含水量，并据此确定施工配合比，并严格按照配合比计量搅拌。

（B）应根据每次浇筑量配备足量的混凝土运输车，确保混凝土浇筑连续进行。

（C）混凝土浇筑前应对模板、钢筋、对拉螺杆、支撑、预埋件、预留孔等进行检查验收。

（D）混凝土宜采用混凝土搅拌运输车运至工地，地泵泵送至作业面。

（E）混凝土运至浇筑点，应检查混凝土的和易性和均匀性，当混凝土有离析、泌水现象时，应进行二次搅拌。

（F）混凝土浇筑从低处开始逐层向上扩展升高，并保持水平分层，分层厚度约为30 cm，使用插入式振捣器分层振捣密实。振捣密实的标准为混凝土停止下沉，无显著气泡上升，表面平坦，呈现薄层水泥浆。

（G）下塔柱塔基部分一般设计为实心段，应按大体积混凝土施工考虑。内部设置降温水管，混凝土浇筑后，通水冷却，降低内部温度，同时对模板外部进行保温，防止混凝土产生温度裂缝。

⑥爬模系统。

（A）爬模系统组成。液压自爬升模板一般分为四大部分：模板部分、埋件部分、爬模主构架部分及液压系统部分。

（a）模板部分：可根据工程的实际情况、模板周转次数以及尽可能减轻模板重量的原则进行选择，建议采用轻型钢模板。

（b）埋件部分：由埋件板、高强螺杆、爬锥及受力螺栓组成，其中埋件板和高强螺杆为一次性消耗件，爬锥及受力螺栓可周转使用。

（c）爬模主构架部分：主要由附墙座、附墙挂座、导轨、悬臂支架、模板后移装置、模板主背楞、悬吊平台组成。

（d）液压系统部分：主要由主控制台、顶升油缸、胶管和油阀组成。

（B）模板安装。

（a）相邻模板接缝以及每节段上下接头处都必须贴双面胶，在每块模板接缝处，按混凝土的截面尺寸放置4~5根控制筋。为保证模板不受损伤，控制筋必须焊成工字形或在控制筋端头焊接小钢板。

（b）按照模板平面布置图对号入位，每块模板依次校正，然后穿对拉杆，实心段对拉杆采用300 mm的高强螺栓与ϕ22 mm的螺纹钢筋连接，焊接长度大于200 mm，内连杆通过锥形接头与600 mm的高强螺杆相连接，内连杆与外连杆都必须拧到锥形接头的限位销轴。穿对拉杆时严禁损伤爬模面板。

（C）爬模预埋件安装。

（a）将爬模、高强螺杆、埋件板用安装螺栓固定在模板上。要求爬锥与高强螺杆、安装螺栓与爬锥的接触部位和爬锥的外表面均用黄油涂抹均匀，再将爬锥外表面缠上黄胶带，保证爬锥在混凝土浇筑完毕、模板爬升时能顺利取出。

（b）预埋件与塔柱建筑钢筋有冲突时，经监理工程师同意，应预先将钢筋适当移位，保证预埋件顺利安装。

（c）预埋件安装完后，需检查预埋件板外表面至模板表面距离是否符合设计要求，最后将每个爬架的两个埋件从外表面用钢筋连为一体。

（D）爬架安装。

（a）用受力螺栓将附墙座固定在预留的爬锥位置，拧紧受力螺栓，使其与混凝土面紧贴，再将附墙挂座从侧面套进去，附墙挂座必须卡在附墙座的中心凹槽，插上承重销，注意插承重销要分中。

（b）将承重三脚架主体挂在承重销上，插上安全销。架体必须垂直，与混凝土面上下间距一致。再将同一单元块的爬架用钢套管连接紧固，平台跳板必须与架体捆绑牢固。发现有不符合要求时，应立即整改直到满足要求为止，否则不准进入下道工序。

（c）相邻爬架之间搭设附加跳板，附加跳板必须用铁钉连为一体，并且搭设护栏。

（d）为保证爬架之间的整体稳固，爬架上任何连接件的螺丝都要拧紧到位。

（e）模板与爬架采用背楞扣件连接，每个爬架最少安装5道背楞扣件。

（E）导轨安装。

（a）第二节混凝土浇筑完后且模板后移开始安装导轨，安装前必须检查上、下换向盒的下棘爪是否弹出迎向混凝土面。

（b）将导轨插入第一节的附墙挂座，再进入上、下换向盒及附墙座。当导轨上端部低于第二节预埋件500 mm时，停止向下插导轨，把换向盒的棘爪通过摇臂调转方向，然后使附墙座及附墙挂座就位于第二节预留的爬锥位置，最后通过液压油缸将导轨提升到第二节附墙挂座上。

⑦模板爬升。

（A）已浇筑混凝土经过10 h左右的养生后，即可接高劲性骨架、绑扎上节钢筋、安装预埋件。为避免预埋的爬锥被拔出，须待混凝土强度达到10 MPa后，方可进行模板爬升作业。

（B）模板爬模前必须把相邻单元的连接护栏解开，抽出附加跳板，拔出安全销，并检查模板和爬模架与混凝土面是否有接缝，确定无连接后方可爬升。

（C）先将上爬架的四个支腿收缩部分尺寸，然后由专门操作人员操作液压控制台开关，下爬架下方的两顶升油缸同时向上顶升，并通过上爬架、外套架带动整个模板向上爬升，爬升速度控制在10 cm/min。

（D）模板每爬升30 cm收坡一次，收坡时转动收坡丝杆使整个模板收坡，模板滑升累计高1.0 m时，按收坡表调整收坡值，防止产生累计误差。注意在模板正常提升中测量控制好墩的轴线和四角位置。

（E）模板每爬升1.5 m的高度，操作控制台，伸出爬架支腿，支在爬升支架上，回收活塞杆带动下爬架、内套架上升就位，并支撑好下爬架支腿。

（F）模板爬升至上一层高度后安装挂座后，插好安全销，接长外挂爬梯，拆穿墙螺栓。

⑧横向临时撑架系统。

（A）为防止索塔根部产生拉应力，一般设计要求采用水平临时撑架，以抵抗塔柱向内倾所产生的水平力。

（B）水平撑架设置：在规定高度，塔柱内侧埋设预埋件并焊接牛腿，用钢管作支撑，采用油压千斤顶施加对撑力。

⑨索塔施工测量。

(A)索塔施工测量的重点是确保结构的位置正确，塔柱各部分满足倾斜度、垂直度、几何尺寸和空间位置的要求。

(B)由于精度要求高，测量作业场地狭小，平面位置可采用相对基准极坐标法定位或相对时间法原理定位，尽量消除日照、温度变化的影响；高程采用差分三角高程法定位，以确保定位精度。

(3)横梁施工要点。

①横梁与相应的塔柱节段同步施工，根据结构设计计算确定支撑及模板系统。支架可采用落地钢管支架或贝雷梁钢管柱支架；模板采用组合钢模板。模板支撑采用对拉螺杆和钢管斜撑相结合的形式。横梁钢筋、混凝土施工与塔柱基本相同。

②预应力筋张拉。

(A)张拉机具采用满足最大张拉吨位的千斤顶。张拉前，对锚夹具、连接器进行检查验收，并对高压油泵、液压千斤顶和压力表进行配套标定校验，确定千斤顶与油泵压力表的回归曲线。

(B)混凝土强度达到设计要求时，进行预应力筋的张拉。先对称张拉腹板束，再张拉顶、底板束。预应力钢束均为两端同时张拉，张拉以拉力与引伸量进行双控。钢束的伸长值误差控制在±6%以内。张拉程序为：0→初应力→分级张拉至σcon(持荷 2 min 锚固)。

(C)压浆采用活塞式真空压浆泵，压力控制在 0.5 ~ 0.7 MPa，压浆后，立模浇筑封锚混凝土。压浆及封锚张拉后，采用砂轮切割机切割多余钢绞线。

(4)质量控制措施。

①成立以项目经理为负责人、总工程师具体组织技术质量工作、各有关科室负责人组成的施工质量检查组，具体落实从方案优化到现场组织等一系列总体施工质量控制和监督工作。

②建立严格的质量管理制度，实行岗位责任制。对具体工序做到定人定岗，职责明确，并建立质量效果的奖罚制度，按质量情况进行奖罚。

③组织施工技术规范和专业培训，学习质量管理的新经验、新技术，不断提高本部质检工作人员业务素质。

④每道工序施工前进行详细的技术、质量和安全交底，确保方案顺利实施。组织施工人员不断进行技术交流和技术总结，提高技术水平和管理水平。

⑤制订具备可操作性的各种三级自检表格，以实现现场施工规范化、表格及质量责任可追溯性，加强人员责任心。

⑥电焊工、电工、吊装工等特种作业人员必须持证上岗，确保工作质量。

5.6 质量标准

5.6.1 混凝土索塔施工质量标准(表5-2)

表5-2 混凝土索塔施工质量标准

项目		规定值或允许偏差
混凝土强度/MPa		在合格标准内
塔柱底偏位/mm		10
横梁轴线偏位/mm		10
倾斜度/mm	总体	符合设计规定:设计未规定时按塔高的1/3000,且不大于30
	节段	节段高的1/1000,且不大于8
塔顶高程/mm		±20
外轮廓尺寸/mm	塔柱	±20
	横梁	±10
拉索锚固点高程/mm		±10
横梁顶面梁高程/mm		±10
预埋索管孔道位置/mm		10,其两端同向

5.6.2 钢筋施工质量标准(表5-3)

表5-3 钢筋施工质量标准

项次	检查项目			规定值或允许偏差	权值
1	受力钢筋间距/mm	两排以上排距		±5	3
		同排	锚碇	±20	
2	箍筋、横向水平钢筋、螺旋筋间距/mm			±10	2
3	钢筋骨架尺寸/mm	长		±10	1
		宽、高		±5	
4	弯起钢筋位置/mm			±20	2

5.6.3 模板施工质量标准(表5-4)

表5-4 模板施工质量标准

项目	允许偏差/mm
加工要求	
模板外形尺寸	长宽:0,-1;肋高:±5
面板端偏斜	≤0.5
连接栓孔的位置	孔中心与板面的间距:±0.3; 板端孔中心与板端的间距:0,-0.5; 沿板长、宽方向的孔:±0.6
板面局部平整度	(用300 mm长平尺检查):1.0
板面和板侧挠度	±1.0
模板标高	±10
安装要求	
模板安装后内部尺寸	±20
模板轴线偏位	10
相邻两板表面高低差	2
模板表面平整度	5

5.7 成品保护

(1)混凝土浇筑完成后,应在收浆后尽快予以覆盖和洒水养护。当气温低于5℃时,应覆盖保温,不得向混凝土表面洒水。

(2)拆卸模板时应保护好塔柱的棱角部位,防止拆卸模板时损坏混凝土。

(3)在已浇筑混凝土强度未达到1.2 MPa以前,不得在其上踩踏或进行施工作业。

(4)不得在混凝土上乱涂乱划。

(5)在模板拆除后,应对易损的结构棱角采取有效的保护措施。

(6)冬季施工混凝土后,采用保温材料覆盖混凝土表面,防止混凝土受冻。

5.8 安全环保措施

5.8.1 安全措施

(1)危险源辨识(表5-5)。

表 5-5 悬索桥索塔施工中常见危险源

序号	类别	具体表现形式	可能造成的事故
1	机械设备的不安全状态	卸扣规格不匹配,安全销拧不到位	坠落、打击
2		钢丝绳断裂、磨损、弯折、扭结、锈蚀、缠绕尖锐结构	坠落、打击
3		设备日常维护保养检查不及时	机械破坏
4		开关箱未按规定设置漏电保护装置	触电、火灾
5	施工场所及外围环境的不安全状态	液压爬模和横梁支架下方站人	坠物、打击
6		卷扬机无防护罩	机械伤害
7		张拉夹索时拉伸器正面站人	机械伤害
8		工作鞋不防滑,不跟脚	滑倒、坠落
9		电工绝缘手套、鞋靴质量不符合要求	触电伤害
10	警示标识标牌的缺乏	高危区域未设红色警示隔离带	各类事故
11		塔吊、卷扬机未设置安全操作规程	
12		起重设备下方未设置严禁站人标志	
13	违章指挥	非定机、定岗人员擅自操作	各类事故
14		无证人员从事特种作业,如卷扬机、塔吊、汽车吊	机械伤害
15		不配挂安全带或挂置不可靠	坠落
16		在作业信号不明时下达操作指令	各类事故
17		恶劣天气进行起重作业	各种事故
18		在作业中出现工具脱手、物品飞溅掉落、碰撞和拖拉别人的行为	坠物、打击
19	人的失误控制的缺陷	未执行三级安全教育制度,岗前培训不到位	各类事故
20		未执行三级技术交底制度,施工人员上岗前对工艺及作业程序不明确	
21		未明确作业程序和操作要点或程序制定错误	

塔吊施工需对电梯、塔吊、横梁支架、预应力、爬模、高空临边、坠落、临时用电等多方面进行安全控制。

(2)高空坠落防护措施。

①强化安全教育,提高安全防护意识,提高工人安全操作技能。

②合理组织交叉作业,采取防护措施。各工作进行上下立体交叉作业时,不得在同一垂直方向上操作,下层作业的位置必须处于依上层高度确定的可能坠落范围半径之外。当不符合交叉作业条件时,应设置安全防护层。

③拆除作业应有监护措施,制订施工方案,进行技术和安全交底。防护棚搭设与拆除时,应设警戒区,并应派专人监护。严禁上下层同时拆除。

④起重吊装作业应制订专项安全技术措施。对起重吊装工进行安全交底,落实"十不吊"

措施。对由于上方施工可能坠落物件或处于起重机把杆回转范围之内的通道，在其受影响的范围内必须搭设顶部能防止穿透的双层防护棚。

⑤起重吊物应绑扎平稳、牢固，不得在重物上再堆放或悬挂零星物件。易散物件应使用吊笼栅栏固定后方可起吊。

⑥施工作业场所有坠落可能的物件应一律先行撤除或加以固定。结构施工自二层起，凡人员进出的通道口上部(包括井架、施工用电梯的进出通道口)，均应搭设安全防护棚。高度大于24 m层次上的交叉作业应设双层防护棚。双笼井架通道中间，应予以分隔封闭。

⑦高空作业中所用的物料均应堆放平稳，不得妨碍通行和装卸。物料临时堆放处离楼层边沿≥1 m，堆放高度≤1 m，楼层边口、通道口、脚手架边缘等处严禁堆放任何物料。

⑧雨天和雪天等恶劣气候下进行高处作业时，必须采取可靠的防滑、防寒和防冻措施。凡有水、冰、霜、雪均应及时清除。遇有6级以上强风、浓雾等恶劣天气不得进行露天攀登与悬空高处作业。

(3)临边防护措施。

下列临边高处作业，必须设置防护栏杆：

①爬模周边、料台与悬挑平台周边、施工面靠悬崖壁周边等处，都必须设置防护栏杆。

②施工用电梯、脚手架以及建筑物通道的两侧边，必须设防护栏杆。

③各种垂直运输接料平台，除两侧设防护栏杆外，平台口还应设置安全门或活动防护栏杆。

④临时楼梯口和梯段边，必须安装临时护栏。顶层临边应随工程结构进度安装正式防护栏杆。施工中的顶层楼梯平台不通行时，应封闭或采取其他防护措施。

5.8.2 环保措施

在索塔施工过程中，采取以下措施对施工现场进行环境保护。

(1)在施工现场建立环境保护、环境卫生管理和检查制度，并做好检查记录。对现场作业人员做好教育培训、考核工作。培训、考核包括环境保护、环境卫生等有关法律、法规的内容。

(2)施工现场的污水、废水未经处理不得直接排入山下的河流、池塘。

(3)建筑垃圾、渣土在指定的地点堆放，每日进行清理。高空施工产生的垃圾及废弃物采取密闭式串筒或其他措施清理搬运。

(4)在场内道路上定期洒水，避免灰尘对环境卫生的不利影响。

5.9 质量记录

(1)水泥试验报告。

(2)砂试验报告。

(3)粗集料(石子)试验报告。

(4)外加剂试验报告。

(5)钢筋试验报告。

(6)预应力混凝土用钢绞线试验报告。

（7）混凝土配合比设计试验报告。

（8）钢筋机械接头试验报告。

（9）钢材焊接力学性能试验报告。

（10）混凝土试块极限抗压强度试验报告。

（11）工程测量记录。

（12）预应力筋制作质量检验评定表。

（13）预应力筋张拉质量检验评定表。

（14）混凝土浇筑施工原始记录。

（15）预应力张拉施工记录。

（16）预应力张拉孔道灌浆记录。

6 索鞍安装施工工艺

6.1 总则

6.1.1 适用范围

本工艺标准适用于悬索桥主散索鞍吊装施工。

6.1.2 编制参考标准及规范

(1)《起重吊运指挥信号》(GB 5082—1985)。

(2)《起重机械安全规程 第1部分：总则》(GB 6067.1—2010)。

(3)《起重机设计规范》(GB/T 3811—2008)。

(4)《起重设备安装工程施工及验收规范》(GB 50278—2010)。

(5)《起重机试验规范和程序》(GB/T 5905—2011)。

(6)《建设工程施工现场供用电安全规范》(GB 50194—2014)。

(7)《钢结构设计标准》(GB 50017—2017)。

(8)《建筑结构荷载规范》(GB 50009—2012)。

(9)《钢结构工程施工质量验收规范》(GB 50205—2017)。

(10)《重要用途钢丝绳》(GB 8918—2006)。

(11)《钢丝绳通用技术条件》(GB/T 20118—2017)。

(12)《起重机 钢丝绳 保养、维护、检验和报废》(GB/T 5972—2016)。

(13)《建筑卷扬机》(GB/T 1955—2008)。

(14)《大型设备吊装工程施工工艺标准》(SHJ 515—1990)。

(15)《大型设备吊装安全规程》(SY/T 6279—2016)。

(16)《建筑施工高处作业安全技术规范》(JGJ 80—2016)。

(17)《施工现场临时用电安全技术规范》(JGJ 46—2005)。

(18)《公路桥涵设计通用规范》(JGJ D60—2015)。

(19)《公路桥涵施工技术规范》(JTG/T F50—2011)。

(20)《起重滑车型式、基本参数和尺寸》(JBT 9007.1—1999)。

6.2 术语

6.2.1 滑轮组

由若干定滑轮和动滑轮匹配而成，可以达到既省力又改变方向的目的。

6.2.2 索鞍

供悬索通过塔顶、支墩顶的支撑结构，起到固定主缆的作用。

6.3 施工准备

6.3.1 技术准备

吊装作业前，工程师应根据施工组织设计对吊装作业人员进行详细的技术交底，内容包括：

(1)各个工件的吊装顺序、吊装工艺方法及质量要求。

(2)设备构件的规格重量及摆放位置、安装位置。

(3)设备构件在各种空间位置状态时起重机索具受力情况。

(4)起重机索具选用及安全系数情况。

(5)岗位分工及职责。

(6)指挥信号。

(7)施工技术、质量要求。

(8)安全技术及应急预案。

(9)编制实施性施工组织设计。

6.3.2 材料准备

(1)主要施工辅助材料。

钢板、钢筋、型钢、钢丝绳。

(2)散索鞍构件。

底板、底座、鞍座、压紧梁、拉杆、隔板、螺母、垫圈、密封带、垫块、锌填块、鞍体。

(3)主索鞍构件

铜衬板、密封带、鞍体、上承板、下承板、安装板、临时安装板、螺母、垫圈、拉杆、锌填块、隔板组件、挡板。

6.3.3 机具准备

(1)起重设备：门架、卷扬机、绳卡、钢丝绳、卸扣、手拉葫芦、塔吊、电梯、滑轮及滑轮组、塔吊。

(2)门架安装设备：普通焊机、CO_2 气体保护焊机、氧割设备。

(3)运输设备:挂车、平板车、钢丝绳。

6.3.4 作业条件

(1)完成两塔两锚的混凝土浇筑工作,并埋设门架安装所需的预埋件。

(2)完成起吊卷扬机的地锚混凝土浇筑和预埋板的安装。

(3)索鞍正式吊装前,完成起吊系统及门架的安装、调试、检测、试吊等工作。

6.3.5 劳动力组织(表6-1)

表6-1　索鞍安装施工劳动力组织

工种	人数/人	工作地点	职责范围
施工队长	2	整个施工现场	负责跟班组织施工管理工作、协助总指挥等
工班长	2	整个施工现场	负责跟班组织施工,协调各工种交叉作业等
技术员	4	整个施工现场	负责跟班解决施工中的技术问题,编写技术措施等
专职安全员	2	整个施工现场	负责跟班检查安全设施、安全措施的执行情况及安全教育工作,对安全生产负责
质检员	2	整个施工现场	负责跟班检查工程质量,组织各工种交接及检查质量保证措施的执行情况,对工程质量负责
吊装工	16	锚碇及索塔区域	负责施工现场吊装
吊车司机	2	锚碇及索塔区域	负责装车、卸车等
塔吊司机	8	锚碇及索塔区域	负责现场吊装及塔吊维护与保养
门架安装人员	22	锚碇及索塔区域	负责门架安装
索鞍安装人员	18	锚碇及索塔区域	负责索鞍安装
电焊工	14	锚碇及索塔区域	负责门架焊接
卷扬机操作员	8	锚碇及索塔区域	负责施工现场卷扬机操作、保养、记录
普工	12	锚碇及索塔区域	负责转运各种施工材料等
指挥员	4	锚碇及索塔区域	负责指挥索鞍吊装
合计	116		

注:此表人员数量为一岸门架安装及索鞍安装两个队伍的人员数量。

6.4　工艺设计和控制要求

6.4.1　技术要求

(1)索鞍施工须制订专项施工方案,并上报监理工程师、业主审批后方能进行。

(2)严格按设计要求安装门架起吊系统,控制误差在规范要求以内;安装完毕后,对焊缝做 100% 超声波探伤。

（3）索鞍吊装过程严格执行吊装安全规程；索鞍就位时，必须按设计要求设置预偏值，则测量部门进行严格控制。

6.4.2 机具、材料质量要求

（1）卷扬机。

卷扬机选用有资质生产厂家的产品，应严格按卷扬机的说明书使用。卷扬机的牵引力、容绳量和跑绳速度应同时满足使用要求。卷扬机的电动机、制动器等电器设备绝缘电阻应大于或等于 0.5 MΩ，保护接地的电阻应小于 10 Ω。相关设置应符合下列规定：

①同一工艺岗位的卷扬机宜集中设置，且有防雨棚、垫木等防护措施。

②卷扬机设置地点应便于观察吊装过程及指挥，且有足够安全距离。

③卷扬机出绳的俯、仰角度不得大于 5°。

④卷扬机绳筒到最近一个导向滑车的距离不得小于卷筒长度的 25 倍，且导向滑车的位置应在卷筒的垂直平分线上。

⑤卷扬机的走绳应均匀缠紧，防止吊装时走绳嵌入绳层。

⑥卷扬机的位置应避免出现走绳与设备进向或与地面索具交叉、妨碍索鞍运输平板车运行至规定位置的情况。

（2）钢丝绳。

卷扬机快绳采用线接触钢丝绳，钢丝绳的破断拉力应按产品质量证明书取 5 倍安全系数选用。压制、插编钢丝绳索具应按压制、插编的相应标准制作和使用，购置生产厂家定型产品时应按使用说明书要求使用。出现以下情况不应使用：

①钢丝绳与铝合金接头部位有裂纹或滑移变形。

②钢丝绳插编部位有抽脱。

③钢丝绳或铝合金接头磨损或变形。

④钢丝绳或铝合金接头腐蚀。

（3）绳卡。

绳卡应有出厂合格证和质量证明书。绳卡应与卡夹钢丝绳的直径相匹配，最后一个绳卡离绳头的距离不小于 150 mm，绳卡拧紧程度以压扁钢丝绳直径 1/3 为宜，并应将 U 形部分卡在绳头一边。绳卡的数量间距见表 6-2。

表 6-2　绳卡的数量间距

钢丝绳直径/mm	11	12	16	19	22	25	28	32	34	38	50	60
绳卡个数/个	3	4	4	5	5	5	5	6	6	6	8	8
绳卡间距离/mm	80	100	100	120	140	160	180	200	230	250	250	300

（4）卸扣。

卸扣应按其规定的使用场合和标识的额定荷载使用；应使其纵向受力，合力方向作用点不能偏离其对称中心线；使用前应进行外观检查，必要时应进行无损检测。

(5)滑轮。

起吊前应按其额定起重量选用多饼滑轮和钢丝绳，形成滑轮组。使用前应检查滑轮的轮槽、轮轴、夹板、吊钩、吊环等零部件，不应有裂纹、损伤和变形等缺陷。滑轮组的最小净间距不应小于轮径的5倍，并在使用过程中定期加油润滑。

6.4.3　职业健康安全要求

(1)施工前做好施工安全交底，施工过程中，安全员应随时检查安全情况。

(2)根据施工要求配备足额的专职安全员。

(3)特种机械操作人员必须经过专业的技术培训及专业考试合格，持证上岗，并必须定期进行体格检查。

(4)严禁患有恐高症的人员从事高空作业。

(5)所有进入施工现场的人员必须按规定佩戴安全防护用具。

6.4.4　环境要求

(1)施工时的临时道路应定期维修和养护，经常洒水，减少尘土飞扬。

(2)清洗机械、施工设备的废水严禁直接排入周围场地内，应尽量减少对周围水体的污染。

(3)应尽量减少对周围自然生态环境的破坏。

(4)优先选用先进的环保机械，降低施工噪声到允许值以下，减少对周围的噪声污染。

6.5　施工工艺

6.5.1　工艺流程

主、散索鞍吊装施工工艺流程如图6-1所示。

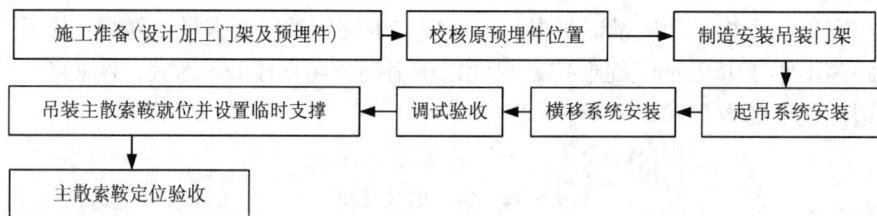

图6-1　主、散索鞍吊装施工工艺流程图

6.5.2　操作工艺

(1)索鞍吊装门架。

①门架加工。

为了保证门架加工质量，门架拟在厂内加工经试拼后运往施工现场，用高强螺栓栓连及焊接方式连接。门架用材及加工时必须遵守以下原则：

（A）门架所使用的钢材、焊接材料、涂装材料和紧固件等必须符合设计要求和现行标准的规定。

（B）进场的原材料除必须有生产厂家的出厂质量证明书外，还应按设计要求和有关现行标准进行检验和验收，做好检查记录。

（C）零部件在加工过程中禁止使用有缺陷的材料，以保证门架安全使用。

（D）两相邻孔中心距离允许偏差控制在 ±0.5 mm。

（E）号料所画的切割线必须准确清晰；号料尺寸允许偏差 ±1 mm。

（F）发现钢料不平直、有锈、油漆等污物，影响号料及切割质量时，应矫正清理后再号料。

（G）制成的孔应呈正圆柱形，孔壁光滑，孔缘无损伤和不平，刺屑清除干净。

（H）高强度螺栓孔的直径比螺栓杆公称直径大 1.5 ~ 3.0 mm。允许偏差符合有关范围要求。

②门架拼装。

门架加工完成并通过验收后，将杆件及其零部件运往工地准备拼装（如图 6-2 所示）。拼装前对门架构件的数量及质量进行全面清查，对装运过程中产生的缺陷和变形的杆件，按有关规定予以矫正、处理，符合要求后方可使用。经矫正、处理后仍不符合要求时，予以更换。塔顶门架、锚碇门架均用塔吊拼装（汽车吊亦可），首先吊装大型杆与柱脚相连，并保持其垂度，然后拼装其他杆件。

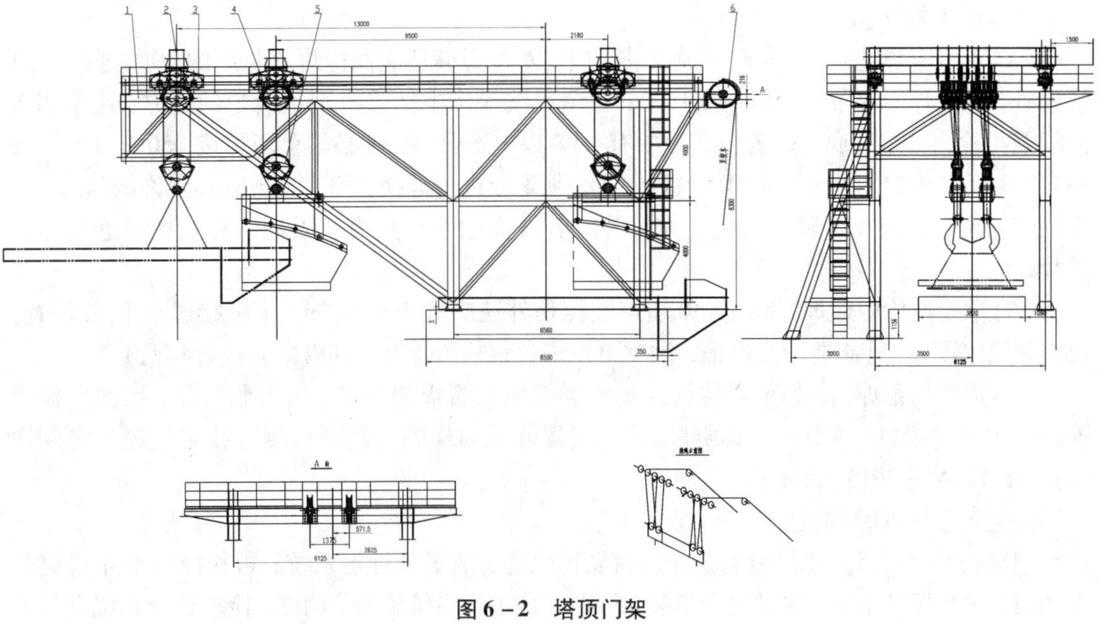

图 6-2 塔顶门架

1—主梁；2—上滑轮；3—塔顶纵移滚轮；4—小车横梁；5—下滑轮；6—塔顶纵移卷扬机

门架的拼装原则：

（A）保证结构的整体稳定性。

（B）先安装的杆件不得妨碍后安装杆件的安装和吊运。

（C）上弦杆后安装，以避免其悬臂过长而产生过大的挠度，影响其他杆件与它的连接。

（D）高强螺栓长度必须与设计图一致。

（E）高强螺栓要顺畅地穿入孔内，不得强行敲入。

（F）拧高强螺栓的扳手应采用带扭矩的电动或手动扳手。

（G）扳手要在每班工作开始前进行校正。

（H）施拧螺栓时，不得采用冲击拧紧、间断拧紧等方式。

（I）门架初步拼装完成后，对部分预应力受损的螺栓进行补强。

（J）高强螺栓施拧完毕后设专人检查，对不符合要求的进行更换。

③焊接要求。

（A）全部采用 E4316 焊条。

（B）制作承轨梁的板材应去掉 25 mm 冷轧边。

（C）箱形梁和工字梁的翼板与腹板的横焊缝应错开 200～300 mm。

（D）主结构上应避免十字交叉焊缝。

（E）当工作地点温度低于 0℃ 时，普通碳素结构钢和低合金结构钢，厚度大于或等于 30 mm，应进行预热，其焊接预热温度及层间温度应控制在 100～150℃，预热区应在焊接口两侧各 80～100 mm 范围内，重要部件焊接后还应进行保温。

（F）对接缝尽可能地避开最大应力的部位及构件截面突变的部位。

（G）当工作地点温度低于 0℃ 时，焊条应进行预热。

（H）焊缝外形尺寸应符合图纸要求。

④焊缝无损探伤。

（A）对所有焊缝做 100% 超声波探伤，横向对接焊缝还应抽检焊缝长度的 10% 进行 X 射线检查，受拉焊缝每条至少拍一张片子；对超声波探伤中缺陷辨别不清楚的地方，应采用 X 射线照相检测并留有底片。若拍片数中有 50% 以上不合格，则必须重新焊接，50% 以下不合格者，可局部重焊，如连续补焊两次以上，必须重新进行调换，拍片发现有不允许缺陷时，应在缺陷的延长方向或可疑方向做补充拍片。若补充拍片后仍有怀疑时，对该焊缝进行全长拍片。

（B）重要结构中螺焊管除 100% 超声波探伤外还应做 40% 管端、丁字接缝 X 射线检查。（此项可由螺焊钢管制造厂家保证，供货单位未提供检验报告，则由厂方进行检验）

（C）重要的角焊缝，如重要结构件承轨梁翼板和腹板的焊接，后大梁与前、后侧上横梁的焊接等焊缝用超声波探伤，其质量应符合《焊缝无损检测　超声检测　技术检测等级和评定》（GB 11345—2013）的规定。

⑤起吊系统安装调试。

门架拼装完成后，在门架上弦杆顶面设置轨道、平车等行走系统；再相应分别布置提升卷扬机，安装提升系统，并对整个吊装、行走系统进行系统检测、调试，检查整个系统全长范围内有无绞绕或其他设备故障，确保所有机具设备安全、正常工作。

⑥门架试吊。

待门架结构及起吊系统安装及检测验收后，进行试吊试验，综合检查门架及吊装提升系统的安全和运行情况，为正式吊装索鞍做好充足的准备。根据现场施工条件，起吊替代重物,如水箱、钢锭等。

试吊分为两种工况,一是静载试验:通过门架及起吊系统提升重物离地50 cm,保持静止不动持续2~4 h,观察所有构件弹塑性变形情况及设备的状况。二是动载试验:上升50 cm,再下降50 cm,反复进行3个回合,观察所有构件及设备的状况是否有变化。

在关键部位设置应力测试元件检测应力变化。同时通过全站仪或水准仪测量门架变形情况。当所有测试结果符合设计计算的要求且机械设备机况良好时,表示门架试吊成功,方可进行下一步的正式吊装施工。

(2)散索鞍。

①鞍体运输。

散索鞍运输车属于超载超限车辆,需要执行国家超载车辆相关规定,提前设计好运输路线,到施工现场后,利用运输车辆直接运放到锚碇门架正下方起吊安装;事先考虑运输车行走路线,如遇特殊情况,运输车到不了位,可考虑用吊车转运或位移器移位等方法。

②散索鞍吊装体系的组成。

由预埋件体系、起吊横梁运行台车、轨道、滑车组、散索鞍吊具、轨道止挡、散索鞍门架、支墩施工楼梯及平台组成。

③吊装步骤。

(A)安装吊具。

(B)穿好卷扬机钢丝绳并固接好,然后调节卷扬机位置,保证垂直。

(C)用手拉葫芦固定行走台车,两侧对称拉紧。

(D)缓慢升起一侧吊具(只能承受一半的散索鞍重量)。

(E)提升另一侧吊具,调整散索鞍成安装所需角度,而后一起提升,提升过程中,两绞车提升速度尽可能保证一致,散索鞍旋转不得超过5°。

(F)提升高度达到安装高度以上200~300 mm。

(G)使用4个手动葫芦,一边收一边放,移动散索鞍。

(H)至就位处下放散索鞍,鞍体下开口对着底板。

(I)缓慢松动锚跨侧绳,使散索鞍到达工作角度。

(J)使用散索鞍调节杆固定散索鞍。

(K)吊装时先吊装单幅散索鞍,吊装另一幅散索鞍时,将起重横梁、运行台车、滑轮系统、吊具、轨道止挡拆卸到另一幅门架上。

(3)主索鞍。

①鞍体运输。

主索鞍运输车属于超载超限车辆,需要执行国家超载车辆相关规定,提前设计好运输路线,到施工现场后,利用运输车辆直接运放到塔顶门架正下方起吊安装;事先考虑运输车行走路线,如遇特殊情况,运输车到不了位,可考虑用吊车转运或位移器移位等方法;如有通航条件,可考虑水路运输。

②主索鞍吊装体系的组成。

由预埋件体系,起吊横梁运行台车,轨道,滑车组,主索鞍吊具,轨道止挡,左、右幅主索鞍门架,左、右主索鞍施工楼梯及平台组成。

③吊装步骤。

（A）安装吊具，卷扬机走丝考虑容绳量。

（B）穿好卷扬机钢丝绳并固接好，然后调节卷扬机位置，保证垂直。

（C）用手拉葫芦在两侧对称固定行走台车。

（D）缓慢升起吊具。

（E）提升鞍体高度到安装高度以上 200～300 mm。

（F）使用手动葫芦，边收边放，移动主索鞍。

（G）至就位处下放主索鞍，鞍体下开口对着底板。

（H）固定鞍体。

（I）吊装时先吊装一边主索鞍，吊装另一幅主索鞍时将起重横梁、运行台车、滑轮系统、吊具、轨道止挡拆卸到另一幅门架上。

（4）质量控制措施。

①塔顶及锚碇门架焊接质量的控制：聘用专业厂家进行工厂化加工，并对所有焊缝进行超声波探伤检测。

②门架各单元拼装质量的控制：安装过程中测量人员全过程用全站仪跟踪监测，将每个单元的标高和高程控制在允许范围内。

③高强螺栓的预紧力控制：选用质量可靠的扭矩扳手并委托有资质的检测机构进行标定，由熟练的工人按照设计要求施加预紧力。

④门架的试吊：门架拼装完后，需对整个吊装系统、平车行走系统进行检测调试并进行试吊工作，并做好质量记录。

⑤主、散索鞍安装时按照设计提供的预偏量准确就位。

⑥散索鞍格栅的精确定位：先将格栅吊至散索鞍支墩顶部的预留槽口内，利用精密水准仪及全站仪等测量仪器，通过格栅调整框架及手拉葫芦配合，精确调整格栅位置，并与混凝土表面标志对齐，使其标高和坐标符合设计要求。施工中确保格栅在混凝土浇筑及振捣过程中位置保持不变。

⑦主索鞍格栅的精确定位：利用精密水准仪及全站仪等测量仪器，通过格栅调整框架和设在格栅底部的楔形钢垫块，调整格栅的高层及平面位置，使格栅精确定位，严格控制坐标和标高误差符合设计要求，最后浇筑格栅混凝土，施工中确保格栅在混凝土浇筑及振捣过程中位置保持不变。

为了更有效地查找现场施工中可能存在的问题，确保质量隐患不进入下道工序，每一道工序必须坚决执行"三检制"。即每一道工序完工后先由作业队长或工班长进行自检，自检合格后，把自检数据填在表格上报请现场技术员进行互检，合格后，技术员在表格上签字确认上报质检部，质检工程师见到填报的自检表格后进行专检，合格后在自检表格上签字确认并通知监理工程师进行工序验收，合格后方可进行下道工序。所有的质检数据存档于质检部，便于质量责任追溯并作为作业队中间结算的质量合格和完成数量的依据。

6.6　质量标准

索鞍安装质量标准见表6-3。

表6-3　索鞍安装质量标准

项目	规定值或允许偏差	
	主索鞍	散索鞍
纵向最终偏差/mm	符合设计要求	5
横向偏位/mm	10	5
高程/mm	20，0	5
四角高差/mm	2	—
角度/(°)	—	符合设计要求

6.7　成品保护

(1)索鞍安装完成后，应采取一定的保护措施，避免油污、电焊等对其产生损坏。

(2)塔顶门架、锚碇门架在猫道架设以及主缆施工等工序中需继续使用，避免施工过程中对其产生碰撞等有害行为。

6.8　安全环保措施

6.8.1　安全措施

(1)危险源辨识。

为加强安全生产管理，应严格监控危险源，避免发生重大事故，确保安全生产。主管安全部门应负责制订、完善危险源管理制度，现场应设置危险源告知牌，如表6-4所示。

表6-4 危险源辨识表

序号	作业项目	作业活动	潜在的危险因素	可能导致的事故	控制措施
1	门架安装工程	制作、安装	设备防护缺损	漏电	加强对机具的日常管理
		电工作业	电器设备漏电	人员伤害	严格按施工用电操作规程作业
			电线外壳破损或无接地保护	人员伤害	
		氧、乙炔作业	气瓶阀门泄漏、割枪管道漏气	机具损害	按照氧、乙炔操作规程作业
			距易燃品和火源太近	火灾	
2	索鞍起重吊装	装卸、吊运	起吊钢丝绳强度不够、断股、断丝过多、扭曲变形严重、磨损大	物体打击、人员伤害、机具损坏	严格执行吊装作业操作规程
			卸扣扎头刚度不够、变形、滑丝		
			物件绑扎不牢或小件无吊栏		
			指挥信号不明、物件超重		定期对人员进行培训
			安全保护装置失灵、不齐全		对设备进行日常保养
			装卸不当		杜绝违章指挥
			配合不当		杜绝野蛮作业

(2)索鞍吊装施工安全控制要点。

(A)门架、起重系统、电气系统安装完毕,使用前必须进行检查、试吊、验收合格并做好相关质量记录后方可使用。

(B)天车架体各节点焊接必须符合设计要求,焊缝饱满,不能有漏焊、假焊。

(C)门架架体的安装偏差在允许范围内,最大不超过架体的0.3%。天车滑道必须顺直。

(D)门架周边设置安全作业平台,并按要求搭设好安全护栏,塔底的吊装作业区域拉设好警戒线,鞍体起吊后,严禁任何人在鞍体下方通过或停留。

(E)索鞍门架搭设完成后按要求做好试吊工作,试吊应符合下列要求。

(a)雷暴、大风、大雨、浓雾等恶劣天气禁止索鞍试吊与吊装作业。

(b)对试吊的周边环境进行全面检查,确认符合要求,并具备试吊条件,起吊前,清理索鞍、门架上的散落小件,以防在吊装过程中坠落伤人。

(c)试吊分为空载运行以及额定荷载运行两阶段,空载运行时应对安全装置进行灵敏试验。同时检查各机构动作是否平稳、准确,不允许有振颤和冲击现象。

(d)试吊前对吊装指挥进行详细交底,所用对讲机调为专用频道,并通知现场其余对讲机不得使用此频道;整个吊装过程保证通信联络畅通。

(F)为保证提升装置工作电源的稳定性及安全性,吊装过程中,吊装作业范围内的所有电焊机等停止作业。

(G)吊装过程中,严格控制散索鞍的倾斜角度,确保主索鞍吊装时平衡。

（H）水平牵引提升装置必须缓慢进行，以防鞍体晃动引起冲击荷载。

6.8.2 环保措施

（1）在施工过程中认真遵守《环境管理体系要求及使用指南》（GB/T 24001—2016）和《污水综合排放标准》（GB 8978—1996）的有关条例。在施工人员中进行广泛的法制宣传教育，在整个施工过程中，领导要高度重视，经常检查落实，发现问题及时处理。

（2）对于施工废水、废油、生活污水进行集中无害化处理，废水按环境卫生指标处理并按当地环保要求的指定地点排放，产生的废弃物进行合理堆放和处置。

（3）根据工程特点编制环境保护操作手册及注意事项，并做好现场操作人员及管理人员的环保措施交底工作。

6.9 质量记录

（1）散索鞍格栅板安装测量记录表。

（2）散索鞍底座安装测量记录表。

（3）散索鞍安装质量检查表。

（4）主索鞍格栅安装测量记录表。

（5）主索鞍上、下承板安装质量检查表。

（6）主索鞍安装质量检查表。

（7）主索鞍高强栓连接质量检查表。

（8）索鞍门架检查验收表。

7 悬索桥三跨分离式猫道架设施工工艺

7.1 总则

7.1.1 适用范围

本工艺标准适用于大跨径悬索桥上部构造的施工猫道。

7.1.2 编制参考标准及规范

（1）《公路桥涵施工技术规范》（JTG/T F50—2011）。

（2）《公路工程质量检验评定标准》（JTG F80/1—2017）。

（3）《机械设计手册》（机械工业出版社）。

（4）《钢结构设计标准》（GB 50017—2017）。

（5）《钢结构工程施工质量验收规范》（GB 50205—2017）。

（6）《架空索道工程技术规范》（GB 50127—2007）。

（7）《建筑结构荷载规范》（GB 50009—2012）。

（8）《重要用途钢丝绳》（GB 8918—2006）。

（9）《优质碳素结构钢》（GB/T 699—2015）。

（10）《合金结构钢》（GB/T 3077—2015）。

（11）《建筑施工高处作业安全技术规范》（JGJ 80—2016）。

7.2 术语

7.2.1 猫道

架设在主缆之下、平行于主缆线形的临时施工通道。承受主缆施工时全部施工人员、设备的重量。

7.2.2 先导索

架设猫道前拉通两岸用的第一根架空索。

7.2.3 横向通道

提高猫道自身的整体稳定性，增强其抗风能力的桁架式钢构件。可以满足上、下游之间的横向联系，并方便施工人员及设备材料的转移。为降低恒载质量，横向通道应采用钢管或方钢的桁架结构，并应进行结构强度验算。

7.2.4 三跨分离式猫道

为架设方便，千米级以下的猫道承重索通常在塔顶断开，并通过拉杆、预应力张拉锚固或型钢锚固进行联结，此类型猫道称为三跨分离式猫道。

7.2.5 三跨连续式猫道

为减少塔顶预埋，千米级以上的猫道承重索通常在塔顶连续，并在猫道通过塔顶后，采用反拉的方式调整猫道面网到主缆的高度，此类型猫道称为三跨连续式猫道。

7.3 施工准备

7.3.1 技术准备

(1)组织有关人员认真学习猫道设计文件，编制和报审猫道施工组织设计或施工方案。

(2)向项目部管理人员和施工人员进行猫道施工的质量、安全、技术交底和环境、文明施工交底。猫道施工是悬索桥施工中难度及安全风险最大的工序，安全、技术交底要逐级进行，逐级落实。

7.3.2 材料准备

(1)猫道结构用材准备。

①采购猫道承重钢丝绳、门架承重钢丝绳及锚头。根据计算确定承重钢丝绳直径、钢丝绳极限抗拉强度、是否表面镀锌，并且要求厂家在钢丝绳制造过程中对其进行预张拉以消除非弹性变形。

②按照设计要求采购猫道扶手钢丝绳。

③按照设计要求制造加工猫道各类调节拉杆、各类锚固装置。

④制造加工猫道横向通道、门架、猫道大小横梁和扶手绳立柱。

⑤采购猫道面层各类钢丝网及扶手安全网。

(2)猫道架设用材准备。

采购先导索、牵引索、猫道托架承重索、托架定位索。

7.3.3 机具准备

(1)主牵引卷扬机及辅助卷扬机。

(2)牵引系统各类转向滑轮、门架导轮、拽拉器、滑车组。

(3)放索架。

(4)塔顶、散索鞍门架系统。

(5)汽车吊及平板运输车。

7.3.4　作业条件

(1)对门架系统进行必要改造，以适应猫道承重索架设工序的要求。

(2)安装塔顶工作平台，作为猫道架设过程中塔顶临时施工平台。

(3)设置猫道锚固系统及散索鞍处变位、转向系统。

7.3.5　劳动力组织

悬索桥三跨分离式猫道架设施工劳动力组织如表7-1所示。

表7-1　猫道架设所需工人数量表

工种	人数/人	工作地点	职责范围
施工队长	2	整个施工现场	负责跟班组织施工管理工作、协助总指挥等
工班长	2	整个施工现场	负责跟班组织施工，协调各工种交叉作业等
技术员	4	整个施工现场	负责跟班解决施工中的技术问题，编写技术措施等
专职安全员	4	整个施工现场	负责跟班检查安全设施、安全措施的执行情况及安全教育工作，对安全生产负责
质检员	2	整个施工现场	负责跟班检查工程质量，组织各工种交接及检查质量保证措施的执行情况，对工程质量负责
测量工	4	施工现场	负责钢丝绳垂度测量调整
放索架操作员	4	放索区	负责钢丝绳上盘以及放绳
起重工	8	施工现场	负责起重机生产作业设备维护、保养和协助维修
吊车司机	2	放索区	负责钢丝绳盘上放索架
提升卷扬机操作员	4	放索区及牵索区	负责钢丝绳提升到塔顶
塔吊司机	8	放索区及牵索区	负责现场吊装及塔吊维护与保养
普工	40	放索区及牵索区	负责转运各种施工材料等工作
电焊工	4	放索区及牵索区	锚固板加固
牵引卷扬机操作员	10	放索区及牵索区	负责钢丝绳放绳及牵引
指挥员	4	整个施工现场	负责指挥整个猫道架设工作
合计	94		

注：此表为两条猫道施工配备人员，未计后勤、行政等人员。

7.4 工艺设计和控制要求

7.4.1 技术要求

布设牵引系统各锚固点,如卷扬机定滑轮及轮组的锚固点、预埋板、吊环等。所有锚固点要严格仔细检查,必要时进行拉力试验,确保安全可靠。

7.4.2 材料质量要求

(1)猫道承重钢丝绳质量要求。

猫道承重钢丝绳必须进行预张拉以消除非弹性变形,然后再根据设计索长下料加工。各标记点相对长度及索长均为20℃时未计钢丝绳非弹性变形的长度,同时装配后各标记点之间距离允许误差应小于1/3000。

预张拉荷载为50%破断拉力,保持60 min,并且要进行两次,场地受限时可分段进行。测长和标记需在温度稳定的夜间进行。

(2)猫道承重索锚头质量要求。

为保证锚头质量的稳定和长期使用的安全性,承重索锚头必须符合以下技术要求:

①锚头材料采用铸钢ZG35CrMo,技术标准应符合《一般工程用铸造碳钢件》的要求。

②铸件清砂后应进行时效处理。

③锚头粗加工后应进行超声波探伤和磁粉探伤两项检查。

④承重索锚头灌注的合金需进行纯度控制。

⑤承重索锚头需进行静载试验且能满足试验要求。

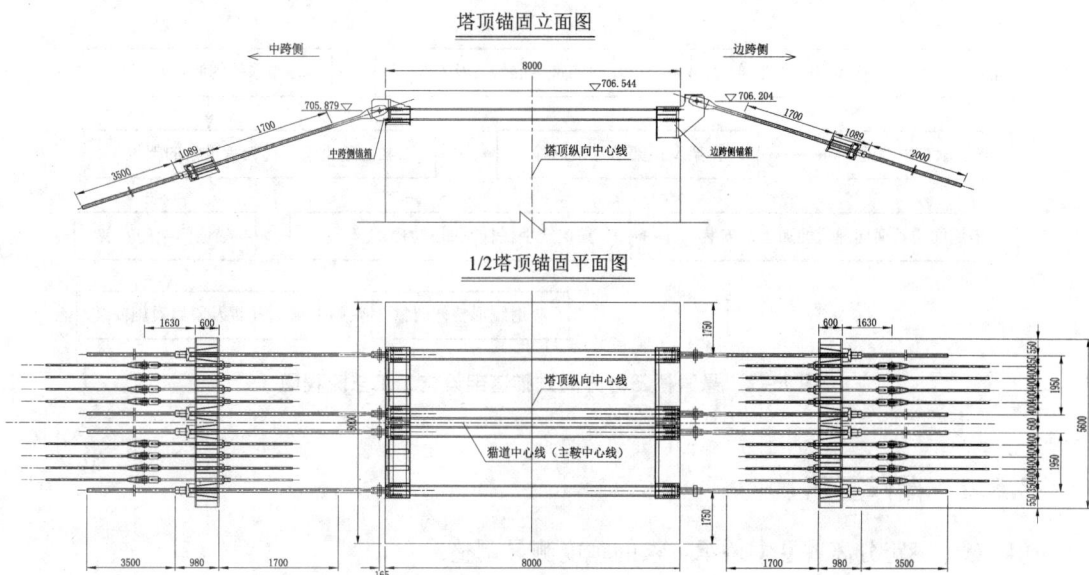

图7-1 猫道调整系统及塔顶锚固构造图

7.4.3 职业健康安全要求

(1)施工前做好施工安全交底,施工过程中,安全员应随时检查安全情况。

(2)根据施工要求配备足额的专职安全员。

(3)特种机械操作人员必须经过专业的技术培训及专业考试合格,持证上岗,并必须定期进行体格检查。

(4)患有不宜从事高空作业疾病的人员一律不得进行高空作业。

(5)所有进入施工现场的人员必须按规定佩戴安全防护用具。

7.4.4 环境要求

(1)施工时的临时道路应定期维修和养护,经常洒水,减少尘土飞扬。

(2)清洗机械、施工设备的废水严禁直接排入周围场地内,应尽量减少对周围水体的污染。

(3)应尽量减少对周围自然生态环境的破坏。

(4)优先选用先进的环保机械,降低施工噪声到允许值以下,减少对周围的噪声污染。

(5)在施工现场和生活区设置足够的临时卫生设施,经常进行卫生清理,同时在生活区周围种植花草、树木,美化生活环境。

7.5 施工工艺

7.5.1 工艺流程

悬索桥三跨分离式猫道架设施工工艺流程图如图7-2所示。

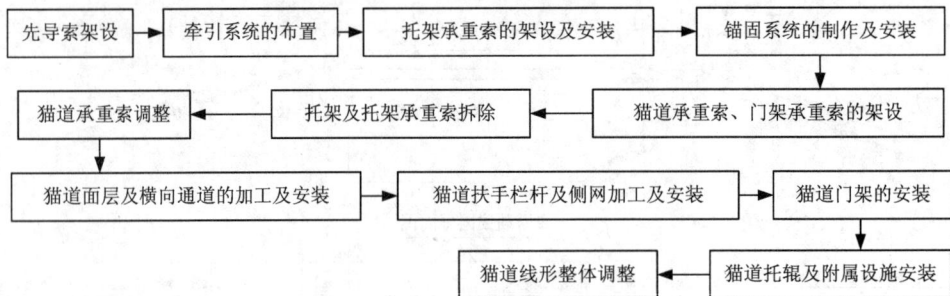

图7-2 悬索桥三跨分离式猫道架设施工工艺流程图

7.5.2 操作工艺

(1)对于三跨分离式悬索桥承重索的垂度测量调整:

①承重索架设时,根据计算值架设一根调整一根垂度,并注意观测塔顶偏移情况;待承重索全部架设完毕,根据计算值,利用塔顶两端的调节装置对各承重索再次调整,使每条猫

道的承重索达到设计垂度,单侧猫道承重索的相对高差不超过 30 mm。两侧猫道承重索的最大相对高差控制在 100 mm 以内。

②猫道面层架设完毕后,测量垂度,比照计算值利用塔顶调节装置进行垂度微调整,中跨垂度调整用垂度值控制,边跨垂度用索塔偏移值微调。如图 7 - 3 所示。

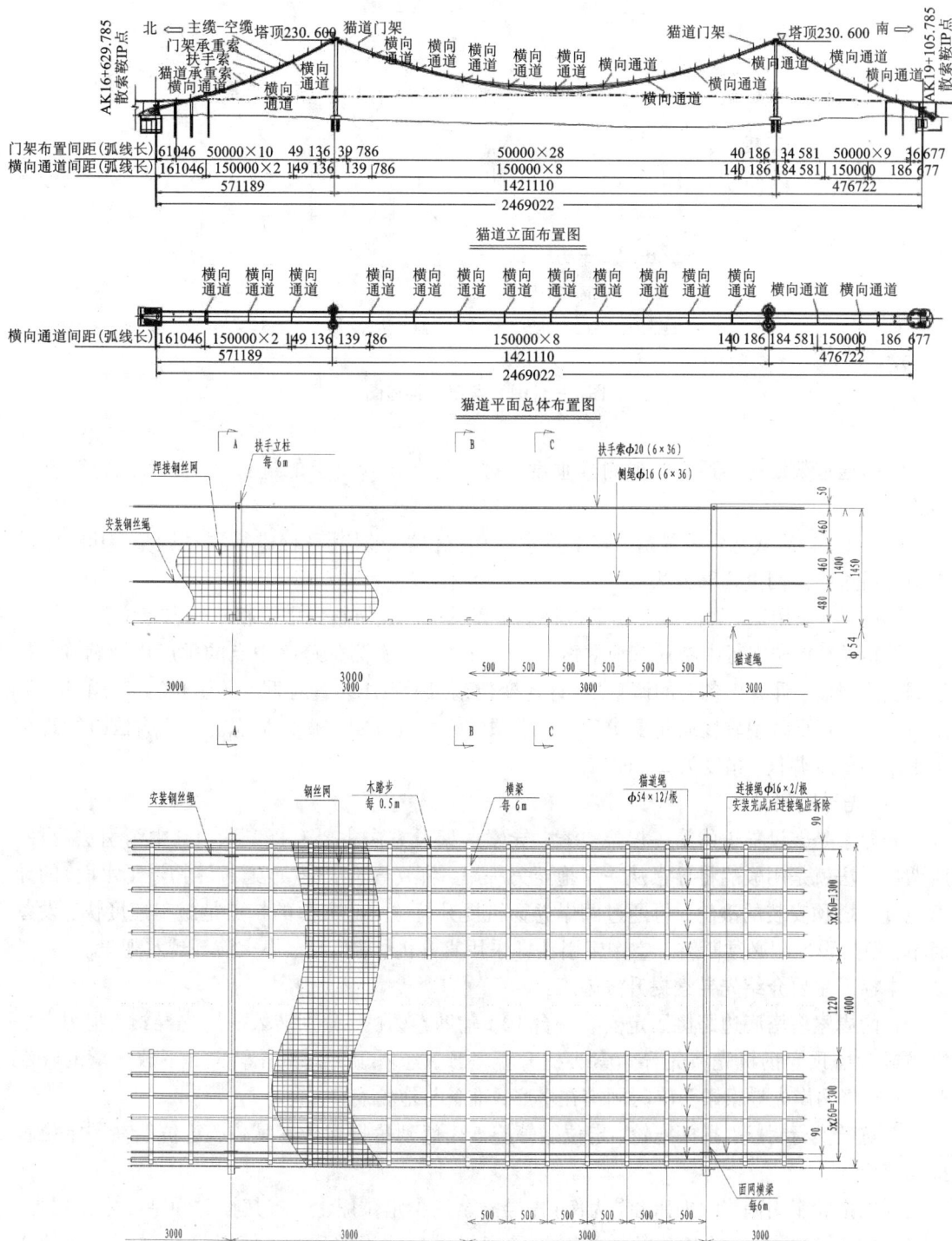

猫道立面布置图

猫道平面总体布置图

图 7 -3(a)　某猫道构造图

大横梁处断面

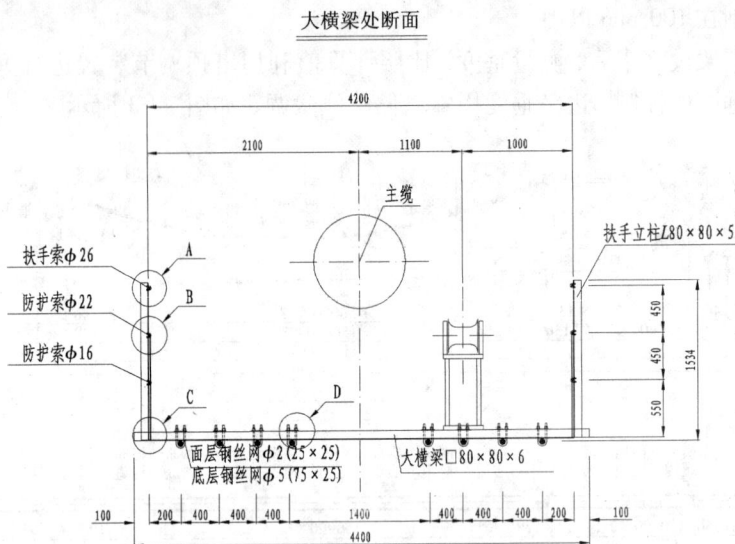

图7-3(b) 某猫道构造图

③横通道架设完毕后，再观测其垂度，对不符合设计要求的进行微调，直至符合要求为止。

(2)对于连续式悬索桥猫道，其承重索横移就位后，对其高程进行测量调整，其顺序是先中跨后边跨。测量调整方法：

①初调：利用塔、锚门架上卷扬机将承重索的标志点调整到塔锚相应标志点位置上。

②精调：首先进行中跨猫道承重索调整，用全站仪实测中跨跨中点的垂度以及跨径，并根据实测温度，计算出各索的调整量(计入变位钢架及下压装置对垂度的影响)，利用塔顶卷扬机调整，直至跨中垂度满足要求后，在塔顶转索鞍处固定并做好标志。同样方法进行边跨承重索的垂度调整，精度为±3cm。

(3)先导索架设。

先导索是架设猫道的第一根架空索，导索的架设方法主要有提升法、空中牵引法两种。所谓提升法就是用驳船将导索从一岸拖至另一岸，将放置于水中(或通过浮物浮于水面)的导索绕过二塔顶安装的滚轮，再通过两岸卷扬机提升就位。此方法的特点是施工速度快、设备简单，但架设期间必须断航。空中牵引法即采用直升机、热气球、小火箭等越水架设。

本标准主要介绍先导索提升法施工：

在两岸索塔塔底边跨侧固定安装一台10t辅助卷扬机，分别转入两岸先导索，利用索塔塔吊或者塔顶卷扬机先将先导索索头提升至塔顶，经塔顶转向滑轮转向，下放至塔的临江侧，分别将两岸先导索索头临时固结在塔底，准备与拖轮连接。

对航道实行封航，指挥拖轮、定位船等施工用船到达指定位置就位，定位船在预定位置抛锚定位。

利用拖轮牵引南岸(以南北岸为例)先导索至江中定位船上，将其临时固结在定位船上，此过程中南岸索塔底部10t卷扬机对先导索提供一适当的反力，使得先导索不至于掉入水中。

再次利用拖轮将北岸先导索牵引至江中定位船上并临时连接,然后利用绳卡连接两岸先导索索头,分别解除两岸先导索与定位船的连接。

启动两岸塔底10 t卷扬机,提升先导索过江,南岸卷扬机进行收绳操作,北岸侧卷扬机进行放绳操作,直至两岸先导索连接接头通过南岸塔顶处,调整先导索垂度直至通航标高,在两岸塔顶处临时锚固北岸先导索。

解除封航,完成先导索的架设。如图7-4所示。

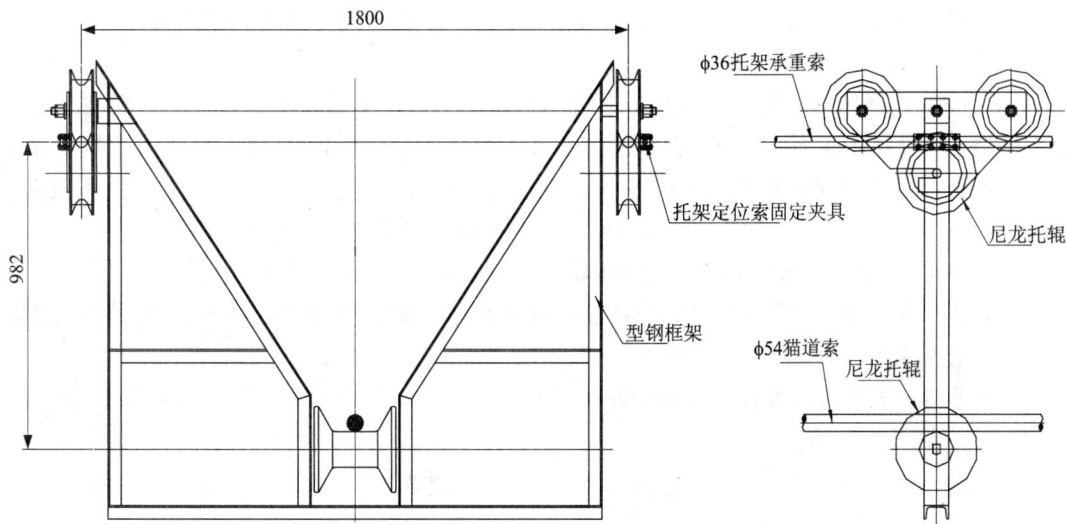

注:图中尺寸均以毫米为单位。

图7-4　猫道承重索间接架设托架结构图

(4)牵引系统布置。

先布设牵引系统各锚固点,如卷扬机定滑轮及轮组的锚固点、预埋板、吊环等。所有锚固点要严格仔细检查,必要时进行拉力试验,确保安全可靠。

①南岸牵引索架设。

在南岸锚碇处安装25 t卷扬机及转向滑轮组,将南岸牵引索卷入25 t卷扬机绳筒,同时在南岸索塔与锚碇之间临时布置拖轮。

启动南岸25 t卷扬机放索,利用南岸索塔边跨侧地面上的10 t辅助卷扬机将南岸牵引索拉至南索塔底部,利用塔顶10 t卷扬机或者是塔吊提升南岸牵引索至塔顶,将其与北岸先导索绳头连接。

先启动南岸锚碇处25 t主牵引卷扬机使南岸牵引索张力与北岸先导索张力基本相同,解除先导索在两塔顶处的临时固定,启动北岸索塔底部10 t辅助卷扬机,卷入北岸先导索,将南岸牵引索拉至北岸并绕过北岸塔顶,采用临时固结固定南岸牵引索。牵引过程中,南岸25 t主牵引卷扬机施加一适当的反力,调整牵引索垂度,保证通航高度。

②北岸牵引索架设。

在北岸锚碇处安装25 t主卷扬机和转向滑轮，布置下游北岸牵引索索盘，将牵引索卷入25 t卷扬机绳筒内，在北岸索塔与锚碇之间临时布置拖轮，利用北岸索塔边跨侧地面10 t辅助卷扬机将牵引索提升至北岸索塔底部。

利用北岸索塔顶部辅助卷扬机或塔吊提升牵引索锚头至索塔顶部，准备与南岸牵引索对接形成牵引系统。

③下游单线往复式牵引系统的形成。

在北岸塔顶利用拽拉器将两个牵引索对接相连，启动两岸25 t主牵引卷扬机，解除塔顶的临时连接，调整牵引索至设计高度，至此下游的单线往复式牵引系统就此形成。

④上游牵引系统架设。

当下游牵引系统形成后，便可进行上游牵引系统的空中牵引渡江架设过程。首先利用北岸上游塔塔底辅助卷扬机将北岸锚碇处上游侧25 t卷扬机内的φ36钢丝绳牵引至北岸上游侧索塔塔底，再由塔顶辅助卷扬机或塔吊将牵引索锚头提升至塔顶，接着利用下游侧塔顶卷扬机横移φ36钢丝绳绳头至北岸下游塔顶处，利用下游牵引系统拽拉器实现渡江牵引至南岸下游塔顶处，再经南岸上游塔顶辅助卷扬机横移φ36钢丝绳绳头至上游侧位置。

利用同样的方法牵引南岸上游侧牵引索锚头至塔顶处，利用拽拉器连接两岸牵引索锚头，形成上游牵引系统。

(5)托架承重索架设及托架安装(图7-5)。

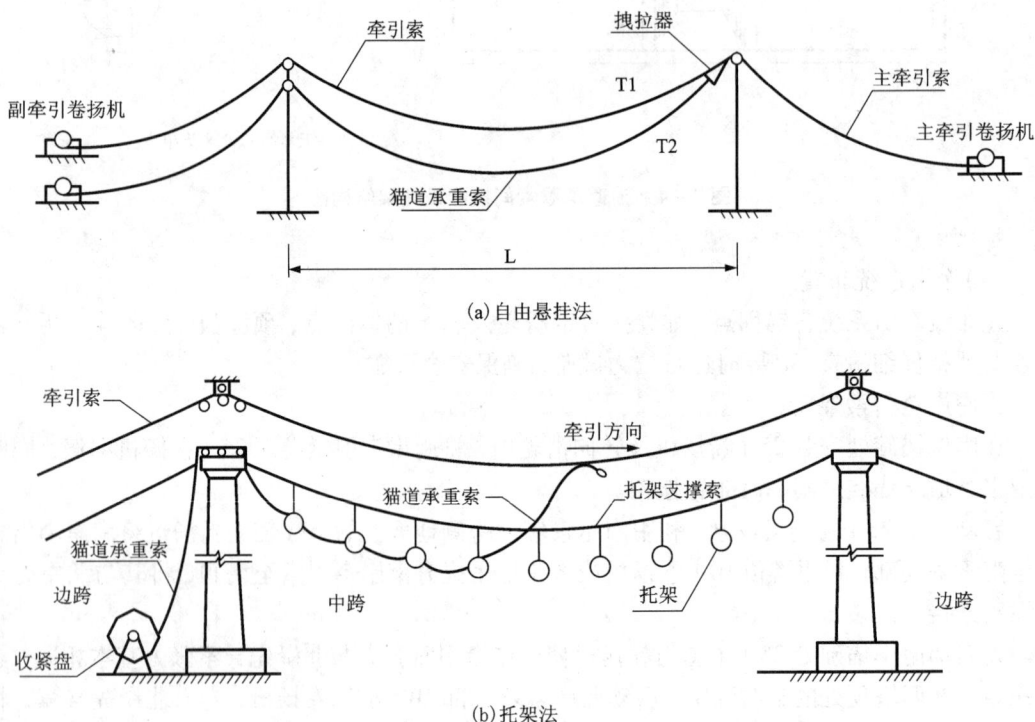

(a)自由悬挂法

(b)托架法

图7-5 托架承重索张力架线方法架设图

①托架承重索架设。

首先在南岸索塔边跨侧底部布置带制动装置的放索架，将托架承重索卷盘于放索架上，用塔顶上的 10 t 辅助卷扬机将托架承重索锚头提升至塔顶，并与塔顶跨中位置的牵引拽拉器相连，牵引时托架承重索锚头必须经过塔顶的转向滑轮。启动牵引系统，将托架承重索由南岸向北岸方向牵引，到达北岸塔顶跨中侧后，将托架承重索两端锚固于索塔跨中侧锚固装置上，注意牵引时要保持一定的通航垂度，防止托架承重索掉入江中。将两端锚固紧靠后，进行下一根承重索的架设。

托架承重索拽拉至北岸塔顶位置后，在塔顶平台上，借助两边塔顶门架上的 10 t 辅助卷扬机调整其垂度，并将托架承重索锚固在塔顶预埋件上。

②托架的安装。

在南岸塔顶平台上，首先把需要安装的托架全部挂于托架承重索上，利用牵引系统将托架定位索向北岸方向牵引，当定位索被拽拉出 100 m 左右时，把第一个托架与定位索连接起来，然后再拽拉出 100 m，把第二个托架与定位索连接起来，如此反复，把定位索拽拉至北岸塔顶处，分别锚固定位索两端于索塔锚固装置上。

(6)猫道承重索架设(图 7 - 6)。

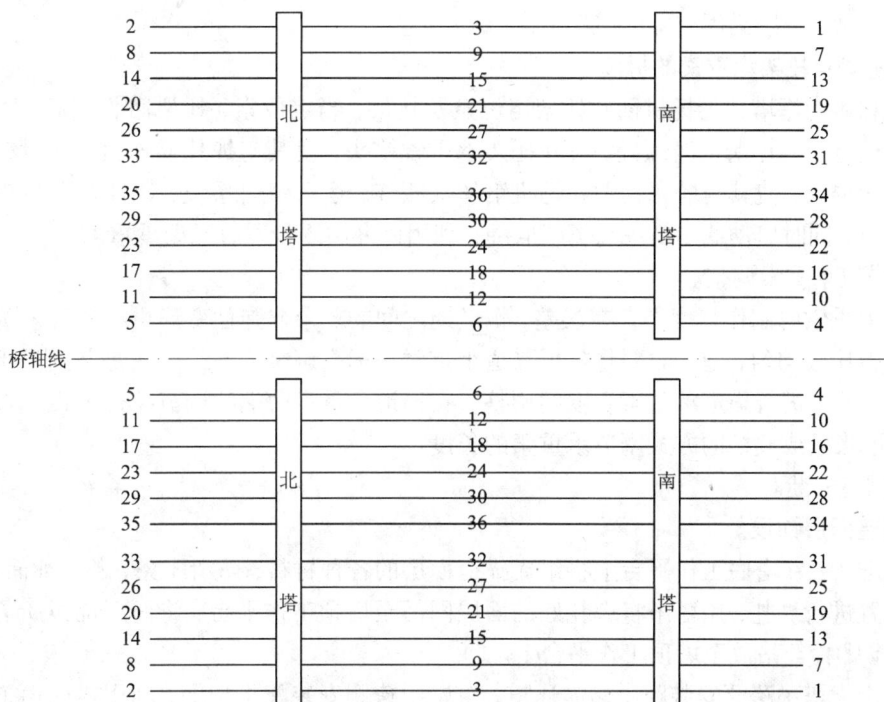

图 7 - 6　猫道承重索架设顺序图

猫道承重索利用牵引系统由南岸向北岸牵引架设完成。承重索应该按照上、下游对称整根架设的原则架设，确保索塔两侧水平方向受力平衡。

中跨猫道承重索架设：首先在南岸索塔底部放索架上布置中跨猫道承重索索盘，将牵引系统拽拉器运行至南岸索塔顶部，利用索塔塔顶卷扬机或者塔吊提升猫道承重索锚头至塔顶，经塔顶转向滑轮绕至中跨侧与拽拉器连接，启动牵引系统，由拽拉器挂接南岸猫道承重索锚头，自南岸向北岸牵引，牵引过程中需利用索塔底辅助卷扬机反拉承重索，防止承重索坠入江中。当猫道承重索快到达对岸索塔顶部，索尾脱出索盘时，暂时停止牵引，将副牵引卷扬机钢丝绳与猫道承重索索尾连接紧固。紧固后，继续启动牵引系统，直至将承重索索尾锚头拉至南岸索塔塔顶，暂时停止牵引，将索尾锚固在南岸索塔塔顶锚梁上。继续启动主卷扬机，将猫道索头牵引至北岸索塔塔顶锚固。

两岸边跨猫道承重索架设：首先将猫道边跨承重索索盘布置在塔底边跨侧的放索架内；在边跨侧地面上每50 m左右位置设置一临时托辊。将散索鞍门架顶部卷扬机钢丝绳与边跨承重索锚头连接，启动卷扬机牵引边跨承重索锚头至锚碇前锚面处，解除锚头与卷扬机钢丝绳的连接，将锚头锚固于猫道预埋锚固体系上；将塔顶门架卷扬机钢丝绳放下，与边跨承重索锚头连接，启动塔顶卷扬机，将索头提升至塔顶，锚固于边跨侧锚固体系上。

在塔顶处借助门架辅助卷扬机、滑车组及链葫芦牵引调整整根承重索，并横移各根承重索至设计位置。

为使猫道承重索顺利通过散索鞍处，在散索鞍两侧还需设置散索鞍转向支墩。

猫道扶手索、猫道门架承重索与猫道承重索架设同时进行，架设方法与猫道承重索架设方法基本一致，分别锚固于锚碇门架上。

(7)托架及托架承重索的拆除。

首先利用南岸塔顶卷扬机回收托架定位索及托架，当定位索、托架回收完后，将牵引系统拽拉器运行至南岸跨中塔顶处，解除托架承重索锚头，使其与拽拉器连接，同时解除北岸托架承重索锚头，使其与塔底辅助卷扬机钢丝索相连，运行牵引系统，使拽拉器自南岸向北岸方向牵引，同时启动北岸塔底卷扬机收绳，利用此办法逐步回收托架承重索。

(8)猫道承重索调整。

由于承重索的制作长度上存在误差，钢丝绳之间的剩余非弹性变形也有差异。为保证承重索的受力比较均匀，施工时要将各根猫道承重索的标高调整为一致。在每条猫道承重索架设完成后，即可进行猫道承重索垂度的调整。在猫道承重索两端的调节拉杆上设置穿心式千斤顶，通过张紧或放松的方式调节承重索的长度。

(9)猫道安装。

①猫道面层铺设。

铺设准备：在塔底工作平台上将组成猫道面层的各种材料，防滑木条，粗、细面层网等，按设计位置进行绑扎，用塔吊将绑扎好的面层网吊至塔顶工作平台，将面层铺设所需的型钢横梁、U形螺栓等吊放至塔顶工作平台上。

在南岸索塔中跨侧安装跨中横向通道，对岸中跨侧安装配重型钢，利用横向通道及配重型钢自重带动面网下滑。

底网铺设：待横向通道和配重型钢安装完成后，由塔顶工作平台开始铺设面网，并按设计要求铺设型钢横梁。用U形螺栓将面网与型钢卡在猫道承重索上。螺栓不宜过紧，确保面层能在承重索上自由滑动，为防止猫道面网在滑动过程中螺母脱落，应在U形螺栓螺纹端头绑扎一小段扎丝。每铺设完成一段面层，即下滑一定距离，再铺设另一段猫道面层，如此循环至猫道面层合龙。

②横向通道的安装。

横向通道先在近索塔塔底处整体拼装，在猫道面层铺设过程中，由塔顶门架起吊滑轮组吊至猫道上的相应位置安装。横向通道具体布置见猫道总体布置图。横向通道与面层连接后，随面层一起下滑，为减少横向通道与猫道承重索的摩擦力，减少猫道承重索的磨损，横向通道与猫道承重索之间采用滚轮连接。

③侧网及栏杆的安装。

由于猫道型钢横梁与栏杆立柱焊接成整体，猫道面层下滑铺设安装型钢横梁时，栏杆立柱就已安装到位，同时安装侧面安全网，连同面网一同下滑。猫道面层合龙、紧固后，使扶手索下滑至设计位置，用 U 形螺栓将扶手索和扶手栏杆连接，猫道扶手索牵引到位、调整完成后锚固在锚碇相应预埋件上。

对于边跨侧猫道面侧、横向通道等结构的安装铺设可采用同样的方法自塔顶向锚碇处进行下滑铺设，采用配重块带动面网下滑，逐块铺设，直至完成整个边跨猫道的铺设。

(10)猫道门架的安装。

猫道铺设完成后，安装猫道门架、门架导轮组。由于门架支撑索参与猫道的受力，空索高度要比设计位置偏高，需要将门架下拉后方可与猫道面层上门架底梁销接。

首先将门架置于门架承重索上，利用塔顶卷扬机反拉，将门架下滑至设计位置；其次利用链葫芦在安装位置将门架支撑索和猫道承重索之间施加张拉力，将门架与门架底梁销接；最后利用牵引系统将门架导轮组吊运至相关位置，安装固定，并将牵引索置入门架导轮组内，形成门架式单线往复式牵引系统。

(11)猫道托辊及附属设施的安装。

猫道门架安装完成后，即可安装水平、竖向制振结构，托辊，以及猫道照明系统。沿猫道一定距离在扶手栏杆上安装猫道照明灯具、通航安全标志和配电箱，完善整个猫道的牵引系统。

(12)猫道线型整体调整。

猫道架设完成后，再进行一次整体线型调整。由于温度对猫道承重的垂度影响较大，故猫道线型的调整应选择低温无大风的情况下进行，夏天一般选择在早上 6 点至 8 点或者下午18 点至 20 点的时间段内进行，冬季一般选择在早上 8 点至 10 点或下午 15 点至 17 点的时间段进行。

(13)质量控制措施。

①成立以项目经理为负责人、总工程师具体组织技术质量工作、各有关科室负责人参加的猫道施工质量检查组，具体落实从方案优化到现场组织等一系列总体施工质量控制和监督工作。

②建立严格的质量管理制度，实行岗位责任制。对任一具体工序做到定人定岗，职责明确，并建立质量效果的奖罚制度，按质量情况进行奖罚。

③组织学习施工技术规范和专业培训，学习质量管理的新经验、新技术，不断提高本部质检工作人员业务素质。

④一道工序前进行功能详细的技术、质量和安全交底，确保方案顺利实施。组织施工人员不断进行技术交流和技术总结，提高技术水平和管理水平。

⑤制定具备可操作性的各种三级自检表格，以实现现场施工规范化、表格及质量责任可

追溯性，加强人员责任心。

⑥电焊工、电工、吊装工等特种作业人员必须持证上岗，确保工作质量。

⑦对重要锚固连接件进行焊接工艺评审及探伤检查。

7.6 质量标准

7.6.1 猫道架设施工质量检查标准

根据《公路桥涵施工技术规范》，猫道施工中质量标准为：

猫道形状及各参数均应满足设计要求。

猫道架设过程中总原则是：做到对称施工，边跨与中跨作业平衡，减小对塔的变位影响，控制裸塔塔顶变位及扭转在设计允许范围内。猫道承重索架设后要进行线型调整，应预留至少500 mm以上的可调长度，各根索的跨中标高相对误差应控制在30 mm之内。

猫道面层从塔顶向跨中、锚碇方向铺设，并且左右两幅猫道要对称、平衡地进行。铺设过程中设置牵引及反拉系统，防止面层下滑失控而出现事故及卡环或猫道承重索卡死的现象出现。

中跨、边跨猫道面层的架设进程，要以它的两侧水平力差异不超过设计要求为准。在架设过程中须密切监测塔的偏移量和承重索垂度。

7.6.2 质量标准中的关键控制点

(1)猫道各单元拼装质量：安装过程中测量人员全程用全站仪跟踪监控，控制每个单元的标高和平面位置在允许范围内。

(2)塔顶、锚碇处猫道锚固焊接质量：聘用专业厂家进行工厂化加工，并对所有焊缝进行超声波探伤检测。

(3)门架的改造：门架改造完后，需对整个改造焊缝进行检测，为猫道施工做好充足准备。

7.7 成品保护

(1)猫道架设完成后，猫道各类承重索严禁搭接通电，且必须设置必要的防雷设备。

(2)严禁焊接焊条、氧割与钢丝绳接触，一旦发现必须立即制止。

(3)保持猫道面网干净整洁，防止油污污染面网。

7.8 安全环保措施

7.8.1 安全措施

(1)猫道架设施工中危险源的辨识(表7-2)。

表7-2　猫道架设施工中危险源的辨识

序号	类别	具体表现形式	可能造成的事故
1	结构物不安全因素	临边无扶手栏杆、未系安全带等	高空坠落
2		钢丝绳断裂、磨损、弯折、扭结、锈蚀或缠绕尖锐结构	坠落、打击
3		猫道面网防滑木条损坏	跌倒、伤害
4		作业层钢丝网未铺稳、铺满	高处坠落
5		空洞处未挂安全网或质量不符合要求	高处坠落
5		上部构造无可靠防雷措施	雷击伤害
7		塔顶猫道施工平台与预埋件焊接不符合设计要求	坍塌、坠落
8		猫道门架焊接质量、螺栓连接达不到设计要求	坠落、打击
9	用电安全	开关箱内未按规定设置漏电保护装置	触电、火灾
10		电气线路老化故障	触电、火灾
11	易燃易爆物	氧气、乙炔瓶摆放过近	爆炸
12		氧气、乙炔瓶未安装回火装置	爆炸
13		消防器材设施配备不符合设计要求	火灾
14	自然因素	雾天通视条件差	撞击
15		雷雨季节索塔猫道卷扬机作业	雷击
16	违反上岗条件	酒后上岗作业	各种事故
17		疲劳作业和带病作业	
18		无证人员从事特种作业,如卷扬机、塔吊、汽车吊	机械伤害
19	不按规定使用安全防护用品	进入施工现场不戴安全帽,不穿安全鞋	物体打击、坠落
20		高空作业不系安全带或挂置不可靠	坠落
21		电气焊作业不佩戴电焊帽、电焊手套、防护镜	触电、强光伤害
22	违章指挥	在作业信号不明时下达操作指令	各类事故
23		在作业条件未达到规范、设计和施工要求的情况下组织和指挥施工	
24		在技术人员、安全人员和工人提出对施工中不安全问题的意见和建议时,未予重视研究并作出相应的处置,不顾安全继续指挥施工	
25	违章操作	违反程序规定作业	各类事故
26		违反操作规定作业	
27		同一垂直面上交叉作业	机械损坏
28		恶劣天气进行起重作业	机械损坏

续表 7-2

序号	类别	具体表现形式	可能造成的事故
29	人的失误控制的缺陷因素	未执行三级安全教育，岗前培训不到位	各类事故
30		未执行三级技术交底，上岗前对工艺及作业程序不明确	各类事故
31		未明确作业程序和操作要点或程序制定错误	

（2）高空作业安全措施。

①凡患有恐高症的人员一律不得进行高空作业。

②高空作业时，作业人员必须系好安全绳。安全绳的另一端必须拴在牢靠的构件上，注意尽量拴在闭合的构件内，不得低挂高用，同时在施工中应随时检查是否拴牢。

③高空作业人员应穿软底鞋，在转移作业位置时，脚踩、手扶的构件必须牢靠，不得沿单根构件上爬或下滑。

④高空作业人员处于杆塔上时应避免上下交叉作业，多人在一处作业时，应相互照应、密切配合，所有工具、材料应该放在工具袋内或用绳索绑牢，上下传递物体应用绳索吊送，严禁抛投。

⑤高空作业均需设置安全监护人。安全监护人的职责一方面是监护高空作业人员是否按照安全规程的要求进行作业；另一方面是监护塔下工作人员不要在高空作业的坠物危险范围内，以免落物伤人。

⑥遇到雷雨、浓雾、6级以上大风天气时，不得进行高空作业。

（3）防触电安全措施。

①专用保护零线与工作零线分开，作为零线的重复接地，做到"三级控制、两级保护"。所有电器设备使用时必须连接在触电保护器上，防止事故发生。在布线时，水平或垂直的绝缘导线，线间距离不小于20 cm，接地导线埋设在地面3 m以下。夜间施工照明线必须使用软胶皮线，并用绝缘物架起。必须使用合格的电闸箱，严禁在地表面跑明线。

②发电机作为电源时，应为发电机搭设简易房屋或者临时棚，以免风、雨、雪及强烈阳光侵害。

③施工现场找平设备应采用低电压照明设备，不得使用碘钨灯。

④各施工单位要为安全员、机电工配备绝缘手套、绝缘鞋和一些必要的工具器械。

⑤供电现场的生活用电做好防火措施，备有消防工具等消防器材。

（4）雨雾天气及夜间施工安全措施。

①雨季施工应该注意安全用电和防滑。承重索架设等高空作业必须避开雨天。

②雾天会对施工测量和行车带来很大的影响。测量作业要避开大雾天气。

③大风天气要注意人身和设备安全。要检查放在高处的设备和材料是否稳固。塔吊吊装时要避开大风。在起大风时，塔吊臂应该停在顺风向并处于自由状态，超过6级风时禁止任何吊装作业。

④夜间施工将贯穿整个猫道的施工过程。夜间施工时应该特别注意用电安全。照明应该充足，不留死角。夜间施工时应该注意作业人员的安全。重要吊装作业尽量安排在白天进行。

7.8.2 环保措施

为了加强桥梁建设施工中的环境保护工作，减少因建设而导致的环境污染，切实做好防护措施，保护自然资源，改善生态环境和人民生活环境，在施工过程中，严格遵守颁布的技术规范、料场管理和设计说明、环境保护规定条例。

(1)按照设计要求堆放各类猫道材料，不得随意丢弃，破坏自然环境。

(2)对废油、废水、废渣按指定地点存放，避免污染空气和水源，并不得随意排放到农田。

(3)猫道架设过程中，不得随意破坏农田及自然绿地。

(4)猫道架设完成后，临时堆料场地切实做到工完、料尽、场地清。

7.9 质量记录

(1)猫道承重索牵引卷扬机拉力记录表。

(2)猫道承重索垂度调整记录表格。

(3)塔顶、锚碇处猫道锚固焊接质量记录表。

(4)塔顶锚固端精轧螺纹钢预应力张拉质量记录表。

8 悬索桥 PPWS 法主缆架设施工工艺

8.1 总则

8.1.1 适用范围

本工艺标准适用于各种不同类型悬索桥主缆施工。

8.1.2 编制参考标准及规范

(1)《公路桥涵施工技术规范》(JTG/T F50—2011)。

(2)《公路工程质量检验评定标准》(JTG F80/1—2017)。

(3)《机械设计手册》(机械工业出版社)。

(4)《钢结构设计标准》(GB 50017—2017)。

(5)《钢结构工程施工质量验收规范》(GB 50205—2017)。

(6)《架空索道工程技术规范》(GB 50127—2007)。

(7)《建筑结构荷载规范》(GB 50009—2012)。

(8)《工程结构可靠性设计统一标准》(GB 50153—2008)。

(9)《焊接工艺评定规程》(DL/T 868—2014)。

(10)《重要用途钢丝绳》(GB 8918—2006)。

(11)《建筑施工高处作业安全技术规范》(JGJ 80—2016)。

(12)《工程测量基本术语标准》(GB/T 50228—2011)。

(13)《工程测量规范》(GB 50026—2007)。

8.2 术语

8.2.1 预制平行钢丝索股法(PPWS 法)

在工厂内将多根平行钢丝编成索股,卷在索盘上运至施工现场,用牵引索将索股从一端锚体牵引至另一端锚体就位锚固而完成悬索桥主缆架设的一种方法。

8.2.2   鱼雷夹

悬索桥施工主缆索股架设施工时，索股平行牵引过程中的防扭转主动调整装置。该装置在工作时，人工手扶防扭转手柄并与放索一同前进，可防止索股扭转。其外观设计成鱼雷形，不会因对索股滚筒产生较大冲击而损害滚筒。

8.2.3   分丝片

在桥梁现场架设索股入鞍时，为梳理好各索股钢丝的相对位置，并保持其状态，利用铁片插入并固定，该铁片称分丝片。

8.2.4   主缆保形器

主缆索股采用层距法对相互间索股位置进行调整，在紧缆前保持其相对位置的装置。

8.2.5   组合式力矩电机被动放索机构

主要由放索架、力矩电机、制动器、减速机、齿轮副、电磁制动器以及手制动器等组成。工作机理为：主缆索股下盘的动力由牵引系统提供，放索机构设置力矩电机提供使索股张紧的反向力，使索股始终处于张紧状态，从而可有效防止散丝现象发生。

8.2.6   变频调速卷扬机

由开绳槽双卷筒摩擦式牵引主机和贮绳辅机组成。工作原理是通过一对同向转动的卷筒，给缠绕于筒面的多圈钢绳一个摩擦力，使钢绳沿着卷筒旋转的方向运动，达到牵引重物的目的。主要特点是当使用变频器设定某一速度后卷放钢绳的速度恒定、出绳位置恒定。

8.2.7   拽拉器

是连接牵引钢丝绳与被牵引索股的工具，主卷扬机与副卷扬机的钢丝绳通过拽拉器连接形成一套牵引循环体系。

8.2.8   握索器

主缆索股顺着猫道牵引铺满主缆全长以后，需要由门架上的卷扬机提升后由滚轮上进入主、散鞍槽内，提升时起吊用的工装称握索器。

8.2.9   基准索股

是一般索股垂度调整的参照物。主缆架设一般采用1#索股作为基准索股，基准索股垂度调整好后，须进行至少3 d的稳定观测，确认索股线形完全稳定并符合要求后，将连续3 d的观测数据经算术平均后作为基准索股最终线形。

8.3 施工准备

8.3.1 技术准备

(1)熟悉设计文件,领会设计意图。

(2)根据设计要求,合同条件及现场情况等,编制实施性施工组织设计。主缆架设施工方案应根据桥址、跨度、周边环境及设计要求等,来决定主缆场地布置、主缆牵引方法。

(3)做好三级安全、技术交底。安全、技术交底均采用三级制,即总工程师→现场技术负责人→各班组长→班组成员。技术交底均有书面文字及图表资料,级级交底签字。

(4)与设计、施工监控单位一起确定基准索股测量定位、索股调整的技术要求与技术方案制定。

(5)主缆放索及牵引系统空载调试完成。

8.3.2 材料准备

(1)结构材料:主缆索股、索股锚固连接拉杆。

(2)施工材料:索股捆扎带、鱼雷夹、分丝片、主缆保形器、钢丝绳等。

8.3.3 机具准备

主缆索股单线往复式架设需要的主要机具如表 8-1 所示。

表 8-1 主要施工设备表(2 根主缆)

序号	设备名称	数量	规格
1	塔顶大导轮组	4 套	
2	猫道门架		根据主缆长度,每 50 m 设置一个
3	猫道门架导轮组		
4	索股托辊		根据主缆长度,每 6 m 设置一个
5	拽拉器	2 个	与卷扬机钢丝绳相匹配
6	变频调速卷扬机	4 台	根据牵引力确定
7	整形器	16 套	六边形、四边形
8	握索器	16 套	与设计索股相匹配
9	卷扬机	16 台	5 t
10	卷扬机	8 台	10 t
11	塔吊	4 台	按最大吊装要求设置
12	散鞍门架系统	4 套	
13	索塔门架	4 套	

续表 8－1

序号	设备名称	数量	规格
14	电梯	2 台	
15	反力矩电机放索架	2 台	
16	千斤顶/油泵	4 套	60 t
17	龙门吊	1 台	50 t
18	汽车吊	2 台	25 t

8.3.4　作业条件

(1)猫道架设已经完成并已验收合格。
(2)主索鞍预偏到位。
(3)放索场地及收索场地均已布置完成。
(4)主缆牵引系统布置完成。
(5)所需要使用的机械设备经过保养处于良好工作状态。
(6)所有参与人员已通过岗前培训，并已对其进行安全及技术交底。
(7)特殊工种工作人员必须经过专业考核并取得相关证件。

8.3.5　劳动力组织

主缆架设施工中，左右幅两套牵引系统分别进行，工序包括：索股牵引、整形入鞍、索股垂度调整。索股牵引与整形入鞍安排在白天进行，索股垂度调整安排在 0 点至 5 点不受温度影响的时间进行。主缆架设施工劳动力组织具体见表 8－2。

表 8－2　主缆架设劳动力组织人员表(1 根主缆)

工种	人数/人	工作地点	职责范围
施工队长	2	整个施工现场	负责跟班组织施工管理工作、协助总指挥等
工班长	2	整个施工现场	负责跟班组织施工，协调各工种交叉作业等
技术员	4	整个施工现场	负责跟班解决施工中的技术问题，编写技术措施等
专职安全员	2	整个施工现场	负责跟班检查安全设施、安全措施的执行情况及安全教育工作，对安全生产负责
质检员	2	整个施工现场	负责跟班检查工程质量，组织各工种交接及检查质量保证措施的执行情况，对工程质量负责
测量工	12	整个施工现场	负责索股线形测量调整
起重工	22	存索场及索鞍位置	负责索股上盘及索股整形入鞍的 2 个散索鞍、2 个主索鞍 4 个工作面
牵引卷扬机操作员	4	主副卷扬机操作室	负责索股牵引、排绳、卷扬机保养及记录

续表 8 - 2

工种	人数/人	工作地点	职责范围
牵引指挥员	2	整个牵引线路	负责两侧索股架设指挥
鱼雷夹操作员	16	整个牵引线路	负责跟踪沿线鱼雷夹，防止索股扭转
放索架操作员	4	放索场	负责索股放索架操作，防止索股出现呼啦圈及散索现象等工作
卷扬机操作	4	门架顶	负责索股上提
整形入鞍操作员	12	索鞍位置	负责索股整形入鞍
张拉操作员	8	锚跨区	负责索股线形调整包括 2 个边跨段、1 个中跨段共 3 个工作面
塔顶调索操作员	8	主索鞍操作平台	负责中跨索股调整
索股巡查员	4	整个主缆索股	负责索股位置观察
电工	2	整个施工现场	负责现场动力、照明、通信等电气系统维修保养
机修工	4	机修班及现场	负责机械设备及运输车辆保养及修理
合计	114		

注：此表为 1 根主缆施工配备人员，未计后勤、行政等人员。

8.4 工艺设计和控制要求

8.4.1 技术要求

主缆架设施工工序包括：索股牵引、整形入鞍、索股垂度调整。技术要求如表 8 - 3 所示。

表 8 - 3 技术要求表

施工工序	技术要求
索股牵引	1. 控制牵引速度与放索速度一致，防止牵引与放索产生时间差，引起索股在索盘上松弛，进而出现"呼啦圈"、散丝、断带、鼓丝等问题； 2. 架设过程中防止出现索股扭转； 3. 架设过程中防止索股挂丝、缠丝带断裂
索股整形入鞍	1. 用钢片梳进行索股断面整理，使其断面由六边形变成四边形； 2. 索股入鞍的顺序为：主索鞍处是由边跨侧向中跨侧，散索鞍处是由锚跨侧向边跨侧进行
索股垂度调整	1. 基准索股：中跨跨中垂度按监控指令执行，精度要求 ≤ ± $L/20000$（L 为跨径），边跨跨中为中跨跨中的 2 倍；上下游基准索股相对误差 ≤ 10 mm； 2. 一般索股（相对于基准索股）：- 5 mm，+ 10 mm； 3. 垂度调整温度稳定条件：长度方向索股的温差 Δt_1 ≤ 2℃；横截面索股的温差 Δt_2 ≤ 1℃

8.4.2　材料质量要求

（1）索股钢丝和锚头钢材的化学成分和力学性能必须符合设计及有关技术规范。

（2）索股的锚杯和锚板必须逐件进行无损探伤检测，合格后方可使用。

（3）索股在成批生产前，必须按设计要求进行拉伸破坏试验，试验后对锚头进行剖面检查，合格后方可生产。

（4）索股钢丝应梳理顺直平行，长度一致，无交叉、鼓丝、扭转现象，严禁急剧弯折；绑扎要牢固，索股上的标志应齐全、准确，防护符合设计要求。

（5）运输和存储过程中应保证索股不受损伤、污染和腐蚀。

（6）锚头表面应平滑，涂层完好，无锈迹。

（7）索股和锚头验收实测项目见表 8-4。

表 8-4　索股和锚头验收实测项目

项次	检查项目	规定值或允许偏差	检查方法和频率
1	索股基准线长度/mm	基线丝长 1/15000	专用仪器：测量每丝
2	成品索股长度/mm	索股长 1/10000	专用仪器：每件检查
3	热铸锚合金灌铸率/%	>92	用量计算：每件检查
4	锚头顶压索股外移量（按规定顶压力，持荷 5 min）/mm	符合设计要求	仪器量测：每件检查
5	索股轴线与锚头端面垂直度/(°)	±0.5	仪器量测：每件检查
6	锚头表面涂层厚度/μm	符合设计要求	测厚仪：逐件

8.4.3　职业健康安全要求

（1）施工前做好施工安全交底，施工过程中安全员应随时检查安全情况。

（2）根据施工要求配备足额的专职安全员。

（3）特种机械操作员必须经过专业的技术培训及专业考试合格，持证上岗，并必须定期进行体格检查。

（4）患有不宜从事高空作业疾病的人员一律不得进行高空作业。

（5）所有进入施工现场的人员必须按规定佩戴安全防护用具。

8.4.4　环境要求

（1）施工时的临时道路应定期维修和养护，经常洒水，减少尘土飞扬。

（2）清洗机械、施工设备的废水严禁直接排入周围场地内，应尽量减少对周围水体的污染。

（3）应尽量减少对周围自然生态环境的破坏。

（4）优先选用先进的环保机械，降低施工噪声到允许值以下，减少对周围的噪声污染。

8.5 施工工艺

8.5.1 工艺流程

主缆架设工艺流程如图8-1所示。

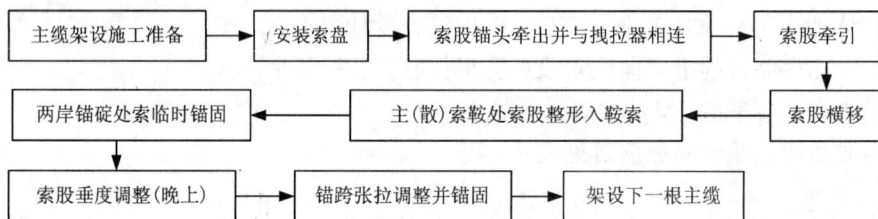

图8-1 主缆架设工艺流程图

8.5.2 操作工艺

（1）主缆架设施工准备。

索股牵引的准备工作包括：主索鞍预偏、索股盘存盘场地布置、场内转运、牵引系统、连接拉杆、放索架等。

①主索鞍预偏。

由于主缆在索鞍中的相对位置是固定不变的，因此一根通长连续的主缆被两个散索鞍、两个主索鞍分割成内力不能自由传递的5个线段。主索鞍的成桥状态下理想的状况是：

（A）主索鞍在索塔塔顶的顺桥向中心位置。

（B）主索鞍两侧，边跨和中跨的主缆拉力是平衡的；索塔塔顶只承受垂直压力，不承受水平力。

但悬索桥有一个由空缆状态到成桥状态的转变过程，主缆架设完成后空缆状态下只承受自重荷载。随着索夹、吊索、加劲梁、桥面系等结构逐步安装，中跨主缆受到的外荷载逐渐增大，主缆轴向拉力相应增加；中跨主缆通过主索鞍传递给塔顶的水平力也相应增加。

由于主缆与主索鞍之间是相互锁定的，如果保持主索鞍在塔顶的位置不变，则边跨主缆跨度不变，在未增加其他外力的情况下，边跨主缆轴向拉力不变，其通过主索鞍传递给塔顶的水平力也相应不变，因此在主索鞍位置不变时，中跨主缆拉力增大，边跨主缆拉力不变，主索鞍两侧的主缆拉力将不再平衡，这个水平力之差将导致索塔承受弯矩。如果这个弯矩超过一定的限值，索塔根部的混凝土将出现拉应力，进而导致破坏。为平衡主索鞍两侧的主缆拉力，可以通过调整主索鞍的位置来实现，即将主索鞍向中跨推移，加大边跨主缆的跨度，在边跨主缆两个支点（主索鞍、散索鞍）的高程不变的情况下，边跨主缆轴线与水平线的夹角将变小，其轴线拉力的水平分量将增大，也就是说施加给索塔顶的水平力增大了；相应的，中跨主缆的轴线拉力水平分量减小，从而达到边跨和中跨的平衡。

因此空缆状态下，主索鞍的位置必须预先向边跨偏移一定的距离，待加劲梁架设时再分阶段向跨中推移，直至回到塔顶中心。

②索股盘场内布置。

索股架设施工前，施工现场应预存一定数量的索股。按照高峰期每天 6 股的架缆速度，该存放量可满足 6 d 左右的工期需要，考虑存放 36 个索股盘。综合考虑场地地形、施工便道、吊装设备等因素，选择一处不少于 500 m² 的场地作为存索区。

存索区内布置 1 台龙门吊机，以满足索股盘场内运输装卸的需要。

③牵引系统。

目前牵引系统有双线往复式和单线往复式两种。根据场地地形特点与工期安排来选择牵引系统形式。一套单线往复式牵引系统结构的组成主要包括：一岸 1 台 25 t 主牵引卷扬机、锚碇散索鞍支墩转向轮、两岸塔顶导轮组、对岸锚碇散鞍部导轮组及转向滑轮、对岸 1 台 25 t 副牵引卷扬机、主副牵引索、1 个拽拉器、猫道门架、猫道门架导轮组、索股托辊等组成。通过拽拉器将两根牵引索首尾相连，将牵引索置入猫道门架导轮组，形成牵引系统。该牵引系统可实现全程连续牵引，能够快速顺畅地通过塔顶、鞍部门架，索股架设速度最高可达 30 m/min。

单幅猫道的牵引系统中心线位置由主缆中心线向内侧偏移 110 cm。支墩门架导轮组、塔顶门架导轮组、猫道门架导轮组、猫道面层托辊、塔顶锚体鞍部托辊的中心位置与牵引索位置相一致，均在同一条垂直面上。牵引索由间距为 50 m 左右的猫道门架导轮组支撑，索股牵引全程范围内，承重索垂度变化较小，锚头和拽拉器与猫道距离保持一致。

(2)安装索盘。

在牵引系统试运行的同时安装、卸除索盘(前一天索股牵引到位后索盘未卸除)。索盘起吊时要注意观察起吊钢丝绳有无破损，如判断钢丝绳安全性能不合格，必须停止使用该钢丝绳，更换为安全性能更好的钢丝绳。要注意索股安装时方向是否正确，索股在放索架中的旋转方向应适应索股锚头由钢盘下边引出，且与放索架力矩电机提供的约束反力方向相反。

(3)索股锚头引出并与拽拉器连接。

利用锚碇处卷扬机将锚头缓缓牵引出索盘，放索架跟着缓慢放索，直到与拽拉器相连接。

(4)放索架被动放索。

目前国内悬索桥施工有垂直放索和水平放索两种方式，一般采用垂直放索，索股卷绕在钢盘上。根据国内外已建成同类型悬索桥施工经验，垂直放索时主缆索股在放索过程中因牵引速度、牵引力与放索速度不匹配，牵引与放索产生时间差，放索盘的转动惯性，主缆平行预制索股上盘力与牵引系统牵引力等因素，导致索股在索盘上松弛，并因松弛而出现"呼啦圈"、散丝、断带、鼓丝等不良现象。为避免该现象发生，采用组合式力矩电机被动放索机构。

该放索机构主要由放索架(包括主轴和连轴器)、力矩电机(配控制器)、制动器、减速机、齿轮副、电磁制动器以及手制动器等组成。被动放索机构的工作机理为：主缆索股出盘的动力由牵引系统提供，放索机构设置力矩电机提供使索股张紧的反向力，此力的大小可根据使用要求设定。当牵引系统提供的牵引力大于反向张紧力时，索股盘跟随转动，将索股从索盘上放出；反之，当牵引力小于或等于反向张力时，索盘在力矩电机提供的反向张紧力作用下自动停止，并始终使索股保持张紧状态。索盘的转动速度追随牵引速度的变化而变化，从根本上解决了两系统的速度匹配问题。

（5）索股牵引（图8-2）。

主缆索股架设分为基准索股架设和一般索股架设。设计编号为1#的索股为基准索股，其余均为一般索股。

①索股牵引时，为避免主缆索股产生急弯索导致的断带、鼓丝、散丝等不良情况，应设置足够密度的托辊，间距不大于6 m，主索鞍与散索鞍处间距不超过50 cm，转弯阶段的各托辊所在圆弧的半径不小于600 m。

②索股锚头经过主索鞍后，开始进入中跨猫道。索股牵引过程中，在散索鞍支墩顶、塔顶、猫道上，均安排人员监视索股牵引情况，若发现索股扭转、散丝、鼓丝、缠包带断裂等情况，应采取措施及时纠正或处理。

③索股牵引速度一般控制在24 m/min，和人的步行速度大致相同，但在塔顶、散索鞍、门架小导轮的位置，为了避免牵引索从导轮上脱离，牵引速度应放慢至4 m/min。

④当索股前锚头将要到达对岸锚碇时，停止牵引，将索股尾端的锚头放出后再进行牵引。

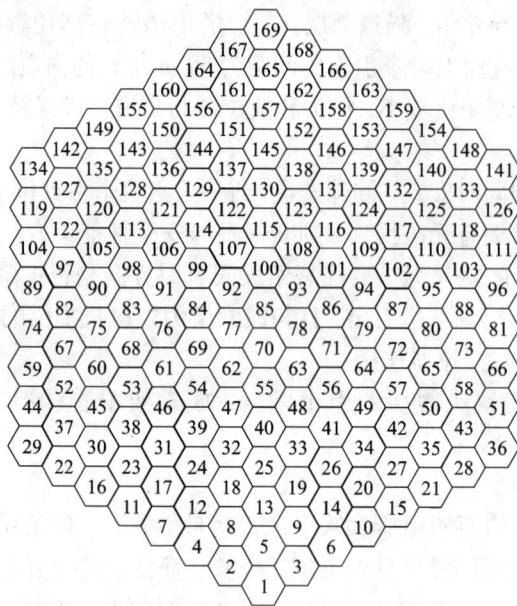

图8-2　索股牵引顺序

（6）索股横移（图8-3）。

牵引完了的索股放在猫道托辊上，利用锚碇门架和塔顶门架上的10 t卷扬机及滑轮组进行索股的上提、横移作业。

在距离主索鞍前后各20 m，散索鞍前20 m、鞍后10 m左右位置处，将特制握索器安装在索股上，分次拧紧握索器上的紧固螺栓，使索股与握索器不发生相对滑移。将塔顶门架、锚碇门架的卷扬机经动、定滑车组绕线后与握索器相连，组成各自的提升系统，待全部握索器提升系统安装完毕后，启动各提升卷扬机，注意提离索股的时间要一致，防止索股摆动过大及受到竖向限位影响而造成单根钢丝鼓丝。将整根索股提离猫道托辊后,再由锚顶、塔顶横移装置,将索股横移到设定位置。

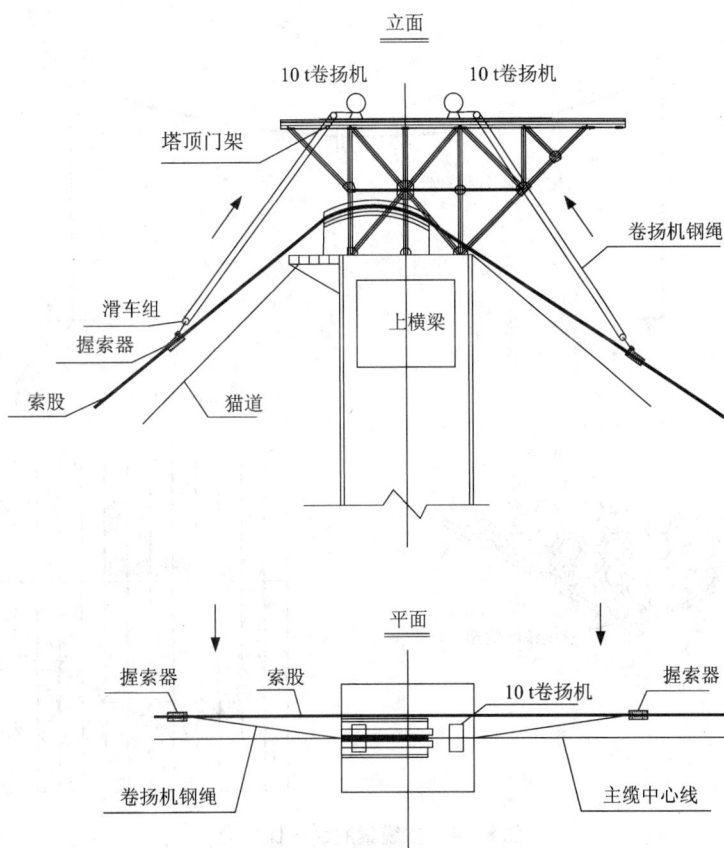

图 8 – 3 索股横移示意(塔顶)

(7)索股整形入鞍(图 8 – 4)。

整根索股提离猫道托辊并横移至设计位置上方,此时主、散索鞍前后两握索器之间的索股呈无应力状态,在此状态下进行整形。

在距离索鞍前后约 3 m 的地方,分别安装上六边形夹具将索股夹紧,解除两夹具间索股缠包带,开始整形。用钢片梳进行索股断面整理,使其断面由六边形变成四边形,再用专用四边形夹具夹紧,缠上包带。整形过程中人工用木锤敲打索股。钢片梳继续延伸整理索股断面成四边形。每隔 1 m 左右缠上包带。

为将边跨鼓丝和散丝消化在中跨,索股整形入鞍时把标志点往跨中方向偏移 40 ~ 50 cm,索股入鞍后再往两边跨方向牵拉,利用索股与鞍槽的摩擦力来消除边跨索股的鼓丝和散丝。有个别鼓丝和散丝严重者辅以木锤击打和多次来回牵拉的办法。索股入鞍后,调整索股,使其上的标记点与设计位置吻合,并适当抬高中边跨跨中索股垂度,便于调索。

在主索鞍处从边跨向中跨方向、在散索鞍处由锚跨向边跨方向进行整形。索股置入鞍槽时,要取掉四边形夹具,填塞木楔,以保持索股形状。

为防止已经入鞍的索股挤压隔板使鞍槽隔板变形，应在其他鞍槽内填塞楔形木块。为增加主缆与鞍槽间的摩阻力，并方便索股定位，鞍槽内设竖向隔板，在索股全部就位并调股后，在顶部用锌填块填平，上紧压紧梁，再将鞍槽侧壁用螺栓夹紧。

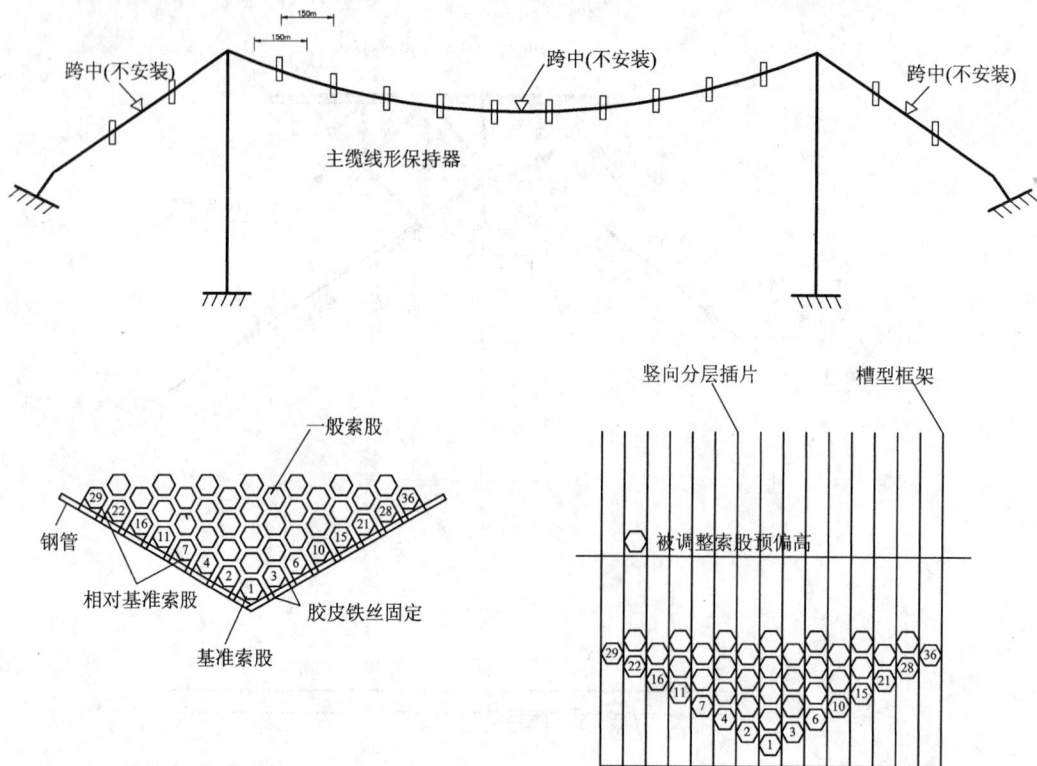

图 8-4　主缆索股线形保持器

（8）索股锚头临时固定。

在索股整形入鞍之后，先将索股锚头临时固定，防止产生滑移。

（9）索股垂度调整。

索股经整形入鞍后，即可暂时放置，待夜间气温基本稳定后再开始进行索股的垂度调整。索股调整又分为基准索股调整（图8-5）和一般索股调整。

白天架设完的索股，垂度调整一般应选择在温度相对稳定、风力不大的夜间进行。在垂度调整前，要进行外界气温和索股温度的测量。索股温度的测量用接触式温度计，沿长度方向布置为：边跨跨中、南北岸索塔塔顶、中跨1/4、跨中、3/4处；沿断面方向

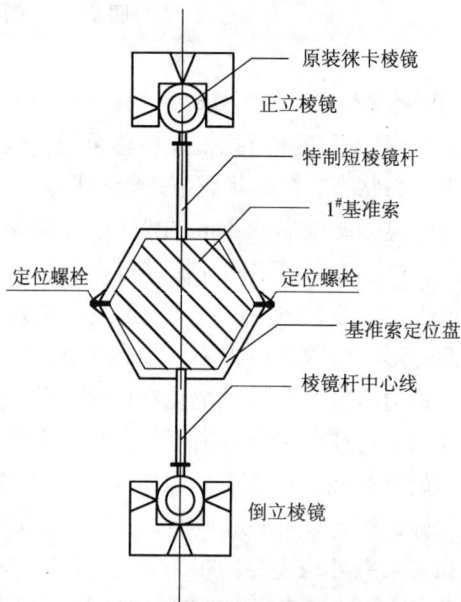

图 8-5　基准索股定位测量示意图

布置为：索股上缘及下缘。满足索股温度稳定的条件是：长度方向索股的温差 $\Delta T \leqslant 2℃$，断面方向索股的温差 $\Delta T \leqslant 1℃$。不符合上述温度稳定条件、风力超过 12 m/s、雾太浓时不能进行索股调整。

①索股垂度调整顺序。

通常情况下索股垂度调整顺序是先中跨后边跨。

②基准索股垂度调整。

基准索股是其他一般索股垂度调整的基准，是主缆架设最重要的一道工序。为了减小温度和风的影响，垂度测量选在不下雨、不起雾、能见度良好、温度相对稳定、风速较小的夜间进行。基准索垂度的测量方法采用绝对高程法及相对高程法。即边、中跨 $L/2$ 采用绝对高程施测，其他及左右索股间采用相对高程施测。

基准索股垂度调整具体操作方法是：在索股跨中处悬挂反光棱镜，采用 3 台全站仪分别从不同方向同时观测，进行三角高程测量，计算出索股跨中垂度，并与设计垂度进行比较，根据监控计算的垂度调整图表，算出索股需移动调整的长度，并作跨度、温度修正。通过索鞍处索股放松或收紧，完成垂度调整目的，先调整中跨垂度，后调整边跨垂度，直至符合设计要求。

在索股绝对垂度符合要求后，同时进行上、下游两根基准索股相对垂度调整，其相对垂度差不大于 10 mm。可采用两种不同测量方法进行测量，首先采用液体静力水准测量即连通管测量方法，在风小、夜间温度变化较小和索股稳定时，直接测量上下游索股间的相对高差，同时采用三角高程相对垂度测量方法实施监控，两种测量方法误差可控制在 ±5 mm，能满足设计精度要求。

基准索股垂度调整好后，须进行至少 3 d 的稳定观测，确认索股线形完全符合稳定要求后，将连续 3 d 的观测数据经算术平均后作为基准索股最终线形。

③一般索股测量（图 8-6）。

一般索股的调整同样要求在风速较小、温度稳定的夜间进行。当主缆直径较大、股数较多时，由于内外层索股的温差问题，将引起基准索股受到已架上层索股的挤压，进而导致基准索股线形发生变化，不能继续作为一般索股调整的基准来进行后续索股的调整，一般采用相对基准索股法进行主缆一般索股的垂度调整。

为了保证一般索股调整时所用的基准索股始终处于自由飘浮状态，采用主缆各层外侧一根一般索股作为相对基准索股，其垂度依靠 1# 基准索股进行传递，然后利用各层相对基准索股调整其同一排一般索股和上一排相对基准索股的垂度，以达到主缆线形调整的目的。

另外为了消除调整误差的积累，每根相对基准索股的调整误差均进行传递，即调整下一根相对基准索股时，它们之间的理论相对垂度值中要减去当前相对索的调整误差值，以确保每一根索相对于 1# 索股的调整误差均为 0~5 mm；当索股架设到一定数量时，还要用全站仪对少数相对基准索股进行绝对垂度的检测，需要测量的索股应根据现场具体情况确定。

监控组计算出各相对基准索股与 1# 索股的理论垂度值。测定相对基准索股与待调索股的温度（索股断面上 4 个面的温度平均值）并进行温度修正。

（10）锚跨张力调整。

每根索股架设完成垂度调整好后，进行锚碇索股张力调整。锚跨张力调整采用两台专用千斤顶（拉伸器）通过反力架顶推锚头上的螺母，通过松紧拉杆螺母使锚跨索股张力达到设计

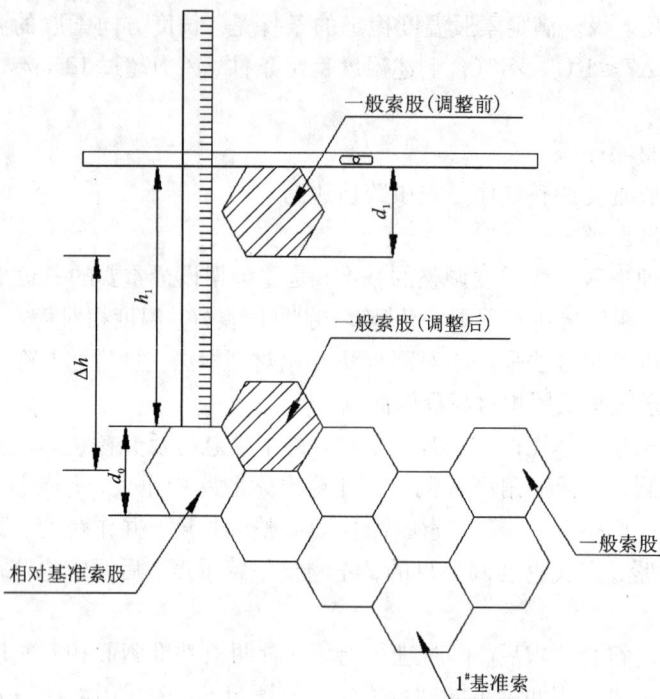

图 8-6 一般索股定位图

要求。监控组在每个锚跨设置了索股用智能型索力仪进行索力校核。

(11)质量控制措施。

①放索架的质量控制措施。

主缆索股在放索过程中,因牵引速度与放索速度不协调、牵引与放索产生时间差、放索盘的转动惯性、索股上盘力与牵引系统牵引力等因素,导致索股在索盘上松弛,进而有可能出现"呼啦圈"、散丝、断带、鼓丝等问题。

控制措施:对于竖直方向放索系统,采用性能良好的组合式被动放索机具(包括放索架、力矩电机、制动器、减速器、齿轮副、电磁制动器等设备),确保索股架设质量。

②防止架设过程中索股扭转的控制措施。

(A)索股扭转产生的原因如下:

(a)索股平行钢丝在制作过程中残留扭转应力。

(b)平行钢丝索股在装盘卷绕过程中需要扭转,放索时再从钢盘中反向扭转展开,但这个扭转不可能完全释放,索股中残留了部分扭力。

(c)猫道因宽度方向上的荷载分布不对称,或因单侧牵引产生自重偏心等原因造成猫道倾斜,导致索股在托辊上侧向滚动,造成扭转。

(d)猫道托辊设有侧向锥角,当锥角设计不合理时,牵引过程中,索股至托辊锥角部位会产生侧翻,造成扭转。

(B)防扭转处理措施:

(a)选取优质盘条,优化钢丝制造工艺。

(b)优化索股制造工艺和装盘工艺。

(c)在主缆外侧的猫道面网上布设配重沙袋,平衡托辊、门架导轮组、拽拉器、牵引索、主缆索股的重量,以克服偏载造成的猫道倾斜。

(d)通过调整拽拉器平衡锤位置,使拽拉器与托辊保持在同一竖直面上。

(e)设计合理的托辊侧向锥角(为60°),索股与托辊保持一个面接触,并在托辊上增设竖向转轴。

(f)索股上每隔300 m安装一鱼雷夹具,工人跟踪控制,避免单根索股扭转。

(g)索股六边形断面顶部靠边侧的两根,其中一根为索股基准钢丝,其制作精度相对误差小于1/15000,作为索股制作的控制标准,另一根是索股着色钢丝,以便于观察索股是否扭转。

③防止架设过程中缠包带断裂散丝的控制措施。

(A)原因分析。

(a)索股制作时,由于上盘力原因,易造成索股在盘上缠绕不紧,牵引过程中出现松弛现象,增大了内外层索股间摩擦,致使缠包带部分断裂而散丝。

(b)索股制作与索股架设,间距时间较长,温度引起缠包带老化,降低了握裹力,引起断带散丝。

(c)索股牵引过程中,通过锚、塔等处因竖向弯曲半径较小,索股径向反力较大,易造成断带散丝。

(d)支承托辊坚硬的表面对索股缠包带造成磨损,导致断带散丝。

(B)处理措施。

(a)工厂制索时,采用合理的上盘力及高质量的缠包带。

(b)索股牵引过程中,始终保持合理的张力,避免索盘上索股松弛下垂导致磨损。

(c)调整并适当加密锚、塔等处托辊间距,并增大此区段竖向弯曲半径。

(d)选择采用尼龙托辊,加强对缠包带及索股镀锌层保护。

④防止架设过程中索股鼓丝的控制措施。

(A)原因分析。

(a)基准丝与一般丝制作误差、同一索股内钢丝长度误差,长距离牵引引起鼓丝。

(b)索股受托辊的摩擦力,下部钢丝产生拉应力而发生拉应变。因长距离牵引至锚、塔顶曲率半径变化较大处,应变逐渐积累造成后移限制,产生索股鼓丝。

(c)索股整形入鞍顺序是由边跨向中跨、锚跨向边跨进行,索股在鞍槽内摩擦力远大于索股牵引时与托辊的摩擦力,索股上下层的相对位移不一致,易在主索鞍边跨中、散索鞍锚跨中产生鼓丝。

(d)牵引中因索股散丝、单根或数根钢丝被挂拉易产生鼓丝。

(B)处理措施。

(a)确定合理的整形入鞍工艺和顺序。

(b)索股牵引过程中,严密监控,杜绝钢丝被挂拉。

(c)确定适当的索股预抬高量,减少或消除索股调整时产生的鼓丝。

(d)调整索股时,采用木锤在调整部位附近反复敲打,并用手拉葫芦适当上提索股,以减小鞍槽摩擦影响。

(e)对于锚跨的鼓丝,必须将其赶至边跨,远离散索鞍,后期恒载增加时,鼓丝自然会消除。

8.6　质量标准

（1）索股成品应符合设计要求，应有出厂合格证、材质合格证、检验报告，必须按设计和规范要求验收合格方可架设。

（2）索股入鞍、入锚位置必须符合设计要求，架设时严禁索股急剧弯折、扭转和散开。

（3）拉（锚）杆锁定牢固，与连接板和索股锚头面板应正交。

（4）架设后索股钢丝应平行顺直、无鼓丝，不符合要求时应处理。

（5）索股顺直，不交叉，不得有扭转现象，否则应进行处理。

（6）索股钢丝镀锌层保护完好，表面洁净。

（7）主缆架设实测项目见表 8 - 5。

表 8 - 5　主缆架设实测项目表

项次	检 查 项 目			规定值或允许偏差	检查方法和频率
1	索股高程 /mm	基线	边、中跨跨中	中跨跨中：±$L/20000$（L 为跨径）边跨跨中：为中跨跨中的 2 倍	全站仪：测量跨中
			上、下游高差	10	
		一般	相对于基准索股	0，+5	全站仪或专用卡尺：测量跨中
2	锚跨索股索力偏差			符合设计要求，设计未规定时为 ±3%	测力计：每索股检查

8.7　成品保护

（1）索股架设完成后，至缠丝防护之前，间隔时间较长，应采取以下措施对成品进行保护。

（2）在靠近塔顶部，由于钢丝绳的油污污染比较严重，应用彩条布、篷布等覆盖主缆索股，防止油污。

（3）工人在后续施工中注意不要损伤索股，如索股表面局部镀锌层出现损伤，应按要求进行修补。

8.8　安全环保措施

8.8.1　安全措施

（1）危险源辨识。

PPWS 法主缆架设施工的主要危险源如表 8 - 6 所示。

表 8 - 6　危险源辨识表

序号	类别	具体表现形式	可能造成的事故
1	结构物的不安全状态	主散索鞍门架焊接质量不满足设计要求	坍塌
2		绳卡方向错误、间距过大或过小、数量不够、型号不匹配	坠物、打击
3		结构用预埋板受力不符合设计要求	坍塌、打击
4		牵引卷扬机基础地脚螺栓安装不符合设计要求	机械破坏
5		卷扬机牵引力、转速、出绳长度检测传感装置失效	机械过载破坏
6		塔吊超载起吊、制动器失效、钢丝绳损坏、斜向吊物	坠物、打击
7		手拉葫芦刹车失效、链条卡壳、吊钩断裂	坠物、打击
8		千斤顶张拉作业时两端站人	机械伤害、打击
9		被动式放索架制动器失效	机械伤害
10	用电的不安全状态	开关箱内未按规定设置漏电保护装置	短路、触电
11		一闸多机	短路、触电伤害
12		无保护性的地线或地线保护不良	触电伤害
13	防护设施缺乏和缺陷	高处平台边无栏杆	高处坠落
14		高空作业下方的人行通道上方无防护棚	坠物打击
15		雨天、雪天作业无可靠防滑措施	高处坠落
16		空洞处未挂安全网或质量不符合要求	高处坠落
17		塔吊或汽车吊回转范围内无防护	物体打击

（2）安全控制措施。

①贯彻"安全第一，预防为主，综合治理"的方针，架设过程中必须同时满足水上、高处、吊装以及临边施工对人员的详细安全要求。

②对大型无级调速卷扬机的安装与使用制订专项施工方案，详细规定吊装的指挥体系，并对安全性与使用过程进行安全技术交底。

③变频卷扬机的安装要遵循出厂说明书的要求。在吊装时候可直接将机座与地脚螺栓相连，或者通过锚桩相连接。

④在猫道上工作应一律使用工具袋。较大的工具应用绳拴在牢固的构件上，不准随便乱

放，以防止高空坠物发生事故。

⑤指挥员、操作工的站立必须稳妥，在猫道斜坡上作业时，必须清理坡面上的泥沙、杂物以及油污，防止作业过程中出现人员滑倒、碰伤事故。

⑥主缆索股钢盘运输至工地以及将索股盘吊至轨道平车上后，应注意在钢盘轮辐下缘塞好木楔，必须锁定位置，上好搭扣，防止意外滚动。

⑦进行卷扬机的安装时，如需架高压电缆，架设的电缆线与卷扬机的安全距离必须符合规范要求，防止线缆被压、刮、磨导致线缆破损，发生触电事故。

⑧索股牵引到对岸，在卸下锚头前须把索股临时固定，防止反向滑移。

⑨索股横移时，须将索股从猫道托辊上提起，确认全跨径的索股已离开滚筒后，才能横向移到索鞍的正上方。横移时拽拉量不宜过大，任何人员不允许站在索股的下方。

⑩卷扬机安装完毕后，其底座、起重系统、电气系统必须进行检查、验收合格后方允许使用，并将相关检验记录留存。

⑪卷扬机安装好后应做好空载、额定荷载、超载试验。

8.8.2　环保措施

（1）环境保护体系：以项目经理为核心建立环保领导小组，设立专职环保工程师，全面负责环保工作。

（2）为保护施工范围内的环境卫生，施工垃圾须弃运至指定地点，严禁直接倒入江中。

（3）钢丝绳或工具上的油污必须统一处理，禁止污染下方的桥梁钢梁以及下方环境。

（4）施工现场保持整洁干净，每天的余料及时处理或堆放整齐。

（5）施工现场设置必要临时维护，减少和外界相互干扰。

8.9　质量记录

（1）牵引系统调试检查记录表。

（2）索股牵引过程记录表。

（3）基准索股垂度测量记录表。

（4）一般索股相对垂度调整记录表。

（5）锚跨张拉调整记录表。

（6）卷扬机安全检查表。

（7）钢丝绳安全检查表。

9 紧缆施工工艺

9.1 总则

9.1.1 适用范围

本工艺标准适用于各种不同类型悬索桥主缆紧缆施工。

9.1.2 编制参考标准及规范

(1)《公路桥涵施工技术规范》(JTG/T F50—2011)。

(2)《公路工程质量检验评定标准》(JTG F80/1—2017)。

(3)《机械设计手册》(机械工业出版社)。

(4)《钢结构设计标准》(GB 50017—2017)。

(5)《钢结构工程施工质量验收规范》(GB 50205—2017)。

(6)《架空索道工程技术规范》(GB 50127—2007)。

(7)《建筑结构荷载规范》(GB 50009—2012)。

(8)《工程结构可靠性设计统一标准》(GB 50153—2008)。

(9)《重要用途钢丝绳》(GB 8918—2006)。

(10)《合金结构钢》(GB/T 3077—2015)。

(11)《建筑施工高处作业安全技术规范》(JGJ 80—2016)。

9.2 术语

9.2.1 主缆空隙率

主缆索股之间空隙体积与主缆体积(堆积体积)之间的比值。

9.2.2 紧缆机

紧缆机主要由紧固装置、液压系统、行走机构、电控系统等组成。工作原理:紧固装置环抱在主缆上,6个紧固蹄分别由6个液压千斤顶驱动来完成紧缆作业。在紧缆作业初期加压阶段,以低压(5 MPa)进行,使各紧固蹄轻轻地接触主缆表面,且相互重叠,然后升高压力

（35 MPa），加载（同步）。

9.2.3　预紧缆

采用"二分法"，以先疏后密的原则进行（以免钢丝的松弛集中在一处），将中跨主缆分为 n_0 段，每段长度约为 L_0/n_0 m。边跨各分为 n_1 段，每段长度约为 L_1/n_1 m。紧缆前测量队用全站仪划分紧缆位置。每段内再采用"二分法"分成 5 m 一小段。用钢带绑扎一道，直至主缆表面基本平顺圆滑。

9.2.4　正式紧缆

预紧缆完成后，使用主缆紧缆机将主缆截面紧固成圆形，主缆空隙率、椭圆度等指标满足设计与施工规范要求，用绑扎扎带固定。

9.3　施工准备

9.3.1　技术准备

（1）熟悉设计文件，领会设计意图。

（2）编制施工组织设计，做好施工方案、人员组织、材料与设备组织、质量与安全要求等方面的准备。

（3）做好三级安全、技术交底。安全、技术交底均采用三级制，即总工程师→现场技术负责人→各班组长→班组成员。技术交底均有书面文字及图表资料，级级交底签字。

（4）根据主缆直径、空隙率要求分析计算紧缆机液压油泵所需提供的油压，开工前对紧缆机液压千斤顶、油表进行标定。

（5）根据设计规定的空隙率要求，计算确定主缆的直径与周长，并准备好测量工具。

9.3.2　材料准备

（1）预紧缆所需要材料。

木锤、刀片、绑扎钢带等。

（2）正式紧缆所需要材料。

绑扎钢带、液压油、木锤、牵引紧缆机的钢丝绳、保护主缆索股免遭污染的彩条布等。

9.3.3　机具准备

预紧缆与正式紧缆需要的主要机具如表 9-1 所示。

表 9 - 1 紧缆机械设备配备表

序号	设备名称	规格	数量	备注
1	手拉葫芦	5 t	12 个	预紧缆
2	钢丝绳(无油)	16 mm	一批	预紧缆
3	卷扬机	5 t	4 台	正式紧缆
4	紧缆机	紧固力满足设计要求	4 台	正式紧缆
5	测量器具		8 套	正式紧缆
6	绑扎钢带打包机		4 台	预紧缆与正式紧缆

(1)卷扬机。

紧缆施工中利用塔顶卷扬机来牵引紧缆机在主缆上行走。

(2)紧缆机(图 9 - 1)。

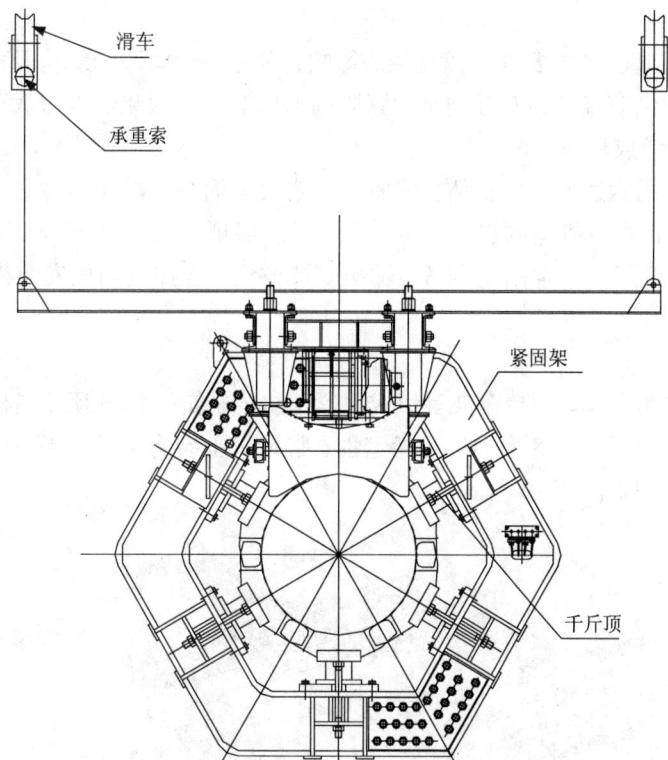

图 9 - 1 紧缆机外形

紧缆机主要由紧固装置、液压系统、行走机构、电控系统等组成。

①紧固装置。

紧固装置是紧缆机的核心工作部分,由紧固蹄、液压千斤顶和反力架等组成。紧缆机千斤顶安装座构造图如图 9 - 2 所示。

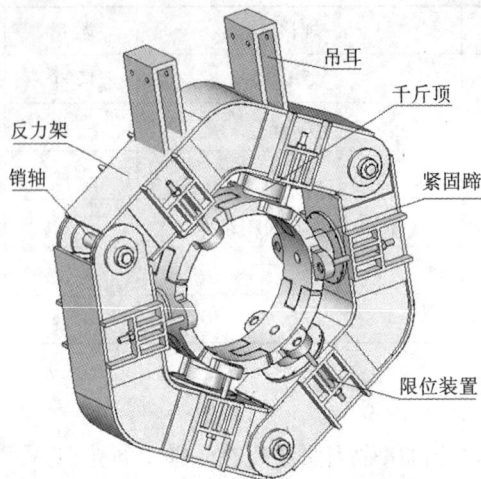

图 9 - 2　紧缆机千斤顶安装座构造图

　　紧固蹄的曲率半径 R 主要受主缆直径的影响，考虑到紧固蹄的结构及空隙率的控制，应以索夹内空隙率的主缆直径为基准确定。紧固蹄形状对紧缆效果影响很大，改进紧固蹄结构形状，更有利于主缆成形。

　　反力架结构采用六边形焊接机体，使加工工艺大为简化，机体结构更为合理，不仅减轻了机体自重，而且提高了机体的强度，安全性能得以保证。为方便安装，反力架加工成左右两片。安装时，将两片反力架用缆索吊运输至安装位置，连接紧固架安装板（共 4 块），形成六边形的整体。

　　②行走机构。

　　行走机构主要由台车轮、台车架等组成。紧缆机的行走采用塔顶卷扬机牵引运行或采用本机自带卷扬机牵引运行。为增加运行稳定性，紧缆机上装有手拉葫芦，可与猫道相连。紧缆机行走装置构造图如图 9 - 3 所示。

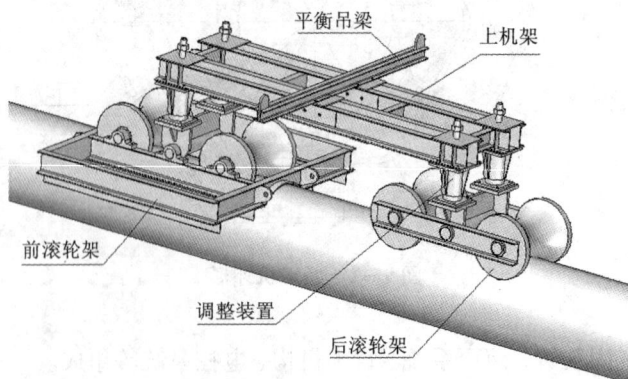

图 9 - 3　紧缆机行走装置构造图

③液压系统。

液压系统是主缆紧缆机的动力部分。由超高压液压泵站、高压软管、转换接头、液控单向阀、换向阀等组成。该系统的特点是低压时双泵供油，紧固装置快速动作，高压时单泵供油，泵站压力超过电接点压力表所调定的压力时，能及时关闭电动机。在关闭电动机后，油压千斤顶下腔的压力能够维持一段时间。

（3）行走天车。

行走天车是利用门架承重索作为行走轨道，主要用于保持紧缆机在施工行走过程中的平衡。

（4）小型机具。

如手拉葫芦、绑扎钢带的打包机等。

9.3.4 作业条件

（1）主缆架设已经完成并已验收合格。

（2）紧缆机、绑扎带与打包机、小型设备等完成保养并处于良好工作状态。

（3）紧缆机空载试验与模拟紧缆试验已经完成。

（4）具备将紧缆机起吊至主缆上方拼装的安装条件。

（5）所有参与人员已通过岗前培训，并已对其进行技术交底。

（6）特殊工种工作人员经过专业考核并取得相关证件。

9.3.5 劳动力组织

预紧缆施工 2 条主缆按大桥跨度分为 12 个作业组，每个作业班组 4 人，共计 48 人。在预紧缆过程中，需及时记录各种测量数据，以控制预紧缆空隙率不超过目标。

正式紧缆操作实行两班制，基本做到人停机不停。2 条主缆安排 4 台紧缆机，每台紧缆机两班需要操作工人 22 人，4 台紧缆机共需 88 人。1 台紧缆机劳动力组织具体见表 9 - 2。

表 9 - 2　正式紧缆施工劳动力组织表（1 台紧缆机）

工种	人数/人	工作范围	职责范围
施工队长	2	整个施工现场	负责跟班组织施工管理工作、协助总指挥等
工班长	2	整个施工现场	负责跟班组织施工，协调各工种交叉作业等
技术员	4	整个施工现场	负责跟班解决施工中的技术问题，编写技术措施等
专职安全员	2	整个施工现场	负责跟班检查安全设施、安全措施的执行情况及安全教育工作，对安全生产负责
质检员	2	整个施工现场	负责跟班检查工程质量，组织各工种交接及检查质量保证措施的执行情况，对工程质量负责
测量工	4	施工现场	负责主缆周长和椭圆度测量
卷扬机操作员	2	塔顶门架卷扬机室	负责紧缆机行走
紧缆机操作员	4	整个主缆索股范围	负责紧缆机紧缆及稳定性

续表 9-2

工种	人数/人	工作范围	职责范围
普工	8	整个主缆索股范围	负责主缆打包带以及锤击主缆
机修工	1	机修班及现场	负责机械设备及运输车辆保养及修理
电工	1	整个施工现场	负责现场动力、照明、通信等电气系统维修保养
合计	32		

注：本表劳动力组织包括白班与晚班2个作业班组人员。

9.4 工艺设计和控制要求

9.4.1 技术要求

紧缆作业可分为预紧缆和正式紧缆，预紧缆与正式紧缆要求如表9-3所示。

表9-3 预紧缆与正式紧缆技术要求

工况	技术要求
预紧缆	把架设完成的主缆由六边形初步紧成近似圆形，用绑扎钢带固定，预紧缆目标空隙率控制在26%~28%
正式紧缆	紧缆的顺序：中跨宜从跨中向两侧进行；边跨从散索鞍向索塔进行 空隙率：正式紧缆空隙率应符合设计规定，允许偏差为-0~+3%。圆度偏差不超过主缆直径的5%

9.4.2 材料质量要求

（1）紧缆绑扎钢带采用不锈钢钢带，钢带应表面光洁，强度满足实际施工需求。
（2）紧缆机牵引钢丝绳采用线接触钢丝绳，钢丝绳破断拉力应按产品质量证明书取3倍安全系数选用。

9.4.3 职业健康安全要求

（1）施工前做好施工安全交底，施工过程中，安全员应随时检查安全情况。
（2）根据施工要求配备足额的专职安全员。
（3）特种机械操作人员必须经过专业的技术培训及专业考试合格，持证上岗，并必须定期进行体格检查。
（4）患有不宜从事高空作业疾病的人员一律不得进行高空作业。
（5）所有进入施工现场的人员必须按规定佩戴安全防护用具。

9.4.4　环境要求

（1）施工时的临时道路应定期维修和养护，经常洒水，减少尘土飞扬。

（2）清洗机械、施工设备的废水严禁直接排入周围场地内，应尽量减少对周围水体的污染。

（3）应尽量减少对周围自然生态环境的破坏。

（4）优先选用先进的环保机械，降低施工噪声到允许值以下，减少对周围的噪声污染。

（5）在施工现场和生活区设置足够的临时卫生设施，经常进行卫生清理，同时在生活区周围种植花草、树木，美化生活环境。

9.5　施工工艺

9.5.1　工艺流程

主缆紧缆工艺流程如图9-4所示。

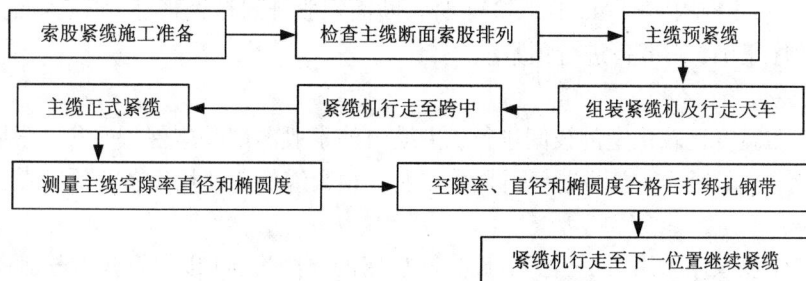

图9-4　主缆紧缆工艺流程图

9.5.2　操作工艺

紧缆（图9-5）工作可分为准备工作、预紧缆、正式紧缆。

（1）施工准备工作。

①猫道门架、牵引系统的拆除。

先将猫道门架上的滚轮全部拆除，同时对锚跨索股索力进行最后一次全面调试，使其符合设计要求，并且仔细检查主缆索股是否有错位现象及主、散索鞍有无移位现象。通过验收合格后，再在主、散索处将主缆索股填好锌块后用拉杆将其紧固压牢，其紧固力在散索鞍处为400 kN/根拉杆，在主索鞍处为250 kN/根拉杆，主、散索鞍的紧固拉杆采用30 t和60 t液压千斤顶进行调试和紧固。

②简易缆索行走天车组装。

天车是紧缆及索夹安装工作中的运输工具。主缆索股架设完成后，拆除猫道门架，留下猫道工作承重索作为天车支承索。同塔顶门架上的卷扬机、专用起吊跑车组成简易缆索天车。收紧承重索，保证紧缆机的工作高度。天吊滑车设一组牵引，滑车上设两台5 t链子滑

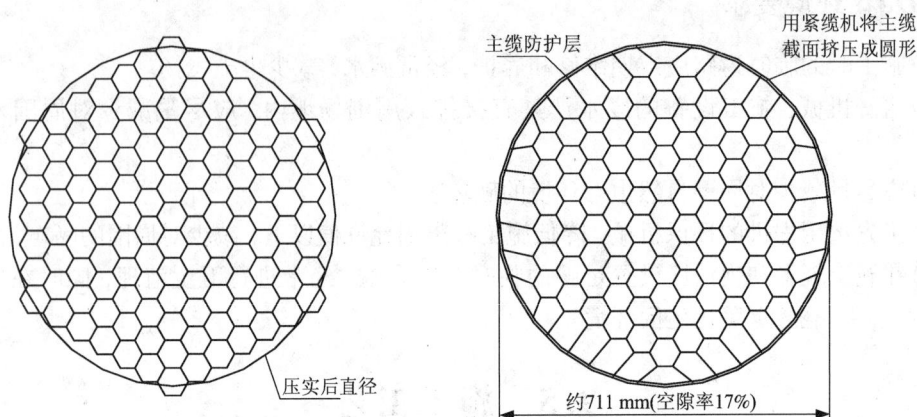

主缆防护层
用紧缆机将主缆
截面挤压成圆形
压实后直径
约711 mm(空隙率17%)

图 9 - 5　紧缆后每根索股相对位置变化示意图

车,以调节紧缆机的工作高度。

③检查主缆索股。

在边跨跨中,检查中跨 1/4,1/2,3/4 跨各断面索股排列是否正确,若有问题及时调整,若索股排列顺序正确,则准备进行预紧缆。

(2)预紧缆。

预紧缆应在温度比较稳定的夜间进行,主缆内外索股温度基本保持平衡,索股排列整齐有序,拆除主缆索保形器,立即进行预紧缆作业。预紧缆作业使用设备为手拉葫芦及手扳葫芦。具体步骤:

①预紧缆作业顺序采用"二分法",以先疏后密的原则进行(以免钢丝的松弛集中一处),将主缆以长度约 40 m 进行分段,紧缆前测量队用全站仪划分紧缆位置。每段内再采用"二分法"分至 5 m 一小段。最后以间隔 5 m 用钢带绑扎一道,直至主缆表面基本平顺圆滑。

②首先将预紧点 6~7 m 范围内的主缆外层索股绑扎带解除,索股绑扎带要边预紧边拆除,不要一下子拆光,并在主缆的外层包一层起保护作用的麻袋或塑料布等其他软质物品。

③用麻袋包裹钢丝绳绳头配合手动葫芦捆扎主缆,人工收紧主缆,用大木锤沿主缆四周敲打,初步挤成圆形后用钢带绑扎,在挤圆时应尽量减少表层索股钢丝的移动量,同时正确地校正索股和钢丝的排列,避免出现绞丝、串丝和鼓丝现象。

④同时测量紧缆处主缆的周长,待空隙率控制在 28% 以内时,用软钢带将主缆捆扎紧,使主缆截面接近圆形。

⑤边跨预紧缆与中跨预紧缆同步进行(图 9-5)。

(3)正式紧缆。

每根主缆由 2 台紧缆机进行紧缆施工,根据施工工艺要求,正式紧缆中跨由跨中向主索塔方向紧缆,边跨由散索鞍向主索塔方向紧缆。紧缆点间距为 1.0 m。

①紧缆机组装。

为便于紧缆机上缆后一次顺利组装成功,需预先在地面进行试组装。试组装完成后,重新拆卸各总成件并正式上缆组装。具体组装步骤:

（A）先将紧缆机各总成件运至塔脚处。

（B）用塔吊将各总成件放置在塔顶脚手架平台上。

（C）用缆索吊分别顺次将液压系统、紧固装置运往中跨跨中。

（D）连接液压系统与紧固装置，使其就位于主缆上。

（E）整机组装就位，然后将自带卷扬机的牵引钢绳与猫道横梁连接牢固，保证紧缆机的稳定性。

（F）用扳手调整移动装置上的缓冲弹簧，确认紧固装置与主缆的对中良好。

②紧缆机行走。

利用塔顶卷扬机牵引紧缆机行走机构来控制紧缆机行走。在紧缆机行走的同时，行走天车也跟着紧缆机一起行走，行走天车主要用于调整紧缆机在行走中的不平衡。

③主缆回弹率试验。

正式紧缆前在中跨跨中进行现场试验，以检验紧缆机的工作性能和测定主缆紧缆后的回弹率，并根据试验情况对紧缆机进行调整和制订相应的紧缆工艺，然后正式紧缆。

④紧固蹄的操作。

在初期加压阶段，以低压进行，使各紧固蹄轻轻地接触主缆表面，且互相重叠，然后升高压力，加载（同步）。首先启动紧缆机左右2台千斤顶，调整至紧缆机轴线与主缆中心重合，再启动其他4台千斤顶，协调好4台千斤顶的顶进速度，当6台千斤顶达到一样的行程后一起施压。注意保持接近相同压力的同时挤压主缆；紧固蹄行程达到设计位置时或压力达到规定时保压。采用行程与压力双控法，以行程为主。当紧缆机紧固到预紧缆时所捆扎的软钢带的位置时，要将其拆除掉，以免影响紧固效果。

⑤绑扎钢带。

绑扎钢带的目的是保证当液压千斤顶卸载后，紧固后的主缆截面形状仍保持近似圆形，并保持要求的空隙率。当紧固蹄处主缆直径经测量符合要求后，用不锈钢带绕在主缆上捆扎，并用带扣固定。紧缆点间距为1.0 m，带扣布置在主缆的侧下方，钢带间距1.0 m，每个紧缆点捆扎2道，间距10 cm。

⑥液压千斤顶卸载。

当钢带绑扎完成后，液压千斤顶卸载，通过操作换向阀使紧固蹄回程，紧缆机则移向下一个紧固位置。

⑦空隙率测量。

为了确定紧缆后主缆的截面形状，紧固蹄挤压结束后（处于保压位置时）和液压千斤顶卸载后，分别用专用量具在紧缆机压块15～20 cm的地方，测定主缆横直径、竖直径和周长，控制主缆横直径和竖直径差值在规范要求范围内。主缆的平均直径可用下式计算：

$$主缆平均直径 = (竖直径 + 横直径)/2$$

或：

$$主缆平均直径 = 主缆截面周长/\pi$$

空隙率由下式确定：

$$K = 1 - nd^2/D^2$$

其中，n 为钢丝总数；d 为钢丝直径；D 为紧缆后主缆直径。

为方便现场对紧缆空隙率的检查，提前按上式作出主缆空隙率、直径、周长的对照表。

主缆全部紧固完成后,测定捆扎带旁边的主缆直径及周长,确定实际的空隙率。

⑧紧缆机移动。

当该处紧缆满足设计要求后,移动紧缆机,进行下一处紧缆。

(4)质量控制措施。

①建立主缆紧缆施工的质量管理体系、质量保证体系和安全保证体系,按设计要求施工,严格执行《公路桥涵施工技术规范》与《公路工程质量检验评定标准》的相关规定,参与项目施工的全体员工,必须坚持质量方针,严把质量关。

②紧缆作业时,工作压力不得超过设计值,当行程与压力值有偏差时,应报现场技术人员分析原因,排除异常,做出相应处理。原则上要以压力、行程双控,以行程为主。

③预紧缆须在夜间日落后 3 h,日出前 5 h 之间温度稳定时进行。

④紧缆须按照一定的顺序和方向进行。

⑤靠近散索鞍和主索鞍端部 3.0 m 处进行最后一道紧缆。

⑥在散索鞍和主索鞍至第 1 个 G 类索夹范围内,必须进行 2 次紧缆作业(G 类索夹内腔为锥形结构,作用是把索鞍处六边形主缆截面变成圆形,不同于内腔为圆柱形的其他索夹,由于很难一次紧到位,故需 2 次紧缆作业),以便顺利进行索夹安装。

⑦紧缆钢带接头设置在主缆侧下方。

⑧在各索夹安装位置附近,紧缆时主缆空隙率控制在设计规范允许范围以内,不宜超出,以方便后续索夹安装。

⑨主缆空隙率以紧缆机移开至少 5.0 m 后所测的结果为准。

9.6 质量标准

质量标准按照《公路桥涵施工技术规范》(JTG/T F50—2011)和《公路工程质量检验评定标准》(JTG F80/1—2017)执行,检查紧缆后主缆空隙率及主缆直径圆度控制质量标准(表 9 - 4)。

表 9 - 4 紧缆施工实测项目表

项次	检查项目	规定值或允许偏差	检查方法
1	主缆空隙率/%	17%;0,+3	量直径和周长后计算;测索夹处和两索夹间
2	主缆直径不圆度/%	不超过主缆设计直径的5%	紧索后横竖直径之差,与设计直径相比;测两索夹间

9.7 成品保护

紧缆施工完成后至缠丝防护之前,要放置一段时间,在这段时间内,可采取以下措施对成品进行保护。

(1)在靠近塔顶门架处布置有卷扬机,存在被钢丝绳上的油污染的隐患,采用 0.3 mm 镀锌薄钢板包裹或用篷布将可能受污染的主缆索股包裹。

（2）工人在后续施工时注意不要损伤索股，如碰伤索股表面局部镀锌层，应按要求进行修补。

（3）个别绑扎钢带会随着温度的变化导致断裂，要随时检查，一旦发现某处钢带断裂，要及时进行绑扎。

9.8 安全环保措施

9.8.1 安全措施

（1）危险源辨识。

主缆紧缆施工的危险源包括物的不安全状态、人的不安全行为等几个方面。

①物的不安全状态。

（A）钢丝绳断丝、磨损、弯折、扭结、锈蚀、缠绕尖锐结构。

（B）卷扬机制动装置有缺陷，减速箱缺少润滑油。

（C）设备日常维护保养检查不及时。

（D）手拉葫芦刹车失效、链条卡壳、吊钩断裂。

（E）紧缆机液压系统各部接头连接不紧固，各密封件漏油、泄油。

②人的不安全行为。

（A）患有不适合从事高空和其他施工作业相应的疾病。

（B）酒后、疲劳、带病、情绪异常状态下作业。

（C）无证人员从事特种作业。

（D）不经过规定的交接程序私自替换重要设备定岗操作员。

（E）在作业中出现的工具脱手、物品飞溅掉落、碰撞和拖拉别人等行为。

（2）安全控制措施。

①紧缆前要对作业队及相关人员进行全面的施工方案、安全技术交底。

②预紧缆时要防范手拉葫芦的使用安全、防范钢链断裂，要根据不同的吨位使用相应的倒链葫芦；同时定期检查葫芦的使用情况，及时修理和更换。

③猫道上方作业受大风、雷雨等恶劣天气影响严重，如遇恶劣气候时应立即停止作业，并妥善处理好紧缆机以及主缆与猫道的临时固定设施，随即撤离猫道。冬季施工时猫道上要有防护措施，及时清理积雪。

④高处固定点作业人员应系挂安全带。

⑤夜间施工时，现场必须有符合操作要求的照明设备，并定期检查电缆电线是否有破皮漏电的现象，并及时更换。

⑥在猫道上工作时应一律使用工具袋。较大的工具应用绳拴在牢固的构件上，不准随便乱放，每次高空作业必须做到"工完场清"，不得遗留杂物、材料及工具，防止高空坠物发生事故。

⑦紧缆作业时，遵照设备保养维护规定，作业时还必须对行走液压绞车的钢丝绳进行定时检查。

⑧施工时对作业平台的猫道进行定期检查,并设置妥善的防雷接地。

⑨紧缆作业期间,设置相应警戒岗维护猫道两侧及下方,防止无关人员进入或逗留。

9.8.2　环保措施

(1)营造良好环境。在施工现场和生活区设置足够的临时卫生设施,经常进行卫生清理,同时在生活区周围种植花草、树木,美化生活环境。

(2)清洗机械、施工设备的废水严禁直接排入周围场地内,禁止机械在运转或维修过程中产生的油污未经处理直接排放。

(3)在猫道上面每隔 50 m 设置一个垃圾桶,施工过程中产生的废料、尾料等垃圾严禁随地乱扔,应收集至垃圾桶统一处理。

(4)对有害物质(如燃料、废料、垃圾等),在按规定处理后,运至监理工程师指定的地点进行掩埋,防止对动、植物造成损害。

9.9　质量记录

(1)预紧缆空隙率测量记录。

(2)正式紧缆工作行程记录。

(3)正式紧缆空隙率测量记录。

(4)正式紧缆主缆不圆度记录。

10　主缆缠丝施工工艺

10.1　总则

10.1.1　适用范围

缠丝是主缆防护的重要手段。为防止主缆受到破坏,须对主缆进行多层防护。本工艺标准适用于各种不同类型的悬索桥主缆缠丝施工。

10.1.2　编制参考标准及规范

(1)《公路工程质量检验评定标准》(JTG F80/1—2017)。
(2)《公路桥涵施工技术规范》(JTG/T F50—2011)。
(3)《重要用途低碳钢丝》(YB/T 5032—2006)。
(4)《钢结构设计标准》(GB 50017—2017)。
(5)《钢结构焊接规范》(GB 50661—2011)。
(6)《焊接工艺评定规程》(DL/T 868—2014)。
(7)《重要用途钢丝绳》(GB 8918—2006)。
(8)《建筑施工高处作业安全技术规范》(JGJ 80—2016)。
(9)《公路悬索桥设计规范》(JTG/T D65-05—2015)。

10.2　术语

10.2.1　主缆缠丝

为保护主缆免受破坏,外围用细钢丝将主缆缠绕成束,然后密封。

10.2.2　缠丝力

主缆缠丝时外围用的缠绕钢丝的内力。

10.2.3　手动缠丝机

靠近索鞍位置与大型索夹位置缠丝机难以接近,这些区域的缠丝只能采用手动方法。手动缠丝借助于专用的手动缠丝工具,单头施缠。

10.3 施工准备

10.3.1 技术准备

(1)熟悉设计文件,领会设计意图。

(2)根据设计要求、技术规范、合同条件及现场情况等,编制实施性施工组织设计。

(3)通过力学分析计算,计算出缠丝机缠丝时需要的张力,并对缠丝进行标定。

(4)做好安全、技术交底。安全、技术交底均采用三级制,即总工程师→现场技术负责人→各班组长→班组成员。技术交底均有书面文字及图表资料,级级交底签字。

(5)缠丝机正式缠丝前完成缠丝机行走试验、缠丝运转试验、缠丝焊接试验,并出具试验报告。

10.3.2 材料准备

(1)主缆涂装的底漆、密封膏、密封胶等主缆防护涂装材料。

(2)主缆缠丝需要使用的镀锌钢丝、焊接材料等。

10.3.3 机具准备

1根主缆缠丝需要的设备如表10-1。

表10-1 主要施工设备表(1根主缆)

序号	设备名称	数量	规格
1	缠丝机(包括主机、前后夹持架、导梁)	2套	与主缆规格相匹配
2	手工缠丝机	2套	与主缆规格相匹配
3	钢丝焊接设备(专用焊枪、石墨模具)	40套	铝热铜焊
4	钢丝上盘绕丝机	2套	
5	牵引卷扬机	2台	10 t

(1)卷扬机。

缠丝机行走采用钢丝绳牵引来进行,以塔顶卷扬机来牵引缠丝机在主缆上行走。卷扬机检查确定安装牢固,钢丝绳完好,整机状态良好。

(2)缠丝机(图10-1)。

缠丝机主要由主机、前后夹持架、导梁三部分组成,必须在现场检查预拼、试车,以确定状态良好。

(3)其他小型设备。

包括专用焊枪、石墨模具、钢丝上盘绕丝机、手工缠丝机等。

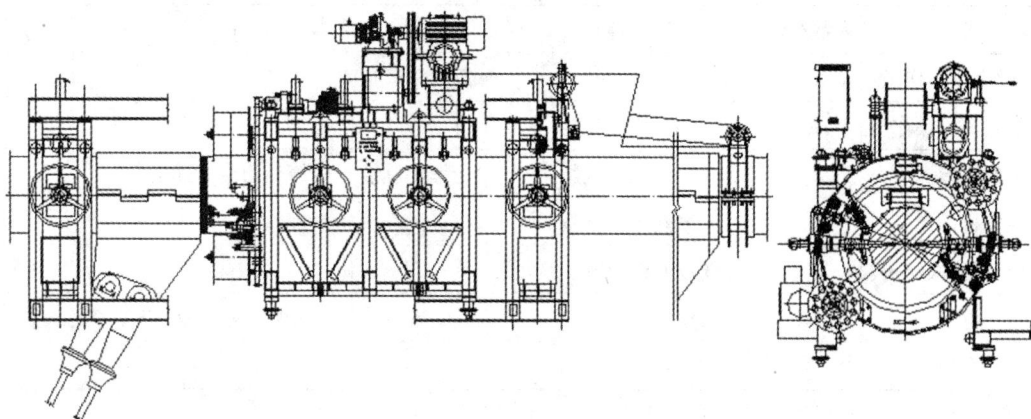

图 10 - 1 缠丝机总体示意图

10.3.4 作业条件

(1)梁体架设已经完成并已验收合格。

(2)桥面铺装等二期恒载加载已经完成,如未完成护栏与桥面铺装层可用配重代替。

(3)对索夹进行第二次轴力导入完成。

(4)所需要使用的机械设备经过保养处于良好工作状态。

(5)所有参与人员已通过岗前培训,并已对其进行技术交底。

(6)特殊工种工作人员证件齐全。

10.3.5 劳动力组织

缠丝机操作实行两班制,基本做到人停机不停。2 条主缆安排 4 台缠丝机,每台缠丝机两班需要操作工人 23 人,4 台缠丝机共需 92 人。1 台紧缠丝劳动力组织具体见表 10 - 2。

表 10 - 2 主缆缠丝劳动力组织人员表(1 台缠丝机)

工种	人数/人	工作地点	职责范围
施工队长	2	整个施工现场	负责跟班组织施工管理工作、协助总指挥等
工班长	2	整个施工现场	负责跟班组织施工,协调各工种交叉作业等
技术员	4	整个施工现场	负责跟班解决施工中的技术问题,编写技术措施等
专职安全员	2	整个施工现场	负责跟班检查安全设施、安全措施的执行情况及安全教育工作,对安全生产负责
质检员	2	整个施工现场	负责跟班检查工程质量,组织各工种交接及检查质量保证措施的执行情况,对工程质量负责
起重工	2	缠丝位置	负责钢丝盘运输与吊装

续表 10－2

工种	人数/人	工作地点	职责范围
钢丝上盘操作员	2	存丝场	负责钢丝成盘
牵引卷扬机操作员	2	缠丝施工现场	负责缠丝机行走
缠丝机指挥员	2	缠丝施工现场	指挥控制缠丝机缠丝力度和速度
缠丝机操作员	8	缠丝施工现场	负责操作缠丝机缠丝
钢丝焊接操作员	4	存丝场及缠丝施工现场	负责钢丝对接
电工	1	整个施工现场	负责现场动力、照明、通信等电气系统维修保养
合计	33		

注：2 条主缆每台缠丝机实行两班制，本表劳动力组织包括白班与晚班 2 个作业班组人员。

10.4　工艺设计和控制要求

10.4.1　技术要求

（1）主缆缠丝严禁在雨天进行，以防止主缆含水量过高，影响钢丝的焊接质量。

（2）缠丝施工总体上先缠中跨，后缠边跨。中跨由跨中往索塔方向进行，边跨由锚碇向索塔方向进行。

（3）主缆缠丝与防护涂装在工序安排上必须交替搭接向前推进。

（4）密封膏、防护涂层厚度满足设计要求。

10.4.2　材料质量要求

（1）主缆缠丝前防护用密封膏质量满足设计要求。

（2）主缆缠丝的钢丝主要技术参数如下：

（A）钢丝直径偏差：+0.09 mm；－0.07 mm。

（B）强度：抗拉强度大于 365 MPa。

（C）延伸率：大于 12%（试样标距为 100 mm）。

（D）弯曲次数：10 次/180°。

（E）扭转次数：12 次/360°。

（F）锌层：300 g/m²。

（G）表观：钢丝全长表面光滑，不得有划痕、裂缝等缺陷。

（H）可焊性：钢丝应具有良好的焊接性能，对焊缝按规定方法进行试验时，焊缝强度不得低于母材的规定值。

10.4.3　职业健康安全要求

（1）施工前做好施工安全交底，施工过程中，安全员应随时检查安全情况。

（2）根据施工要求配备足额的专职安全员。

（3）特种机械操作人员必须经过专业的技术培训及专业考试合格，持证上岗，并必须定期进行体格检查。

（4）患有不宜从事高空作业疾病的人员一律不得进行高空作业。

（5）所有进入施工现场的人员必须按规定佩戴安全防护用具。

10.4.4　环境要求

（1）施工时的临时道路应定期维修和养护，经常洒水，减少尘土飞扬。

（2）清洗机械、施工设备的废水严禁直接排入周围场地内，应尽量减少对周围水体的污染。

（3）应尽量减少对周围自然生态环境的破坏。

（4）优先选用先进的环保机械，降低施工噪声到允许值以下，减少对周围的噪声污染。

（5）在施工现场和生活区设置足够的临时卫生设施，经常进行卫生清理，同时在生活区周围种植花草、树木，美化生活环境。

10.5　施工工艺

10.5.1　工艺流程

主缆缠丝工艺流程图如图 10-2 所示。

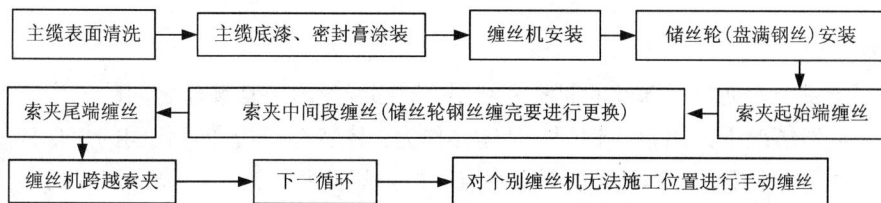

图 10-2　主缆缠丝工艺流程图

10.5.2　操作工艺

（1）缠丝试验。

①缠丝机试运转。

正式缠丝前将缠丝机安装在边跨侧主缆上，进行安装保养调试工作。在各减速机、变速箱中加足润滑油，其他各运动副间均按要求加注润滑油等。按要求进行空机试运转，做好缠丝试验前的一切准备工作。调整缠丝机齿圈转动及前移电机变频器，使齿圈每转动 1 圈（即缠丝 1 圈）的同时沿机架行走 1 圈或 2 圈钢丝的直径。

②缠丝试验。

缠丝前先进行缠丝试验，主要检验缠丝机性能及焊接强度，并确认达到以下标准：缠绕钢丝相互之间无间隙；无重叠缠绕、交叉缠绕（乱丝）；缠丝表面光滑。

③缠丝焊接试验。

缠丝焊接是缠丝作业中的一项重要工序，其焊接质量影响整个缠丝工程质量。按照缠丝工况，主缆缠丝时需要两种焊接工艺：一是已缠绕钢丝并固焊；二是缠绕钢丝对接焊。正式缠丝前，应对焊接工艺进行试验，以检验焊剂、专用焊枪、模具等是否满足要求。各种固结焊点如图 10－3 所示。

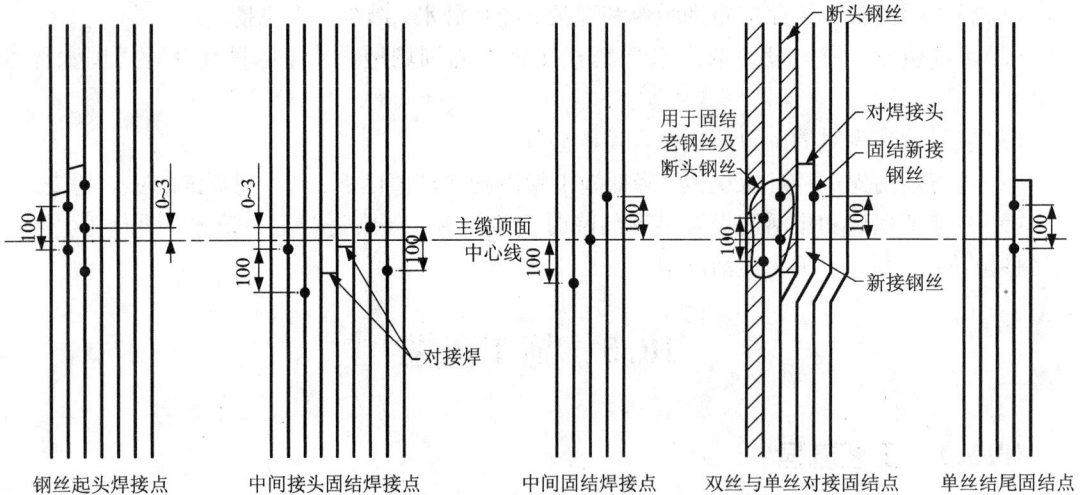

图 10－3　各种固结焊点示意图（单位：mm）

（A）并固焊。

主要用于每个索夹端部缠丝的起头和结尾、端部缠丝与正常缠丝之间的工序转换以及钢丝对接处。一般情况下采用铝热铜焊，具体操作为：将装有铝粉和氧化铜的坩埚放入专用石墨模具，一并置于主缆已缠钢丝待焊处，用点火枪点燃药粉，铝粉燃烧时产生的高热使氧化铜熔化并还原成铜，利用熔融铜的熔合使钢丝并固。

（B）对接焊。

主要用于缠丝过程中更换贮丝筒接长缠绕钢丝或处理意外断丝。缠丝对接采用专对焊夹具和无应力圈间焊接技术，保证焊接质量。

（2）缠丝开始时间及缠丝顺序。

主缆缠丝施工在桥面系统施工完成并进行了索夹螺杆二次紧固后开始。缠丝拉力数据由监控单位提供。缠丝机在跨中位置由汽车吊进行安装，中跨缠丝方向由跨中向索塔进行，边跨缠丝方向由锚碇向索塔进行，在两个索夹之间则由低处向高处进行。

（3）缠丝前主缆表面处理。

缠丝前主缆表面处理分三步进行，即表面清洗、涂覆磷化底漆、刮涂不干性防护腻子。如不要求进行高耐候性膏状嵌缝填料作业，可将主缆表面清洗后直接进行主缆缠丝。

（4）储丝盘安装。

将储丝盘安装到缠丝机上并将钢丝牵引出来一段长度，再将钢丝绑在相邻索夹拉杆上，给初始缠丝提供锚固点。

（5）索夹起始端缠丝。

（A）安装储丝轮和端部缠丝附件，并穿绕钢丝，主机行进至端部缠丝附件前端距索夹端部间距 30 mm 处。

（B）用钢丝钳将丝头扭挂在索夹的螺栓上。

（C）正转（齿圈正常缠丝为逆时针方向）点动缠丝机进行端部缠丝，若有乱丝或压丝现象，则用垫圈调整端部缠丝附近的伸出长度，以达到节距的匹配。缠至 3 圈后停机按要求进行并排焊接（采用铝热焊），并排焊接后用磨光机打磨焊坡，保留焊坡高度 1 mm，并将缠好的钢丝人工推入索夹端部槽内。

（D）接着点动进行端部缠丝 3～4 圈并人工推向索夹端部后停机，脱开缠丝牙嵌离合器，机器反向行走，直至端部缠丝附件的出丝与已缠好钢丝平齐后停车。

（E）合上牙嵌离合器，继续点动缠丝，缠丝正常后，连续缠丝，缠丝至距索夹端部约 600 mm 停止。

（F）按要求并排焊接钢丝，并打磨焊坡。

（G）机器反向点动，松开端部缠丝附件上的钢丝（已缠好的钢丝出头处已并排焊接防松），拆除端部缠丝附件；

（H）脱开牙嵌离合器，机器反向行走，空车行走直至张紧装置的张紧轮的出丝与已缠好的钢丝平齐时停止。

（6）中间段缠丝。

继起始端缠丝完成后，接着进行两个索夹之间的缠丝，过程如下：

（A）缠丝机后端紧靠索夹下端面，前后行走架处于缠丝机前后端机架，缠丝机通过葫芦与猫道小横梁固定。安装储丝轮，后出丝轮出丝，在索夹前端开始起始段的缠丝。

（B）当缠绕钢丝长度达到 1 m 左右时，焊接钢丝并打磨，将钢丝由后出丝轮转至前出丝轮。

（C）松开前后端机架与主缆之间的夹紧装置，缠丝机处于行走模式，卷扬机牵引机架前移，缠丝齿圈相对主缆静止不动（行走齿条向后拨动），就位后固定机架。

（D）继续缠丝，当储丝轮剩余钢丝 6 圈左右时并排焊接钢丝，剪断剩余钢丝，卸去空储丝轮。利用前行走架挂梁更换储丝轮。

（E）夹持架前行。

（F）储丝轮由前缠丝轮出丝，钢丝接头与前段钢丝并焊后，继续缠丝。

（G）松开夹持架与主缆夹紧机构，夹持架前行到上一索夹端部（缠丝齿圈相对主缆静止）；前行走机构向下移动到夹持架中部，前机架顶升机构千斤顶回缩，夹持架前行跨越索夹；前机架顶升机构千斤顶顶升支撑在主缆上，前行走机构顶升千斤顶回缩，前行走机构行走跨越索夹后千斤顶顶升支撑在主缆上。

（H）缠丝机工作进行索夹区间尾端主缆缠丝、焊接。

（I）节间缠丝每隔 1 m 进行一次并排焊接，并排焊接部位应在主缆上表面 30° 圆心角所对应的圆弧范围内，以免铝热焊焊剂流淌。

（7）更换储丝盘。

在储丝盘钢丝剩余 6 圈左右时，钢丝并排焊接后切除多余钢丝。更换储丝盘，并排焊接接头。钢丝接头部位，应使端面相互接触，尽可能无间隙地施工。再次缠丝后在接头处注入粘缝材料，填埋间隙。

（8）索夹尾端缠丝（图10-4）。

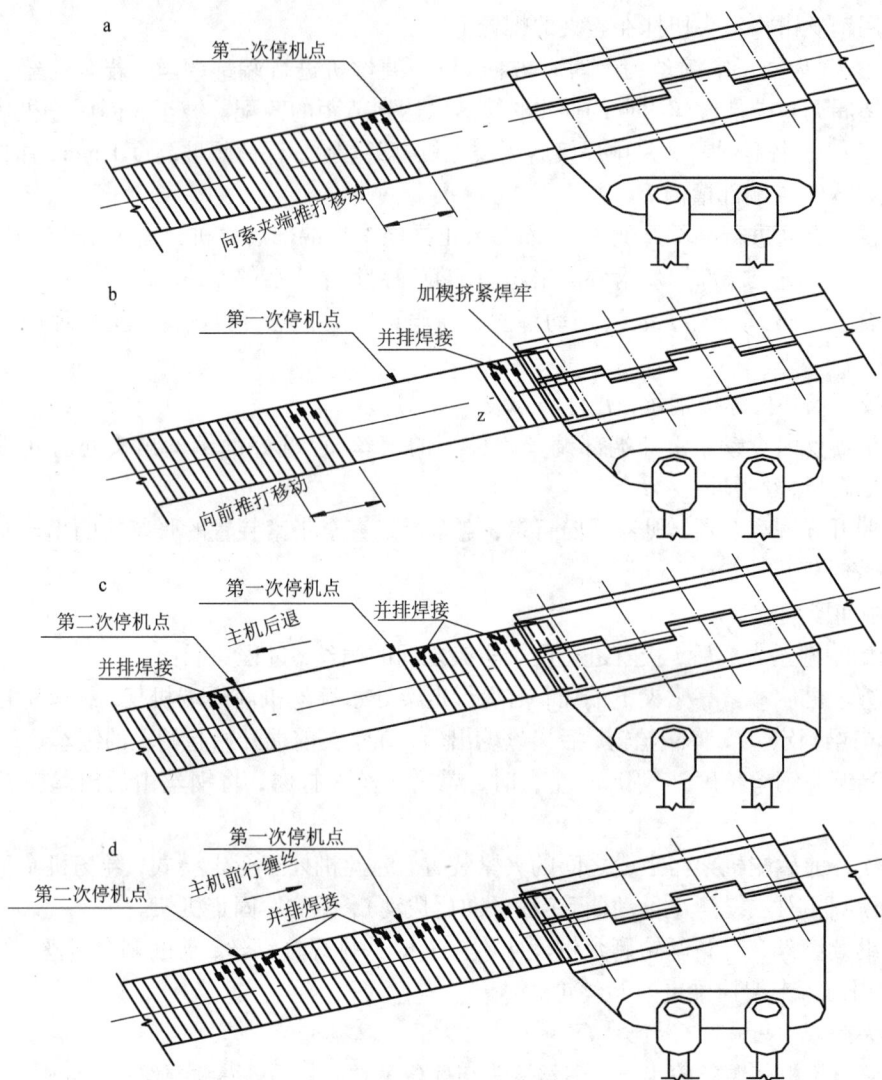

图10-4　索夹终端缠丝方法示意图

（A）节间缠丝靠近下一索夹时，放慢缠丝速度，在主缆倾斜段要当心丝卷或大齿圈刮碰悬索。缠丝达不到端部则先停机。

（B）按要求并排焊接钢丝，截断一头。

（C）将已缠好的一节钢丝用硬木棒或紫铜棒慢慢推打，直至进入索夹端槽内，并与索夹加楔焊固。

（D）继续推打第二节已缠好的钢丝，直至密匝排丝已至先前停机位置。

（E）按要求并排焊接钢丝，并截断。

（F）将缠丝机退回至被推移钢丝后，无缠丝部分的末端、丝头与末端接丝并排焊接牢固。

（G）继续正常缠丝至先前停机处，与先前推向前的一节段钢丝靠拢，并排焊接，然后切断丝头，打磨平整。

（9）跨越索夹。

（A）将齿圈旋至开口位于正下方，拆下活动门的销钉及压板，打开活动门。

（B）挂好齿圈防转拴拉链条，脱开牙嵌离合器。

（C）启动主机行走系统，使齿圈慢速过索夹，直至齿圈前端面越过索夹端面约 600 mm 时停止。

（D）关闭复原并拴固齿圈活动门，合上牙嵌离合器。

（E）装上端部缠丝附件，摘除齿圈上的拴拉链条，准备第二个节间的起始端端部缠丝。

（F）齿圈过大直径索夹的要点：由于这几个索夹的外径大于齿圈内径和夹持蹄片的内空，因此必须事先取下齿圈。但夹持蹄片必须逐步退出，要始终保持缠丝机有前后两套夹持蹄片夹住主缆，以保证安全。

（10）手动缠丝。

缠丝机难接近的区域采用手动缠丝方式。手动缠丝借助于专用的手动缠丝工具，单头施缠。如在索夹位置利用手工进行缠丝，缠丝到 12 cm 时停机。将这段钢丝向索夹边进行挤压，并用拉线器配合，使钢丝不致松弛，把端头钢丝排列整齐，当钢丝端头距索夹边 2 cm 时，用铝热焊将主缆顶面钢丝端头焊接牢固，用砂轮把突出焊点磨平。随后拆下拉线器，切除多余钢丝，人工用木锤、尼龙棒将钢丝推入索夹端部环槽，直至环槽填满，钢丝嵌入索夹槽隙至少 3 圈。将钢丝与索夹用尼龙楔固定。

（11）质量控制措施。

主缆缠丝质量关键控制要素有：缠丝拉力、钢丝间隙、焊接。质量控制的要点与措施如下：

①缠丝拉力质量控制。

由于主缆缠丝的导入力在施工阶段将立即损失约60%，因此在缠丝过程中控制缠丝拉力是关键。

要先做好缠丝拉力标定工作，使缠丝拉力传感器能够真实准确地反映出钢丝的实际拉力，在显示屏上实时读数。每完成 100 m 缠丝，宜重新标定一次，检查缠丝拉力控制系统是否有变化，如果出现较大偏差，应立即停工检修，直至恢复正常。

在正式开始缠丝后，缠丝机操作员应随时注意查看缠丝拉力的显示值，一旦出现较大幅度变化，应该停机调整。

②钢丝间隙质量控制。

要严格控制好缠丝机行走速度与齿圈旋转速度的匹配关系，按照每旋转一圈行走 8 mm 来控制，一旦出现不协调，应立即停机调整。

③索夹环缝处缠丝质量控制。

索夹环缝处需要人工推入 3 圈钢丝，要注意推入前焊接牢靠，以防松弛。刮涂的密封膏应饱满、密实、无缝隙。

④钢丝焊接质量控制。

选用合适的钢丝焊剂和焊枪，正确使用，确保一次焊接成型，达到所需要的焊接强度。

⑤主缆缠丝质量管理项目（表 10 - 3）。

表 10-3　主缆缠丝质量管理项目

管理项目		管理要领	管理方法
缠丝前	主缆表面清理	清扫主缆表面，确认无垃圾、油分附着其上，若有油分的话，用溶剂等除去。确认主缆钢丝表面没有生锈（或白锈）。对于生锈部位，用钢丝刷除去锈斑后，用富锌漆等进行涂装修补。白锈部位不需进行涂装修补。	目视确认
缠丝时	缠绕状况	确认缠绕钢丝无间隙及重叠咬合。如发现钢丝排列出现间隙、重叠，立即停机修正。另外，停机迅速实施 2 点焊接。	目视确认
	缠绕张力	以设定的缠丝张力范围为管理目标，将缠丝张力控制在该范围内施工。	张力符合要求
缠丝后	焊接	根据上述要领，确认所需的点数和位置的数量；机械缠丝起始端部 2 点；临时停机部 2 点；节段内 1 m 节间部 2 点；手动缠丝每根每 1 圈 2 点。焊点修磨加工后的焊高在 1 mm 以上，表面平整。	目视确认

10.6　质量标准

（1）缠丝前应对缠丝机进行标定。

（2）缠绕钢丝应嵌进索夹端部留出的凹槽内不少于 3 圈，绕丝端部必须牢固地嵌入索夹端部槽内并焊接固定，不得松动。

（3）缠丝不得重叠交叉，焊接应平滑。

（4）选用合适的钢丝焊剂和焊枪，正确使用，确保一次焊接成型，达到所需要的焊接强度。

（5）缠丝密封膏应填满，并去除残留在裹覆层处的多余膏体。

（6）主缆缠丝实测项目（表 10-4）。

表 10-4　主缆缠丝实测项目表

项次	检查项目	规定值或允许偏差	检查方法和频率	权值
1	缠丝间距/mm	1	插板：每两索夹间随机测 1 m 长	2
2	缠丝张力/kN	0～+0.3	标定检测，每盘抽查 1 处	2
3	密封膏、涂层厚度/μm	符合设计要求	测厚仪：每 200 m 测 1 点	3

10.7　成品保护

（1）主缆缠丝完成后，立即进行主缆镀锌件底漆、硅烷改性聚合物密封膏的涂装，减少空气暴露时间，缠丝完成后要尽量避免污染。

（2）主缆缠丝完成后，为防止雨水渗入钢丝之间，对缠丝完成的主缆进行覆盖。

（3）主缆缠丝施工期间，禁止机油、齿轮油、润滑油等油料污染主缆。

10.8　安全环保措施

10.8.1　安全措施

（1）危险源辨识。

主缆缠丝施工的危险源包括物的不安全状态、人的不安全行为等方面。

①物的不安全状态。

（A）钢丝绳断丝、磨损、弯折、扭结、锈蚀、缠绕尖锐结构。

（B）卷扬机制动装置有缺陷，减速箱缺少润滑油。

（C）设备日常维护保养检查不及时。

（D）开关箱内未按规定设置漏电保护装置。

②人的不安全行为。

（A）患有不适合从事高空和其他施工作业相应的疾病（精神病、癫痫病、高血压、心脏病等）。

（B）酒后、疲劳、带病、情绪异常状态下作业。

（C）无证人员从事特种作业。

（D）不经过规定的交接程序私自替换重要设备定岗操作员。

（2）安全控制措施。

①缠丝机跨越索夹时，操作人员要注意索夹下方猫道为吊索预留的孔洞，防止人员踩空跌落或者物件坠落事故的发生。

②缠丝机在非工作状态必须夹紧主机和夹持架的全部夹紧机构并拉紧全部倒链葫芦，以保障机器设备的安全稳固，同时下班前必须断电。

③缠丝机在索夹倾角大于8°的主缆部位作业时，要求施工人员不能把主机和夹持架同时松开倒链葫芦保险，防止缠丝机产生滑移。

④在雷雨、大风、雪雹、大雾天气及潮湿天气下均不许进行缠丝作业，防止缠丝受潮和施工人员因潮、滑发生意外事故。

⑤使用铝热焊剂时，应禁止烟火。

⑥在猫道上工作应一律使用工具袋。较大的工具应用绳拴在牢固的构件上，不准随便乱放，以防止高空坠物发生事故。

⑦缠丝机在索夹倾角大于30°的主缆上作业时，任何时候主机与夹持架均不应同时松开保险手拉葫芦。

⑧主缆缠丝时要统一指挥，齿圈运行时旁边严禁站人，以防夹伤。

⑨切忌乱拆猫道改吊绳，缠丝机作业时保持改吊绳的间距为12 m，除吊索处外，猫道上不允许有空洞，猫道栏杆要求完整、可靠、安全。

⑩缠丝机作业时，必须在设备附近悬挂相应设备的机械操作规程，并按规程操作，随时对设备进行保养，保证设备的正常安全状态。

10.8.2　环保措施

（1）索塔根部的主缆须覆盖 2 mm 镀锌钢板进行保护，防止索股钢丝污染受损。

（2）清洗机械、施工设备的废水严禁直接排入周围场地内，禁止机械在运转或维修过程中产生的油污未经处理直接排放。

（3）控制设备噪声，尽量将噪声大的作业放在白天施工。

（4）保持猫道与主缆清洁，爱护环境。

10.9　质量记录

（1）缠丝机缠丝力标定记录。

（2）缠丝机行走试验记录。

（3）缠丝机缠丝试验记录。

（4）钢丝焊接试验记录。

（5）缠丝机质量记录表。

（6）手工缠丝质量记录。

11 主缆预应力锚固系统施工工艺

11.1 总则

11.1.1 适用范围

本工艺标准适用于悬索桥主缆预应力锚固系统施工作业。

11.1.2 编制参考标准及规范

(1)《预应力筋用锚具、夹具和连接器》(GB/T 14370—2015)。
(2)《混凝土结构加固设计规范》(GB 50367—2013)。
(3)《水工预应力锚固设计规范》(SL 212—2012)。
(4)《钢结构工程施工质量验收规范》(GB 50205—2017)。
(5)《钢结构焊接规范》(GB 50661—2011)。
(6)《悬索桥手册》(人民交通出版社)。
(7)《公路桥涵施工技术规范》(JTG/T F50—2011)。

11.2 术语

11.2.1 分丝管

预应力锚固系统中为保证钢绞线束在弧线段平行而分开钢绞线的细管组合钢结构。

11.2.2 锚碇定位支架

用于支承锚碇预应力管道安装定位的结构。

11.2.3 环氧钢绞线

由表面涂有环氧树脂的钢丝扭结形成的一种钢绞线。

11.3　施工准备

11.3.1　技术准备

(1)复核设计图纸的预应力束数量、预应力管道的线形及坐标、预应力锚固底座的位置。

(2)编制锚锭预应力锚固系统施工组织设计,对施工技术方案进行研讨、比较及完善。

(3)根据施工方案、预应力管道的预埋位置、锚碇施工的进度等因素进行预应力系统总体布置规划设计,钢绞线加工场地、钢绞线储存场地、塔吊的配合施工协调、供电线路规划等。

(4)计算每根预应力管道的油脂用量、各束预应力张拉力和延伸量。

(5)制订安全技术措施,向技术人员进行一级技术交底及安全交底,向班组进行技术、安全、操作交底,确保施工过程中的质量及人身安全。

11.3.2　材料准备

(1)原材料:钢材、预应力钢绞线、锚具、夹片以及防腐油脂等由持证试验员和材料员按规范要求检验,确保原材料质量符合相应标准。

(2)施工材料:防水木板、脚手架等。

11.3.3　机具准备

(1)起吊设备:塔吊、吊车、龙门吊、导链(手拉葫芦)。

(2)钢结构加工设备:电焊机、砂轮切割机、仿形切割机、半自动切割机、弯管机、立式钻床、磨孔机、角磨机等。

(3)通信、安全设备:空压机、对讲机等。

(4)张拉设备:镦头器、导向帽、千斤顶、高压油泵、油表、碗口支架、工具锚及工具夹片等。

(5)注油设备:注油泵等。

11.3.4　作业条件

(1)定位支架和分丝管加工平台及模具制作完毕。

(2)张拉设备、锚具、钢绞线等材料、设备进场。

(3)下料场地符合施工要求。

(4)搭设施工平台及必要的施工便道,采用钢管脚手架在锚锭前、后锚面分别搭设张拉、灌油操作平台,平台上铺好脚手板。

11.3.5　劳动力组织

主缆预应力锚固系统施工劳动力组织如表11-1和表11-2所示。

表 11 -1　主缆锚固系统定位支架和预应力管道施工人员表(1 个锚固系统)

工种	人数/人	工作地点	职责范围
施工队长	2	整个施工现场	负责跟班组织施工管理工作、协助总指挥工作等
工班长	2	整个施工现场	负责跟班组织施工,协调各工种交叉作业等
技术员	4	整个施工现场	负责跟班解决施工中的技术问题,编写技术措施等
专职安全员	2	整个施工现场	负责跟班检查安全设施、安全措施的执行情况及安全教育工作,对安全生产负责
质检员	2	整个施工现场	负责跟班检查工程质量,组织各工种交接及检查质量保证措施的执行情况,对工程质量负责
测量工	2	施工现场	负责边坡开挖放样,基坑位置高程等测量
木工	6	锚碇施工现场	负责前后锚面模板及槽口模板安装
电焊工	10	锚碇施工现场	负责定位支架及预应力管道焊接
普工	10	整个施工现场	负责转运各种施工材料等
塔吊操作员	2	锚碇施工现场	负责现场吊装及塔吊维护与保养
吊装工	6	锚碇施工现场	负责锚碇定位支架、预应力管道等吊装
机修工	2	机修班及现场	负责机械设备、运输车辆的保养及修理
合计	42		

注:此人数配置满足一个锚碇锚固系统的施工。

表 11 -2　主缆锚固系统张拉施工人员表(1 个锚固系统)

工种	人数/人	工作地点	职责范围
施工队长	2	张拉施工现场	负责跟班组织施工管理工作、协助总指挥等
工班长	2	张拉施工现场	负责跟班组织施工,协调各工种交叉作业等
技术员	4	张拉施工现场	负责跟班解决施工中的技术问题,编写技术措施等
专职安全员	2	张拉施工现场	负责跟班检查安全设施、安全措施的执行情况及检查安全教育工作,对安全生产负责
质检员	2	张拉施工现场	负责跟班检查工程质量,组织各工种交接及检查质量保证措施的执行情况,对工程质量负责
测量工	2	张拉施工现场	负责夹片及延伸量测量
普工	10	张拉施工现场	负责下料、穿索、装锚具及千斤顶等
塔吊操作员	1	张拉施工现场	负责现场吊装及塔吊维护与保养
吊装工	4	张拉施工现场	负责千斤顶油泵吊装
张拉操作员	4	张拉施工现场	负责油泵操作
信号员	2	张拉施工现场	负责前后锚面信号联络
机修工	1	机修班及现场	负责机械设备、运输车辆的保养及修理
合计	28		

注:此人数配置满足一个锚碇锚固系统的施工。

11.4　工艺设计和控制要求

11.4.1　技术要求

（1）预应力分丝管精确定位安装，误差控制在 2 mm 以内。

（2）定位支架精确安装，误差控制在 2 cm 以内。

（3）张拉顺序有设计要求的按设计要求，如果设计无特别要求，则由前锚面的下排往上排、由中心向两侧对称张拉。用双控法控制，即以控制应力为主，应变（伸长值）作为校核，若钢绞线的伸长值与计算值超过 ±6%，应暂停张拉，查明原因，并采取措施调整后，方可继续张拉。

（4）预应力管道注油后没有漏油渗油现象。

11.4.2　材料质量要求

（1）定位支架用角钢和可焊钢管所用材料的品种、规格、性能应符合设计文件或施工方案的要求和现行国家产品标准的规定。

（2）钢材表面有锈蚀、麻点或划痕等缺陷时，其深度不得大于该钢材厚度允许偏差值的 1/2。

（3）钢铰线采用符合 ASTMA 416—2003 标准 1860 MPa 的防腐低松弛钢绞线并采用环氧树脂全喷涂，表面环氧层无剥落，剥落试验合格后方可使用。

（4）索股锚固连接器的拉杆、螺母、垫圈采用调质后的 40Cr 钢材，连接器采用 45# 优质碳素结构钢制成。除有厂家的质量证明书外，制造厂还应按相关标准进行抽样复验，复验合格后方可使用。

11.4.3　职业健康安全要求

（1）施工前做好施工安全交底，施工过程中，安全员应随时检查安全情况。

（2）根据施工要求配备足额的专职安全员。

（3）特种机械操作人员必须经过专业的技术培训及专业考试合格，持证上岗，并必须定期进行体格检查。

（4）患有不宜从事高空作业疾病的人员一律不得进行高空作业。

（5）所有进入施工现场的人员必须按规定佩戴安全防护用具。

11.4.4　环境要求

（1）施工时的临时道路应定期维修和养护，经常洒水，减少尘土飞扬。

（2）清洗机械、施工设备的废水严禁直接排入周围场地，应尽量减少对周围水体的污染。

（3）应尽量减少对周围自然生态环境的破坏。

（4）优先选用先进的环保机械，降低施工噪声到允许值以下，减少对周围的噪声污染。

（5）在施工现场和生活区设置足够的临时卫生设施，经常进行卫生清理，同时在生活区周围种植花草、树木，美化生活环境。

11.5   施 工 工 艺

11.5.1   工艺流程

锚固体系施工工艺流程图如图 11 - 1 所示。

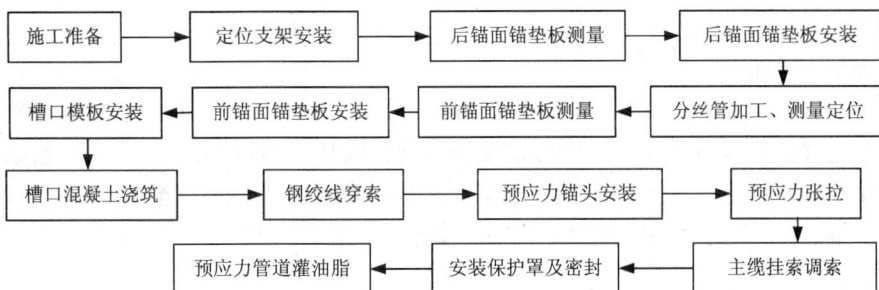

图 11 - 1   锚固体系施工工艺流程图

11.5.2   操作工艺

(1)施工准备。

施工前做好技术交底,千斤顶等做好标定,注油材料等准备齐全。

(2)定位支架制作与安装。

为加快进度、满足吊装要求及便于施工操作,支架在加工场地制作成节段再在现场安装形成整体。钢支架顺桥向进行纵向分组。每组横桥向又分成三部分,每个部分由底节和上部节段构成。所有节段在加工场地制作成型后运入施工现场,利用施工现场塔吊进行吊装作业。

另外,在混凝土施工过程中,还应注意按图纸要求预埋钢支架竖向支承的预埋件。

(3)后锚面锚垫板安装。

在混凝土施工前先进行后锚面锚垫板预埋安装。

(4)预应力管道的制作与安装(图 11 - 2)。

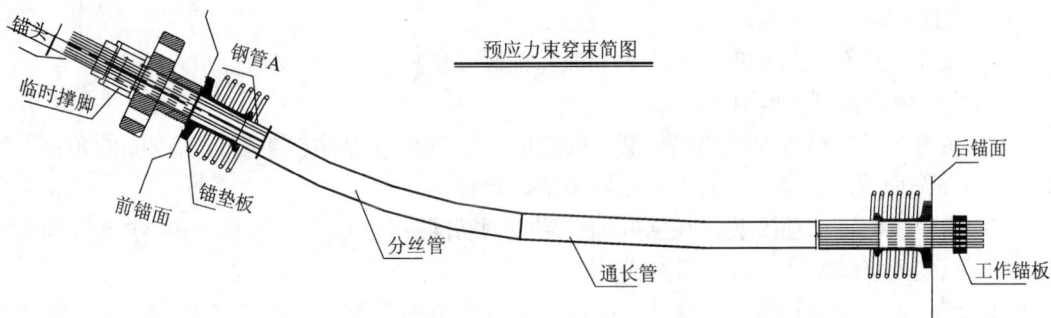

图 11 - 2   预应力管道设计图

(A)分丝管加工平台制作。

为了保证加工件的精度，首先在加工车间用型钢拼装一个高精度的加工平台。拼装平台从上至下主要用材依次为 δ20 mm 钢板、[12 槽钢和 I 36 工字钢。平台拼装时用水准仪对顶面进行精准抄平。

(B)胎具放样。

(a)直线段的放样与制作。

把已经加工好的各规格模具固定在胎具的一端，另外一端的定位模具采取可调的方式用压板螺栓固定，使其与在加工的预应力管道同心，方便成型后的拆卸。

(b)圆弧段弯曲。

圆弧段弯曲时，在弯管机弯曲平面上设置一个限位支架，管前弯的反方向与弯管机两固定旋转的下轮在同一水平面上，这样可以保证不会将圆弧弯曲过多或过少。在此段尺寸加工时，将弧线段和最后部分直线段连成整体加工，使接头由切点位置移至直线段上，避免了安装交点咬口偏差，保证了弧线段圆弧尺寸的精确性。

(c)工件成型。

按照构件加工顺序和加工图，正确计算出每一管件材料的下料长度和相应位置的接头件位置。下料时用砂轮设备进行切割，将配好的零散材料弧线段用弯管机进行单件成型，并按规定矫正成型。然后将制作好的零部件在平台已安装好的模具上进行拼装，曲线段需配合数个小吨位千斤顶通过反力架进行校正。

(d)工件拼焊。

每组预应力管道各管层轴向间施以间断点焊连接，连接钢管及连接法兰盘全焊，焊缝实行等强度焊接。焊接时焊接电流不得过大，否则容易将管壁焊坏。

(e)抛光打磨。

工件成品焊接完成后，必须对工件两连接端进行打磨，用圆头电磨对管内壁进行打磨清理，并对管口进行倒角处理。将管口端面施以塞焊后，将其端面打磨至平整，以便于安装。用钢丝刷或钢丝轮(角磨机配合使用)及粗砂纸对管表面进行除锈。

(f)预应力管道运输和安装。

按制作编号将待安装的预应力管道清理出来，用龙门吊将其装入货车，转运至锚碇施工现场，利用锚碇现场塔吊将其安装到设计位置上。管道运输和安装过程中必须采取措施防止变形，最后一节管道需测量计算后下料调整，使分丝管和前锚垫板安装后前锚面与设计符合。

(5)前锚面锚垫板安装。

当混凝土施工到前锚面时，要注意预埋前锚面锚垫板。

(6)槽口模板安装及混凝土浇筑。

(A)在每个槽口模板前端边角位置，从前锚面定位片架焊伸出 4 根长 75 cm 的角钢，形成一个与前锚面重合的面，在其上测量定位槽口模板。

(B)锚垫板位置钢筋安装需加强并铺设防裂钢筋网。

(C)混凝土浇筑密实，防止漏振或过振。

(D)槽口模板与锚垫板结合紧密，并在预应力管道中填充 50 cm 长的棉纱，以防漏浆堵塞分丝管。

（7）预应力张拉施工。

（A）预应力筋下料施工要点。

（a）预应力筋的下料长度应通过计算确定，计算时应考虑结构的孔道长度或台座长度、锚夹具厚度、千斤顶长度、弹性回缩值和外露长度等因素。

（b）切断预应力钢绞线，宜采用砂轮切割机，不得采用电弧切割。

（c）预应力筋由多根钢绞线组成，同束钢绞线不应交叉，因此下料编束时，应逐根理顺，挂牌编号，防止互相缠绕。

（B）预应力筋穿束施工要点（图11-3）。

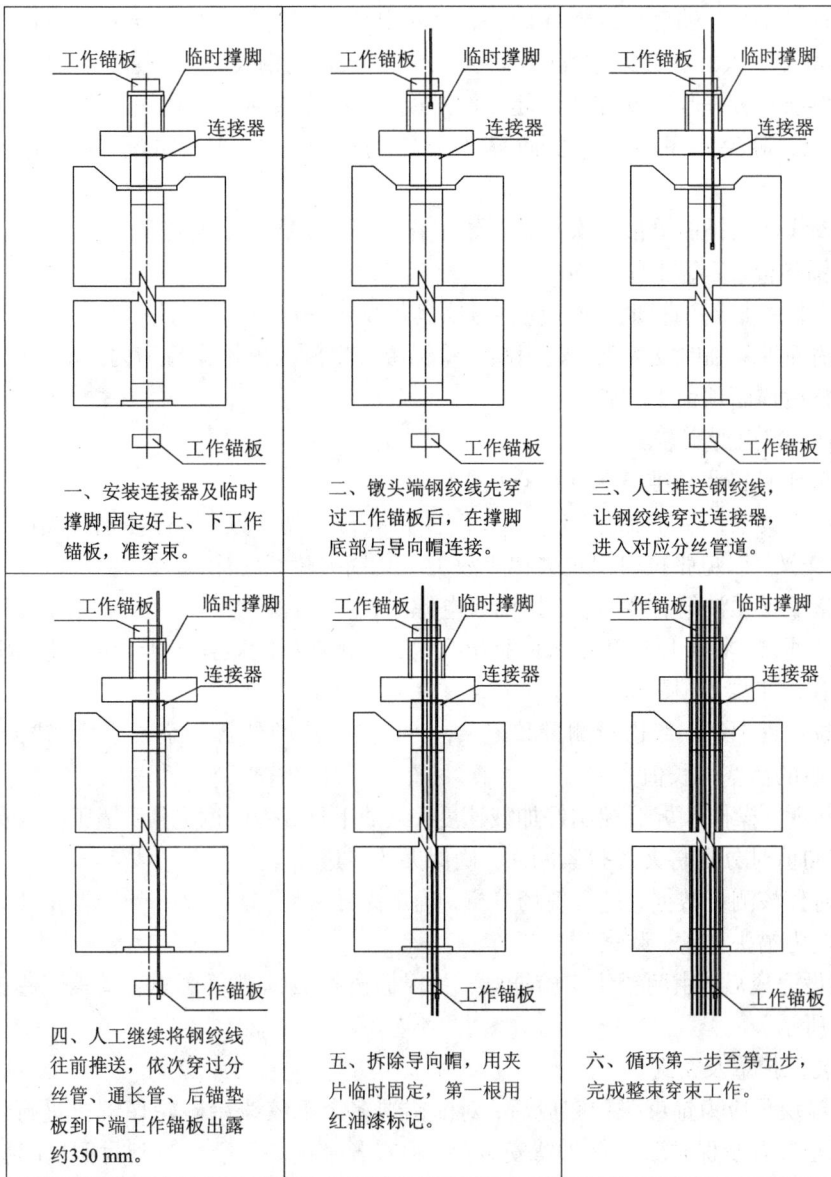

一、安装连接器及临时撑脚，固定好上、下工作锚板，准穿束。

二、镦头端钢绞线先穿过工作锚板后，在撑脚底部与导向帽连接。

三、人工推送钢绞线，让钢绞线穿过连接器，进入对应分丝管道。

四、人工继续将钢绞线往前推送，依次穿过分丝管、通长管、后锚垫板到下端工作锚板出露约350 mm。

五、拆除导向帽，用夹片临时固定，第一根用红油漆标记。

六、循环第一步至第五步，完成整束穿束工作。

图11-3　预应力穿束施工流程图

（a）安装连接器：在工厂将连接平板与连接筒预先用螺栓连接好后运输到工地，将连接筒沉孔擦拭干净，涂胶水粘好铜垫圈后用螺栓与连接平板固结；连接器安装到锚垫板上之前，要求将连接筒底部铜垫圈上再涂一层胶水，然后利用手拉葫芦等工具，将连接器平稳安装在锚垫板止口内，用螺杆及环形法兰固定在锚垫板螺孔内，固定住连接器并加上一定扭力，防止施工过程中连接器产生移位。穿完束到张拉之前需放置一段时间，为防止雨水及沙子进入连接器及锚垫板间缝隙，用胶带对接缝进行环形缠包并涂覆一层玻璃胶，到张拉时再拆除。

（b）设计制作几套两瓣式支撑架，用在前锚面，增加支撑架的目的就是将工作锚板与连接器平板间支撑出高约 20 cm 的操作空间，方便安装导向帽和穿束时辨认下端分丝管孔。

（c）钢绞线在镦头端套好圆形导向头，用固定螺丝固定好，圆形导向帽的直径相比钢绞线直径要尽可能的大。在穿束过程中避免钢绞线嵌入其他钢绞线间或者其他特殊部位。

（d）穿束前安装好临时支撑架撑起工作锚板，一般穿束前要安装好一排 6～8 个临时撑脚后才开始穿束，避免工序转换太多而浪费工时，然后通过支撑架的空间连接导向帽往下穿束。

（e）钢绞线从上锚面单根依次穿过前锚工作锚板、支撑架、连接器、前锚垫板、分丝管、通长管、后锚垫板、后锚工作锚板。

（f）循环上一步聚，直到完成相应型号锚具钢绞线的穿束。

（g）前锚面拆除临时支撑架，利用葫芦将锚板缓慢放入连接器齿槽内。

（h）调整后锚面预留工作长度。

（i）完成一整束的安装。

（C）安装工具锚张拉准备工作要点（图 11 - 4）。

（a）安装工具锚，应与前端工作锚具对正，使孔位排列一致，不得使钢绞线在千斤顶的穿心孔内发生交叉，以免张拉时出现失锚事故。工具锚夹片经常涂"退锚灵"。

（b）连接千斤顶油管，接油表，接油泵电源。

（c）开动油泵，将千斤顶活塞来回打出几次，以排出可能残存于千斤顶缸体中的空气。

（D）张拉施工要点（图 11 - 5）。

（a）张拉过程中每一级进行测量和记录，一是测夹片的外露剩余长度（后锚面）；二是测每一级张拉后的活塞伸长值。

（b）张拉时，操作人员要控制好加载速度，给油平稳，持荷稳定；后锚工作人员在张拉预紧及张拉到初值时分别将夹片打紧两次，确保夹片跟进。

（c）及时校核测量数据，进行现场分析，确定无异常后，方可进行下一步的工作。

（8）预应力锚头挂索、调索。

主缆架设完成后，由两锚头实施挂索，并根据监控数据进行调索，调索流程如图 11 - 4 和图 11 - 5 所示。

（9）安装保护罩及密封。

（A）在锚块预应力锚束张拉完成后，对前锚端多余钢绞线用砂轮切割机进行切除，然后装上夹片防松装置及保护罩。保护罩安装前，检查各个锚垫板端面与密封铜垫圈接触的环面是否有碰伤或凹痕，如果有，需用铸铁修复剂或环氧树脂将该处修复平整；在前锚面连接器平板上下面分别与保护罩、连接筒相接触处，注意安装铜垫圈前将连接平板环形去除油

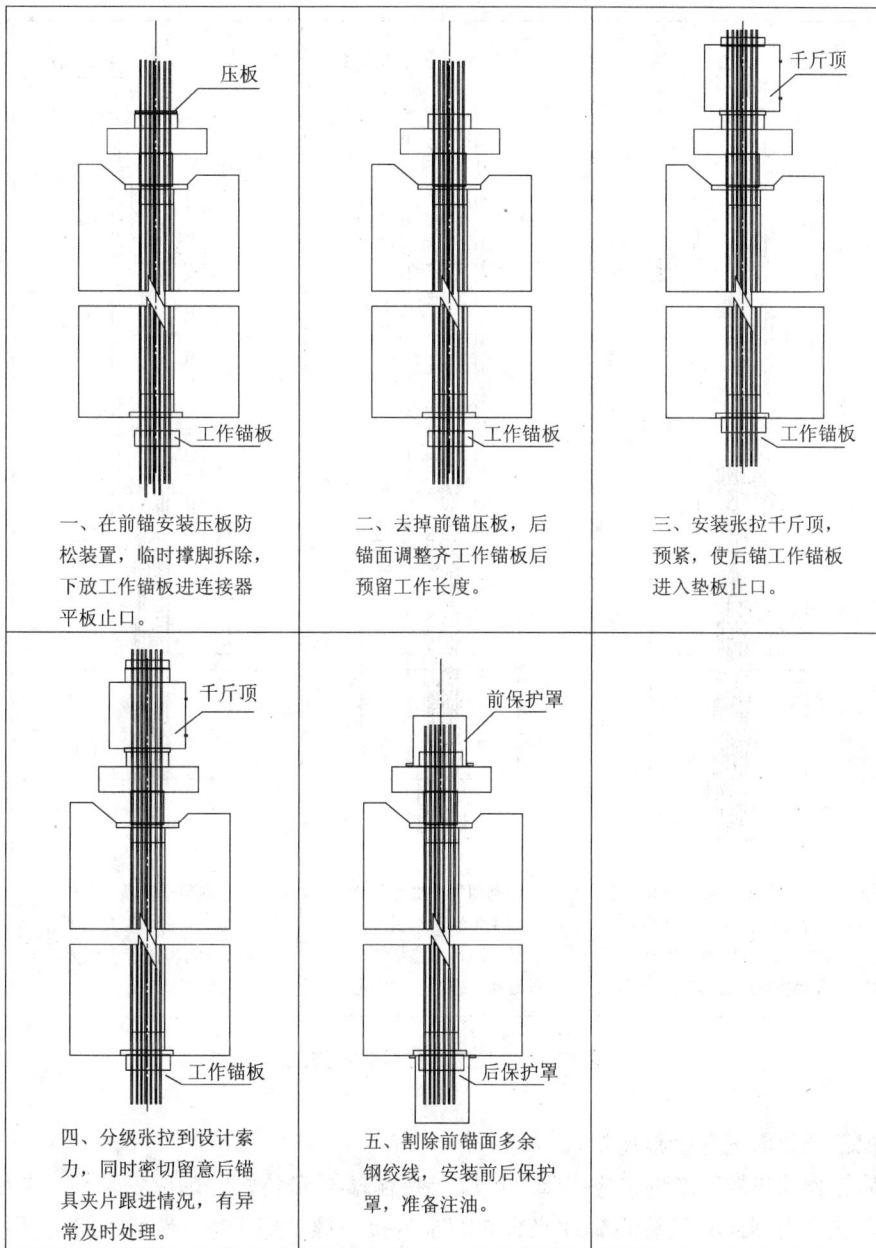

一、在前锚安装压板防松装置，临时撑脚拆除，下放工作锚板进连接器平板止口。

二、去掉前锚压板，后锚面调整齐工作锚板后预留工作长度。

三、安装张拉千斤顶，预紧，使后锚工作锚板进入垫板止口。

四、分级张拉到设计索力，同时密切留意后锚具夹片跟进情况，有异常及时处理。

五、割除前锚面多余钢绞线，安装前后保护罩，准备注油。

图 11 - 4 预应力张拉施工流程图

漆层。

（B）前锚面保护罩安装前用丙酮或其他类似清洗剂将保护罩内焊缝及装铜垫圈的沟槽及铜垫圈擦干净，在焊缝上涂刷一层环氧树脂，厚度约 1 mm；然后在沟槽内涂上密封胶，密封胶要连续、均匀，放置 10 min 左右将铜垫圈装到沟槽内并压平，再在铜垫圈外端面及内侧连续涂上密封胶，放置 10 min，将连接器前端面与铜垫圈接触的地方擦干净，装上保护罩，注意保护罩上的观测管应处于高位，并分级对称拧紧各连接螺栓，最后用加力棒逐个将螺栓拧

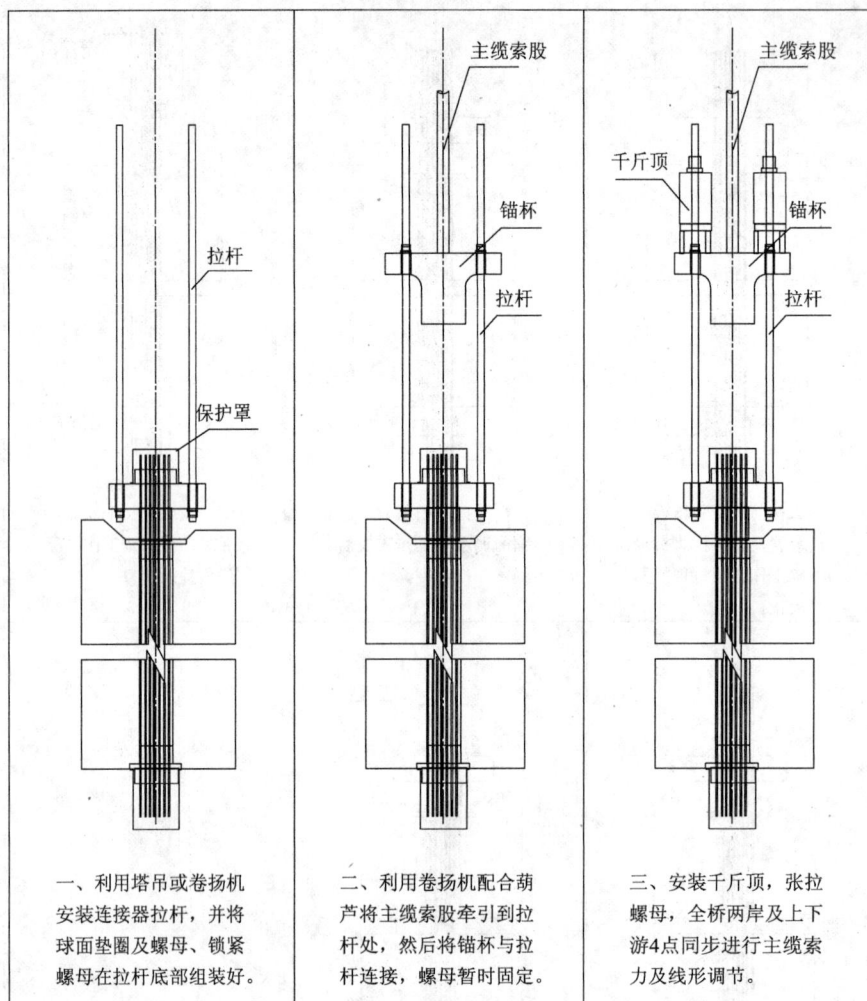

图 11-5 预应力锚固张拉施工

紧一遍，保证铜垫圈充分变形密封。

（C）后锚面保护罩安装时，应提前 2 d 以上将铜球阀安装好。球阀安装时，先用丙酮或其他类似清洗剂将球阀的连接内螺纹及保护罩上的接头螺纹擦干净，然后在接头螺纹靠端部的两三圈外周涂上密封胶，拧上球阀，并用管钳将球阀拧紧。

（D）用清洗剂将锚垫板与连接器的接缝处、保护罩与锚垫板的接缝处及连接螺栓头擦干净，然后在该处涂刷环氧树脂。

（10）预应力管道灌油脂。

（A）待环氧树脂固结后，可进行灌油脂施工。油脂灌注宜在后锚端进行，此时前锚保护罩的观测管端盖需打开。灌油前应先将灌油泵内的空气排空，待连接管出油后再将其接到保护罩的球阀上。打开球阀进行灌油，施工时前锚面需留一人观察情况，并应保持与后锚面的操作人员通信畅通。当油面到达上保护罩出口时，上端工作人员喊停，等油脂沉降静止约

10 min后，再补灌满油脂，观察各接触密封面与各焊缝是否漏油。

(B)关闭油泵与球阀，拧上前锚端观测管及其端盖。拆下后锚注油连接管，用棉纱擦干净球阀内孔，装上螺堵并拧紧；用棉纱将保护罩及球阀外表所黏结的油脂擦干净。

(C)用清洗剂把防漏罩的内螺纹及接头管上的螺纹擦干净，然后在接头螺纹靠端部的两三圈外周涂上专用密封胶，并把防漏罩拧到接头管上，完成施工。

(11)质量控制措施。

(A)定位支架、预应力管道安装控制措施。

(a)按照设计图纸对定位支架预埋板进行精确定位，预埋板用水准仪测量平整度至预应力管道要求的精度，以减少定位支架的安装难度。

(b)安装预应力管道时，采用测量跟踪定位、利用手拉葫芦调整位置、安装好一根立即验收一根的方法。

(B)预应力筋穿束质量控制措施。

(a)前锚面锚板端面到分丝管的距离不宜过大，距离约20 cm，这里利用临时撑脚在前锚面处撑起这一操作空间，在穿束完成后再拆除撑脚，将锚头就位。

(b)穿束全部采用人工推送，后锚面将工作锚板定位好，前面穿下来一根，则对应穿入下锚板孔，用红油漆将第一根做好标记。

(c)导向头直径必须大于钢绞线间距，防止单根穿束时打绞(为检查钢绞线是否在孔道内打绞，可在完成几束索的穿束后进行抽检，确认单根穿束方法的可行性)。导向帽外径应比分丝管管道内径小3 mm。

(d)整束钢绞线穿完后，在后锚调整好预留长度。

(e)为保证钢绞线长度一致，穿完束后用千斤顶进行单根预紧。

(C)张拉质量控制措施。

(a)先应确保油泵能正确保压。

(b)加载时应缓慢平稳，到达测量压力时应持荷稳定。

(c)及时检验测量数据，张拉力及伸长值符合要求后方可卸荷；工具锚板锥孔、工具夹片应经常涂"退锚灵"。

(D)注油质量控制措施。

为保证管道内油脂的密实性，对同一管道灌油需连续灌注，灌油时缓慢均匀地进行，中途不间断，以使管道内排气通顺，无气泡残留。

11.6 质量标准

(1)对钢筋加工、模板加工安装、混凝土浇筑施工应符合《公路桥涵施工技术规范》和《公路工程质量检验评定标准》。

(2)定位支架分丝管加工与安装符合《钢结构施工质量验收规范》要求和设计文件。

(3)预应力束的张拉力与伸长率符合设计文件和规范要求，伸长值按要求偏差控制在±6%内。

(4)保证每根分丝管畅通。

(5)预应力锚固系统的施工质量应符合表11-3中的规定。

表 11-3   预应力锚固系统施工质量标准表

项目	规定值或允许误差	项目	规定值或允许误差
拉杆张拉力/kN	符合设计要求	拉杆轴线偏位/mm	5
前锚面孔道中心线/mm	10	连接器轴线/mm	5
前锚面孔道角度/(°)	±0.2		

11.7   成品保护

(1)注意对预应力分丝管的保护,防止在施工及浇筑混凝土的过程中发生变形。

(2)分丝管内防止掉进钢筋头等杂物。

(3)对张拉完的预应力束注意保护,防止在外力作用下破坏端头。

(4)注油完成后注意保护好前锚面的保护罩。

(5)对拉杆进行涂油和塑料薄膜包覆,防止拉杆丝口被破坏和锈蚀。

11.8   安全环保措施

11.8.1   安全措施

(1)危险源辨识(表 11-4)。

表 11-4   主缆预应力锚固系统施工危险源

序号	类别	具体表现形式	可能造成的事故
1	机械设备的不安全状态	卸扣规格不匹配,销子拧不到位	坠落、打击
2		钢丝绳断裂、磨损、弯折、扭结、锈蚀、缠绕尖锐结构	坠落、打击
3		设备日常维护保养检查不及时	机械破坏
4	施工材料机具的不安全状态	工具材料摆放不规范	物体打击
5		吊物长时间悬挂在空中	物体打击
6		吊具设计不合理	物体打击
7		开关箱未按规定设置漏电保护装置	触电、火灾
8		油泵操作人员未戴护目镜	机械伤害
9		千斤顶顶力作用线方向站人	机械伤害
10		工作鞋不防滑、不跟脚	滑倒、坠落
11		后锚室不通风、缺氧	缺氧窒息
12		电工绝缘手套、绝缘靴质量不符合要求	触电伤害

续表 11 - 4

序号	类别	具体表现形式	可能造成的事故
13	警示标示 标牌的缺乏	高危区域未设红色警示隔离带	各类事故
14		塔吊未设置安全操作规程	
15		起重设备下方未设置严禁站人标志	
16	违章指挥	非定机、定岗人员擅自操作	各类事故
18		无证人员从事特种作业,如塔吊、千斤顶	机械伤害
19		不配挂安全带或挂置不可靠	坠落
20		后锚室信号不明时下达操作指令	各类事故
21		恶劣天气下进行起重作业	各种事故
22		在作业中出现工具脱手、物品飞溅掉落、碰撞和拖拉别人的行为	坠物、打击
23		在前道工序中留下隐患而未予消除或转告下道工序作业者	
24	人的失误 控制的缺陷	未执行三级安全教育,岗前培训不到位	各类事故
25		未执行三级技术交底,上岗前对工艺及作业程序不明确	
26		未明确作业程序和操作要点或程序制定错误	

(2)安全控制措施。

(A)做好现场防护,包括各类脚手架、"三宝四口"等是否符合安全标准。

(B)上锚碇的通道稳定、具备抗风性能,平台面铺上安全网,以防高空坠物。

(C)在进行诸如电焊、氧割作业时注意防止明火引燃安全网以及周边材料。

(D)在钢绞线张拉过程中,张拉作业区域应设置明显警示牌,非专业人员不得进入作业区。操作千斤顶人员和测量人员应站在千斤顶侧面操作。防止钢绞线的线头弹出伤人。

(E)锚碇后锚面施工要保证通风顺畅,防止有害气体在低洼处集聚。

(F)张拉时千斤顶的行程不得超过安全技术交底的规定值。

(G)夜间施工时有足够的照明,严禁在视线不明的情况下施工。

(H)高空吊物施工时,注意检查起重系统及索具的完好性,并保持各作业点之间联系方式和信号的可靠性,严禁在模糊情况下进行。

(I)切割张拉端钢绞线时,要防止轮片碎片飞出伤人造成事故。

11.8.2 环保措施

(1)施工和生活中的废物集中堆置,并及时处理。

(2)混凝土浇筑时,拌和站排出的污水需引入沉淀池,以防止废水对沿线环境的污染。

(3)对钢材下料后剩余的尾料及时清理或收回仓库,以避免过多占用场地。

(4)张拉前对所有油泵进行检查维修,防止漏油污染环境。

（5）预应力管道灌油施工时，尽量避免油脂弄脏场地，在施工区域混凝土表面用彩条布覆盖保护，对洒出的油脂及时清理干净。

11.9　质量记录

（1）原材料（钢筋及接头、水泥、角钢、钢管、砂、碎石、外加剂、钢绞线、锚具、油脂）出厂合格证、检验申请单、进场自检报告。

（2）施工放样及复核记录。

（3）定位支架、锚垫板及预应力管道加工和安装记录。

（4）千斤顶、油表检测报告。

（5）张拉原始记录表。

（6）灌油记录表。

12 悬索桥索夹安装施工工艺

12.1 总则

12.1.1 适用范围

悬索桥的主缆和吊索之间的连接是通过索夹来完成的,索夹是通过高强螺栓紧固,由此而产生防止索夹由沿主缆向低处滑动所需的摩擦力。本工艺标准适用于悬索桥左右对合形式的索夹安装施工。

12.1.2 编制参考标准及规范

(1)《公路桥涵施工技术规范》(JTG/T F50—2011)。

(2)《公路工程质量检验评定标准》(JTG F80/1—2017)。

(3)《机械设计手册》(机械工业出版社)。

(4)《钢结构设计标准》(GB 50017—2017)。

(5)《钢结构工程施工质量验收规范》(GB 50205—2017)。

(6)《建筑施工高处作业安全技术规范》(JGJ 80—2016)。

(7)《预应力筋用锚具、夹具和连接器》(GB/T 14370—2015)。

(8)《悬索桥上部结构施工》(人民交通出版社)。

(9)《公路工程施工安全技术规范》(JTG F90—2015)。

12.2 术语

12.2.1 索夹

索夹由铸钢制作,分成左、右两半或上、下两半。安装后,用高强度螺栓将两半拉紧,使索夹内壁对大缆产生压力,作用于悬索桥加劲梁上,把恒载及活载通过吊索传给大缆。

12.2.2 天顶小车

是猫道改吊以后,利用原猫道门架承重索作为承重轨道的架空运输小车。

12.2.3　索夹轴力

随着加劲梁的架设以及后续荷载的增加，主缆缆径将发生微量变化，为保证主缆与索夹间产生足够的摩擦力，需要通过拉伸器张拉索夹螺栓，提供给索夹螺栓一定的轴力来增加索夹与主缆之间的摩擦力。

12.3　施工准备

12.3.1　技术准备

（1）组织有关人员认真学习索夹设计文件，编制和报审索夹安装施工组织设计。

（2）向项目部管理人员和施工人员进行索夹安装施工的质量、安全和技术交底，以及环境、文明施工交底。

（3）标定拉伸器用千斤顶，按设计要求通过计算，确定螺栓导入轴力。

12.3.2　材料准备

按照索夹安装的先后顺序，将工厂内加工制造好各类索夹和橡胶防水条运输至现场，合理存放，并由持证材料员和试验员对索夹进行严格验收。

12.3.3　机具准备

（1）牵引运输系统设备：卷扬机、天顶小车、滑车。

（2）索夹安装设备：索股整形架、工具螺栓等。

（3）索夹张拉设备：拉伸器、油泵等。

（4）起吊设备：塔吊、汽车吊、手拉葫芦、索夹吊具、吊带、钢丝绳、卸扣。

（5）运输设备：平板车、拖车。

12.3.4　作业条件

（1）门架承重索上提，且在其上安装天顶小车，试运行成功。

（2）测量索股空缆线形，监控单位提供空缆状态下吊索中心里程数据。

（3）对每个索夹的位置进行精确放样，并在主缆上做好标记。

（4）主缆紧缆完毕并验收合格。

12.3.5　劳动力组织

索夹安装施工是一项系统的工程，每个参与施工的人员必须分工明确，才能保证索夹安装顺利进行。劳动力组织如表 12-1 所示。

表 12 −1　索夹安装人员岗位职责分工表（2 根主缆）

工种	人数/人	工作地点	职责范围
施工队长	2	索夹安装现场	负责跟班组织施工管理工作、协助总指挥等
工班长	4	索夹安装现场	负责跟班组织施工，协调各工种交叉作业等
技术员	4	索夹安装现场	负责跟班解决施工中的技术问题，编写技术措施等
专职安全员	4	索夹安装现场	负责跟班检查安全设施、安全措施的执行情况及安全教育工作，对安全生产负责
质检员	2	索夹安装现场	负责跟班检查工程质量，组织各工种交接及检查质量保证措施的执行情况，对工程质量负责
测量工	2	索夹安装现场	负责索夹安装位置以及安装精度测量
卷扬机操作员	4	塔顶门架	负责天顶小车运行、运输索夹等
塔吊操作员	4	索塔施工现场	负责现场吊装及塔吊维护与保养
吊装工	8	施工现场	负责将索夹吊到塔顶横梁及运到安装位置
索夹安装员	24	索夹安装现场	负责索夹安装及张拉
信号员	4	索夹安装现场	负责索夹运输、吊装信号联络
机修工	2	机修班及现场	负责机械设备、运输车辆的保养及修理
合计	64		

注：此人数配置满足悬索桥 2 根主缆 4 个工作面同时安装索夹的要求。

12.4　工艺设计和控制要求

12.4.1　技术要求

（1）索夹安装在主缆位置，尺寸准确，标记明显。

（2）索夹分两半圆制作，吊运到位，需要克服主缆扭转，找准位置实施安装。

二期恒载加载过程将影响主缆直径，需要对索夹分多次施加顶力，使索夹与主缆的摩擦阻力能保证索夹位置固定不下滑。

12.4.2　材料质量要求

（1）索夹的主要材料是牌号为 ZG20SiMn 的低合金钢铸件，其技术指标应该符合设计文件要求。

（2）螺栓及密封条符合设计文件要求。

（3）防腐涂装材料符合设计及规范要求。

（4）同一只索夹构件（半只索夹）的修补点应不超过 2 个，同一修补点不得重复修补。

（5）螺杆、螺母和垫片的表面进行磷化或发蓝处理。

（6）索夹各部件加工面精度符合表 12 −2 规定。

表 12 - 2 索夹各部件加工面的精度要求表

项目	精度要求	项目	精度要求
长度/mm	±2	壁厚度/%	0 ~ 5
内径/mm	±2	圆度/mm	2
螺栓位置度/mm	±1.5	平直度/mm	1
螺栓直径公差/mm	±2	索夹孔内的表面粗糙度 $Ra/\mu m$	12.5 ~ 25
螺栓孔直线度	$L/500$	索夹重量的容许误差/%	8

12.4.3 职业健康安全要求

(1)施工前做好施工安全交底,施工过程中,安全员应随时检查安全情况。

(2)根据施工要求配备足额的专职安全员。

(3)特种机械操作人员必须经过专业的技术培训及专业考试合格,持证上岗,并必须定期进行体格检查。

(4)患有不宜从事高空作业疾病的人员一律不得进行高空作业。

(5)所有进入施工现场的人员必须按规定佩戴安全防护用具。

12.4.4 环境要求

(1)施工时的临时道路应定期维修和养护,经常洒水,减少尘土飞扬。

(2)清洗机械、施工设备的废水严禁直接排入周围场地内,应尽量减少对周围水体的污染。

(3)应尽量减少对周围自然生态环境的破坏。

(4)优先选用先进的环保机械,降低施工噪声到允许值以下,减少对周围的噪声污染。

(5)在施工现场和生活区设置足够的临时卫生设施,经常进行卫生清理,同时在生活区周围种植花草、树木,美化生活环境。

12.5 施工工艺

12.5.1 工艺流程

悬索桥索夹安装施工工艺流程图如图 12 - 1 所示。

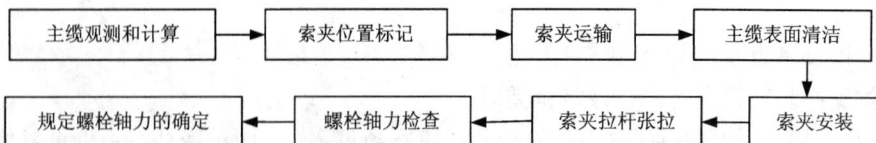

主缆观测和计算 → 索夹位置标记 → 索夹运输 → 主缆表面清洁 → 索夹安装 → 索夹拉杆张拉 → 螺栓轴力检查 → 规定螺栓轴力的确定

图 12 - 1 悬索桥索夹安装施工工艺流程图

12.5.2　操作工艺

(1)索夹螺栓轴力导入控制要求(图 12 - 2)。

索夹螺栓的轴力是通过拉伸器张拉油表读数与螺栓伸长量双控来管理的,随着加劲梁的架设以及后续荷载的增加,主缆缆径将发生微量变化,为保证主缆与索夹间产生足够的摩擦力,索夹螺栓应分次进行预紧,常采用三次紧固方案:

①索夹安装时的第一次紧固。

②加劲梁吊装完成后进行第二次紧固。

③主缆缠丝防护前进行第三次紧固。

索夹安装螺栓第一次紧固时,先用电动扳手预紧,然后再用千斤顶正式导入轴力,导入轴力时根据油表读数逐步确认导入的轴力,设计轴力导入后,用游标卡尺量出螺栓的伸长量,与理论伸长量比较复核。索夹安装流程图如图 12 - 2 所示。

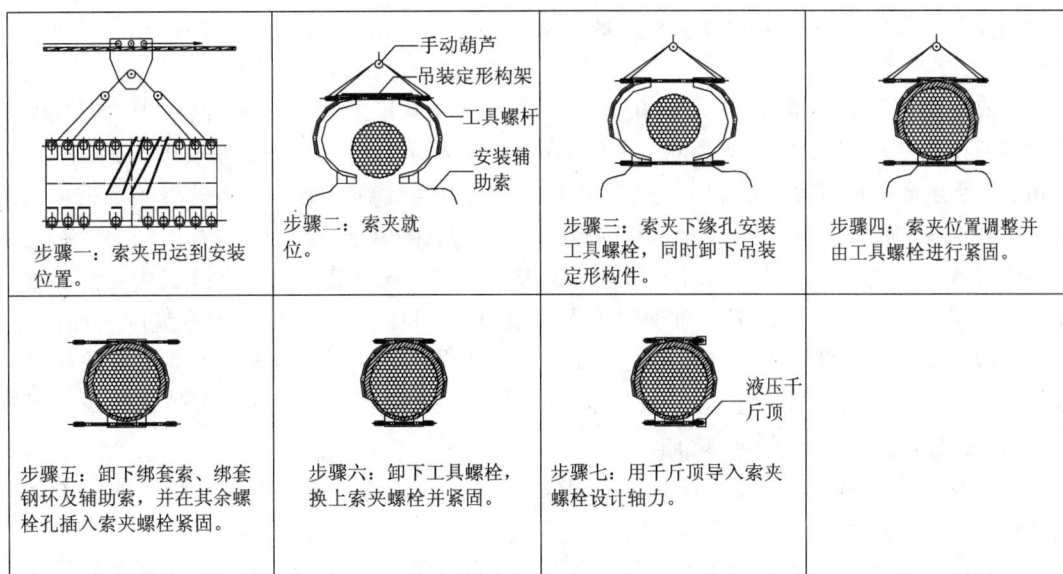

步骤一:索夹吊运到安装位置。

步骤二:索夹就位。

步骤三:索夹下缘孔安装工具螺杆,同时卸下吊装定形构件。

步骤四:索夹位置调整并由工具螺杆进行紧固。

步骤五:卸下绑套索、绑套钢环及辅助索,并在其余螺栓孔插入索夹螺栓紧固。

步骤六:卸下工具螺栓,换上索夹螺栓并紧固。

步骤七:用千斤顶导入索夹螺栓设计轴力。

图 12 - 2　索夹安装流程图

螺栓轴力计算公式如下:

$$P = EA \times \Delta L / L$$

式中:P 为螺栓轴力;EA 为螺栓抗拉刚度;ΔL 为伸长量;L 为螺栓有效长度。

因为螺栓轴力是通过拉伸器张拉油表读数与螺栓伸长量双控进行控制的,每一批量螺栓抽取一定的数量进行检测,确定该批螺栓螺杆的伸长与轴力之间的关系;同时螺栓使用之前全部要测量,确定其无应力长度;采用基准螺栓消除温度导致的变化。

螺杆计算伸长量公式:

$$F = A\sigma$$

$$\sigma = E\varepsilon$$

$$\varepsilon L = \Delta L$$

式中：E 取 210 GPa。例如，L 为 610 mm，可以算出

$$\Delta L\ M36 = 1.39\ mm$$
$$\Delta L\ M39 = 1.41\ mm$$
$$\Delta L\ M48 = 1.39\ mm$$

注意：此螺杆伸长量为施工时的参考值，施工时以轴力控制。如果实际施工中螺杆伸长量与此数据有较大的差别，需分析原因后再继续施工。

索夹上下各有两个螺栓，在锁紧加力时，需要上下螺栓错开，分级加力，以"上左下右→上右下左"的方式对称加力。

（2）索夹位置测量的具体要求。

测量放样的准备工作：主缆施工完成后，实测出主缆线形、两塔的实际里程，以及两塔顶的间距（即跨径），为索夹放样提供一个准确的初始依据。

索夹施工放样的计算内容：索夹放样之前，进行坐标计算，为施工测量放样准备数据，主要包括两部分内容：一是吊索中心线与主缆中心线交点在空缆状态下的坐标计算和吊索中心线与主缆天顶线交点的坐标计算；二是吊索中心线与主缆天顶线交点到索夹两端的距离计算。

索夹安装位置的测量定位：索夹位置的放样须在温度稳定的夜间进行（一般为日落后 4 小时或日出前 2 小时），因为在夜间主缆的顺桥向、横桥向，内外上下温差较小，主缆不易发生扭转，所以放样精确度易控制。先观测各监控点，取得计算索夹放样点的原始数据：包括塔柱、散索鞍位移，主缆中、边跨跨中标高和实时索温，得出空缆线形，计算出每个索夹在不同的索温条件下的位置参数，然后采用全站仪进行放样。先放出初样，并找出中心点，然后在主缆顶精确放样，做好标记。对于中跨索夹放样时，每隔 1 h 测量一次主缆的表面温度，以表面温度加上当夜监控单位测出的内外温差作为主缆温度，再按照该温度条件下的理论数据放样。把索夹安装位置在主缆上作出标记。索夹放完后，再对每一个索夹放样点进行复核，保证放样误差控制在 3 mm 之内。

根据现场实际测得的主缆空缆状态下的线形计算出实际放样数据，此数据需要使用计算机辅助计算，由监控单位或设计部门提供。

天顶线交点到索夹两端的距离，不同位置的索夹数值也不同，且同型号的索夹其数据也有差别，如图 12－3 所示。

$$L_1 = a + c \times \tan\alpha$$
$$L_2 = b - c \times \tan\alpha$$
$$L_3 = L_1 - R \times \tan\alpha$$
$$L_4 = L - L_3$$

式中：a、b 为索夹销轴中心连线中点到索夹两端的距离；L_1、L_2 为主缆中心线与吊索中心线交点 O 至索夹两端距离；L_3、L_4 为空缆状态下 O 点在主缆天顶线垂直投影点 O' 到索夹两端的距离；α 为主缆状态下索夹位置的水平倾角；c 为索夹销轴中心到主缆中心线的垂直距离；R 为主缆半径。

精度控制：在夜间温差较小的情况下，主缆放样的精度易控制，用全站仪在主缆上放样出 O 点，根据 O 点用直尺和水平尺把 L_3、L_4 在主缆两侧的位置标出，然后根据技术部提供的数据把索夹两端的位置标出来，同时在索夹两端标记外 10 cm 的地方注上参考标记。

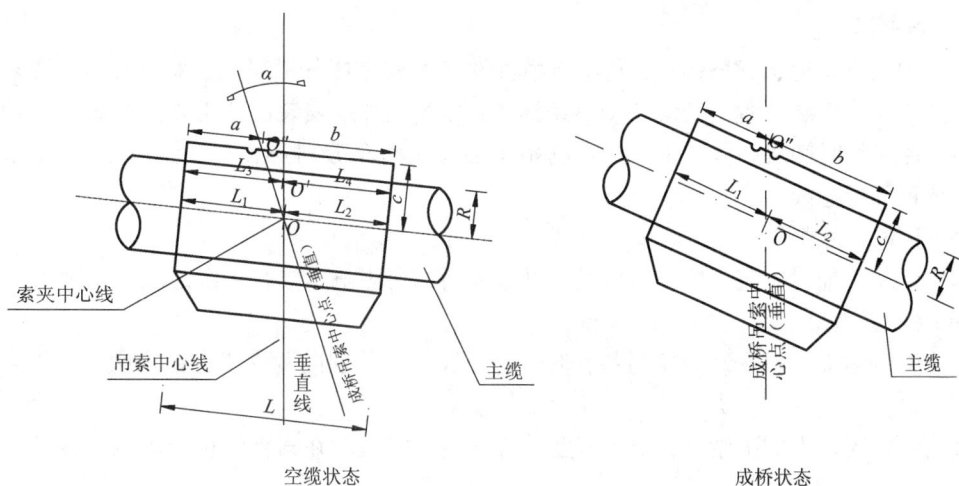

图 12 - 3　索夹安装偏纠示意图

精度分析：距离法放样用全站仪，按其精度 2 mm + 2 ppm。

根据所采用的测距仪的标称精度计算距离放样误差对放样定位的影响，具体计算公式：

$$m_s^2 = 2^2 + (2 \times 0.5)^2$$

则

$$m_s = \pm 2.24 \text{ mm}$$

仪器安装误差及棱镜安置误差：根据经验，仪器安装的中误差可取 $m_1 = \pm 2$ mm，棱镜安置误差 $m_2 = \pm 3$ mm。

综合上述三项误差，按误差传递规律可得：

$$m_{总}^2 = m_s^2 + m_1^2 + m_2^2 = 2.24^2 + 2^2 + 3^2$$

$$m_{总} = \pm 4.2 \text{ mm}$$

取两倍中误差作为极限误差：$\Delta \leq 2 \times m_{总} = 2 \times 4.2 = 8.4(\text{mm})$。

由此可知采用全站仪进行索夹放样，其放样误差可控制在 1 cm 内，能满足施工要求。

（2）主缆观测和计算。

在施工前对主缆进行测量，测量时间选择一般为日落后 4 小时或日出前 2 小时温度比较稳定的凌晨。气候条件宜为无风或者风力较小。通过观测得出的主缆线形来计算成桥后索夹的最终位置。

（3）索夹位置放样。

索夹放样要考虑因主缆空缆线形和成桥线形不一致而需进行坐标换算。测量放样时应一次完成全跨的放样，并进行误差调整。每个索夹测量放样完成后在主缆索夹对应的位置两端 10 cm 位置做明显的标记，并分别标示出主缆天顶线及两侧面中线，方便索夹的安装。索夹放样完成后，再对每一个索夹放样点进行复核。

索夹定位测量时机同主缆，采用全站仪进行测量，先放出初样并找出索夹中心点，然后在主缆顶精确放样并做好标记。对中跨索夹放样时，每隔 1 h 测量一次主缆表面温度，以表面温度加上当夜监控单位测出的内外温差作为主缆温度，再按照该温度条件下的理论数据放样。

(4)索夹运输。

索夹利用汽车运至索塔位置,利用塔吊将索夹吊放至塔柱横梁上,采用天车或缆索吊吊运索夹到相应的安装位置。安装手动链条滑车,作为索夹的安装起重工具。当索夹运输至安装点后,将其临时卸放在猫道面层上,利用手动链条滑车分别安装左、右半索夹,使索夹中线与主缆顶面标志线重合。

(5)主缆表面清洁。

索夹安装之前对安装位置进行清洁,以防表面油污影响索夹与主缆之间的摩擦力。

(6)索夹安装。

①悬索桥索夹一般安装顺序为:中跨索夹是从跨中分别向两索塔方向安装;边跨索夹是从索塔向锚锭方向安装。

②由缆索天车上放下索夹,于主缆上进行安装。安装时在索夹的接合部位需注意不让钢丝发生弯曲。具体做法如下:

(A)运用天车将索夹运送至需要安装的位置。

(B)用2个5 t的手拉葫芦通过吊装定形构架将2个半边索夹吊至索夹就位对应主缆上方。

(C)用上缘工具螺杆对穿索夹螺栓孔,拆下吊装定形构架。

(D)对索夹位置进行调整,并用工具螺栓预紧。要注意天顶标识的位置及日照的影响。

(E)卸下绑套索、绑套钢环及索夹螺栓,进行紧固。

(F)卸下工具螺栓,换上索夹螺栓,进行紧固。

(G)用千斤顶分级导入轴力,在导入螺栓轴力时,要注意液压千斤顶的压力,防止超过螺栓的屈服应力。

③索夹安装前,须测定主缆的空缆线形,提交给设计及监控单位,对原设计的索夹位置进行确认。然后在温度稳定时在空缆上放样定出各索夹的具体位置并编号,清除索夹位置处主缆表面的油污及灰尘。

④索夹由制造厂运到现场后,应由专业技术人员进行质量检查。

⑤索夹在运输和安装过程中应注意保护,防止碰伤及损坏表面。

⑥索夹安装方法应根据索夹结构型式、施工设备和施工人员经验确定。当索夹在主缆上精确定位后,即紧固索夹螺栓。

⑦紧固同一索夹螺栓时,须保证各螺栓受力均匀,并按三个荷载阶段(即索夹安装时、钢箱梁吊装后、桥面铺装后)对索夹螺栓进行紧固,补足轴力。索夹位置要求安装准确,纵向误差不应大于10 mm。记录每次紧固的数据存档,并交大桥管理部门备查。

⑧随着悬索桥后续施工的进行,主缆受到的荷载加大,主缆直径变小,因此在桥梁施工过程存在预紧力损失,针对不同类型索夹的螺栓,紧固时按中间向两边对称进行。具体操作时进行四次紧固:索夹安装时进行第一次紧固;加劲梁吊装完成后,进行第二次紧固;主缆缠丝防护前进行第三次紧固;桥面恒载加上后,进行第四次紧固,直至符合设计要求。

⑨索夹及索夹螺栓应经检查合格后使用,索夹安装应与主缆连接紧密,确保吊杆承载后不滑移。

（7）索夹拉杆张拉。

索夹安装完成后，按设计要求对其进行张拉。

同一个索夹张拉一般由 4 台拉伸器同时进行，采用上下对称张拉方式，张拉顺序是由中间向两侧。为了使拉杆受力均匀，对于拉杆数量超过 4 根以上的至少要反复张拉 2 遍以上。

（8）质量控制措施。

①索夹安装前，应测定主缆的空缆线形，并在对设计规范的索夹位置进行确认后，方可于索体稳定时在空缆上放样定出各类索夹的具体位置并编号。

②安装前应清除索夹内表面及索夹位置处主缆表面的油污及灰尘，涂上防锈漆。

③索夹在场内运输和安装过程中应注意保护，防止损坏其表面。

④索夹在主缆上精确定位后，应立即紧固螺栓。紧固同一索夹的螺栓时，应上下左右分级对称紧固，以保证每个螺栓受力均匀。索夹安装位置的纵向误差不大于 10 mm。

⑤索夹螺栓的紧固应按安装时、加劲梁吊装后、全部二期恒载完成后三个荷载阶段分步进行，对每次紧固的数据进行记录并存档。

⑥施工技术员必须对索夹安装的每道工序进行检查，使每道工序处于可控状态，每个索夹按要求进行检查。

12.6　质量标准

12.6.1　索夹安装质量标准

根据《公路工程质量检验评定标准》，索夹质量等加工制作验收要求为：

（1）主缆索夹结构符合设计要求。

（2）主缆索夹安装各工序一次性交验合格率 100%。

12.6.2　实测项目质量标准

（1）索夹偏位：纵向小于 10 mm，横向转角小于 3 mm。

（2）螺杆紧固力：必须符合设计要求。

12.6.3　外观鉴定标准

（1）所有安装完成后的索夹必须有良好的密封性。

（2）索夹上的螺栓端头外露长度必须均匀。

12.7　成品保护

（1）索夹安装完成后，必须严禁搭接通电。

（2）严禁焊接焊条、氧割与索夹接触，一旦发现必须立即制止。

（3）螺杆戴上防水螺帽，以保护丝扣不受破坏。

（4）保持索夹干净整洁，防止油污污染索夹。

12.8　安全环保措施

12.8.1　安全措施

（1）危险源的辨识。

索夹安装施工中的危险源包括物的不安全状态、人的不安全行为等。索夹安装施工中存在的危险源见表12 - 3。

表12 - 3　索夹安装危险源表

序号	类别	具体表现形式	可能造成的事故
1	机械设备的不安全状态	卸扣规格不匹配，销子拧不到位	坠落、打击
2		钢丝绳断裂、磨损、弯折、扭结、锈蚀、缠绕尖锐结构	坠落、打击
3		设备日常维护保养检查不及时	机械破坏
4		天车行走过程中不平	坠物、打击
5	施工材料机具的不安全状态	安装索夹的工具材料摆放不规范	物体打击
6		索夹长时间悬挂在空中	物体打击
7		吊索吊具设计不合理	物体打击
8		开关箱未按规定设置漏电保护装置	触电、火灾
9	施工场所及外围环境的不安全状态	吊索、猫道下方站人	坠物、打击
10		卷扬机无防护罩	机械伤害
11		张拉索夹时拉伸器正面站人	机械伤害
12		工作鞋不防滑、不跟脚	滑倒、坠落
13		电工绝缘手套、绝缘靴质量不符合要求	触电伤害
14	警示标示标牌的缺乏	高危区域未设红色警示隔离带	各类事故
15		塔吊、卷扬机未设置安全操作规程	
16		起重设备下方未设置严禁站人标志	
17	违章指挥	非定机，定岗人员擅自操作	各类事故
18		无证人员从事特种作业，如卷扬机、塔吊、汽车吊	机械伤害
19		不配挂安全带或挂置不可靠	坠落
20		在作业信号不明时下达操作指令	各类事故
21		恶劣天气下进行起重作业	各类事故
22		在作业中出现工具脱手、物品飞溅掉落、碰撞和拖拉别人的行为	坠物、打击
23		在前道工序中留下隐患而未予消除或转告下道工序作业者	各类事故

（2）安全控制措施。

①天顶小车安全生产措施。

（A）天顶小车必须经 1.25 倍最大吊装重量试吊合格后方可使用。开车前应检查机械设备、电气部分和防护保险装置是否完好、可靠。如果有主要附件失灵严禁使用。

（B）操作人员必须持证上岗，并了解天车的相关构造、性能，工作时精力要集中，必须听从指挥，但无论任何人发出紧急停车信号，都应停车。

（C）作业时遇到 6 级以上大风时应停止作业并切断电源线，以防发生事故。

（D）经常性地对天车的电器线路、机械设备、机油、润滑油等进行检查，及时排除事故隐患。

（E）在使用过程中如出现异常情况应立即停止作业，待查明原因后方可作业。

②索夹施工安全措施。

（A）索夹安装前，作业队伍时刻观察起吊系统的安全状况，加强对钢丝绳表面的完好情况以及连接稳固性的安全检查，对钢丝绳的断丝数、腐蚀情况、磨损情况及变形量、固定状况等逐一做出细致检查，发现不符要求的立即更换，避免事故。

（B）经常对猫道、天顶吊车承重钢丝绳的锚固进行检查，及时发现问题，及时处理。

（C）在猫道上严禁电焊作业，以防止猫道绳索受损，影响猫道的使用安全。

（D）猫道改吊完成后，必须立即对改吊猫道的缺口进行有效封堵，对吊索穿越猫道面网处，必须增设安全防护设施。

（E）猫道安装过程中，必须佩带工具包，随时将配套的工具、器件装入包内，防止高空坠落，砸伤下方人员、船只或车辆。

12.8.2　环保措施

（1）索夹运到现场后应摆放整齐有序，保持索夹存放场地整洁。

（2）机械操作时，尽量减少噪声污染。

（3）卷扬机、塔吊设备定期保养，防止油污泄漏。

（4）对保护索夹的塑料包装严禁在现场乱扔乱弃，必须及时清理，以免破坏自然环境。

12.9　质量记录

对于索夹安装的质量控制，现场只需认真填写《索夹安装现场检验记录表》即可。

13　吊索安装施工工艺

13.1　总则

13.1.1　适用范围

本工艺标准适用于悬索桥钢丝绳吊索安装施工。

13.1.2　编制参考标准及规范

(1)《公路桥涵施工技术规范》(JTG/T F50—2011)。

(2)《公路工程质量检验评定标准》(JTG F80/1—2017)。

(3)《机械设计手册》(机械工业出版社)。

(4)《钢结构设计标准》(GB 50017—2017)。

(5)《钢结构工程施工质量验收规范》(GB 50205—2017)。

(6)《建筑施工高处作业安全技术规范》(JGJ 80—2016)。

(7)《架空索道工程技术规范》(GB 50127—2007)。

(8)《工程结构可靠性设计统一标准》(GB 50153—2008)。

(9)《悬索桥上部结构施工》(人民交通出版社)。

(10)《公路工程施工安全技术规范》(JTG F90—2015)。

13.2　术语

13.2.1　吊索

吊索是连接悬索桥主缆与梁体之间的承重结构,根据吊索的受力特点,并综合考虑材料性能、制造加工、安装维护、后期更换等因素,吊索可采用多种形式。

13.2.2　天顶小车

利用猫道门架承重索作为承重轨道的架空运输小车。

13.2.3　减振架

当吊索长度较大时，需要在悬吊长度的中央设置减振架，以将一个吊点的吊索互相联系，减少吊索的风致振动。

13.2.4　吊索夹具

在索夹以下锌铸块位置用以调整吊索线形的装置。

13.2.5　吊索耳板

在悬索桥钢梁顶与吊索销接而设计的销孔板。

13.3　施　工　准　备

13.3.1　技术准备

(1)组织有关人员认真学习设计文件，编制和报审吊索安装施工组织设计。

(2)向项目部管理人员和施工人员进行吊索安装施工的质量、安全和技术交底，以及环境、文明施工交底。

(3)吊索疲劳试验和抗拉试验完成。

13.3.2　材料准备

(1)结构材料：各类吊索、吊索夹具、吊索减振架。

(2)辅助材料：吊带、起吊钢丝绳、卸扣、U 形弯折结构、锚头间隔保持构件。

13.3.3　机具准备

(1)牵引运输系统设备：卷扬机、天车、托辊、滑车。

(2)起吊设备：塔吊、汽车吊、手拉葫芦。

(3)运输设备：平板车、拖车。

(4)其他设备：卧式放索架等。

13.3.4　作业条件

(1)监控单位对空缆线形进行测量控制，确定各吊索长度。

(2)猫道改吊，门架承重索上提，且在其上安装天顶小车，试运行成功。

(3)主缆上所有索夹安装完毕。

(4)索夹完成第一轮轴力导入。

13.3.5　劳动力组织

吊索安装施工是一项系统工程，每位参与施工人员必须分工明确，才能保证吊索安装顺利进行。1 条主缆上吊索安装所需配备人数如表 13 - 1 所示。

表 13 – 1 吊索安装人员表

工种	人数/人	工作地点	职责范围
施工队长	2	吊索安装现场	负责跟班组织施工管理工作、协助总指挥等
工班长	2	吊索安装现场	负责跟班组织施工，协调各工种交叉作业等
技术员	2	吊索安装现场	负责跟班解决施工中的技术问题，编写技术措施等
专职安全员	2	吊索安装现场	负责跟班检查安全设施、安全措施的执行情况及安全教育工作，对安全生产负责
质检员	2	吊索安装现场	负责跟班检查工程质量，组织各工种交接及检查质量保证措施的执行情况，对工程质量负责
测量员	2	吊索安装现场	负责吊索放样以及安装精度测量
卷扬机操作员	4	塔顶门架	负责天顶小车运行、运输吊索等
塔吊操作员	2	索塔施工现场	负责现场吊装及塔吊的维护与保养
吊装工	10	吊索安装现场	负责将吊索吊到塔顶横梁及运到安装位置
吊索安装工	12	吊索安装现场	负责吊索安装
信号员		吊索安装现场	负责吊索运输、吊装信号联络
机修工	2	机修班及现场	负责机械设备、运输车辆的保养及修理
合计	44		

注：此人数配置满足 1 条主缆上吊索的安装。

13.4　工艺设计和控制要求

13.4.1　技术要求

（1）吊索测长精度要求：标记点间距需满足《公路悬索桥吊索》（JT/T 449—2001）中第 6.2.5 条规定，销铰中心与最近标记点间距允许误差为 ±3 mm。

（2）吊索两端装有叉形耳板，两端耳板的开口面互相平行，在标距精确的实验台架上调整总成长度，使其长度的误差控制在设计要求的精度内。然后在叉形耳板的螺纹部分钻 90° 锥形凹坑，上紧螺钉定位。定位时除应该保证长度准确外，还应该确保两端耳板的方向一致。因此，在锚头附近除设置长度标记外，还应设置方向标记点。

（3）吊索的制作、检验和包装应符合现行行业标准《公路悬索桥吊索》（JT/T 449—2001）的规定，保证吊索在运输、安装过程中不受损伤，同时场内放索时，尤其要保证吊索不发生扭转。

13.4.2　材料质量要求

（1）吊索、锚杯铸钢、锌铜合金、耳板锻钢及夹具锻钢、减振架铸钢等材料的化学成分和各项力学性能必须符合设计图纸和相关技术规范要求。

（2）吊索的锚杯和耳板必须逐件按照设计要求进行无损探伤检测，检测结果必须合格方可使用。

（3）吊索、耳板、夹具、减振架的防护应该符合设计要求。

（4）必须按照设计要求进行组装件的拉伸破坏试验，试验结果需符合设计要求方可成批生产。

（5）吊索的下料及长度标记，应在设计要求的拉力下测量，在锚头附近必须同时设置长度标志点和方向标志点。

13.4.3　职业健康安全要求

（1）施工前做好施工安全交底，施工过程中，安全员应随时检查安全情况。

（2）根据施工要求配备足额的专职安全员。

（3）特种机械操作人员必须经过专业的技术培训及专业考试合格，持证上岗，并必须定期进行体格检查。

（4）患有不宜从事高空作业疾病的人员一律不得进行高空作业。

（5）所有进入施工现场的人员必须按规定佩戴安全防护用具。

13.4.4　环境要求

（1）施工时的临时道路应定期维修和养护，经常洒水，减少尘土飞扬。

（2）清洗机械、施工设备的废水严禁直接排入周围场地内，应尽量减少对周围水体的污染。

（3）应尽量减少对周围自然生态环境的破坏。

（4）优先选用先进的环保机械，降低施工噪声到允许值以下，减少对周围的噪声污染。

（5）在施工现场和生活区设置足够的临时卫生设施，经常进行卫生清理，同时在生活区周围种植花草、树木，美化生活环境。

13.5　施工工艺

13.5.1　工艺流程

吊索安装的总体顺序为：中跨由跨中向两岸依次安装，边跨由散索鞍向塔顶依次安装，施工时可分为四个作业面平行施工。首先利用汽车吊、平板车将吊索转运至索塔位置，用塔吊将吊索吊至索塔上横梁顶面，采用天顶小车将吊索运至相应的安装位置，再用手拉葫芦将吊索锚头提起，放进猫道开口处，吊索后方施加反向拉力，松掉手拉葫芦，慢慢下放吊索，直至吊索钢丝绳进入索夹绳槽中，调整中点就位后安装吊索夹具。

吊索安装施工工艺流程图如图 13 - 1 所示。

13.5.2　操作工艺

（1）吊索运输与存放。

①运输。

```
┌──────────────┐   ┌──────────────────────┐   ┌──────────────────┐
│ 吊索安装现场准备 │──→│猫道面网开孔、导向滚轮安装、放丝架安装│──→│ 待安装吊索上放丝架 │
└──────────────┘   └──────────────────────┘   └──────────────────┘
                                                        │
      ┌──────────────┐   ┌──────────────┐   ┌──────────────┐   ↓
      │安装锚头间隔保持构件│←─│锚头牵引至安装位置│←─│放索、天车牵引吊索│←─│吊索锚头保护并上天车│
      └──────────────┘   └──────────────┘   └──────────────┘   └──────────────┘
             │
      ┌──────────────┐   ┌──────────────┐   ┌──────────────┐   ┌──────────────┐
      │ 移动后天车、放索 │──→│"U"形弯折结构就位│──→│安装吊索夹具及减振架│──→│ 猫道面网开口复原 │
      └──────────────┘   └──────────────┘   └──────────────┘   └──────────────┘
                                                                    │
                                                             ┌──────────────┐
                                                             │ 吊索安装完毕 │
                                                             └──────────────┘
```

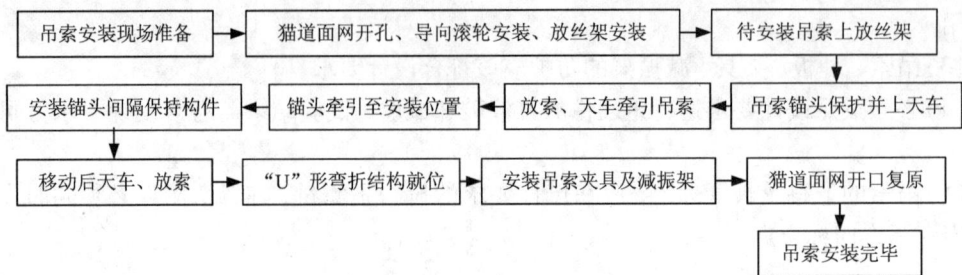

图 13 - 1 吊索安装施工工艺流程图

成品吊索索盘在运输过程中需绑扎牢靠,以保持运输过程中的稳定。

吊索装车时,要尽量避免两个索盘上下叠加,导致对折处钢丝绳被过度弯曲产生不可逆转的急弯;吊索自成圈时2个锚杯并列绕于外圈,以方便从放索架中展开。

②卸车。

吊索运输到工地后,应采用软质尼龙绳带作为卸车的吊装工具,起吊及装卸时应尽量避免碰撞损伤及刮伤吊索表面。

③储存。

钢丝绳吊索采用自成圈方式包装,成圈内径应该不小于20倍的吊索直径。

骑跨式钢丝绳成品吊索上盘时,单根长度超过30 m的吊索应该将吊索在中央对弯,由中央向两侧卷绕,中央对弯部分的弯曲半径要大于钢丝绳直径的8倍以上。

每盘成品采用不损伤吊索表面质量的防水及防腐材料捆扎结实,然后用麻布条紧密包裹。

吊索应该平稳整齐架空存放,每根吊索下放都要用枕木垫高至离地20 cm,以防止泡水;上面用防雨布覆盖。多盘吊索按单层摆放整齐,不允许多层叠放,防止挤压变形。

(2)吊装安装。

吊索安装时,要特别注意对吊索编号的辨识,防止张冠李戴,放错位置。尤其同一编号或同一个索夹上的吊索,长度差别不大,容易混淆,但吊索长度是经过精确计算并下料的,必须严格区分。

①短吊索安装。

对于单根长度小于80 m的短吊索,可用天车直接将索盘沿猫道运输至设计位置后再展开,将两个锚杯从吊索两侧放下,在天车、卷扬机和手拉葫芦的配合下安装到位。

②长吊索安装。

(A)放索架。

对于自成圈方式打包的吊索,可以采用水平放索架展开吊索。放索架设置在塔顶上横梁顶面,以减少吊索展开经过的路径长度。

(B)吊索的展开。

将吊索盘安放至放索架,用塔吊将两个锚杯吊起,引出索盘,穿过塔顶门架后转向猫道,超出塔吊的吊距范围后,转由靠跨中的天车提着锚杯继续沿猫道向跨中牵引。

吊索从放索架中出来经过的沿线均要安装托辊,以免吊索钢丝绳与其他尖锐硬质结构刮擦导致破坏油漆和镀锌层。

当吊索对折弯头也从放索架中放出后，用第二台天车提着尾部，吊索在两台天车的牵引下向设计位置运输。操作人员应随同两台天车护送吊索下行。在此过程中，对折的吊索分置于吊索的两侧，以保持猫道横桥向平衡。

（C）吊索的下放。

事先在索夹上安装转向滑轮，作为吊索下放时的转向支撑点。利用索夹螺栓作为转向滑轮的固定轴。

当吊索锚杯到达对应索夹后，用悬挂于天车上的手拉葫芦调整其位置，分别置于主缆两侧，缓慢下放穿过猫道面网。将吊索钢丝绳弯曲拉入索夹上的转向滑轮的轮槽，利用塔顶的卷扬机反拉吊索克服其自重，放开天车上的手拉葫芦以转换吊点，在卷扬机的控制下缓慢下放吊索，两个热铸锚杯同步下降，直至吊索对折处钢丝绳进入索夹的绳槽中。

注意在吊索锚杯即将穿过猫道面网时才临时剪开猫道面网，不要提前剪开；吊索下放到位后，立即将面网重新恢复连接，确保安全。

（D）吊索夹具安装。

当吊索下放到位后，调整吊索在索夹绳槽中的位置，使确定吊索夹具安装位置的两个锥形块基本处于同一高度上，然后安装吊索夹具。一个吊索夹具组件是由夹具支架、扣件、垫块、锁紧螺栓副组成，其中垫块通过沉头螺栓固定于扣件内侧。

吊索索夹各部件的安装顺序是：用绳索拉拢两根吊索，使之保持一定距离，先安装夹具扣件，将钢丝绳拉入垫块的绳槽中，并使之位于锥形铸块的顶面；将夹具支架从两个夹具扣件中插下去，拴紧。

对于距离猫道面网较近的夹具，安装人员可直接在猫道上操作。距离较远的，需要用天车悬挂吊篮作为操作平台。吊索夹具的各部件重量不一，仅仅靠人力安装不安全，需要在吊索上系根保险绳作为辅助，防止失手坠落。

（E）减振架的安装。

对于长度较大的吊索，需要在悬吊长度的中央设置减振架，以将一个吊点的吊索互相联系，减少吊索的风致振动。

吊索减振架由减振架主体、吊索扣件、衬垫、锁紧螺栓副组成。

为降低高空作业的施工难度，减振架的安装可以安排在桥面板铺设完成后进行。将吊篮设置在桥面上、对应吊索一侧，将减振架组件的所有配件及工具均放置于吊篮内。卷扬机钢丝绳从吊索上索夹位置转向放下，提升吊篮至减振架安装位置进行操作。

具体操作应在安装前先用钢尺测量减振架的准确安装位置，即此根吊索的二分之一处高度，并对应减振架顶面做好标记。

（3）质量控制措施。

为确保悬索桥吊索安装的质量，结合工程实际情况，特制订如下质量保证措施。

①基本控制措施。

（A）按照设计要求施工，严格执行《公路工程质量检验评定标准》的相关规定，参与项目施工的全体员工，必须坚持质量方针，严把质量关。

（B）建立吊索施工的质量管理体系、质量保证体系和安全保障体系，严格施工中的质量控制、安全保障，从安全上、技术上保证吊索施工安全高效高质量的完成。

（C）加强职工技术培训和考核工作，做到关键工种和特殊工种持证上岗。

（D）实行层层技术交底制度。交底的内容包括施工方法、施工程序、质量目标、施工期限及安全措施等。做好记录，使参与施工的各级人员明确职责和技术要点。

（E）制定具有可靠性的各种三级自检表格，使现场施工规范化、表格及质量责任可追溯，加强相关人员的责任心。

（F）加强工程质量检查工作，充分发挥内部质量检查工作的作用，严格执行安装各工序的自检和互检与签认工作，对不符合要求的部位必须按监理工程师的要求进行修整和返工。凡规定需经工程师签认的工序必须经过工程师的检查批准后方可进行下一道工序的施工。

（G）电工、吊装工、卷扬机、塔吊、电梯等特种作业人员必须持证上岗，确保工作质量安全。

（H）吊索架设中的重要高空作业一律安排在白天进行，由专人指挥，充分利用现代化的科学仪器对吊索进行全过程监控。

②针对性的控制措施。

（A）防止安装过程中钢丝绳过度扭转，必须采用放索架，缓慢地将吊索盘展开，再用塔吊、卷扬机等设备牵引吊索至设计位置。

（B）防止吊索在牵引过程中与猫道面网发生刮擦现象，沿线应该布置托辊，以保护吊索的镀锌层和外涂装层。

13.6　质量标准

（1）吊索及锚头质量验收标准如表 13-2 所示。

表 13-2　吊索及锚头质量验收标准

项目		允许偏差/mm	检验频率		检查方法
			范围	点数	
吊索调整后长度（销孔之间）	≤5 m	±2	每件	1	用钢尺量
	>5 m	±L/500			
销轴直径偏差		0 −0.15		1	用量具检测
叉形耳板销孔位置偏差		±5		1	用量具检测
热铸锚合金灌铸率/%		>92		1	量测计算
锚头顶压后吊索外移量（按规定顶压力，持荷 5 min）		符合设计要求		1	用量具检测
吊索轴线与锚头端面垂直度/(°)		0.5		1	用量具检测
锚头喷涂厚度		符合设计要求		1	用测厚仪检测

（2）吊索安装允许偏差检测标准如表 13-3 所示。

表 13 - 3　吊索安装允许偏差检测标准

项目		允许偏差 /mm	检验频率		检查方法
			范围	点数	
吊索偏位	纵向	10	每件	2	用全站仪和钢尺量
	横向	3			
上、下游吊点高差		20		1	用水准仪测量
螺杆紧固力/kN		符合设计要求		1	用压力表检测

13.7　成品保护

(1)吊索安装完成后,必须严禁搭接通电。

(2)严禁焊接焊条、氧割与索夹接触,一旦发现必须立即制止。

(3)保持吊索干净整洁,防止油污污染吊索。

13.8　安全环保措施

13.8.1　安全措施

(1)危险源的辨识。

吊索安装的危险源包括物的不安全状态、人的不安全行为、管理缺陷等。吊索安装施工中存在的危险源见表 13 - 4。

表 13 - 4　吊索安装施工中存在的危险源表

序号	类别	具体表现形式	可能造成的事故
1	机械设备的不安全状态	卸扣规格不匹配,销子拧不到位	坠落、打击
2		钢丝绳断裂、磨损、弯折、扭结、锈蚀、缠绕尖锐结构	坠落、打击
3		设备日常维护保养检查不及时	机械破坏
4	施工材料机具的不安全状态	安装吊索的工具材料摆放不规范	物体打击
5		吊索长时间悬挂在空中	物体打击
6		吊索绑扎不规范	物体打击
7		开关箱未按规定设置漏电保护装置	触电、火灾
8	施工场所及外围环境的不安全状态	吊索、猫道下方站人	坠物、打击
9		猫道开口处未围挂安全网	高处坠落
10		卷扬机无防护罩	机械伤害
11		工作鞋不防滑、不跟脚	滑倒、坠落
12		电工绝缘手套、绝缘靴质量不符合要求	触电伤害

续表 13-4

序号	类别	具体表现形式	可能造成的事故
13	警示标示标牌的缺乏	高危区域未设红色警示隔离带	各类事故
14		塔吊、卷扬机未设置安全操作规程	
15		起重设备下方未设置严禁站人标志	
16	违章指挥	非定机、定岗人员擅自操作	各类事故
17		无证人员从事特种作业,如卷扬机、塔吊、汽车吊	机械伤害
18		不配挂安全带或挂置不可靠	坠落
19		在作业信号不明时下达操作指令	各类事故
20		恶劣天气下进行起重作业	各类事故
21		在作业中出现工具脱手、物品飞溅掉落、碰撞和拖拉别人的行为	坠物、打击
22		在前道工序中留下隐患而未予消除或转告下道工序作业者	
23	人的失误控制的缺陷	未执行三级安全教育,岗前培训不到位	各类事故
24		未执行三级技术交底,上岗前对工艺及作业程序不明确	
25		未明确作业程序和操作要点或程序制定错误	

(2)安全控制措施。

①天顶小车安全生产措施。

(A)天顶小车必须经 1.25 倍最大吊装重量试吊合格后方可使用。开车前应检查机械设备、电气部分和防护保险装置是否完好、可靠。如果有主要附件失灵严禁使用。

(B)操作人员必须持证上岗,并了解天车的相关构造、性能,工作时精力要集中,必须听从指挥,但无论任何人发出紧急停车信号,都应停车。

(C)作业时遇到 6 级以上大风时应停止作业并切断电源线,以防事故发生。

(D)经常性地对天车的电气线路、机械设备、机油、润滑油等进行检查,及时排除事故隐患。

(E)在使用过程中如出现异常情况应立即停止作业,待查明原因后方可作业。

②索夹施工安全措施。

(A)索夹安装前,作业队伍时刻观察起吊系统的安全状况,加强对钢丝绳表面的完好情况和连接稳固性的安全检查,对钢丝绳的断丝数、腐蚀情况、磨损情况及变形量、固定状况等逐一仔细检查,发现不符合要求的立即更换,避免事故。

(B)经常对猫道、天顶吊车承重钢丝绳的锚固进行检查,及时发现问题,及时处理。

(C)在猫道上严禁电焊作业,以防止猫道绳索受损,影响猫道的使用安全。

(D)猫道改吊完成后,必须立即对改吊猫道的缺口进行有效封堵,对吊索穿越猫道面网处,必须增设安全防护设施。

（E）猫道安装过程中，必须佩带工具包，随时将配套的工具、器件装入包内，防止高空坠落，砸伤下方人员、船只或车辆。

13.8.2　环保措施

（1）吊索运输到现场后应摆放整齐有序，保持存索场地整洁。

（2）机械操作时，尽量减少噪声污染。

（3）卷扬机、塔吊设备定期保养，防止油污泄漏。

（4）对保护吊索的塑料包装严禁在猫道上乱扔乱弃，必须及时清理，以免破坏自然环境。

13.9　质量记录

（1）吊索到货验收记录。

（2）吊索安装记录。

（3）斜拉索的张拉记录。

（4）吊索涂装验收记录。

14 悬索桥加劲梁轨索滑移法架设施工工艺

14.1 总则

14.1.1 适用范围

本工艺标准适用于有锚固条件的各种跨径悬索桥主梁的架设，还可应用于中、下承式拱桥的主梁架设。

14.1.2 编制参考标准及规范

(1)《公路工程质量检验评定标准》(JTG F80/1—2017)。

(2)《公路悬索桥设计规范》(JTG/T D65-05—2015)。

(3)《公路工程技术标准》(JTG B01—2014)。

(4)《公路桥涵设计通用规范》(JTG D60—2015)。

(5)《公路钢结构桥梁设计规范》(JTG D64—2015)。

(6)《桥梁用结构钢》(GB/T 714—2015)。

(7)《公路桥涵施工技术规范》(JTG/T F50—2011)。

(8)《钢结构设计标准》(GB 50017—2017)。

(9)《岩土锚杆(索)技术规程》(CECS 22—2005)。

(10)《无粘结预应力钢绞线》(JG/T 161—2016)。

(11)《无粘结预应力筋用防腐润滑脂》(JG/T 430—2014)。

(12)《钢结构用高强度大六角头螺栓》(GB/T 1228—2006)。

(13)《钢结构用高强度大六角螺母》(GB/T 1229—2006)。

(14)《钢结构用扭剪型高强度螺栓连接副》(GB/T 3632—2008)。

14.2 术语

14.2.1 吊鞍

吊鞍由鞍体、吊耳、轨索鞍座等构件组成，一般采用铸钢制造。吊鞍直接作用是给轨索提供支承，并将轨索的荷载传至吊索和主缆。

14.2.2 轨索

为运梁小车提供轨道,是整个运梁体系的生命线。

14.2.3 运梁小车

运梁小车由滑轮组、三角形分配梁、矩形分配梁三部分组成。作用是用于运输梁体,行走于轨索上,是整个运梁体系中的核心设备。

14.2.4 缆载吊机

运梁小车将梁体运送到位后,用于体系转换并垂直提升梁体安装。

14.2.5 天顶小车

天顶小车是以钢丝绳为承重索并作为轨道,作用是主缆正上方沿轨道进行小型材料与设备的运输,在天顶小车下方配备自升降吊篮,可用于吊鞍安装、固定轨索等工作。

14.3 施工准备

14.3.1 技术准备

(1)熟悉设计文件,领会设计意图。

(2)根据设计要求、合同条件及现场情况等,编制实施性施工组织设计。组织专家评审会,对实施性施工组织设计进行评审,并根据评审意见完善与修订施工方案。

(3)做好安全、技术交底。安全、技术交底均采用三级制,技术交底均有书面文字及图表资料,级级交底签字归档。

(4)轨索系统与牵引系统进行相关试验,并记录相关数据,为施工提供指导。

(5)按照设计、监控单位的工作指令确定每段加劲梁连接类型(永久连接或临时连接)。

14.3.2 材料准备

(1)施工材料准备。

轨索钢丝绳、牵引系统钢丝绳、CPS预应力锚索体系、配重支架等。

(2)结构材料准备。

加劲梁各类杆件、高强度螺栓,按设计要求在专业的厂家定做涂装用材。

14.3.3 机具准备

主要仪器设备见表14-1。

表 14-1 主要仪器设备表

序号	设备名称	数量	规格	用途
1	运梁小车	8 台	根据加劲梁重量确定运载能力	加劲梁节段运输
2	吊鞍		每组吊索下方布置一个吊鞍	轨索支撑
3	轨索	8 根	密封钢丝绳	运梁小车轨道
4	跨缆吊机	2 台	液压提升步履式行走机构	吊装加劲梁节段
5	天顶小车	4 台	带 4 台 5 t 电动葫芦	下放施工吊篮
6	卷扬机	4 台	25 t	主牵引运梁小车
7	卷扬机	4 台	10 t	天顶小车牵引
8	卷扬机	8 台	10 t	提升加劲梁节段入轨
9	卷扬机	10 台	5 t	加劲梁平移、转移吊鞍等
10	龙门吊	4 台	起吊能力 50 t	每端拼梁场配备 2 台
11	放索架	2 台	力矩电机	轨索架设
12	汽车吊	2 台	25 t	常规吊装
13	汽车吊	1 台	50 t	重型吊装运输
14	平板运输车	2 台	40 t	大型构件运输

14.3.4 作业条件

(1)轨索锚碇体系完成施工,并张拉(100%)合格。
(2)吊鞍、轨索安装完成,并张紧到位。
(3)运梁小车拼装完成,并试运行合格。
(4)牵引系统安装完成,调试、试运行合格。
(5)缆载吊机安装完成,调试、试运行合格。
(6)梁体拼装场地、机具准备完毕。

14.3.5 劳动力组织

加劲梁架设是一项系统工程,工作内容包含轨索系统、牵引系统与加劲梁架设。轨索滑移法架设加劲梁以跨中为界,先两岸配合完成轨索系统安装,然后两岸分别安装牵引系统与进行加劲梁架设,三大项工作均系高空作业,晚上不宜施工。一岸具体劳动力组织见表 14-2。

表 14-2 加劲梁轨索滑移法架设劳动力组织人员表(一岸)

工种	人数/人	工作地点	职责范围
施工队长	2	整个施工现场	负责跟班组织施工管理工作、协助总指挥等
工班长	2	整个施工现场	负责跟班组织施工,协调各工种交叉作业等

续表 14 – 2

工种	人数/人	工作地点	职责范围
技术员	4	整个施工现场	负责跟班解决施工中的技术问题,编写技术措施等
专职安全员	4	整个施工现场	负责跟班检查安全设施、安全措施的执行情况及安全教育工作,对安全生产负责
质检员	2	整个施工现场	负责跟班检查工程质量,组织各工种交接及检查质量保证措施的执行情况,对工程质量负责
测量员	2	整个施工现场	负责锚碇、吊鞍定位测量、主缆线形测量、索鞍观测等
起重工	24	整个施工现场	轨索配重及加劲梁吊装等
卷扬机操作员	8	卷扬机操作棚	负责轨索牵引、加劲梁移动以及起吊转换到运梁小车上等
轨索牵引指挥员	2	整个施工现场	负责轨索牵引系统以及轨索架设指挥
放索架操作员	4	放索场	负责轨索上盘与放索
电焊工	12	轨索锚碇施工现场	负责轨索锚碇钢筋、预应力管道、锚固点等焊接
钻孔专业操作员	8	轨索锚碇施工现场	负责轨索锚碇预应力 CPS 锚索孔钻孔
张拉操作员	8	轨索锚碇施工现场	负责 CPS 锚索张拉
砼工	6	轨索锚碇施工现场	负责轨索锚碇混凝土浇筑
卷扬机指挥员	4	整个施工现场	负责指挥加劲梁起吊以及运梁小车移动等
普工	28	整个施工现场	负责转运各种施工材料等
智能变频卷扬机操作员	4	卷扬机操作室	负责加劲梁牵引
电工	2	整个施工现场	负责现场动力、照明、通信等电气系统维修保养
机修工	4	机修班及现场	负责机械设备及运输车辆保养及修理
合计	130		

注:此表包括轨索系统、牵引系统以及加劲梁架设所需人员配置,未计后勤、行政等人员。

14.4　工艺设计和控制要求

14.4.1　技术要求

(1)对缆载吊机、运梁小车、轨索系统、牵引系统等专用设备的设计与加工必须满足规范要求。缆载吊机行走应适应顺桥向坡度变化的要求,底盘应设计止滑装置。

(2)专用设备在安装前必须进行试运行,检验其安全性和可靠性。

(3)高强度螺栓的施工前组织相关人员培训学习,考核合格才能参与相关工作的施工。施工应满足设计相关规范要求,严禁超扭和欠扭。

(4)加劲梁架设顺序从跨中向两岸逐段架设安装。

(5)加劲梁拼装与安装满足规范要求与质量评定标准要求。

14.4.2 材料质量要求

（1）梁体用材必须符合设计及相关规范要求。

（2）高强度螺栓连接副必须符合下列规范要求：《钢结构用高强度大六角头螺栓》（GB/T 1228—2006）、《钢结构用高强度大六角螺母》（GB/T 1229—2006）、《钢结构用高强度垫圈》（GB/T 1230—2006）、《钢结构用高强度大六角头螺栓、大六角螺母、垫圈技术条件》（GB/T 1231—2006）。高强度螺栓推荐材质为 20MnTiB（20 锰钛硼），应符合《合金结构钢》（GB/T 3077—2015）的规定；螺母推荐采用 15MnVB（15 锰钒硼），应符合《合金结构钢》（GB/T 3077—2015）的规定；垫圈推荐采用 45 钢，应符合《优质碳素结构钢》（GB/T 699—2015）。高强度螺栓性能等级 10.9S。

（3）焊接材料通过焊接工艺评定试验采用与母材相匹配的焊丝、焊剂和手工焊条，且应符合相应的国标要求，CO_2 气体纯度不小于 99.5%。

（4）吊鞍、轨索、运梁小车、CPS 锚索等，厂家必须提供相关的合格证、产品检验证、产品生产许可证和国家强制性认证证书、相关资质检验单位出具的产品检验报告等资料。

14.4.3 职业健康安全要求

（1）施工前做好施工安全交底，施工过程中，安全员应随时检查安全情况。

（2）根据施工要求配备足额的专职安全员。

（3）特种机械操作人员必须经过专业的技术培训及专业考试合格，持证上岗，并必须定期进行体格检查。

（4）患有不宜从事高空作业疾病的人员一律不得进行高空作业。

（5）所有进入施工现场的人员必须按规定佩戴安全防护用具。

14.4.4 环境要求

（1）施工时的临时道路应定期维修和养护，经常洒水，减少尘土飞扬。

（2）清洗机械、施工设备的废水严禁直接排入周围场地内，应尽量减少对周围水体的污染。

（3）应尽量减少对周围自然生态环境的破坏。

（4）优先选用先进的环保机械，降低施工噪声到允许值以下，减少对周围的噪声污染。

（5）在施工现场和生活区设置足够的临时卫生设施，经常进行卫生清理，同时在生活区周围种植花草、树木，美化生活环境。

14.5 施 工 工 艺

14.5.1 工艺流程

在主缆架设、紧缆、索夹及吊索安装完成并验收合格后，先进行轨索系统与牵引系统安装，整个系统试运行验收合格后，方可正式开始加劲梁架设。悬索桥加劲梁轨索滑移法架设总体施工流程图如图 14 - 1 所示。

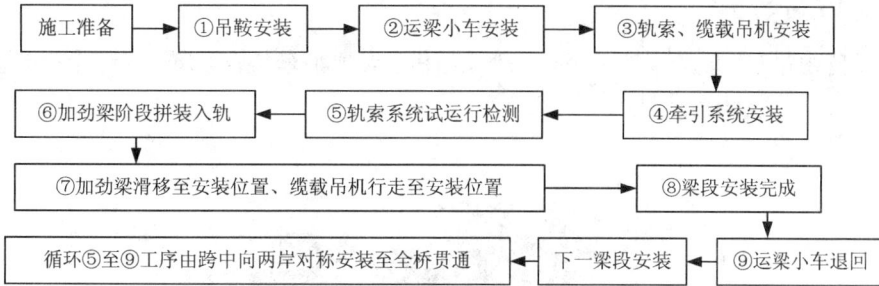

图 14－1　悬索桥加劲梁轨索滑移法架设总体施工流程图

14.5.2　操作工艺

（1）加劲梁架设施工准备。

①场地准备。

为保证施工的需要，必须布置好加劲梁拼装与架设施工场地（图 14－2），场地布置应满足以下要求：

（A）轨索两端锚固于两岸桥台后方，轨索两端的锚固位置与其他设施合理分布，确保结构受力安全。

（B）两岸均设置具备 2 个标准节段拼装台座的拼梁区，拼装台座设置于轨索下方，且应有足够的空间高度，以满足节段入轨需要。为减小雨季对施工的干扰，在两岸拼梁场上方均设置防雨棚。

（C）每个拼梁场设置一个节段的等待区，设置目的是尽早腾出拼装台座，进行下一轮次节段的拼装，以节约工期。即一个轮次两个加劲梁节段拼装完成后，跨中侧的节段纵移至入轨区，靠近桥台侧的节段则移至等待区。

（D）节段入轨区位于等待区的跨中侧，设置于主缆上的临时吊点的正下方，如图 14－2 所示。

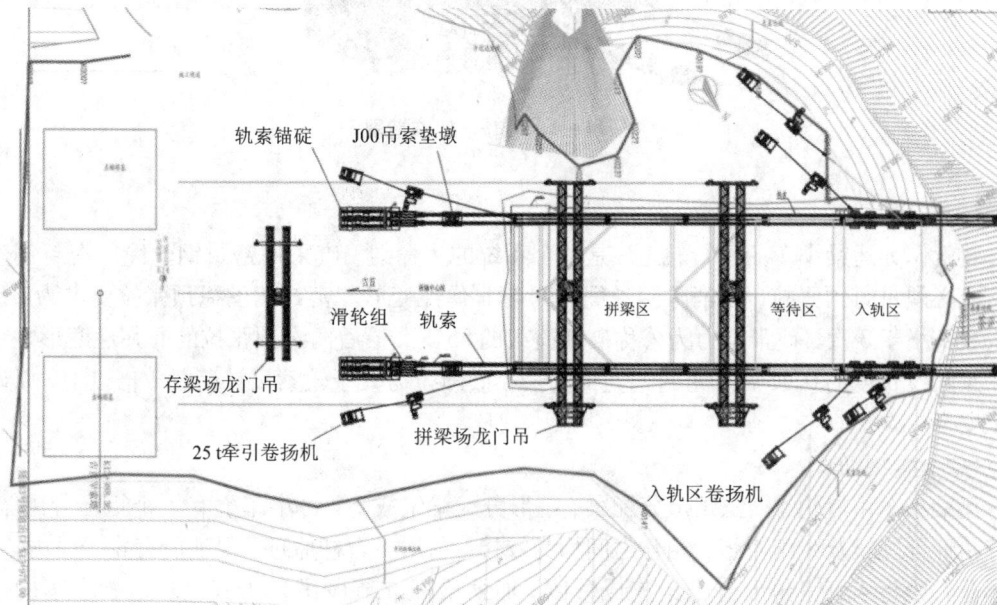

图 14－2　加劲梁拼装场场地布置图

②主要设备与工装。

主要设备由吊鞍、轨索、运梁小车、跨缆吊机、天顶小车与自升降吊篮、牵引卷扬机等组成。轨索移梁系统整体构造见图14-3。

图14-3　轨索移梁系统整体构造图

（A）吊鞍。

吊鞍的直接作用是给轨索提供支承，并将轨索的荷载传至吊索和主缆。吊鞍由鞍体、吊耳、轨索鞍座等构件组成。吊鞍构造见图14-4。

图14-4　吊鞍一般构造图

（B）轨索。

轨索作为运梁小车的运行轨道，是整个系统的生命线，应采用密封钢丝绳。密封钢丝绳在厂家必须进行预张拉，以消除钢丝绳内力与非弹性变形。密封钢丝绳预张拉要求为：预张拉次数不小于3次，预张拉力为公称破断荷载的55%。最后两次预张拉的非弹性变形之差不大于预张拉长度的0.15‰。密封钢丝绳的最小破断拉力大于轨索设计荷载3倍以上，以确保施工安全。

（C）运梁小车。

运梁小车由滑轮组、三角形分配梁、矩形分配梁组成。1台小车上有1个矩形分配梁、4个三角形分配梁及8组轮组，相互之间均为铰接，利用二力杆原理，保证所有轮子受力均匀。矩形分配梁将4个三角形分配梁连成整体，加劲梁标准节段吊挂于其上。运梁小车构造见

图 14 – 5。

图 14 – 5　运梁小车构造图

（D）跨缆吊机。

加劲梁垂直提升采用液压提升式跨缆吊机。1 台跨缆吊机由 1 个钢主桁梁、2 个在主缆上的步履式行走机构、2 套液压提升设备、吊具扁担梁、发电设备等部分组成。跨缆吊机构造见图 14 – 6。

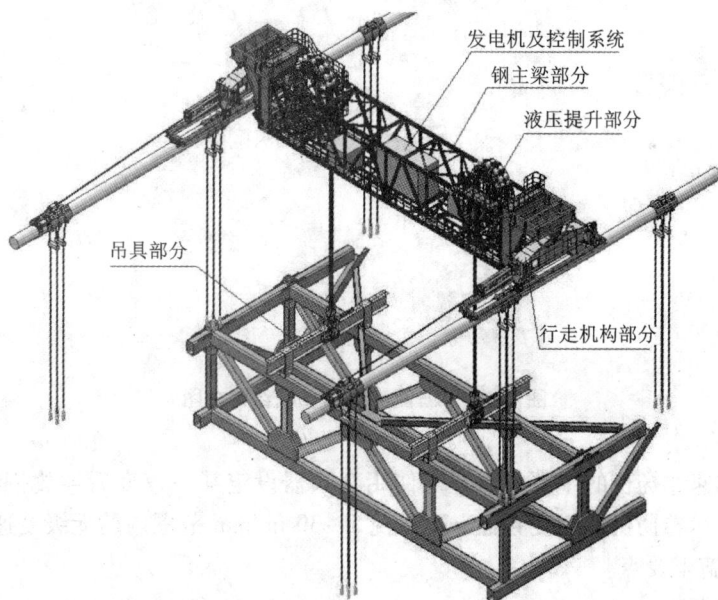

图 14 – 6　跨缆吊机构造图

（E）天顶小车与自升降吊篮。

天顶小车与自升降吊篮是轨索系统安装过程中重要的活动工作平台，其功能是运送作业操作人员到达吊鞍下方高空作业点，进行吊鞍安装、固定轨索、牵引钢丝绳进入吊鞍下方的托轮、定期检查轨索吊鞍的损伤情况等工作。天顶小车与自升降吊篮示意见图 14-7。

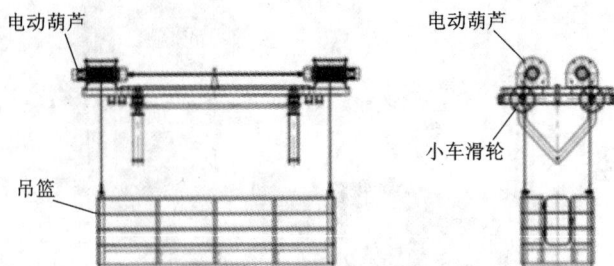

图 14-7 天顶小车与自升降吊篮示意图

(F)牵引卷扬机。

为精确控制运梁小车牵引过程的同步性,牵引卷扬机采用智能变频调速卷扬机,其工作原理是通过一对同向转动的卷筒,给缠绕于筒面的多圈钢绳一个摩擦力,使钢绳沿着卷筒旋转的方向运动,达到牵引重物的目的。卷扬机组成见图 14-8。

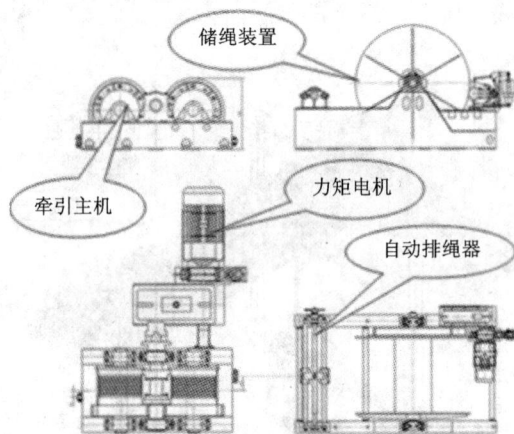

图 14-8 智能变频卷扬机结构总图

智能变频调速卷扬机的主要特点是当使用变频器设定某一速度后卷放钢绳的速度恒定,出绳位置恒定。本卷扬机配用变频器,能实现 5~30 m/min 范围内的无级变速。

(2)各步骤施工要点。

①轨索系统安装。

(A)吊鞍安装。

吊鞍安装如图 14-9 所示。

A—A 1:30

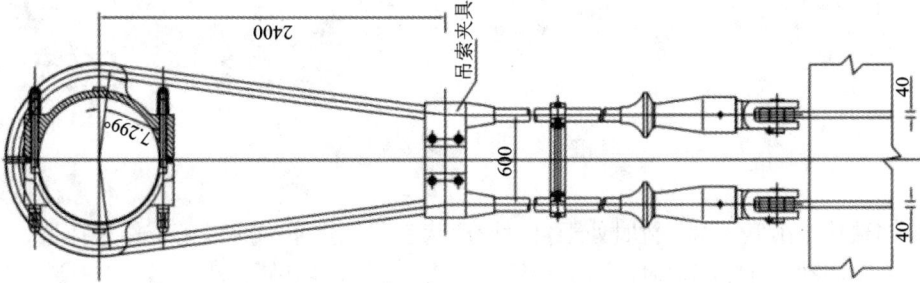

J02～J34、C03～C34竖向吊索立面 1:30

主缆

索夹

吊索夹具

吊索钢丝绳

减振架

缓冲器

吊索锚头

钢桁架

主缆中心线

Φ62

A—A (1:30)

吊索夹具

2.299°

J01、C02吊索立面 (1:30)

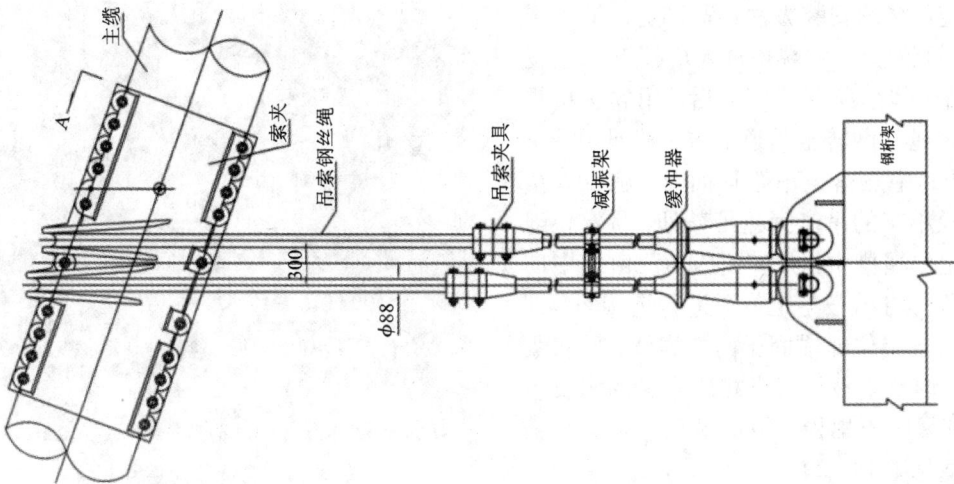

主缆

索夹

吊索钢丝绳

吊索夹具

减振架

缓冲器

钢桁架

Φ88

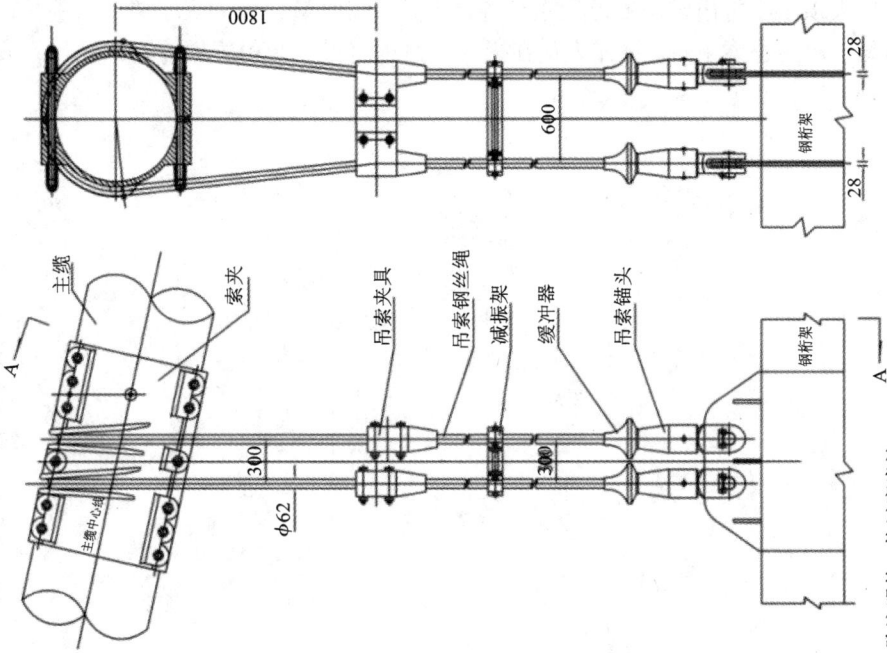

注：本图尺寸除注明外，均以毫米计。

图14-9　吊索与吊鞍连接构造图

用天顶小车将吊鞍沿猫道运送至各索夹处，临时悬挂于索夹下方，用手拉葫芦和卷扬机将吊鞍下放至吊索下端，操作人员在天车吊篮内将吊鞍与吊索销接起来。吊鞍安装步骤见图14－10。

第一步：
安装吊索

第二步：
将吊鞍运送至索夹下方临时悬挂。

第三步：
用卷扬机将吊鞍下放至吊索下端附近位置。

第四步：
用天顶小车将安装人员运送至吊鞍安装位置。

第五步：
将吊鞍与吊索叉形耳板销接起来。吊篮移至下一个安装位置。

主缆

索夹

吊鞍

吊索

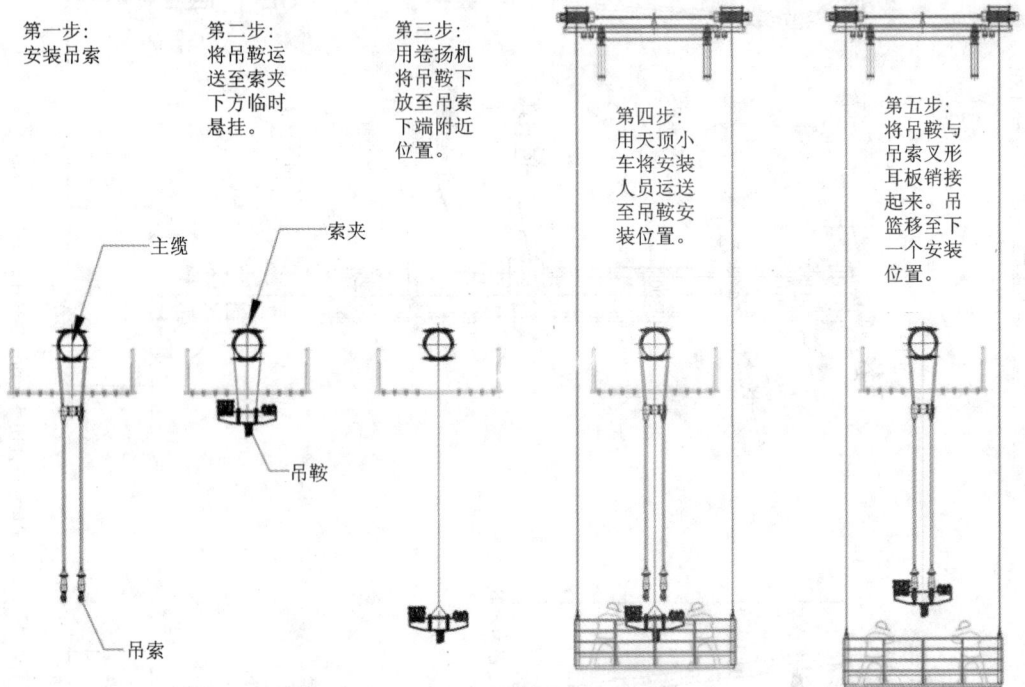

图14－10　吊鞍安装步骤图

吊鞍悬挂于吊索下端，暂时处于自由摆动状态。轨索牵引时以吊鞍作为托架，吊鞍受到水平推力而摆动，所以必须对吊鞍进行纵向约束。纵向约束的方法：设置2根通长的钢丝绳作为定位绳，定位绳用卷扬机张紧后，使定位绳与每个吊鞍锁定，以实现对所有吊鞍的纵向约束。

定位绳的安装方法：先将定位绳沿猫道牵引至对岸，两端均进入塔顶10 t卷扬机，待全部吊鞍安装完成后，用卷扬机提升定位绳并翻转至猫道下方，随即缓慢下放，当跨中点落至吊鞍顶面时，施工人员乘天顶小车的吊篮到达吊鞍处，将定位绳纳入定位绳槽中，并安装压盖。由跨中向两岸逐一将吊鞍与定位绳进行衔接，全部完成后将定位绳锚固于两岸岩体，并张紧拉力，调整吊鞍位置于相应索夹的垂直下方，拧紧压盖螺栓，锁定吊鞍位置。吊鞍定位绳见图14－11。

定位绳压盖

纵向定位绳　纵向定位绳

图14－11　吊鞍定位绳示意图

（B）轨索安装。

在吊鞍纵向定位绳安装的同时，将牵引绳穿于托辊中，每根轨索对应 1 根牵引绳。牵引绳利用吊鞍上的托辊作为托架，用卷扬机牵引钢丝绳到达对岸。吊鞍与轨索牵引绳安装完成后，正式开始轨索的牵引。轨索牵引通过托辊示意图见图 14 - 12。

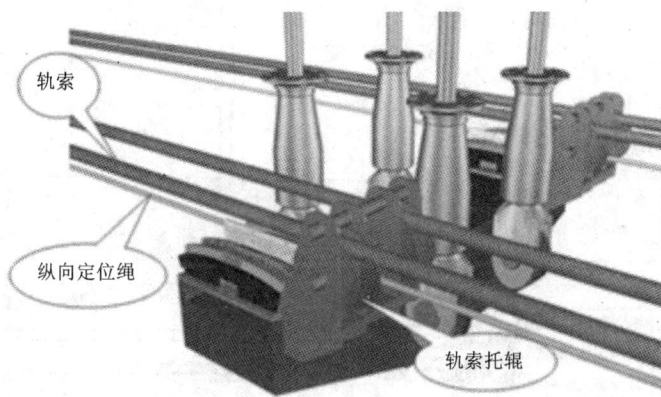

图 14 - 12　轨索牵引通过托辊

轨索牵引过程中，轨索在两个吊鞍之间势必要下垂，为控制其下垂量，保证轨索能顺利地通过，需要在放索端设置反牵引力放索架，保持适当的轨索张力。以相对高程低的一岸为放索端，先将可提供反向牵引力的放索架固定，再将轨索的索盘置入其中。轨索出发端与牵引钢丝绳两者之间采用变直径套筒连接，过渡应尽量圆顺，以保证通过吊鞍上的托辊时不至于阻力过大。

轨索尾端从放索架中出来后带尾丝继续往前放，轨索前端在卷扬机的牵引下到达对岸，拆除牵引绳与轨索的连接套筒，现场进行锚头锌铜合金浇铸，检验锚头合格后与锚固底座销接，1 根轨索牵引即告完成。循环以上步骤，直至所有轨索全部牵引完成。

（C）轨索锚固。

轨索两端锚固于两岸桥台后方的轨索锚碇，其锚固点的安全性是关键部位。为确保轨索锚固牢靠，采用 CPS 剪力分散型岩锚体系将轨索锚固于岩体中。由于全桥所有轨索均互相独立，为保持其受力均匀，且力的大小基本恒定，将大桥一端设为固定端，另一端设为活动端，依靠滑轮组和配重块来自动调节。轨索锚固设计及施工要点：

（a）锚固设计。

轨索锚固采用 CPS 预应力岩锚 + 滑轮组连接的方式锚固，滑轮组固定端与轨索锚固底座连接，动滑轮组连接轨索。每根轨索对应一套滑轮组。滑轮组尾丝所吊配重块悬挂于轨索锚碇上搭设的支架上。轨索锚固总体构造见图 14 - 13。

CPS 预应力锚索体系的构造见 CPS 预应力锚索构造图，锚压套、剪力棒、锚垫板与工作锚板是其主要部件。其受力原理是：钢绞线的拉力通过锚压套、剪力棒传给周围的水泥浆体和岩壁，与外锚固端的锚垫板、工作锚板一起共同作用，从而达到使被加固体稳定和限制其变形的目的。内锚固段独特的剪力棒传载结构，能有效降低和分散锚固段的应力集中现象，能充分利用内锚固段的长度，大大提高单孔锚索的承载能力。GPS 预应力锚索构造见图 14 - 14。

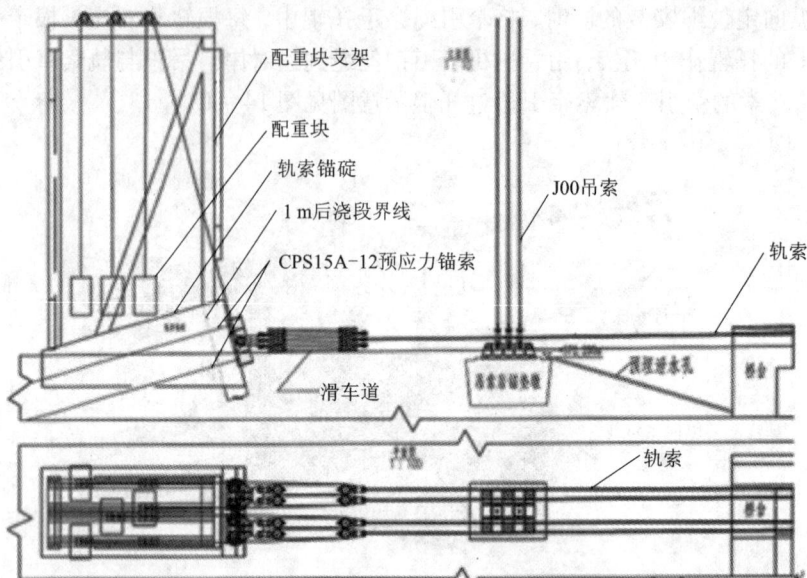

图 14－13　轨索锚固总体构造

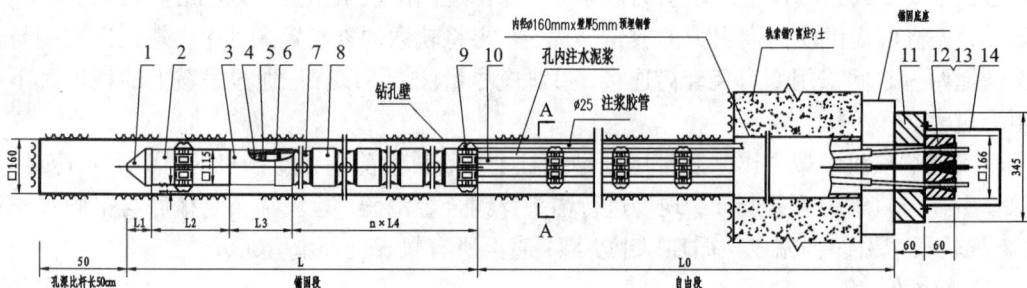

图 14－14　CPS 预应力锚索构造

（b）轨索锚碇施工。

轨索锚碇施工的工艺流程是：基坑开挖→钻孔→安装锚索→注浆→锚固底座定位→锚碇混凝土浇筑→锚索张拉→安装保护罩。轨索锚碇施工要点：

a）钻孔。

基坑开挖后进行锚索钻孔，锚索钻孔应采用风洞干钻法施工，在特殊地质情况下也可采用水钻。钻孔的孔深、孔径、倾角、方位角误差均应小于设计允许误差。钻孔轴线偏斜率不应大于锚杆长度的1%。所钻锚孔应保持孔内清洁，孔壁无污染物，以保持水泥浆体与岩体的黏结强度。钻孔深度的最终值通过钻进过程中对地质岩性的分析判断来决定，必须保证锚索的锚固段处于完整的岩体中，同时受压区岩体不能有溶洞、裂隙、黏土夹层等不良地质。如果遇到此类不良地质，应增加钻孔深度以避开。锚孔钻好后必须使用高压风扫孔清理钻渣。

b)锚索安装。

CPS 预应力锚索在专业厂家制造后打盘运至工地，现场将锚索散盘顺直摆放再插入孔内进行安装。锚索安装前应对其进行详细检查，对损坏的防护层、配件应进行修复。安装预应力锚索采用人工与吊车配合安装，推送锚索时用力要均匀，并不得使锚索体转动。锚索安放要平顺，保证安放质量，外露长度应满足设计和工作要求。要注意对中架的安装，以保持锚索在孔内居中。

c)锚索压浆。

注浆采用一次连续从孔底往孔口压浆技术，直至出现浓浆为止。确保 CPS 预应力锚索锚固段注浆饱满，浆体强度不小于 40 MPa。

d)锚固底座定位

轨索锚固底座是 CPS 锚索与轨索之间非常重要的连接构件(构造见轨索锚固底座结构图)，安装时底板的孔位应与锚索孔位严格对中，误差应小于 5 mm；底板必须严格与锚索轴线垂直。轨索锚固底座结构见图 14 – 15。

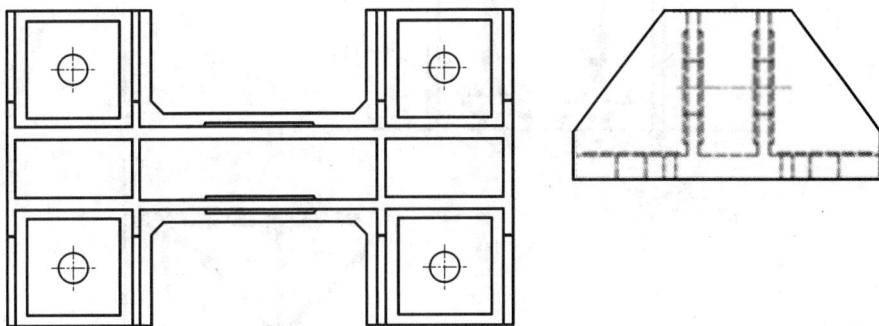

图 14 – 15 轨索锚固底座结构图

e)轨索锚碇混凝土浇筑。

轨索锚碇按设计与施工规范要求，钢筋绑扎与模板安装经验收合格后进行现场浇筑，锚孔周围应仔细振捣，保证砼质量。

f)锚索张拉与封锚。

张拉前应进行张拉设备的配套标定，注浆体强度达到设计强度的 100% 后方可进行张拉。张拉时千斤顶的轴线必须与锚索轴线一致，加载速率要平缓，速率宜控制在设计预应力值 0.1 m/min 左右，卸荷载速率宜控制在设计预应力的 0.2/min。

张拉应采用锚索预拉力与伸长量双值校核来综合控制锚索应力，当实际伸长值与理论值差别较大时，应暂停张拉，待查明原因并采取相应措施后方可进行张拉。为监测锚索张拉受力后索力变化情况，保证施工安全，张拉前对锚索安装测力传感器。

封锚时需采用安装保护罩，在保护罩内填充防腐油脂。注意保护好带有测力传感器的监测装置。

(c)轨索张拉。

先将轨索固定端与锚固底座固结，再在活动端通过动滑轮组尾绳与悬挂在支架上的配重块连接，逐根张拉轨索至设计吨位，测量轨索伸长量作为张拉吨位的复核指标。

完成轨索张拉后，逐个拆除吊鞍上的托辊，使轨索进入鞍座的绳槽中。从跨中向两岸逐个调整吊鞍与轨索之间的相对位置关系，使吊鞍成铅垂状态并与轨索垂直。调整完成后，安装轨索绳槽压盖，使轨索与吊鞍固结起来。

②牵引系统安装。

（A）运梁小车安装。

运梁小车在工厂加工成装配件，拆散运输至桥头，在桥台内轨索下方装配成整体，用临时吊点将小车悬挂于空中。轨索架设时，需从运梁小车矩形梁顶面穿过，待轨索张拉固结完成后，放松吊机，使运梁小车钩挂到轨索上，运梁小车安装见图14-16。

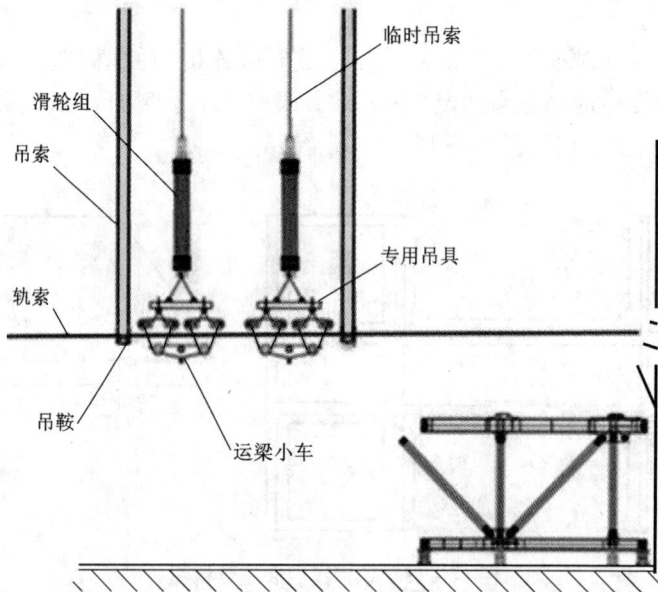

图14-16 运梁小车安装示意图

（B）牵引系统安装。

运梁小车的行走，采用智能变频卷扬机作为牵引动力。主牵引卷扬机4台，分别安装于两岸。主牵引卷扬机钢丝绳走绳采用循环路线：卷扬机前点→吊鞍顶面→跨中转向滑轮→吊鞍底面→运梁小车前点→运梁小车后点→动滑轮→张紧轮→卷扬机后点。为加强对左右幅两台运梁小车行走同步性的监控，设置随车监控摄像头，实时传输视频信号至卷扬机控制室。

③梁段拼装及入轨。

（A）梁体拼装。

在两岸均设置两个拼装台座，同时施工，每轮拼装完成后，靠外侧的梁段进入入轨区，内侧的梁段进入等待区，腾出台座进入下一轮拼装。两个拼装区之间留有一定的净宽度，作为杆件临时存放的场地，可保持两个拼装区相对独立地拼装，互不干扰。

两岸拼梁场采用整体单节段拼装方案，同时拼装两个节段。拼装顺序为：主桁下弦杆→下横梁→下平联→主桁斜竖杆→主桁上弦杆→主横桁架斜竖杆→上横梁→上平联→抗风稳定板。加劲梁杆件组成见图14-17。

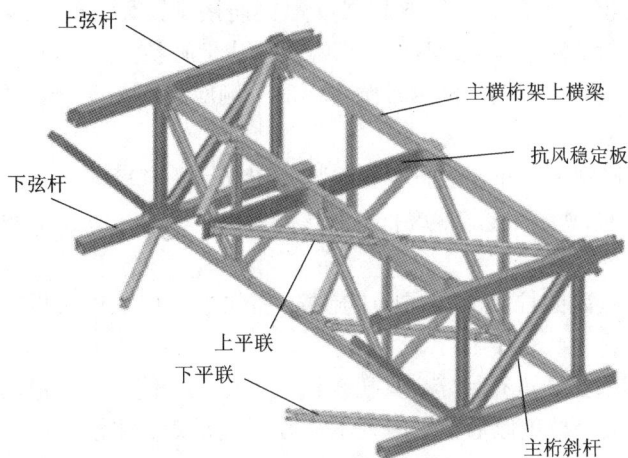

图14－17　加劲梁杆件组成图

（B）高强度螺栓施工。

（a）高强度螺栓质量要求。

a）高强度螺栓连接副应由生产厂家按批配套供货，必须有生产厂家按批提供的产品质量保证书。

b）高强度螺栓连接副应按整体节段拼装进度分批供货，以保证高强度螺栓连接副在保质期内使用。

c）高强度螺栓连接副在运输、保管过程中应防雨、防潮，并应轻装轻卸，防止损伤螺纹。

d）高强度螺栓连接副包装箱上应注明批号、规格及生产日期，并按批号、规格分类保管，禁止露天存放。室内应架空存放，堆码高度不超过五层，做好防潮、防尘工作。保管期内不得任意开箱，防止生锈和沾染脏物。

e）运到工地的高强度螺栓连接副应及时进行复验，复验应符合国家标准《钢结构用高强度大六角头螺栓、大六角螺母、垫圈技术条件》（GB/T 1231—2006）的规定，合格的方可使用。

f）高强度螺栓连接副必须严格按图纸标注的规格、数量领取，不得随意变更螺栓长度。所有高强度螺栓连接副不准重复使用，不允许超过保质期使用。

g）抗滑移系数试件与钢梁应为同一材质、同批制造、同一摩擦面处理工艺，并在相同条件下运输、存放。

（b）高强度螺栓现场施工要点。

a）整体节段拼装前，必须进行抗滑移系数试验，每批试件的抗滑移系数的最小值应不小于0.45。抗滑移系数试验应符合《铁路钢桥栓接板面抗滑移系数试验方法》（TB/T 2137—1990）规定。

b）安装高强度螺栓时，构件的摩擦面应保持干燥，严禁在雨雪天气中施工。应准备防雨用具，以备天气突然变化时遮盖栓接面之用。

c）安装时，严禁强行穿入螺栓（用锤直接打入），对于不能自由穿入的栓孔，应用与栓孔直径相同的铰刀或钻头进行修孔或扩孔。

d)施拧前应按每班实际需要量领取高强度螺栓连接副,安装剩余部分必须装箱妥善保管,不得乱扔乱放。在安装过程中,不得碰伤螺纹及沾染脏物。

e)高强度螺栓连接副组装时,螺母带圆台面的一侧应朝向垫圈有倒角的一侧,螺栓头下垫圈有倒角的一侧应朝向螺栓头。

f)高强度螺栓连接副采用扭矩法拧紧,拧紧分初拧、复拧和终拧三步进行。初拧和复拧扭矩值为终拧扭矩值的50%。复拧、终拧高强度螺栓分别用白、红色油漆在螺母与垫圈同一部位涂上标记,以防漏拧。

g)高强度螺栓连接副的拧紧应在螺母上施拧,拧紧顺序应从连接板中间的螺栓依次向端部螺栓进行。

h)扭矩扳手使用前必须进行标定,其扭矩误差不得大于使用扭矩值的±5%。

i)施工用的扭矩扳手校正以后,使用者不许改变其扭矩,注意不能碰到控制器;在使用过程中若发现异常情况应及时报告专业人员进行处理。电动扳手在打开开关后将高强度螺栓拧到规定扭矩时自动关机,不得中途松手停机,其启动扭矩不应超过标定扭矩的70%。改变旋转方向时,其延时保护装置起作用,超过5 s方能启动;手动扳手拧到规定扭矩时,扳手会出现"当"的响声,表示已经到位,在使用时注意平稳加力,不许冲击加力。

j)施拧高强度螺栓时,高强度螺栓和扳手的发放、使用要有专人负责并记录,严禁螺栓、扳手混用。

(C)加劲梁节段入轨。

收回运梁小车至入轨区的正上方,将完成拼装的标准节段推移至入轨区,通过设置于主缆上的临时吊点将加劲梁节段起吊,提起加劲梁,与运梁小车对接,解除临时吊点,完成入轨。节段入轨示意图见图14-18。

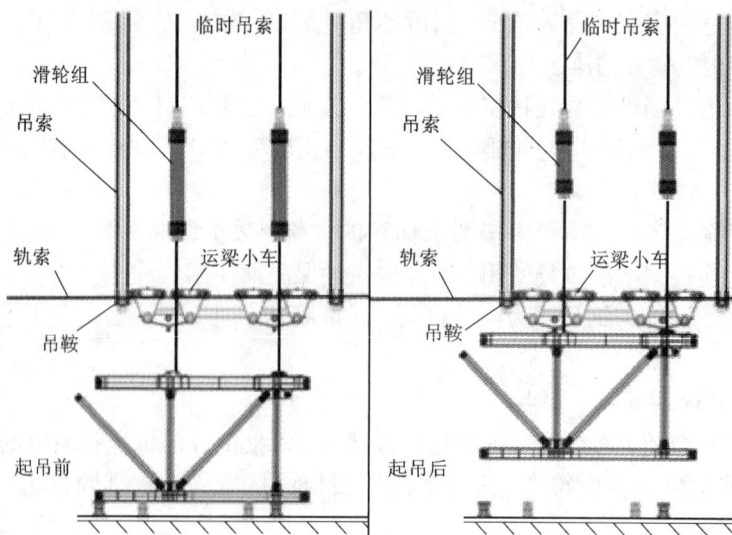

图14-18 节段入轨示意图

④加劲梁节段轨索滑移法安装。

（A）节段安装顺序。

加劲梁安装顺序由跨中向两岸对称逐节段依次架设进行。首先在一岸拼装跨中梁段，通过轨索牵引滑移至跨中，利用跨缆吊机安装就位；然后两岸分别依次对称安装其他梁段，逐段向两岸延伸，直至全桥所有节段架设完成。加劲梁节段纵移就位示意图见图14－19。

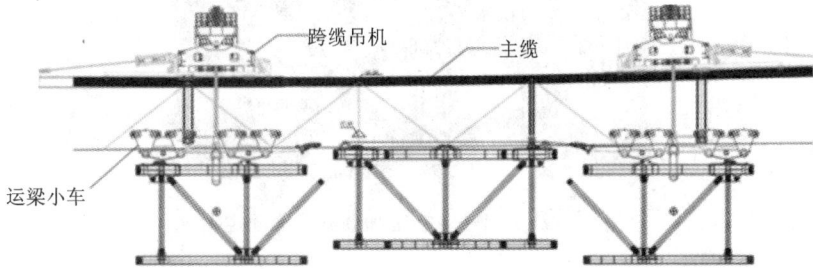

图14－19　加劲梁节段纵移就位示意图

（B）节段安装。

加劲梁节段随运梁小车牵引至设计梁段位置进行安装就位。首先通过跨缆吊机的吊具与加劲梁相连，再垂直提升梁体，卸去运梁小车的荷载，解除运梁小车与加劲梁节段的连接，运梁小车退回岸侧入轨区。加劲梁节段入轨吊装示意图见图14－20。

图14－20　加劲梁节段入轨吊装示意图

跨缆吊机继续提升梁体，直至主桁架上弦杆顶面托住对应的吊鞍，解除吊鞍与永久吊索的销接，将吊鞍移动到旁边固定，恢复对轨索的支承，见图14－21。利用跨缆吊机调整梁体在空中的位置，使之与已安装梁段对接；将永久吊索与钢桁梁顶面的吊耳进行销接，然后将轨索转移至该节段主桁梁上弦杆顶面支承上重新固定。吊鞍转换位置见图14－21。

图 14 - 21   吊鞍转换至加劲梁顶面固定图

（3）质量控制措施。

①按设计要求施工，严格执行《公路工程质量检验评定标准》的相关规定，参与项目施工的全体员工，必须坚持质量方针，严把质量关。

②建立加劲梁施工的质量管理体系与质量保证体系，严格施工中的质量控制，从技术上保证加劲梁架设施工安全高效高质量地完成。

③实行三级技术交底制度。交底的内容包括施工方法、施工程序、质量目标、施工期限及安全措施等，并做好记录，使参与施工人员都明确自己的职责和技术要点。

④施工前对主要设备及工装进行专项检查验收，特殊设备委托有资质的第三方进行检查鉴定，验收与鉴定结果合格后才能投入使用。

⑤轨索岩锚索压浆控制好出浆口水泥浆浓度，配置浆体时，各种材料的比例应严格按设计要求掺入并按重量计量，浆液要随拌随用，超过初凝时间的浆液要废弃。

⑥轨索岩锚索张拉前应进行张拉设备的配套标定，当注浆体达到设计强度的100%方可进行张拉。千斤顶的轴线必须与锚索轴线一致，张拉时，加载速率要平缓，速率宜控制在设计预应力值 0.1 m/min 左右，卸荷载速率宜控制在设计预应力值 0.2 m/min。在张拉时，应采用预拉力与锚索体伸长量双值校核来综合控制锚索应力，当实际伸长量与理论值差别较大时，应暂停张拉，待查明原因并采取相应措施后方可进行张拉。

⑦严格控制加劲梁节段拼装台座质量，保证拼装节段的精度满足要求。

⑧高强度螺栓连接副施工质量的检查由专职质量检查员进行，自检合格后再由有资质的第三方负责复检。检查扭矩扳手使用前必须进行标定，其扭矩误差不得大于使用扭矩值的 ±3%；每栓群高强度螺栓连接副抽检数量为总数的5%，但不少于 2 套；扭矩检查结果应在 0.9Tch ~ 1.1Tch 范围内。Tch 按下式计算：

$$Tch = K \times P \times d$$

式中：Tch——检查扭矩（N·m）；

K——高强度螺栓连接副的扭矩系数平均值，由复验报告得出；

P——高强度螺栓的设计预拉力；

d——高强度螺栓的公称直径（mm）。

⑨整体节段拼装时，按要求每个节点应穿入足够数量的冲钉和安装螺栓，拼装用的冲钉和螺栓总数不得少于孔眼总数的1/3，其中冲钉占2/3；孔眼较少的部位冲钉和螺栓数量不得少于6个或全部放足。

14.6　质量标准

根据《公路工程质量检验评定标准》（JTG F80/1—2017）悬索桥梁体制作、施工验收要求如下：

14.6.1　加劲梁拼装质量标准（表14-3）

表14-3　加劲梁段的拼装实测项目

项次	检查项目		规定值或允许偏差	检查方法和频率
1	梁段	长度/mm	±5	钢尺：测量每段梁2处
		两端面对角线长度/mm	±5	
2	节间	长度/mm	±2	钢尺：测量每个节间
		对角线长度/mm	±3	
3	同一梁段两侧对称吊点处梁顶高差/mm		±5	水准仪：逐对检查
4	同一梁段两侧对称吊点连接线与桥轴线垂直度/(°)		±2	经纬仪：逐对检查
5	高强度螺栓扭矩		±10%	测力扳手：抽查5%，且每连接点不少于2个

14.6.2　加劲梁段吊装质量标准（表14-4）

表14-4　加劲梁段吊装的实测项目

项次	检查项目	规定值或允许偏差	检查方法和频率
1	吊点偏位/mm	20	全站仪：检查每吊点
2	同一梁段两侧对称吊点处梁顶高差/mm	30	水准仪：每梁段
3	高强度螺栓扭矩	±10%	测力扳手：抽查5%，且每连接点不少于2个
4	吊索拉力/kN	满足设计规定	振动法：每吊索

14.7 成品保护

对架设完成的加劲梁成品保护措施：

(1)加劲梁架设完成后，防止油钢丝绳、机油、齿轮油等油污染。

(2)加劲梁架设完成后，禁止重物碰撞与打击。

(3)铺装桥面时，采取措施防止沥青污染加劲梁。

(4)对架设完成的加劲梁要尽快完成油漆的涂装保护，减少在空气暴露的时间，防止生锈。

14.8 安全环保措施

14.8.1 安全措施

(1)危险源辨识。

加劲梁架设施工的危险源包括物的不安全状态、人的不安全行为等。

①物的不安全状态。

(A)运梁小车、吊鞍、锚固底座、天顶小车、跨缆吊机、锚索等加工质量不满足设计要求。

(B)CPS预应力岩锚索张拉未达到设计拉力。

(C)卷扬机牵引力、转速、出绳长度检测传感装置失效。

(D)龙门吊起吊操作系统失灵。

(E)开关箱内未按规定设置漏电保护装置。

(F)无保护性的地线或地线保护不良。

(G)带力矩电机的被动式放索架制动器失效。

(H)高空作业下方的人行通道上方无防护棚。

②人的不安全状态。

(A)患有不适合从事高空和其他施工作业相应的疾病。

(B)酒后、疲劳、带病、情绪异常状态下作业。

(C)无证人员从事特种作业。

(D)未经过规定的交接程序私自替换重要设备定岗操作员。

(E)在作业中出现工具脱手、物品飞溅掉落、碰撞和拖拉别人等行为。

(F)高空作业不佩挂安全带或挂置不可靠。

(G)违反施工方案和技术措施要求的指挥。

(H)在已发现有事故隐患和征兆的情况下，继续进行作业。

(2)安全控制措施。

①施工时要严格执行高空、临边、用电等相关规程的要求。根据施工场地布局和作业特点，划分红、黄、蓝三种不同级别的安全管制区域，对工地人员流动进行正确引导和限制。红色区域系高危施工区，黄色区域系危险施工区，蓝色区域系安全施工区。

②严格监督吊索与吊鞍的销接过程，施工人员必须系好安全带；由于销子重量较大，所以要系好保险绳，防止销子坠落。当吊鞍下放时，注意控制反拉卷扬机的速度协调性，索夹上的转向轮要固定牢靠，确保下放过程的安全。

③吊鞍与轨索固结的施工，需要借助天顶小车下放吊篮，才能将施工人员送到吊鞍下方，因此天顶小车和吊篮的安全性就非常重要。吊篮钢丝绳安全系数不少于15倍，且四根钢丝绳相互独立。施工人员在吊篮中操作时，必须系好安全带。天顶小车的操作采用两套系统控制，以吊篮上的操作人员为主控，控制吊篮的升降，猫道上的控制员为辅控，并设定限位传感器，确保吊篮控制的安全性。

④加劲梁节段拼装主要控制大型杆件的吊装安全。起吊加劲梁之前，应进行试吊，分别检查起吊系统、牵引系统及锚固系统，确保轨索系统处于安全工作状态后方可缓慢起吊。各安装及解除吊具的工位，必须安装施工作业平台。

⑤桁架梁起吊过程中，必须保证四个吊点高度尽量相同，保持桁架梁顶面基本水平。桁架梁吊装就位与吊索连接完成后，应缓慢下放，待吊索全部受力后，才能松掉起重卷扬机。

⑥严格控制左右幅运梁小车的行走同步性，确保施工安全。

⑦加劲梁用跨缆吊机接住后，利用扁担梁吊具在空中调整位置，再与已安装梁段对接。包括杆件对接口施工平台、卷扬机操作平台、人行通道等，都要在每个节段顶面事先安装好，以尽量减少高空作业的环节。

⑧施工现场临时用电必须由持证电工专管，临时用电线路采用三相五线制。三级配电，二级漏电保护。

⑨冬季施工低温情况下，加强户外作业人员的防冻措施，配发保暖性能好的劳护用品，如冬季安全帽、工作棉袄、防冻手套等；高温天气作业应注意防暑降温，尤其对高空作业人员在上岗前应观察其精神状态，严禁疲劳作业和带病工作。风力超过5级时，停止一切吊装作业。

⑩高处作业人员必须身体健康，为保证操作人员的安全，桁架梁安装之前，必须全幅悬挂好安全网，高处作业人员的操作工具也需要系安全绳。

14.8.2 环保措施

(1)经对施工现场进行识别，存在以下污染源：施工废油、水泥粉尘、设备噪声、生活废水、生产生活垃圾、弃渣的控制和治理，对上述污染源的处理必须遵守废弃物处理的规章制度。

(2)油污与废油应严格执行定期登记检查清理制度，确保废弃机油按规定收集，并转至指定地点，防止污染居民饮用水。

(3)如果发生污染事故，应立即根据防污染应急预案进行处置，并报上级单位。

(4)灌浆施工时，在进浆口和出浆口分别设置废浆桶，及时收集废浆，倒运至指定地点进行处理。

(5)采用预应力岩锚索，减少大面积开挖破坏环境；牵引采用镀锌钢丝绳，消除普通钢丝绳带来的油污染。

14.9　质量记录

(1)吊鞍制造质检记录。

(2)运梁小车制造质检记录。

(3)缆载吊机制造质检记录。

(4)轨索锚碇张拉记录。

(5)轨索锚碇压浆记录。

(6)吊鞍安装记录。

(7)运梁小车安装记录。

(8)缆载吊机安装记录。

(9)轨索牵引记录。

(10)轨索索力检测记录。

(11)轨索系统试运行记录。

(12)加劲梁组拼质检记录。

(13)高强度螺栓施工记录。

(14)高强度螺栓质检记录。

(15)加劲梁架设质检记录。

(16)智能卷扬机牵引梁段记录。

15　斜拉桥混凝土索塔施工工艺

15.1　总则

15.1.1　适用范围

本工艺标准适用于公路工程中的斜拉桥钢筋混凝土索塔的施工，其他类型的索塔参照施工。

15.1.2　编制参考标准及规范

(1)《公路桥涵施工技术规范》(JTG/T F50—2011)。
(2)《公路工程质量检验评定标准》(JTG F80/1—2017)。
(3)《混凝土结构工程施工质量验收规范》(GB 50204—2015)。

15.2　术语

15.2.1　支架

用于支承模板或其他施工荷载的临时结构。

15.2.2　液压爬模

在塔柱施工时利用液压系统进行顶升与塔柱预埋螺栓进行锚固的塔柱模板系统。

15.2.3　劲性骨架

在塔柱施工时起到保证钢筋架立、模板安装和拉索炮筒及拉索索鞍空间定位的钢结构。

15.3　施工准备

15.3.1　技术准备

(1)熟悉设计文件、领会设计意图，由设计单位进行设计交底。

(2)在对工程进行全面施工调查和现场核对后，根据设计要求、合同条件及现场情况等，编制实施性施工组织设计。

(3)混凝土、水泥浆配合比报告已送审批。

(4)根据施工组织设计的要求，对全体施工人员进行岗前培训和安全教育，以及技术、安全交底。

(5)做好材料、人工、设备需用量的计划。

15.3.2 材料准备

(1)索塔结构材料：混凝土、钢筋、钢绞线、锚具、夹片。

(2)斜拉索体系材料：斜拉索、套筒、锚具、钢锚梁(钢锚箱)、索鞍(矮塔斜拉桥)。

(3)施工辅助材料：模板、型钢、脚手架等。

15.3.3 机具准备

(1)混凝土拌制及运输设备。

①混凝土可采用商品混凝土。若采用自拌混凝土时，应采用强制式搅拌机与自动配料机配套，机具有：强制式搅拌机、自动配料机、装载机。

②混凝土运输设备采用混凝土罐车、混凝土输送泵，条件允许时可采用混凝土泵车。混凝土搅拌和运输能力必须满足混凝土单次浇筑最大方量的需要。

(2)钢筋加工、安装设备：钢筋弯曲机、钢筋切断机、电焊机、钢筋镦粗机、直螺纹加工机。

(3)钢筋、模板吊装设备：履带吊、汽车吊、塔吊。

(4)爬模升降设备：液压杆及其普通液压泵。

(5)预应力张拉压浆设备：千斤顶及配套油泵、真空压浆机、水泥浆搅拌机。

(6)电梯。

(7)混凝土浇筑设备：砼输送泵、砼输送车、振捣棒、布料机或布料系统。

(8)模板加工设备：电锯、电刨、电动磨光机。

(9)高压水泵及输送管线。

15.3.4 作业条件

(1)基础、承台、模板已检验合格。

(2)测量放线已复核及验收。

(3)施工平面图已确定。主要包括临时用电的驳接，垂直运输通道的布置，混凝土拌和站的设置，主要材料、构件、半成品堆放场的安排等。

15.3.5 劳动力组织

劳动力组织情况见表 15-1。

工种	人数/人	工作地点	职责范围
施工队长	1	整个施工现场	负责跟班组织施工管理工作、协助总指挥等
工班长	2	整个施工现场	负责跟班组织施工，协调各工种交叉作业等
技术员	4~6	整个施工现场	负责跟班解决施工中的技术问题，编写技术措施等
安全员	1~2	整个施工现场	负责跟班检查安全设施、安全措施的执行情况及安全教育工作，对安全生产负责
质检员	2	整个施工现场	负责跟班检查工程质量，组织各工种交接及检查质量保证措施的执行情况，对工程质量负责
测量工	2	施工现场	负责放样，轴线、位置、高程等测量
钢筋工	16	钢筋加工车间，施工现场	负责钢筋制作与安装
模板工	10	施工现场	负责模板试拼与安装
吊装工	4	施工现场	负责模板、钢筋等货物吊装
焊工	6	施工现场	负责劲性骨架的焊接与拼装
混凝土工	18	施工现场	负责混凝土生产与浇筑
电工	2	整个施工现场	负责现场动力、照明、通信等电气系统的维修保护
预应力操作工	6	横梁与上塔柱	负责预应力的张拉、压浆
材料员	1	材料仓库	负责施工材料供应及管理
杂工	10	整个施工现场	负责钢筋、模板等材料搬运及现场清理等
总计	83		

注：此表为一个作业班施工配备人员，未计后勤、行政等人员。

15.4   工艺设计和控制要求

15.4.1   技术要求

（1）索塔表面符合规范及技术文件要求，应平整、直顺，无蜂窝、麻面和大于0.15 mm的收缩裂缝，节段及模板拼接处错台≤3 mm。

（2）索塔施工时应避免塔梁交叉施工干扰。必须交叉施工时，应根据设计和施工方法保证塔梁质量和施工安全。

（3）塔柱施工时，必须对各阶段塔柱的强度和变形进行计算，必要时分高度设置横撑，以使其线形、应力、倾斜度满足设计要求并保证施工安全。

15.4.2   材料质量要求

（1）混凝土配合比：对混凝土配合比进行试配、验证，并上报批复。

（2）砂：宜采用级配良好的、质地坚硬、颗粒洁净且粒径小于 5 mm 的河砂，当河砂不易得到时，可采用符合规定的其他天然砂或人工砂，不宜采用海砂。一般以不超过 400 m³ 或 600 t 为一验收批，当质量稳定且进料数量较大时，可以 1000 t 为一验收批。

（3）碎石：宜采用质地坚硬、洁净、级配合理、粒形良好、吸水率小的碎石或卵石。宜根据砼最大粒径采用连续两级配或连续多级配，不宜采用单粒级配或间断级配。最大粒径不得超过结构最小边尺寸的 1/4 和钢筋最小净距的 3/4，在两层或多层钢筋结构中，最大粒径不超过钢筋最小净距的 1/2，同时不超过 75.0 mm。

（4）水泥：公路桥涵工程采用水泥应符合现行国家标准《通用硅酸盐水泥》的规定。当采用碱性集料时，宜选用含碱量不大于 0.6% 的低碱水泥。水泥进场时，应附有生产厂的品质试验检验报告等合格证明文件，并应按批次对水泥进行检验，散装水泥按 500 t 为一批，袋装水泥按 200 t 为一批。水泥存放时间超过 3 个月，应重新取样复验。公路桥涵砼工程宜采用散装水泥。

（5）外加剂：外加剂应与水泥、矿物掺合料之间具有良好的相容性。应有检验合格证，且使用前应进行复验，品种和掺量应通过试验确定。

（6）钢筋：钢筋出厂时，应具有出厂质量证明书或检验报告单。品种、级别、规格和性能应符合设计要求。进场时，应抽取试件进行力学性能和外观检测，其质量应符合现行国家标准《钢筋混凝土用钢 第 2 部分：热轧带肋钢筋》（GB 1499.2—2018）、《钢筋混凝土用钢 第 1 部分：热轧光圆钢筋》（GB 1499.1—2008）的规定。

（7）钢绞线：钢绞线应根据设计规定的规格、型号和技术指标来选用。出厂时必须提供材料性能检验证书或产品质量合格证书，进场时应对其进行表面质量、直径偏差和力学性能复检，其质量应符合《预应力混凝土用钢绞线》（GB/T 5224—2014）的规定。

（8）波纹管：波纹管进场时除应按出厂合格证和质量保证书核对其类别、型号、规格及数量外，还应对其外观、尺寸、集中荷载下的径向刚度、荷载作用后的抗渗漏及抗弯曲渗漏等进行检验后，方能使用。

（9）锚具、夹片和连接器：锚具、夹片和连接器应具有可靠的锚固性能、足够的承载能力和良好的适应性能。进场时除应按出厂合格证和质量保证书核对其类别、型号、规格及数量外，还应对其外观、硬度及静载锚固性能进行检验，确认合格后使用。

（10）拌和用水：符合国家标准的饮用水可直接作为砼的拌制和养护用水，当采用其他水源或对水质有疑问时，应对水质进行检验。严禁将未经处理的海水用于结构砼的拌制。

15.4.3　职业健康安全要求

（1）高处作业人员、特种机械操作人员必须经过专业的技术培训及专业考试合格，持证上岗，并必须定期进行体格检查。

（2）凡患有高血压、心脏病、恐高症、癫痫病、严重贫血病等不适合高处作业疾病的人员，不得从事高处作业。

（3）高处作业人员必须戴安全帽、系安全带、穿防滑鞋。

（4）设置安全通道和安全防护设施。

15.4.4 环境要求

(1)施工时应严格控制各类污染源,如施工废水、污水,不得随意排放。
(2)施工时应采取措施,控制空气污染及噪声污染。

15.5 施工工艺

15.5.1 工艺流程

索塔施工工艺流程图如图 15-1 所示。

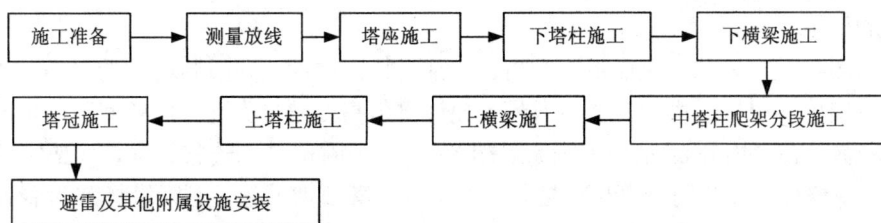

图 15-1 索塔施工工艺流程图

15.5.2 操作工艺

(1)施工准备。
起重设备的选用。
(A)选型原则。
起重设备的选用应根据索塔的结构形式、规模及桥位场地等条件而定,起重设备的技术参数应满足索塔施工的垂直运输、起吊荷载、高度及起吊范围的要求,并考虑安装、拆除的操作简便、安全、经济等综合因素。对大型斜拉桥一般选用附着式塔吊并配以电梯的施工方法。索塔垂直时,可采用爬升式起重机,在规模不大的直塔结构中,也可采用简易的装配式提升吊机。
(B)塔吊的布置。
塔吊的布置应根据索塔的结构形式和施工程序综合考虑,大体有如下方案:
(a)在索塔正面的任一侧设置一台塔吊,其位置距索塔横桥方向中心线的距离,由塔吊吊臂操作范围和施工需要确定。优点是一次安装即可完成全塔施工,但需要主梁留孔,让塔吊立柱穿过,另需考虑拆除时的特殊设施和抗风措施。该方案适用于单柱式、双柱式、门式以及 H 形索塔。
(b)按前述方法先布置一台塔吊,待上横梁完成后,利用此塔吊再在上横梁上安装另一台。此方案的优点是塔吊的高度较小,稳定性好,但塔吊转换将影响工期,拆除也比较困难。该方案适用于有上横梁、高度较大的 H 形索塔。
(c)在索塔中心线的上游和下游各布置一台塔吊,以保证施工时能全方位起重作业。优点是可一次完成全塔施工,且塔吊可牢靠地附着在索塔塔柱的侧面,但在一般情况下吊座的基础需另行设计和施工。此方案适用于双柱式、门式、A形、倒Y形和钻石形索塔。

(C)塔吊的安装、拆除及抗风措施。

(a)塔吊的安装。

塔吊的安装包括基础设置和塔吊体的安装。塔吊的基础不论是设置在承台上还是主梁0号块、上横梁或是钢管桩平台上,均应考虑塔吊基础的构件预理。施工时,先按塔吊基础节段的标高和螺栓孔位置预埋或安装地脚螺栓,并保证精度,底节安装时要求严格保证其水平度和垂直度。塔吊底节安装完成后,用浮吊或其他起重设备安装塔吊的其他部分。

(b)塔吊的拆除。

塔吊拆除时,一般均受到索塔、横梁和斜拉索的限制,故在塔吊布置及索塔施工时应作充分的考虑,确定塔吊的拆除方案,在索塔和主梁上预埋构件。

(c)抗风措施。

塔吊一般均随索塔的浇筑而不断升高,为保证其稳定性,需限制塔吊的自由长度,采取与塔壁附着措施。根据吊塔的性能参数最大允许自由高度及最大允许附壁间距确定附壁支撑的标高及位置,在索塔外表面预埋钢板或螺栓,以便于附壁杆的连接,附着框架安装在塔吊标准节上,附壁杆一端与附着框架连接,另一端与索塔预埋件连接,附塔杆和附着框架宜利用厂家的标准件,也可自行加工。

塔吊的安装、拆除必须严格按工艺要求进行,安装完后必须按说明书检查验收并按规定进行试吊。施工过程中,应定期检查塔吊的钢丝绳、连接销及安全装置,发现问题及时解决,以确保塔吊的安全。

(d)人行通道的设置。

人行通道是施工人员上下索塔的必经通道,要求布置在安全、稳定,且不妨碍施工的位置。在通道上方应有遮挡物,以防坠物伤人。另外,应安装扶手栏杆和防滑条、安全网,以保证过往人员的绝对安全。

人行通道一般由脚手架和钢管搭设而成。应根据索塔的结构形式、规模,从便于安装和拆除的角度出发,综合考虑经济因素,从而进行合理选择。

(e)索塔混凝土的设计。

索塔砼的性能和质量是关系整个索塔工程安全、耐久的关键环节之一。在砼的配合比设计上,须运用现代砼新技术新材料,结合当地原材料资源和桥梁结构、环境施工等特点,研制出可实际使用的高性能砼,提高其耐久性、安全性和使用寿命,同时提高砼外观质量,增加美感,兼顾泵送性能。

(2)测量放线。

①用全站仪将塔底边线及中心线测出。

②测量完成后及时复测,计算精度,确保测量误差在允许范围内。

③索塔基准点:用多台水准仪进行多回合测量,以确保索塔水准点的准确性。

④索塔基准点传递采用钢卷尺与全站仪相配合的形式,以钢卷尺垂直测量为主,用全站仪复核。

(3)塔座施工。

塔座是塔柱与承台连接的重要结构。施工时,其平面位置、标高、倾斜度等都必须准确测量，塔柱劲性骨架和主钢筋预埋的准确性直接影响下塔柱的施工精度和线形，因此也应精确定位。根据施工实践经验，塔座混凝土的浇筑应尽可能在承台浇筑后立即进行，相对承台而言，塔座混凝土体积小，标号高，混凝土收缩较大，受承台的约束影响，塔座容易产生收缩裂纹。且塔座一般为实心结构，属大体积混凝土，施工时必须采取措施，降低水化热，防止混凝土收缩开裂。

(4)下塔柱、中塔柱施工。

①劲性骨架施工。

劲性骨架安装在索塔内，起定位钢筋、固定模板的作用。根据施工需要，合理选择劲性骨架构造和材料型号，根据施工方便及吊装能力，安装时，分块在原有骨架上接长。焊接之前，需进行测量定位，严格控制劲性骨架的偏差，避免偏差过大而影响钢筋与模板的定位。四片劲性骨架均接长后再焊接，使整个索塔骨架形成框架，以增加刚度及稳定性。

劲性骨架的自由伸臂长度不能太大，一般每节长 6 m 或 9 m 为宜。在倾斜塔柱内，将会发生水平位移，造成模板安装困难，影响索塔的线形。施工时，采取预偏的方法来保证劲性骨架受力后线形满足索塔施工要求。预偏法就是根据侧面钢筋及骨架自重所引起的骨架挠度，在安装时反向预偏一定量，来消除受力后骨架的平面变位。此法比增大骨架刚度经济，且操作方便。

②钢筋安装。

(A)钢筋加工：主筋直接采用定尺长，一般为 9 m、12.0 m。随着塔柱的升高，墩柱环向半径减小，箍筋的长度也相应变短，施工中按的 3~4.5 m 一节段配料加工，各种加工的钢筋按型号、规格、尺寸进行编号挂牌，分别堆放，以便吊运、绑扎。

(B)主筋的安装：主筋按由内至外的顺序用塔吊吊升就位，对接竖直后，临时固定在劲性骨架上，再进行套筒连接，接头应相互错开。主筋接长后根据焊接在劲性骨架上的测量用角钢的位置和设计图纸，对主筋的间距、排距进行调整，再焊接主筋的支撑钢筋。

(C)箍筋的安装：在主筋安装就位后，开始进行箍筋的绑扎，绑扎顺序一般由上而下、由外到内进行。分段箍筋绑扎高度以每次混凝土浇筑高度为准，一般为 3~4.5 m。

(D)钢筋安装过程中，不得损坏内外模板，并注意预埋穿墙螺栓和套筒的位置。

③模板施工工艺。

按提升方法，施工模板可分为整体模板逐段提升法、翻模法、爬模提升法和滑模法四种，上述四种方法均可实现无支架施工。

按面板加工材料，模板可分为钢模、竹胶板模、优质木模等。模板骨架均采用型钢加工成框架式。模板要求有足够的强度、刚度，并平整光滑，确保正常施工中不变形，不漏浆，拆模后混凝土外表面光洁美观、线条顺畅且构造简单合理，便于安装和调整定位。模板加工应在加工车间的专用平台上进行，严格控制几何尺寸和面板平整度，并采取措施防止焊接变形过大。使用前需进行试拼验收，合格后方可使用。

(A)整体模板逐段提升法施工工艺。

整体模板逐段提升法较适用于截面尺寸和节段长度相同的索塔，施工时先分件制作，再拼装成形。在浇混凝土的重复作业中，利用已浇混凝土上的钢骨架或专用立柱，搭设起重横梁，通过横梁上的电动卷扬机或手拉葫芦提升模板，再按设计几何尺寸组装，组装时要求与已浇段接头处的混凝土夹紧，防止漏浆和错台，垂直度应满足设计要求，且在施工过程中不发生位移。模板提升示意图如图 15－2 所示。

整体模板逐段提升法虽施工简便，不需大型吊机设备，但不适用于索塔截面尺寸变化较大、倾斜度较大的索塔，且施工缝不易处理好，预埋件多，难以保证索塔的外观质量。在现代桥梁施工中，起吊设备越来越先进，对工程质量的要求越来越高，要求内实外美；加之索塔造型的多样化，整体模板逐段提升法的应用有一定的局限性。

（B）翻模法施工工艺。

翻模法施工，采用一节模板，长度宜为 1.5～2.5 m，太短则接头多，影响美观，太长则翻转困难，高空作业安全性差。模板均设计为双面板，即内外均为面板，中间为型钢骨架。模板上下两边安装铰轴，且各块模板之间用铰轴连接，以支撑模板进行翻转作业。施工时，先松开模板间的连接螺栓和下铰轴，安装上铰轴。分两批间隔翻转，第一批翻转 1、3、5、7……号模板，第二批翻转 2、4、6、8……号模板。其中，1、2、3……号为模板在平面投影上的依次编号。全部模板翻转到位后，紧固块间连接螺栓和对拉螺杆，完成一节段模板的安装。

图 15－2　单面整体模板提升示意图
1—已浇索塔；2—待浇节段；3—模板；4—对拉螺杆；
5—劲性骨架；6—手拉葫芦；7—横梁

由于索塔施工均为高空作业，且要求模板外表美观、施工进度快，而翻模法每节只能浇 1.5～2.5 m 混凝土，施工速度慢，模板的横向接缝及索塔的节与节之间接头不好处理，外表不美观，加上高空作业，安全性差，一般在大型索塔施工中很少应用。

（C）无爬架爬模法施工工艺。

无爬架爬模施工要求用塔吊等起重设备进行提升，仅靠模板系统自身不能完成提升作业。但模板具有制造简单、构件种类少、大小可根据施工起重能力和索塔的造型进行分块等特点。一般均为多节模板交替提升，并保持在已浇混凝土索塔上有一节模板不拆动，便于与下一节段模板的连接。索塔的施工缝易于处理，外表美观，施工速度快，在目前国内各特大斜拉桥施工中得到了广泛应用，无爬架爬模法施工原理见图 15－3。

施工工艺流程如下：

已浇节段施工缝凿毛→接高劲性骨架→接长主钢筋并绑扎箍筋→分块拆开底节（第一节）→用塔吊分块吊至原第三节顶上位置并临时固定→拆除原第二节，吊至已安装的第一节顶上→安装节间连接螺栓和块间连接螺栓→测量、调整模板几何尺寸并固定→浇筑索塔混凝土。

模板由内、外模，对拉螺杆，内外工作平台等组成，不设外脚手架。全套模板一般分 2～3 节。当分 2 节加工时，每节节长为 3 m；分 3 节加工时，节长分别为 1.5 m、3 m、1.5 m，其中 1.5 m 为接缝嵌固段，每次浇高度 4.5 m。施工时先绑扎钢筋，再以已浇混凝土索塔为依托，保留接缝节模板，拆除下层模板向上提升，并置于保留的嵌固段上，接高定位，安装连

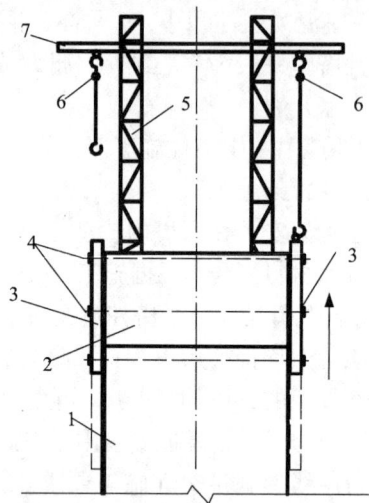

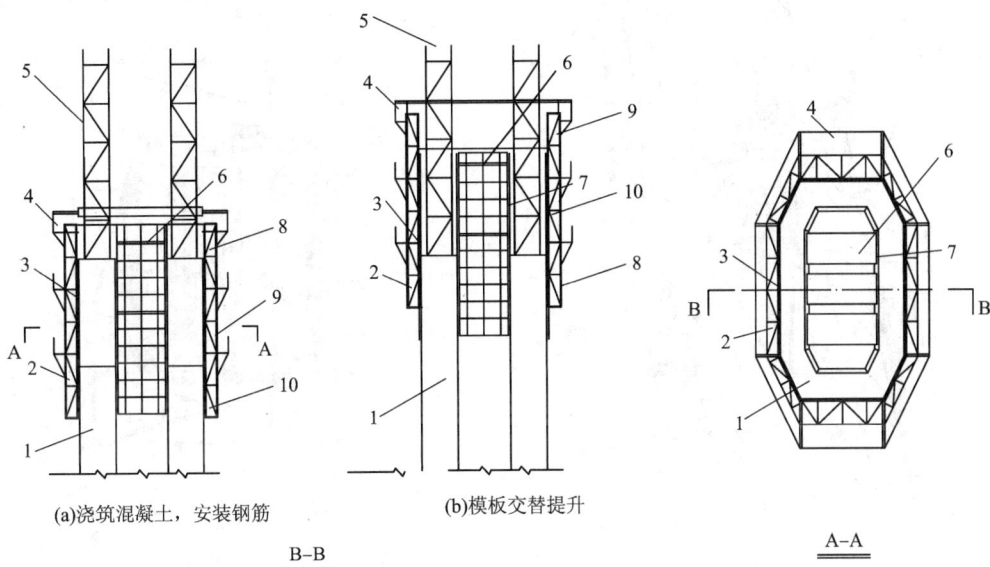

(a)浇筑混凝土,安装钢筋　　(b)模板交替提升

B–B　　　　　　　　　　　　　　　　A–A

图 15 – 3　多节模板交替提升示意图(图中钢筋未示出)
1—已浇索塔;2—模板桁架;3—外模板;4—外工作平台;5—劲性骨架;
6—内工作平台;7—内模板;8—第三节模板;9—第二节模板;10—第一节模板

接螺栓、对拉螺杆和内撑,通过测量精确定位,完成模板安装,最后浇筑混凝土。依此反复交替提升模板施工,直至达到塔顶设计高度。

(D)液压爬模法施工工艺。

液压爬模法施工是依靠附锁在已浇混凝土索塔上的模板爬升架,利用液压提升设备,通过导向轨道分块提升模板,安装就位。

液压自动爬模系统主要由模板、爬架、预埋件、爬升导轨、液压提升系统等组成,见图15 – 4 和图 15 – 5。

模板一般采用大块木模板,以提高施工速度,保证混凝土的外观质量。

工作平台分三层,第一层 0 号、–1 号,2 号是整个液压爬升模的工作平台,宜采用空间网格式结构,质量轻,承载力强。其下安装顶升下爬架,中间 –1 号安放控制和配电设备,下爬架 –1 号、–2 号连接在网架平台四周,下部附着在已完成的塔壁上,增加爬模的稳定性,也可作为塔身施工养护、表面整修以及塔顶建筑安装的脚手架。第二层 +1 号是安装固定螺栓和模板对拉螺杆的工作平台。第三层 +2 号是浇混凝土和堆放施工设备的平台,需有一定的强度和稳定性。

液压提升系统包括爬升的上、下爬架和液压爬升机构。上、下爬架是整个系统的顶升传力机构。为保证升降平稳,在爬架和塔壁间设置导轨,模板依附在上爬架上,随爬架的上升而上升,依靠爬架与导轨的交替上升实现模板的提升。液压爬升机构是整个系统的动力设备,采用双油缸液压杆。这种设备体积小,质量轻,结构紧凑,起降平稳。

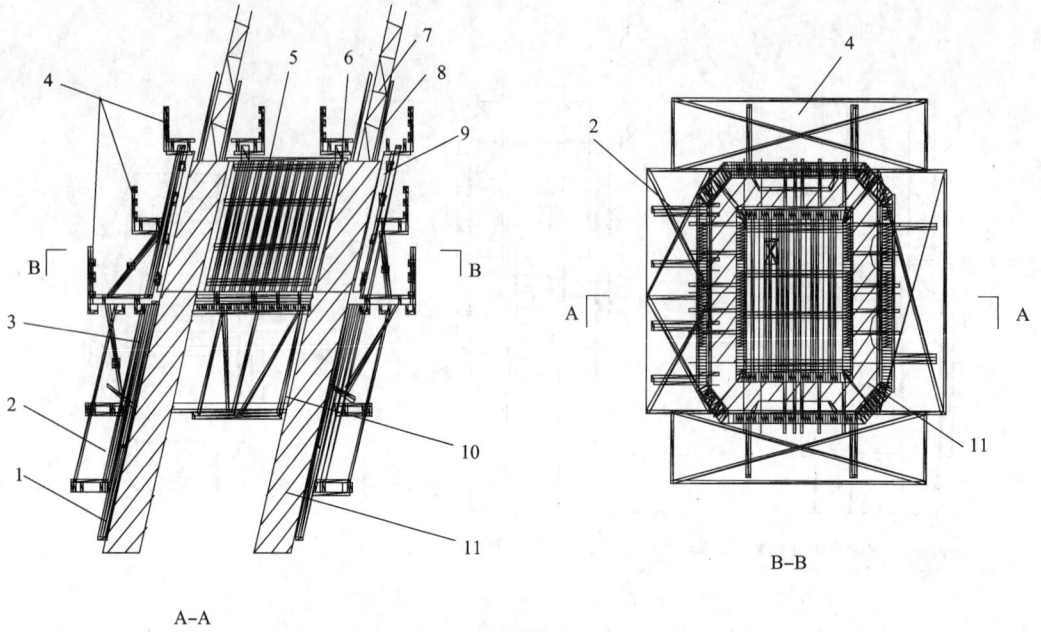

A–A

B–B

图 15－4　液压爬模示意图

1—附墙杆轨道；2—外爬架；3—液压千斤顶；4—工作平台；5—内模支撑；
6—内模；7—劲性骨架；8—钢筋；9—外模；10—内爬架；11—塔体

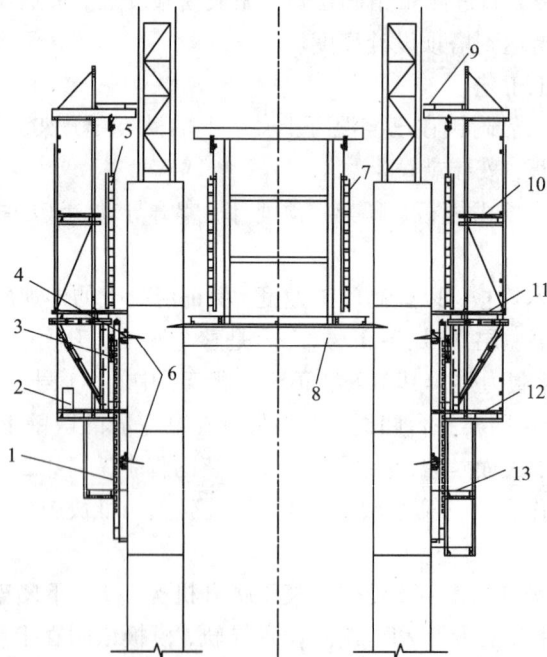

图 15－5　自动液压爬模结构图

1—爬升导轨；2—控制轨；3—顶升油缸；4—爬升悬挂件；5—外模；6—爬架附墙埋件；7—内模；8—内模操作平台；
9—＋2 号平台；10—＋1 号平台；11—0 号平台；12—－1 号平台；13—－2 号平台

液压爬升模的施工步骤：

(a)导轨爬升。

导轨爬升前，应确保混凝土强度达到 10 MPa 以上，拆开模板，并使之离开索塔混凝土表面一定距离；上部爬升悬挂件安装完成；爬升导轨已清洁且导轨表面已涂上润滑油，液压油缸上、下顶升弹簧装置方向一致向上。准备工作完成后，先打开液压油缸的进油阀门，启动液压控制柜，拆除导轨顶部楔形插销及导轨与索塔预埋件的连接装置，开始导轨的爬升，当导轨顶升到位后，按从右往左插上爬升导轨顶部楔形插销，以确保插销锁定装置到位。下降导轨使顶部楔形插销与悬挂件完全接触。安装其他与索塔预埋件的连接装置。导轨爬升完成后，关闭油缸进油阀门、关闭控制柜、切断电源。

(b)爬架爬升。

爬架爬升前，应已清理爬架上荷载；改变液压油缸上下顶升弹簧装置状态，使其一致向下；解除塔柱与爬架的固定螺杆；完成已浇节段混凝土螺栓孔和施工接头的修补。经确认爬架爬升条件具备后，打开液压油缸的进油阀门、启动液压控制柜、拔去安全插销，开始爬架爬升。当爬架爬升两个行程后，拔除悬挂插销。当爬架顶升到位后，应及时插上悬挂插销及安全插销，安装爬架与塔壁混凝土的固定螺栓。关闭油缸进油阀门、关闭控制柜、切断电源。

(c)模板安装。

安装模板前，先进行模板的收分及确定爬架悬挂预埋件位置，并预埋构件。模板收分结束并合紧后，校核模板整体尺寸是否与理论值相符，按测量所得理论位置安装模板，并通过可调节斜支撑使其精确就位。模板调整到位后，测量复核，符合要求后固定模板。

(E)滑模法施工。

当塔柱上下竖直、截面形式无变化时，可采用滑模法施工。滑模施工关键是控制混凝土的凝结时间，混凝土强度达到 5 MPa 左右时，滑动模板较好，太早则混凝土易粘在模板上，外表不美观；太迟则模板在混凝土面上滑不动。

滑模施工具有不需每次将模板分块拆开提升后再组拼的优点，因此节省时间和劳力，只需一套模板，节省材料，但也存在不足：

(a)工缝不易处理好。

(b)拆模时，如混凝土强度不高，易碰坏造成外观缺陷。

(c)由于模板下端与浇混凝土接头外没有嵌固段的连接，易造成漏浆和错台等，影响索塔的外观质量。

④斜塔施工支撑措施。

混凝土斜拉桥的索塔多为 A 形、倒 Y 形、钻石形等。在这些索塔形式中，下塔柱和中塔柱均有一定的倾斜度。在具有较大斜率的索塔施工过程中，索塔处于自由状态，自重和施工荷载等会在下塔柱或中塔柱根部形成较大的弯矩，产生较大的拉应力而引起混凝土开裂，产生的水平力使塔体分肢产生向内或向外的位移。成桥后，由于初始力矩的存在而使截面内外侧压应力严重不均匀，将使截面压应力或拉应力超出设计要求，从而影响索塔的使用寿命。因此，在施工时，必须采取必要的措施，把索塔截面的初始应力控制在设计允许范围内。

(A)下塔柱施工防倾措施。

钻石形塔的下塔柱向外倾斜，当斜率大时，应采取措施防止塔根部内侧因受拉而开裂，同时，为克服模板和混凝土在重力作用下产生的倾覆力矩，一般采用的措施是在模板调整定位后,用手拉葫芦连接钢丝绳或精轧螺纹钢筋通过拧紧螺母把上、下游塔柱肢体模板对拉,浇筑混凝土,养生达到80%设计强度时,再松开钢丝绳或精轧螺纹钢筋。如条件允许也可在塔外侧立钢支撑或设置预应力束对拉,防止塔柱向外倾斜。

(B)中塔柱施工防倾措施。

为减少水平分力的影响而设支撑的方法:第一种方法是采用横向水平支撑;第二种是采用主动撑。第一种方法是在中塔柱施工过程中采用几道直径较大的横向钢管或型钢桁架支撑,按一定的高度间隔布置,与塔柱临时固接在一起,形成框架结构,平衡倾斜塔肢所产生的水平分力,以增强塔柱施工过程中的稳定性和安全性。钢管撑本身横向有较好的刚度,工作量相对不大,安装方便,但不能克服索塔钢管撑安装前因自重及施工荷载引起的变形和位移,不能有效保证成塔后的线形和应力状态。第二种方法采用主动撑的主要优点,是在安装横向钢管支撑时,利用它本身较大的刚度和强度,用千斤顶向中塔柱内壁施力,变被动支撑为主动支撑,克服中塔柱施工过程中因自重和施工荷载而引起的应力及位移。目前国内建成的几座特大桥,如南京长江二桥、安庆长江大桥、岳阳洞庭湖大桥等,均采用第二种方法,取得了良好的效果。

⑤混凝土的生产、泵送、浇筑。

(A)混凝土的生产、泵送。

索塔混凝土供应根据所处的自然环境一般采用陆基拌和站和水上拌和站两种形式,索塔混凝土一般用拌和站现场搅拌生产混凝土,用混凝土输送泵输送到浇筑位置。泵送分"一泵到顶"和"多级泵送"等方式,应根据设备性能、索塔高度合理选择泵送方式。

为防止意外,事先准备2个容积为2 m³的混凝土吊斗。混凝土浇筑过程中,如出现堵管、爆管的情况,则在处理的同时,采用塔吊、吊斗吊装混凝土,以保证混凝土浇筑的连续性。

为保证混凝土在泵送时不堵管,在多级泵送时不离析,应严格保证混凝土的施工配合比及搅拌时间,施工时严格控制混凝土坍落度。在泵车位置、泵管选用、水平管长度、垂直管长度、弯管的使用等方面均应进行详细的施工组织设计,以保证施工顺利进行。

(B)混凝土的浇筑与养护。

混凝土的浇筑应在监理工程师检查验收合格并签字确认后进行。模板内的杂物、积水和钢筋上的污垢应清理干净。采用干净的脱模剂在模板内表面涂抹均匀。混凝土浇筑前布设好布料机或布料系统。

混凝土的自由倾落高度控制在2 m以内,当倾落高度超过2 m时,应通过串筒下落。在串筒出料口下面,严格控制混凝土的分层厚度,不允许超过规范的规定,严禁赶料。

混凝土应按一定厚度、顺序和方向分层浇筑,上下两层混凝土的浇筑时间间隔不宜超过90 min,在混凝土初凝或能重塑前浇筑完成上层混凝土,防止产生施工缝。

塔柱混凝土浇筑采用插入式振捣器,浇筑分层厚度不超过30 cm。插入式振捣器移动间距不应超过振捣器作用半径的1.5倍;与侧模保持5~10 cm的距离;插入下层混凝土5~10 cm;振捣器应"快插慢拔";应避免振捣棒碰撞模板、钢筋及其他预埋件。

对于每一振捣部位,必须振捣到该部位混凝土密实为止。密实的标志是混凝土停止下沉,不再冒出气泡,表面呈现泛浆、平坦。

（5）上、下横梁施工。

一般情况下，横梁与该段索塔同时施工，这样便于支架搭设和横梁预应力施工。下横梁施工支架可用大直径钢管支撑加贝雷梁或万能杆件桁架两种形式，前者目前用得较多，见图15－6。

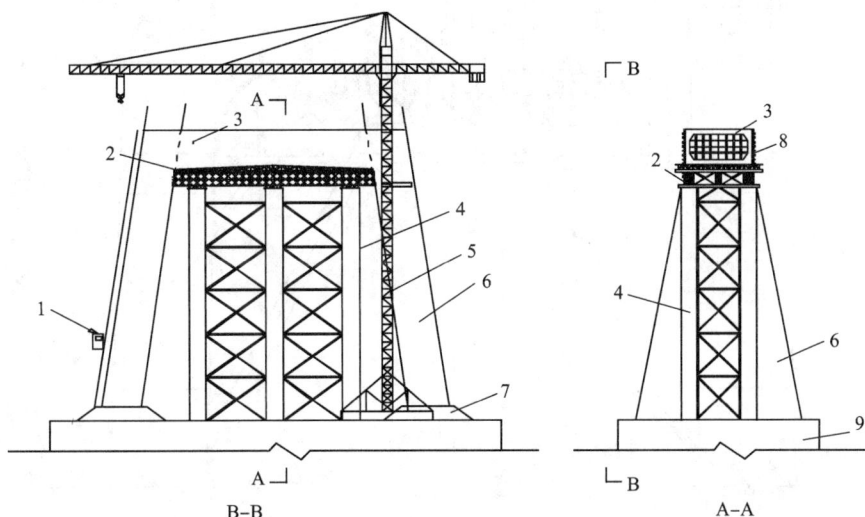

图15－6　下横梁施工支架图

1—升降电梯；2—钢桁架；3—下横梁；4—钢管桩支撑；5—塔吊；6—下塔柱；7—塔座；8—横梁模板；9—承台

上横梁施工支架可用大直径钢管支撑加贝雷梁或在塔柱设置牛腿钢桁架支撑两种形式。牛腿形式见图15－7。

横梁一般采用两次浇筑一次张拉工艺，这样不仅可以保证混凝土外表光滑，且下横梁与相应高度的塔柱的连接，不会因浇筑混凝土过程中的沉降变化而产生裂缝。但当横梁混凝土体积很大时，为了减少支架所承担的恒载，减轻施工支架自重，使支架和第一次浇筑的混凝土共同承担第二次浇筑的混凝土的重量，而采用两次张拉预应力工艺，即在第一次混凝土达到80%设计强度时对称张拉一部分底板预应力索，待第二次混凝土达到强度后，再张拉完全部预应力索。

横梁底模安装时，必须综合考虑模板支撑系统的连接间隙压缩、弹性变形、支撑的不均匀沉降变形、混凝土构件与钢支撑间不同线膨胀系数的影响，以及日照温差对混凝土和钢构件的不同时间效应等产生的不均匀变形的影响，合理设置预拱度，同时在安装底模后，通过压重等方法消除非弹性变形。

（6）上塔柱拉索锚固段施工。

斜拉桥拉索锚固段，是将多个拉索作用的局部集中力传递给塔柱的重要受力结构。拉索锚固段的构造形式多样。早期有塔顶钢座集中锚固、实心塔交叉锚固。目前常用的有拉索锚固钢横梁结构形式和塔柱环向预应力构造锚固形式以及钢锚箱锚固形式。

①钢锚梁构造锚固段的施工。

拉索锚固钢锚梁构造，可避免索塔混凝土因索力作用而产生裂缝，有利于斜拉桥的整体

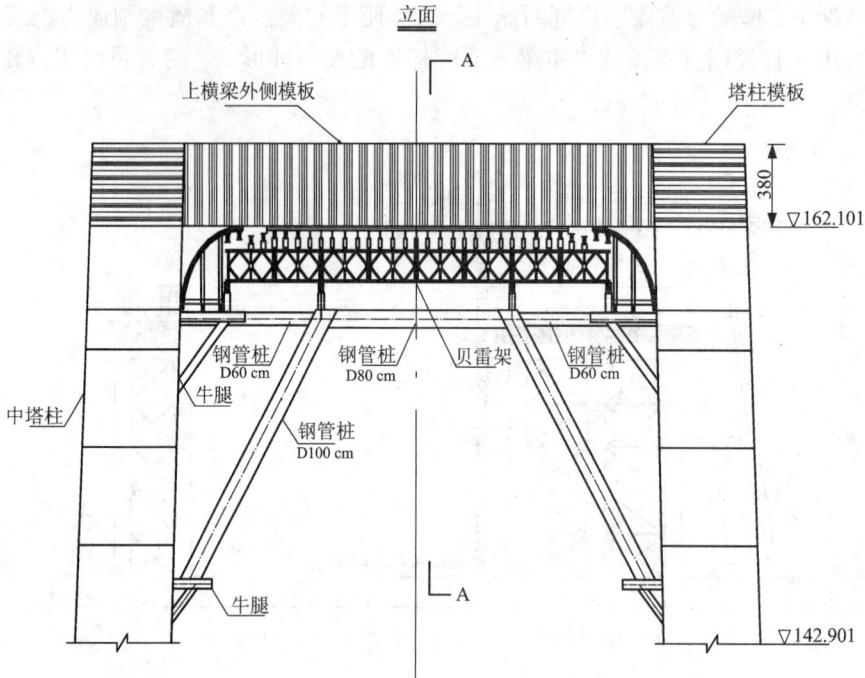

图 15-7 上横梁施工支架示意图

安全及长期正常使用。其构造见图 15-8、图 15-9。

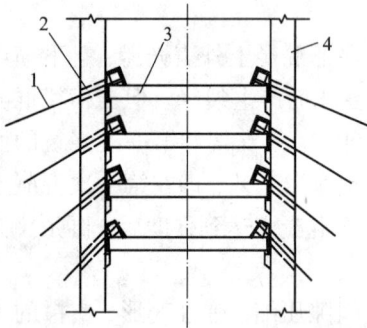

图 15-8 钢锚梁锚固构造示意图

1—拉索；2—预埋拉索钢套管；
3—钢锚梁；4—塔壁

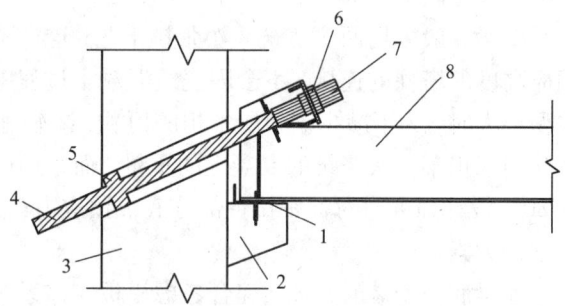

图 15-9 钢锚梁锚固图

1—支撑；2—塔壁牛腿；3—塔壁；4—拉索；
5—减振装置；6—锚固螺母；7—锚头；8—钢锚梁

　　钢锚梁本身是一个独立而稳定的构件，它支承在空心塔塔壁预埋牛腿上，两端的刚性垂直支承可在顺、横桥向作微小的移动和转动，但在两端都设置了顺桥向、横桥向的限位装置。锚固钢锚梁承受拉索的垂直分力，通过钢锚梁的垂直支撑传至塔壁牛腿上，而两侧拉索的不平衡水平力则通过锚固箱传至钢锚梁上，钢锚梁通过限位装置将不平衡水平力传递给索塔壁，而大部分水平拉力由钢锚梁承担。这样，塔壁所受的水平力大大减小。由于钢锚梁两端安设在顺、横桥向可作微小的自由移动和转动的支承，由温度影响造成的约束力很小，使锚固区受力明确，内力较小。

索塔施工时，预埋拉索钢套管要求采用三维坐标定位，按设计要求标高，预埋牛腿钢筋或牛腿与索塔同时浇筑，牛腿严格按设计文件施工，注意保证混凝土的质量并振捣密实。

拉索锚固钢锚梁应按钢结构的加工规范和设计要求在加工厂内制作，一般应采用全焊。工厂加工后，应严格进行验收，合格后方可出厂使用。

当钢锚梁的吨位过大、主塔施工的垂直起吊能力不足时，可采取分节加工的方法，现场安装后进行高强度螺栓连接，但在加工厂必须经过预拼合格后方可安装。

由于上塔柱一般断面尺寸不大，临时设施较多，加上塔壁有牛腿，安装时不方便，在考虑施工方案时，应充分仔细地考虑钢锚梁的尺寸和安装方法。

钢锚梁的安装顺序为：首先用塔吊吊起钢锚梁，移入塔内，支承于牛腿上，并对准预埋件；其次调整横梁，使拉索锚箱与塔内预埋钢套管精确对准；最后安装限位装置。

②环向预应力构造锚固段施工。

环向预应力索能克服斜拉索的水平分力，防止混凝土塔在拉索锚固力作用下产生开裂。环向预应力索一般设计为U形布置。

环向预应力拉索锚固段的施工包括模板安装、预应力索的安装、钢套管定位、混凝土浇筑、预应力索的张拉压浆等工序。

施工程序如图15-10所示。

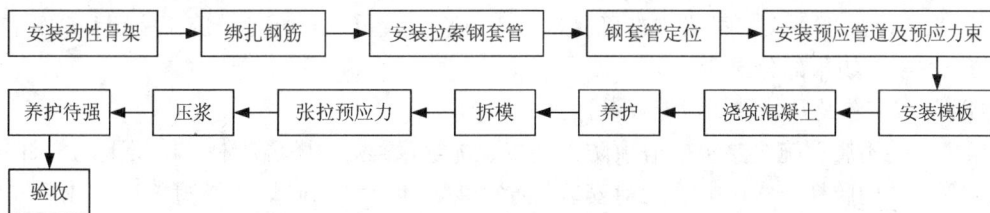

图15-10　环向预应力构造锚固段施工流程图

（A）模板工艺。采用中塔柱施工的模板工艺。

（B）钢套管定位。拉索钢套管要求在工厂加工，现场安装。安装前，要检查钢套管直径并编号，以免弄错。

拉索钢套管的安装有三种方法：一是先安装劲性骨架，再安装钢套管；二是将钢套管先安装在劲性骨架上，通过微调螺杆精确定位；三是采用专用定位骨架。第一种方法是骨架与钢套管分开安装，这样骨架在吊装接长时，精度要求可适当放宽，可提高施工速度，但安装钢套管难度大。第二种方法劲性骨架接长精度要求高，在有风的季节施工时难度大。第一、二种方法均受到调模的干扰。第三种方法简便易行，因专用骨架轻巧，易定位，且不受调模的影响，但需耗用一定量的型钢。

由于钢套管是拉索穿过并锚固在主塔和主梁上的重要构件和唯一通道，为了防止拉索与钢套管口发生摩擦而损坏拉索，影响工程质量，以及保证对称主塔两侧的各拉索位于同一平面内，防止锚定偏心而产生的弯矩超过设计允许值，对拉索钢套管锚垫板中心和塔壁外侧钢套管中心的三维坐标位置提出了很高的精度要求。按大型斜拉桥设计规定，一般要求拉索、锚具轴线偏差小于 3 mm，且现代斜拉桥的布索多为空间索，拉索钢套管定位难度更大。

目前，高索塔的拉索钢套管定位，均采用三维空间极坐标法。此法借助于现代高精度测量仪器利用施工专用控制网、全站仪进行空间三维坐标测量，直接测量拉索钢套管锚垫板中心和塔壁外侧拉索钢套管中心，从而进行定位调整，它将以高精度、高速度提供放样点，同时克服施工干扰给测量带来的困难，大大提高了工作效率。

拉索锚垫板中心和塔壁外侧拉索钢套管中心的标定，是用一定厚度（约 1 cm）的钢板加工 1 个半圆形的标定器和 1 个圆形中心标定器，测定锚板和拉索钢套管的中心。

③预应力施工。

索塔锚固段平面布置的预应力，一般采用体内预应力束。

（A）预应力拉索钢套管的安装。先由测量人员放样，再由施工人员以放样点为基准，设置平面和立面位置的架立定位钢筋，施工时，要切实保证管道不漏浆，浇混凝土时要派专人检查和保护管道，对露出端应采取保护措施，严禁电焊、氧割预应力索，以免造成预应力筋损伤，导致张拉时断丝。

（B）预应力张拉。由于施工场地小，除采用较小的高压油泵和更轻便的千斤顶外，还要对张拉端口处的预埋件进行处理，使张拉有足够的空间位置，保证张拉正常进行，张拉时严格按伸长量和张拉吨位进行双控。

（7）塔冠施工。

为追求美观，塔冠部分大都设计为不同的形状。施工时需配备一定数量的异形模板，其平面位置、标高、倾斜度等都必须准确测量。塔冠部分混凝土体积小，施工完成后须采取措施，防止混凝土边角部分损坏。

（8）防雷装置及其他附属设施安装。

索塔上的附属设施主要包括塔顶防雷装置、航空障碍灯、塔内爬梯、横梁上的栏杆、照明设施等。塔内爬梯在索塔封顶之前安装，防雷装置和航空障碍灯在塔冠施工完成后安装，横梁上的栏杆安装要在 0 号梁段支架拆除后方可进行，照明设施在全桥主体工程基本结束后安装。

15.6　质量标准

15.6.1　主控项目

（1）索塔及横梁表面不得出现孔洞、露筋和超过设计规定的受力裂缝。

（2）避雷设施应符合设计要求。

15.6.2　一般项目

（1）现浇混凝土索塔施工质量应符合表 15－2 的规定。

表 15 – 2   混凝土索塔施工质量标准

项目		规定值或允许偏差/mm
混凝土强度/MPa		在合格标准内
塔柱底偏位/mm		10
横梁轴线偏位/mm		10
倾斜度/mm	总体	符合设计规定：设计未规定时按塔高的 1/3000，且不大于 30
	节段	节段高的 1/1000，且不大于 8
塔顶高程/mm		±20
外轮廓尺寸/mm	塔柱	±20
	横梁	±10
拉索锚固点高程/mm		±10
横梁顶面梁高程		±10
预埋索管孔道位置		10，其两端同向

(2)索塔表面应平整、直顺，无蜂窝、麻面和大于 0.15 mm 的收缩裂缝，错台≤5 mm。

15.6.3   质量要求

(1)索塔施工应选择天顶法或测距法等测量方法，测量方案编制、仪器选择和精度评价等应经过论证，索塔垂直度、索管位置与角度应符合设计所要求的精度。

(2)倾斜式索塔施工时，必须对各个施工阶段索塔的内应力与变形进行计算，并及时设置相应的对拉杆或钢管撑(型钢桁架)等支撑结构。

(3)索塔横梁模板与支撑结构设计时，除应考虑支撑高度、结构质量、结构弹性与非弹性变形因素外，还应考虑环境温差、日照、风力等外界因素的影响，宜合理设置预拱度。

(4)索塔施工中宜设置劲性钢骨架。索塔混凝土浇筑应根据混凝土合理浇筑高度、索管位置及吊装设备的能力分节段施工。

(5)索塔基座下塔柱底部、索塔与横梁连接等部位为大体积混凝土，浇筑时应采取相应措施，避免产生温度裂缝。

15.7   成品保护

(1)混凝土浇筑完成后，应在收浆后尽快予以覆盖和洒水养护。当气温低于5℃时，应覆盖保温，不得向混凝土表面洒水。

(2)拆卸模板时应保护好塔柱的棱角部位，防止拆卸模板时损坏混凝土。

(3)在已浇筑混凝土强度未达到 1.2 MPa 前，不得在其上踩踏或进行施工作业。

(4)不得在混凝土上乱涂乱划。

(5)在模板拆除后，应对易损部位的结构棱角采取有效的保护措施。

(6)冬季施工混凝土后，采用保温材料覆盖混凝土表面，防止混凝土受冻。

15.8　安全环保措施

(1)施工前必须搭设脚手架和作业平台,并在平台外侧设置栏杆,在 10 m 以上高度作业时,应架设安全网。

(2)起重设备应由专人指挥,起重设备应试运行,操作中定期专人检查、专人操作、专人配合、专人指挥。

(3)采用爬模施工方法时,爬模应进行特殊设计,并在工厂制作。爬升体系、操作平台、脚手架等,要保证足够的刚度和安全系数。模板提升时,应另设安全保险装置,且作业人员不得站在正在爬升的模板或爬架上。

(4)施工过程中,液压设备应进行全面检查后方能投入使用。液压设备应由专人操作并经常维护,发现问题应及时处理。

(5)高空作业人员必须系好安全带,所有管道、缆线等设施必须捆绑牢固。运送人员与材料的电梯均应设置安全卡、限位开关。夜间施工应该有足够的照明。

(6)应定期专人进行安全检查。包括作业平台的安全,支撑、模板的牢固以及设备的可靠性。

(7)施工时产生的建筑垃圾不得随地堆放或排入江中,应按要求收集、运输到指定堆放地点。

(8)应避免生产噪声对周围环境的影响,尽量避免在晚上进行产生较大噪声的生产活动。

(9)应避免施工扬尘对周围环境的影响,及时对工地各处进行洒水降尘。

15.9　质量记录

(1)水泥试验报告。

(2)沙子试验报告。

(3)粗集料(石子)试验报告。

(4)外加剂试验报告。

(5)混凝土拌和用水质量检验报告。

(6)钢筋试验报告。

(7)预应力混凝土用钢绞线试验报告。

(8)混凝土配合比设计试验报告。

(9)钢筋机械接头试验报告。

(10)钢材焊接力学性能试验报告。

(11)钢筋加工安装质量检验评定表。

(12)模板制作、安装检验评定表。

(13)预应力筋张拉质量检验评定表。

(14)混凝土浇筑施工原始记录。

(15)混凝土试块极限抗压强度试验报告。

（16）预应力张拉施工记录。

（17）预应力张拉孔道灌浆记录。

（18）隐蔽工程质量检验记录。

16 高强螺栓连接钢结构索塔安装施工工艺

16.1 总则

16.1.1 适用范围

本工艺标准适用于高塔斜拉桥高强螺栓连接类钢塔柱安装施工,其他可参照施工。

16.1.2 编制参考标准及规范

(1)《公路桥涵施工技术规范》(JTG/T F50—2011)。
(2)《钢结构工程施工质量验收规范》(GB 50205—2017)。
(3)《公路工程质量检验评定标准》(JTG F80/1—2017)。

16.2 术语

16.2.1 钢塔柱

由专业工厂加工、运输,通过现场拼装,形成一个全钢结构的索塔。

16.2.2 钢混结合段

钢混组合结构是在钢结构与钢筋混凝土结构基础上发展起来的一种新型结构形式,为了使钢与混凝土两种不同的材料能协同工作,需要在两者之间设置剪力键,将含有剪力键的钢结构埋入钢筋混凝土结构的节段称为钢混结合段。

16.2.3 PBL 剪力键

PBL 剪力键是用于钢混组合结构中的一种剪力连接件,也称为开孔钢板连接件。它是靠钢板圆孔中的混凝土承担钢与混凝土之间作用力的新型连接件。与钢筋连接件、栓钉连接件等柔性连接件不同,PBL 剪力键属于刚性连接件,抗剪能力强,但达到极限强度后,承载力完全丧失。

16.3 施工准备

16.3.1 技术准备

(1)钢塔柱施工作为一个分项工程需编制专项施工方案。

(2)做好技术交底,对施工难点、各构件的加工要领、安装的施工要领等方面进行阐述。对吊重进行计算,选用合适吊机。

(3)安装人员的培训、考核。

16.3.2 材料准备

(1)由专业工厂制作并运输至施工现场钢塔柱节段。

(2)由厂家提供的所需连接板及高强螺栓。

(3)用作主动横撑的钢管桩及型钢。

16.3.3 机具准备

(1)大吨位浮吊和大型塔机。塔机起吊能力能安全吊装最重钢塔柱节段(图16-1)。

(2)专用吊具(图16-2)。吊具采取四点与塔柱节段顶面上吊点销接,塔柱靠桥轴线侧吊具上连接有伸缩油缸,油缸顶端连接钢丝绳,钢丝绳与大钩连接,塔柱远桥轴线侧吊具上连接钢丝绳,钢丝绳与大钩连接。

(3)主动横撑顶推用的大吨位千斤顶,钢塔柱对接时做调整用的手拉葫芦和小吨位千斤顶。

图16-1 钢塔柱节段吊装图

图16-2 钢塔柱节段吊装吊具

16.3.4 作业条件

(1)塔柱混凝土部分及钢混结合段施工完成。

(2)塔机安装及试吊完成。

(3)钢索塔制作按设计分段在工厂制造,运至现场。

16.3.5 劳动力组织(表16-1)

表16-1 主要施工人员汇总表

工种	数量/人	工作地点	职责范围
主管负责人	1	整个施工现场	负责与施工作业相关的一切事务
技术员	1	整个施工现场	负责图纸及技术方案复核、现场技术讲解交底、配合质检员进行质量控制
施工员	1	整个施工现场	负责现场工人调配、施工进度控制安排、施工方案现场讲解交底、配合安全员进行安全控制
测量员	2	整个施工现场	负责施工部位的测量控制
安全员	1	整个施工现场	负责施工部位的安全控制、对施工人员的安全教育、检查安全措施、解决安全隐患
质检员	1	整个施工现场	负责施工部位的质量控制、对施工人员的质量教育、负责与监理联系沟通等
吊装指挥员	2	整个施工现场	负责现场材料设备吊装
电焊、氧割工	6	整个施工现场	负责钢材焊接和下料
油漆工	2	整个施工现场	负责现场油漆涂装
塔吊操作员	1	整个施工现场	塔吊操作维护
吊装工	8	整个施工现场	负责大型构件起吊、安装
总计	26人		

注：此表为作业组的人员配备，不包括后勤人员及材料人员等，在砼浇筑和钢塔柱安装时所有人员都要参与。

16.4 工艺设计和控制要求

16.4.1 技术要求

(1)钢塔柱与混凝土塔柱之间设钢混结合段，通过钢混结合段的 PBL 剪力键将上塔柱传递下来的荷载分配到混凝土中。钢混结合段中的钢结构部分分为锚固箱、底座、底座定位件三部分。底座定位件、底座和一部分锚固箱预埋在混凝土中，另一部分锚固箱伸出混凝土外设计高度，与钢塔柱节段连接。定位件的定位精度控制在平面位置误差小于 10 mm，顶面高差小于 5 mm，四角相对高差小于 1 mm。

(2)钢塔柱锚固箱是钢筋混凝土结构的下塔柱向钢塔柱过渡的部分，既是将钢塔柱及上部构造的荷载扩散传递到混凝土结构的最关键的受力结构，又是控制钢塔柱起始节乃至整个钢塔柱架设精度的关键性定位结构，因此其本身的定位精度及相应的钢筋混凝土结构部分的质量要求极高。钢塔柱顺桥方向的垂直度在架设过程中是无法调整的，因而起始节上口沿顺桥向的高差要严格控制；同时顺桥向轴线也要严格控制其与桥轴线之间的平行度，及上、下游塔柱之间的平行度。

（3）钢塔柱测量采取在日落 4 小时后、日出 2 小时前进行，同时也要注意消除塔机附墙所造成的影响（通过将塔机顺桥轴线摆放、起吊适当重物平衡塔机）。

（4）钢塔柱部分设置主动水平撑杆，以确保索塔横向线形及内力。每道撑杆施加水平力时，以塔柱横向位移为主要控制指标，塔柱内应力值为辅助控制指标。

（5）在吊装过程中，为了有效控制与调整索塔的纵横向偏位，需设置偏位调整节段。

（6）上横梁与塔柱间采取异步安装（即塔柱安装先于横梁安装），横梁的架设必须充分考虑两个钢塔柱的变形情况。

16.4.2　材料质量要求

（1）钢塔柱由专业工厂生产，制作精度及材质需符合设计要求；进行节段连接用的配套拼接板及高强螺栓，质量需符合设计要求。

（2）主动横撑的钢管桩的壁厚及直径应满足设计要求施加的主动推力引起的变形，由于主动横撑较长且水平力较大，为抵抗钢管桩受压引起的弯曲变形，可在钢管桩上焊接桁架（图 16 – 3）。

图 16 – 3　钢管桩上焊接桁架图

16.4.3　职业健康安全要求

（1）作业人员的身体健康满足高空作业的相关要求。

（2）高空作业安全防护措施满足规范。

（3）钢索塔安装施工中，应经常检查吊装设备，确保起吊安全。

16.4.4　环境要求

钢塔柱安装施工对环境影响不大，应尽量减少对周围自然生态环境的破坏。

16.5 施工工艺

本工艺适用对象：钢塔柱分段焊接连接、分段内法兰连接、分段连接板高强螺栓连接及整体制作、整体吊装等多种类型。适用于高强螺栓连接类的钢结构索塔安装施工。

16.5.1 工艺流程

高强螺栓连接类钢结构索塔安装施工工艺流程图如图16-4所示。

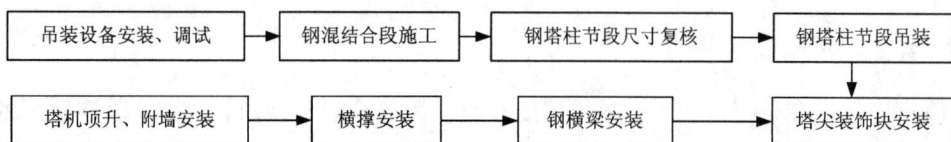

```
吊装设备安装、调试 → 钢混结合段施工 → 钢塔柱节段尺寸复核 → 钢塔柱节段吊装

塔机顶升、附墙安装 → 横撑安装 → 钢横梁安装 → 塔尖装饰块安装
```

图16-4　高强螺栓连接类钢结构索塔安装施工工艺流程图

16.5.2 操作工艺

(1)吊装设备安装、调试。

起重设备的选用应根据钢塔柱的结构形式、规模及桥位地形等条件而定，起重设备的技术参数应满足索塔施工的垂直运输、起吊荷载、高度及起吊范围的要求，并考虑安装、拆除的操作简便、安全、经济等综合因素，起重设备可采用塔吊或专用吊机安装。

塔机安装于主墩承台上，中心位于桥轴线上，距墩位中心根据起吊能力及便于施工两方面因素确定，综合考虑，科学合理布置。安装完成后先进行塔机调试工作，最后进行试吊。

(2)钢混结合段施工。

①钢塔柱与混凝土塔柱之间设钢混结合段，通过设置钢混结合段的PBL剪力键等方法将上塔柱传递下来的荷载分配到混凝土中。

(A)待本节索塔混凝土达到强度后，解开底座与定位件间的螺栓连接，并吊开底座。在本节混凝土顶面的预埋板上精确测量放样底座定位线；在定位件顶面的4个角点安放扁形千斤顶，用于调整底座顶面的标高，并在吊装底座前调整好4个千斤顶顶面的标高及相对高差，使之相对高差小于1 mm；同时安装用于调整底座水平位置的横向顶推千斤顶8个。

(B)完成上述准备工作后，用塔吊吊装钢混结合段底座，首先将底座对准预先刻好的定位线，落放于定位件顶的4个千斤顶上，以完成底座空间位置的初步定位。

(C)利用千斤顶精确调整底座的空间位置，调整步骤及要点如下：

(a)测量完成初定位后底座的顶面控制点，以确认其空间位置的实际偏差。

(b)当结果显示平面位置偏差在10 mm以内时，精确调整顶面标高及相对高差，误差控制在1 mm以内。

(c)固定垫于底座下方用于调整标高的4个千斤顶，以避免下一步调整水平位置时，千斤顶随底座平移，导致刚调整好的顶面标高发生较大的变化。

(d)用横向千斤顶精确调整顶面的水平位置，使之与设计坐标间的误差小于1 mm。

（e）通测底座的顶面标高及平面位置，若达不到精度要求，则按照先标高后平面的方法循环调整测量，直至其空间位置逐步接近设计值并满足设计要求。

（f）达到设计要求后，将底座与已同混凝土结合为一体的底座定位件用焊机焊接固定，要严格按照对称的原则施焊，先进行定位焊接再复测顶面各测点的标高及平面位置精度是否有变化及是否符合精度要求，不符则割开重新调整后进行后续操作，并采用间断焊的形式，以最大限度地控制焊接变形对底座空间位置的影响。

（g）绑扎相关的钢筋并浇筑混凝土。

②钢塔柱锚固箱施工要点。

（A）待混凝土达到强度后，精确测量底座顶面的标高及平面位置；加垫薄钢片，用来调整其顶面高差。

（B）利用吊机将钢锚箱吊装就位，使得钢锚箱下口对位线与底座顶面对位线对齐，解钩后，用千斤顶调整其上口的倾角及平面位置。

（C）完成钢混结合段钢筋绑扎及索塔混凝土的浇筑。本阶段除索塔常规钢筋外，最重要的是 PBL 键剪力钢筋，设计要求每根剪力钢筋穿过传剪器孔时必须严格对中，以符合受力模式。实际操作时，采取先焊定位托架的工艺，确保剪力筋首先在竖向对中，再用自行加工的半圆形定位卡环使剪力筋在水平向对中。

（D）为避免模板侧压力传递到钢锚箱上，导致其出现不必要的位移，应采用加大外模围檩型钢刚度的方式加固模板。

（E）在混凝土配比上严格遵照设计要求采用粗骨料最大粒径不大于 20 mm、粒级为 5～20 mm 的连续级配，严格控制搅拌时间，确保拌和质量。

（F）每节段的浇筑高度控制在一定范围内，以确保插入式振捣棒能有效地对最底部的混凝土实施振捣；在锚箱顶部设置两个中心分料斗，锚箱壁板内外对称布设多个下料点，确保其内外混凝土面同步上升，粗骨料分布均匀。

（3）钢塔柱节段吊装。

钢塔柱节段安装流程：钢塔柱节段运输→运输船就位→缆风绳安装→塔吊起吊塔柱节段→吊钩角度调整及就位→下放构件、确认端面清洁、对准架设位置→匹配、对接、打入冲钉、拧紧临时安装用螺栓→塔肢节段金属接触面验收→测量两塔肢节段垂直度、平面位置、平整度→调整，直至满足要求→安装并拧紧连接螺栓、解除匹配装置。

当钢混结合段混凝土试件抗压强度达到设计强度后，便可进行钢塔柱节段吊装。起吊首节钢塔柱前，根据测量结果，可通过在结合段外壁板顶贴薄钢片的方法来调整纵向倾角。吊装时，在运输船上将吊具与待安钢塔柱节段连接，吊具直接与塔吊大钩连接。垂直起吊钢塔柱，底面离开运输船平台约 1 m 高时，伸长吊具的油缸，对钢塔柱空中姿态的倾斜度进行初调；当钢塔柱起吊至已安装节段的上方时，再次通过油缸的伸缩进行倾斜度的微调，达到要求后，塔吊大钩下落，将待安节段与已安节段进行连接。为使下一架设节段能够较容易地插入，在已安装节段与待按节段间安装匹配件。匹配装置在工厂内进行塔柱节段间预拼装后，再进行组装。现场塔柱节段间完成拼装后解除匹配装置。

节段通过拼接板和高强螺栓连接。安装拼接板时，应使已架设节段的拼接板处于"V"字形敞开状态，以便于待安装节段插入，此敞开的拼接板通过木制隔块及长螺栓进行临时固定。

钢塔柱测量应在一天温度变化较小时段进行;由于塔机附墙安装在钢塔柱上,故测量时也应消除塔机附墙所造成的影响。为了有效控制与调整索塔的纵横向偏位,设置偏位调整塔段。在塔柱架设过程中,视架设偏位情况进行适当调整。调整节段靠高强螺栓的摩擦力传递荷载,其余节段均靠机加工端面金属接触传递荷载,其定位精度主要由制造精度控制。

(4)横撑安装。

为确保索塔横向线形及内力,钢塔柱设置主动水平撑杆,每道需施顶的水平力可根据施工情况做适当调整。每道撑杆施加水平力时,均需对塔柱横向位移进行控制,塔柱内应力值为辅助控制指标。水平撑杆上应设置应力测试传感器,以监控水平力的变化。为减小回缩,锁定时用平角焊缝受剪力来替代千斤顶的推力,不采用塞垫钢板的方法,因为对接处采用塞垫钢板的结构时,受压焊缝的收缩方向与顶推方向一致,回缩会增大。

(5)钢横梁安装。

上横梁与塔柱间、横梁装饰块与横梁间均采用异步安装方式。先安装塔柱节段,然后安装主动横撑,最后吊装上横梁。对于钢塔柱,可以已架设完成的节段为基准进行架设,而横梁的架设则必须在充分考虑两个钢塔柱的变形情况的前提下进行。由于日照的影响,塔柱可能产生扭曲,横梁的上顶板也可能伸长。如果在这种情况下架设横梁就等同于将结构固定在对变形进行约束的状态,这有可能对钢塔精度产生不良影响。从安全性角度考虑,横梁的吊入可在白天进行,待夜间(20:00以后)温度降下来,测量钢塔柱上口的偏位情况,先将偏位较小的一端与横梁匹配连接;进一步测量观察,直至另一端偏位受日照影响消除后,再进行合龙匹配连接。

16.6 质量标准

(1)钢塔柱节段的制作精度需符合设计要求及有关钢结构的技术规范(表16-2,表16-3)。

(2)钢塔柱安装需满足设计关于垂直度、位置的相对偏差、上下节段金属接触率等要求。

(3)为满足各连接螺栓受力均匀的要求,要求使用带读数的专用扭力扳手,保证每颗螺栓受力一样。

(4)钢塔柱的偏差由制造误差及钢混结合段底座的安装精度决定。底座预埋精度为:横桥向倾斜度不大于1/4500;顺桥向倾斜度不大于1/6000;底座中心的纵向偏差不得大于3 mm;底座相对桥轴线的平行度±1 mm;两侧底座顺桥向相对差±1.5 mm;底座预埋标高±1.5 mm。

表16-2 钢索塔匹配检测项目

序号	检测项目	容许误差	测量方法
1	匹配长度	±4 mm	钢尺
2	垂直度	1/1000	经纬仪
3	错边量	≤2 mm	钢板尺

续表 16-2

序号	检测项目	容许误差		测量方法
4	曲线度	≤3 mm(匹配安装曲线中点)		经纬仪
5	金属接触率	壁板：≥50%		塞尺
		腹板：≥40%		
		加劲肋：≥25%		
6	孔径通过率	100%		试孔器

表 16-3　钢索塔现场安装的检验项目

序号	检验项目	允许误差	测量方法
1	安装高度	±2 mm	全站仪
2	垂直度	1/4000	全站仪
3	塔柱中心距	±4 mm	全站仪
4	塔柱弯曲度	2/1000	全站仪
5	金属接触率	壁板：≥50%	塞尺
		腹板：≥40%	
		加劲肋：≥25%	

16.7　成品保护

(1)钢塔柱节段属于成品,安装施工时要特别注意对涂装层的保护,起吊过程中避免碰撞和刮擦。

(2)拼接时不得污染涂装层。

(3)万一涂层发生污染和刮损,按相关规范的要求进行清洁和补涂装。

16.8　安全环保措施

(1)钢塔柱运输为水上作业,要设置水上作业警示设施,并满足水上作业安全要求。

(2)钢塔柱安装施工包括两个高空作业,一是钢塔柱节段吊装;二是大型塔机的安装顶升及拆除。主要需采取防高空坠落的安全措施,包括人的防坠落措施和物的防坠落措施。

(3)钢塔柱安装施工对环境影响不大,需注意的是钢塔柱节段接头位置的现场涂装要做好油漆喷涂的安全防护及环境保护措施。

16.9 质量记录

钢塔柱安装施工的质量记录点主要为测量成果的汇总及金属接触率的验收。根据测量成果判定安装施工是否成功；根据断面金属接触率的合格情况，判定钢塔柱制作精度是否满足要求。

需用到的表格：

(1)节段上端口定位自检表。

(2)顶推过程控制测量表。

(3)金属接触情况检验表。

17 钢锚梁倒装法施工工艺

17.1 总则

17.1.1 适用范围

钢锚梁系统为预埋板钢牛腿、钢锚梁的组合体系。本工艺标准适用于斜拉桥斜拉索组合式钢锚梁系统安装施工。

17.1.2 编制参考标准及规范

(1)《公路桥涵施工技术规范》(JTG/T F50—2011)。
(2)《公路工程质量检验评定标准》(JTG F80/1—2017)。
(3)《公路工程施工安全技术规范》(JTG F90—2015)。
(4)《钢结构工程施工质量验收规范》(GB 50205—2017)。

17.2 术语

17.2.1 钢锚梁

斜拉索的锚固结构,用于平衡江、岸侧同编号两根索的水平分力,不平衡力通过钢牛腿传于索塔。

17.2.2 超声波探伤

利用超声波对结构或钢材焊接情况进行质量检验的方法。

17.2.3 射线探伤

利用 X、γ 射线对结构或钢材焊接情况进行质量检验的方法。

17.3 施工准备

17.3.1 技术准备

(1)审核、熟悉设计文件和有关标准、规范，编制施工方案。

(2)向相关技术人员、操作人员进行施工工艺、质量和安全交底，并安排上岗作业人员进行操作要点培训。

(3)起吊设备、测量仪器设备进行检验标定。

17.3.2 材料准备

钢锚梁系统主要是利用劲性骨架，让钢锚梁与劲性骨架形成固结。施工主要材料见表 17-1。

表 17-1 施工主要材料表

序号	名称	规格型号	用途数量
1	劲性骨架	—	临时固定钢锚梁
2	型钢扁担梁/mm	[20	临时固定钢锚梁
3	脚手管/mm	$\phi 50$	搭设施工支架
4	木板	—	搭设施工操作平台
5	型钢	—	临时固定钢锚梁系统单件

17.3.3 机具准备

施工主要机械设备表(表 17-2)。

表 17-2 施工主要机械设备表

序号	名称	规格型号	数量	备注
1	塔吊	240 t·m	2	满足钢锚梁吊装要求
2	手拉葫芦	10 t	8	临时悬吊钢锚梁
3	手拉葫芦	5 t	8	临时悬吊钢牛腿
4	交流电焊机	BX3-300	4	
5	氧割设备	—	4	
6	全站仪	—	1	
7	对讲机	—	6	

17.3.4　作业条件

（1）钢锚梁运输。

钢锚梁和钢牛腿为组合套装构件，在运输过程中要特别注意防止碰撞、滑落等，以免破损或变形。实际运输过程中，与钢牛腿形成整体的壁板一般为平放，底面放置枕木或软性材料作为支垫材料，使运输变形降低至最小。

（2）钢锚梁进场验收及存放。

钢锚梁运抵现场后，进行检查验收，其主要内容包括钢锚梁相关的出厂验收技术资料和钢锚梁外观涂装层的完整程度、结构尺寸、平整度等。

钢锚梁的存放场地应相对平整。钢牛腿、钢锚梁应距离地面20～30 cm，顶面用彩条布或篷布遮盖。

（3）人员、设备。

机具准备：主要是指用于吊装及定位调节的吊具、索具、葫芦、千斤顶，以及高强螺栓施拧和检查的工具。

测量准备：测量仪器、量尺工具已经通过检测标定。

人员准备：作业人员已经通过该项工作的技术、安全交底及操作培训，持证上岗。

17.3.5　劳动力组织（表17-3）

表17-3　钢锚梁倒装法施工劳动力组织

工种	人数/人	作业部位	职责范围
技术员	1	索塔上	负责组织人员、安排工作及与测量人员对测量数据进行分析，处理施工技术问题
安全员	1	索塔上	负责跟班检查安全设施、安全措施的执行情况及安全教育工作，对安全生产负责
质检员	1	索塔上	负责跟班检查工程质量，组织各工种交接及检查质量保证措施的执行情况，对工程质量负责
测量员	2	索塔上、测量站	负责钢锚梁定位测量
塔吊司机	1	塔吊操作室	负责操作塔吊
吊装工	3	地面、索塔上	负责钢锚梁起吊及安装过程中的安全
电工	1	索塔上	负责施工用电安全
电焊工	4	索塔上	负责钢锚梁临时定位连接及定位后的施焊
普工	3	索塔上	施工过程中配合各项工作

17.4　工艺设计和控制要求

17.4.1　技术要求

(1)劲性骨架必须能够承受单套钢锚梁系统的全部重量。

(2)钢牛腿、钢锚梁精确定位的时间，要求在日落后3小时至日出前1小时内施工。

(3)钢锚梁的焊接应尽量在无应力的状态下施焊，以减小残余应力。

(4)焊缝除锈打磨应满足设计要求和有关标准的规定。

17.4.2　材料质量要求

(1)连接材料：焊条、高强螺栓、型钢等连接材料应有质量证明并符合设计要求。药皮脱落或焊芯生锈的焊条、锈蚀、碰伤和混批的高强螺栓不得使用。

(2)防腐涂装：防腐涂装材料应符合设计要求和有关标准的规定，并应有产品质量证明书及使用说明。

(3)施工主要工具：经标定的10 m钢卷尺、1 m钢尺、角尺、大锤、冲钉、撬棍、扳手。

17.4.3　职业健康安全要求

(1)高处作业人员、特种机械操作人员必须经过专业的技术培训及专业考试合格，持证上岗，并必须定期进行体格检查。

(2)严禁有恐高症的相关人员从事高处作业。

17.4.4　环境要求

(1)应尽量减少对周围水体的污染。

(2)应尽量减少对周围自然生态环境的破坏。

(3)减少对周围的噪声、光污染。

17.5　施工工艺

17.5.1　工艺流程

施工工艺流程图如图17-1所示。

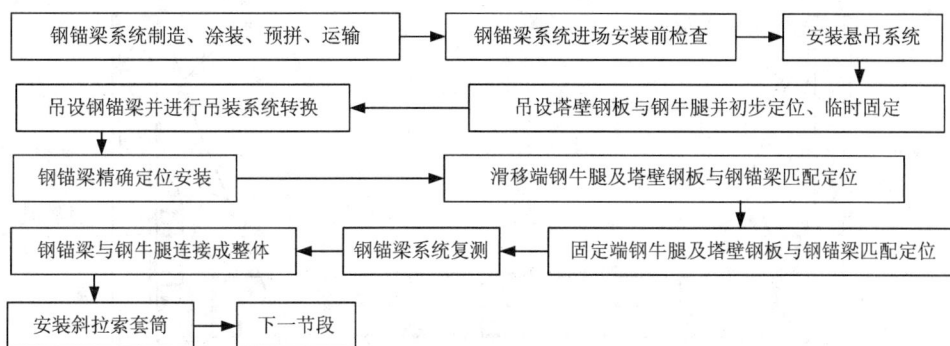

图 17 - 1　钢锚梁倒装法施工工艺流程图

17.5.2　操作工艺

(1)组合钢锚梁的结构形式(图 17 - 2)。

组合钢锚梁系统一般由钢锚梁、固定端钢牛腿、滑移端钢牛腿及塔壁钢板组成。滑移端钢牛腿在塔腔内安装时,采用高强螺栓与钢锚梁一端进行临时连接;固定端钢牛腿在塔腔内安装时,与钢锚梁一端进行焊接连接。钢牛腿与塔壁钢板在出厂时是焊接成整体的构件,施工时为整体安装。

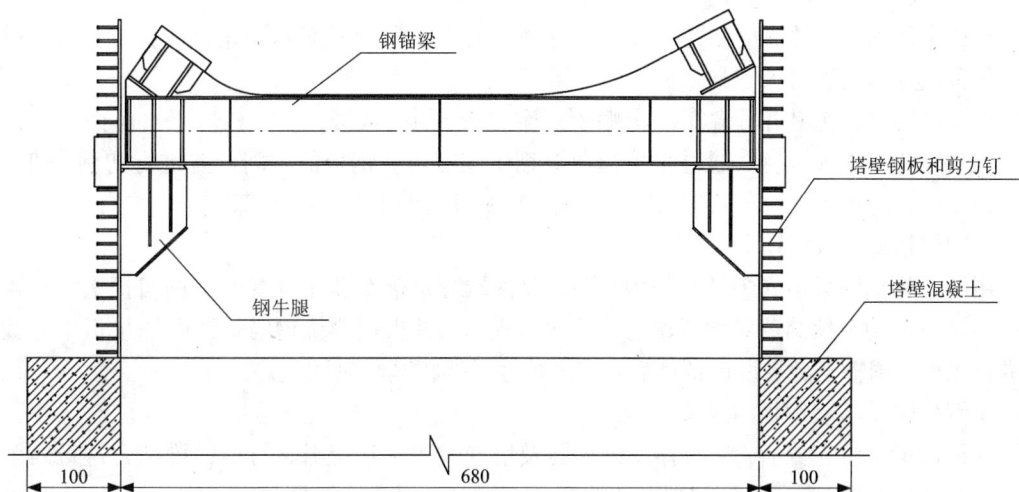

图 17 - 2　钢锚梁结构形式图(单位:cm)

(2)组合式钢锚梁的安装(图 17 - 3)。

①悬吊系统布置。

悬吊系统主要用于钢锚梁系统的竖向高程调整和水平调整。在劲性骨架顺桥向江、岸侧对应塔壁钢板位置的正上方各挂设 2 个手拉葫芦,用于悬挂江、岸侧两块钢牛腿。在劲性骨架顺桥向上、下游侧对应钢锚梁锚箱位置的正上方各挂设 2 个手拉葫芦 + 型钢扁担,用于悬

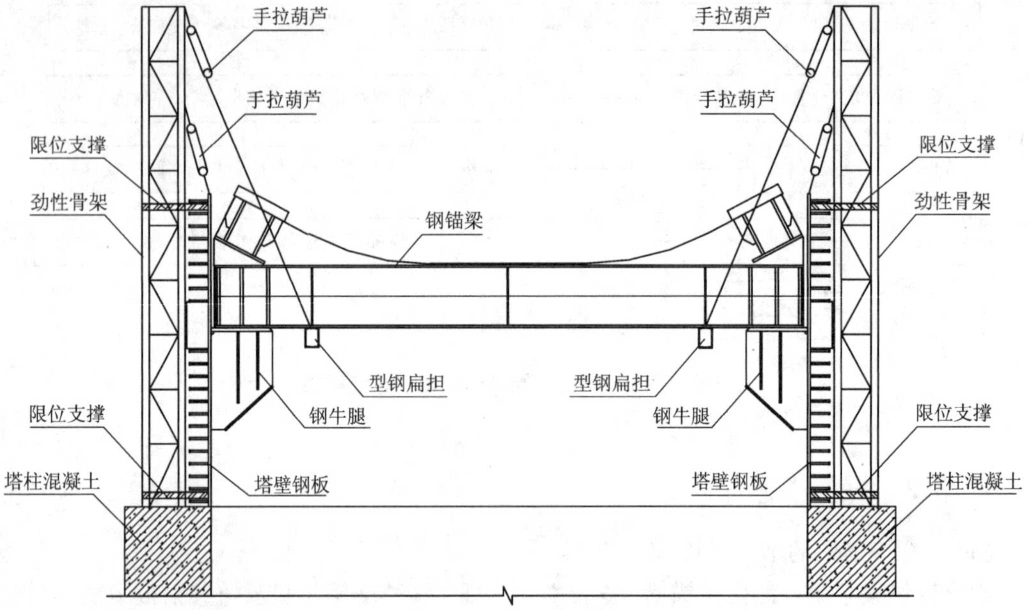

图17-3 钢锚梁系统安装示意图

吊钢锚梁的两端。

②钢牛腿与塔壁钢板的起吊及初安装。

正式吊装前，通过测量在劲性骨架上将塔壁钢板顶面和底面两端角点的位置放样，设置双向限位支撑与劲性骨架连接。

正式吊装时，利用塔吊将江、岸侧两块钢牛腿分别吊入塔内，并悬吊于对应面的劲性骨架上，进行吊装体系转换。通过手拉葫芦对钢牛腿与塔壁钢板的空间位置进行初调，使其高程调整至比设计低1~2 cm。初调后，将其临时固定于塔柱的劲性骨架上。

③钢锚梁安装及定位。

用塔吊将钢锚梁吊入劲性骨架内，钢锚梁两端分别落在预先设置的型钢扁担上。用连接于劲性骨架上的手拉葫芦对钢锚梁的位置进行调整，并根据测量钢锚梁两端锚垫板中心孔位置进行微调，调整至满足设计精度后，依靠劲性骨架将其临时固定。

④钢牛腿及塔壁钢板的定位。

在钢锚梁定位完成后，将滑移端钢牛腿及塔壁钢板进行提升，与钢锚梁贴合进行匹配安装，完成高强螺栓连接，使钢锚梁与钢牛腿连成整体，保持接触面紧密贴实，再进行复测，如钢锚梁空间位置在此过程中发生变化，则将钢锚梁与滑移端钢牛腿及塔壁钢板所组成的联合体以钢锚梁的设计位置为基准，重新进行调整，直至满足设计要求。完成上述过程后，再用薄铁板分2~3个点将该侧塔壁钢板底口与已浇混凝土塔壁钢板顶口的预留焊缝塞实，作为竖向支撑，减小手拉葫芦受力。然后，以已安装定位好的钢锚梁为基准，提升固定端钢牛腿及塔壁钢板，完成该侧钢牛腿及塔壁钢板与钢锚梁的匹配安装，使钢锚梁底面与钢牛腿密贴。最后进行整个钢锚梁系统复测，符合设计精度要求后，再将钢牛腿及塔壁钢板和劲性骨架施焊固接，防止位移。

⑤钢锚梁体系安装完成后,进行斜拉索套筒定位安装。

17.5.3   施工注意事项

(1)安装前,应检查钢锚梁和钢牛腿的型号、编号、尺寸等。

(2)整套钢锚梁系统的重量均由劲性骨架承受。安装前,应对劲性骨架各构件间的连接焊缝进行仔细检查,必要时进行局部加强处理。

(3)在调整过程中随时关注手拉葫芦受力情况。提升或降低钢锚梁时,每一端的两个手拉葫芦应同步操作。

(4)各限位支撑应与劲性骨架相连,并焊接牢固。

(5)施工过程中,与劲性骨架连接的位置在钢锚梁精确定位后按要求进行涂装处理。

17.6   质量标准

(1)钢锚梁拼装质量标准应满足设计要求和相关规范(表17-4)。

表 17-4   钢锚梁系统安装精度要求

项目		容许偏差
套筒	套筒轴线在横桥向的位置偏差	±5 mm
	套筒顶口中心点位置偏差	±5 mm
	套筒底口中心点位置偏差	±5 mm
钢锚梁	梁轴线在横桥向的位置偏差	±5 mm
	横桥向锚固点位置偏差	±5 mm
	顺桥向锚固点位置偏差	±5 mm
钢牛腿	高程偏差	±2 mm
	预埋钢板中心线垂直偏差	1/1000(单节)
	预埋钢板中心线与塔壁拉索中心线偏差	±2 mm
	预埋钢板中心线(边跨与中跨)相对差值	≤2 mm
	预埋钢板平面度	1/2000
	上下相邻预埋钢板错边量	≤0.5 mm

(2)焊缝质量控制。

按《公路桥涵施工技术规范》(JTG/T F50—2011)要求执行外,焊缝超声波探伤范围、内部质量分级及检验等级应按《焊缝超声波无损探伤范围、内部质量分级及检验等级》的规定。同时超声探伤、磁粉探伤、渗透探伤及射线探伤应分别符合现行标准《钢焊缝手工超声波探伤结果分级》(GB 11345)、《焊缝磁粉检验方法和缺陷磁痕的分级》(JB/T 6061)及《金属熔化焊焊接接头射线照相》(GB/T 3323—2005)规定。

(3)钢锚梁表面干净、无油污和泥沙。破损处及时按设计要求修补。

17.7　成品保护

(1)钢锚梁、钢牛腿及塔壁钢板均为永久性结构,其表面均有防腐涂装层。在转运过程中,运输路线的路面要相对平整,并且在运输车辆上用葫芦将钢牛腿、钢锚梁锁牢固,防止滑落。严禁层叠运输。

(2)为避免吊装过程中对防腐涂装层的破坏,各吊点应严格按规定设置,不得随意设置其他吊点。直接与钢丝绳接触的位置应包裹防刮擦软性材料。

(3)钢锚梁系统安装过程中应注意对防腐涂装层进行保护,全塔钢锚梁系统安装完成后应对防腐涂装层进行检查,如有损坏及时修补。

(4)钢锚梁系统为分层式结构,在索塔施工时应注意对已安装的钢锚梁进行外观保护,如采取包彩条布等措施,防止二次污染其表面。

(5)不得在钢牛腿、钢锚梁上任意施焊。

(6)全桥合龙后,需对所有钢锚梁进行一次外观检查,如有污染或涂层损坏,要进行清洁和补涂层。

17.8　安全环保措施

(1)吊装工、焊工、电工、起重机司机必须经专门培训,持证上岗。

(2)吊装作业应指派专人统一指挥,并检查起重设备各部件的可靠性和安全性,应进行试吊。

(3)当遇雷雨、闪电、暴雨、6级以上大风时不得工作。

(4)工作时,照明必须充足,如有视线不清,禁止操作。停止工作时,必须将重物落地,不得将货物悬在空中。

(5)电焊机应安设在干燥、通风良好的地点,周围严禁存放易燃、易爆物品。焊接钢板时,施焊部位下面应垫石棉板或铁板。

(6)各种电器设备应配有专用开关,室外使用的开关、插座应外装防水箱并加锁,在操作处加设绝缘垫层。

(7)设备、材料和构件要求分类码放,堆放场地必须平整坚实,码放高度要执行有关规定,并有防护措施。

(8)吊装过程必须严格遵守高空作业安全规定。

(9)所有焊接、喷涂、打磨等施工作业的人员均应佩戴相应的防护用品,防止噪声、粉尘和强光对人体的伤害。

17.9　质量记录

(1)钢锚梁的产品合格证。

(2)材料供应商提供的钢材和其他材料的合格证及试验报告。

(3)超声波探伤报告、磁粉探伤报告、射线探伤报告及产品样板的试验报告。

(4)施工图、拼装简图、竣工图和设计变更文件，设计变更内容应在施工图中相应部位注明。

(5)焊缝检测报告，涂层检测资料。

(6)钢锚梁预拼装检查记录。

(7)钢锚梁整体检查记录。

(8)焊缝重大修补记录。

(9)钢锚梁吊装施工记录。

(10)隐蔽工程检查记录。

(11)工序质量检验评定。

18　斜拉索索导管安装施工工艺

18.1　总　则

18.1.1　适用范围

本工艺标准适用于各种类型的斜拉桥索塔和混凝土箱梁部位的索导管空间三维精确定位,特别适用于采用常规定位方法难以达到定位精度要求的大跨度斜拉桥工程测量施工。

18.1.2　编制参考标准及规范

(1)《公路桥涵施工技术规范》(JTG/T F50—2011)。
(2)《公路工程质量检验评定标准》(JTG F80/1—2017)。
(3)《工程测量规范》(GB 50026—2007)。

18.2　术　语

索导管:位于桥面或桥塔上的预留管道,便于斜拉索的安装与更换。

18.3　施工准备

18.3.1　技术准备

施工人员要熟悉图纸,对设计图纸提供的索导管参数进行复核,了解设计意图,并根据索导管的设计数据计算索导管定位时所需坐标数据,所有的计算数据必须2人以上独立计算,相互校核,确保计算数据的准确。也可根据图纸参数利用CAD制图软件精确绘制出索导管三维位置,直接利用其坐标查询功能查找测量点位坐标。在图纸复核和数据计算完成后,还要依据设计图纸,结合人员、仪器配置以及现场实际情况,按照索导管安装定位方案,进行技术交底后,才可以进行具体的索导管安装定位工作。

18.3.2　材料准备

(1)施工主材:索导管按要求检验合格。

（2）辅助材料：定位板。

18.3.3　机具准备（表18-1）

表18-1　主要机具表

序号	名称	规格型号	单位	数量	用途
1	全站仪	1 mm + 1 ppm, 0.5″	套	1	精确测量
2	定位板	专门设计加工	个	2	安装在导管上、下口，便于测量
3	短棱镜杆	专门设计加工	根	1	高空测量用

18.3.4　作业条件

（1）索塔劲性骨架安装就位。

（2）施工平台搭设就位。

（3）索导管吊装到位。

18.3.5　劳动力组织（表18-2）

表18-2　索导管安装劳动力组织

工种	人数/人	工作地点	职责范围
施工队长	1	整个施工现场	负责跟班组织导管安装工作
测量工	2	施工现场	负责导管的测量定位等
安全员	1	整个施工现场	负责跟班检查安全设施、安全措施的执行情况及安全教育工作，对安全生产负责
质检员	1	整个施工现场	负责跟班检查工程质量，组织各工种交接及质量保证措施的执行情况，对工程质量负责
安装工	2	施工现场	负责施工平台搭设、导管的吊装和焊接固定等

18.4　工艺设计和控制要求

18.4.1　技术要求

索导管安装时应避免与索塔钢筋交叉施工，以免产生干扰。

18.4.2　材料质量要求

（1）索导管定位板与导管中心线垂直。

(2)索导管表面不能有凹陷。

(3)钢管与定位板焊接时,定位板圆孔边缘不得露出导管内壁,保证内表面光滑。

18.4.3　环境要求

雨天和大风天气不宜安装索导管。

18.5　施工工艺

18.5.1　工艺流程

斜拉索索导管安装施工工艺流程图如图 18-1 所示。

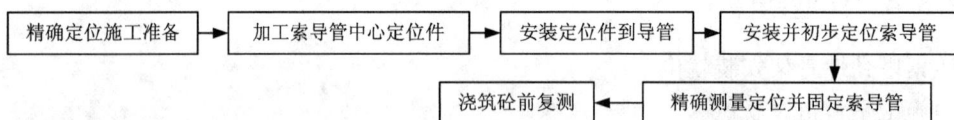

图 18-1　斜拉索索导管安装施工工艺流程图

18.5.2　操作工艺

(1)精确定位施工准备。

①控制网。

精确定位需要符合要求的首级控制网,而对于斜拉桥来讲,在施工之前,已建好测量控制网。如果在顺桥方向没有合适的测量点,则需要在塔柱的岸侧布设可以与塔柱索导管通视的控制点,用于斜拉索索导管的测量定位。

②全站仪。

由于索导管的允许精度为 5 mm,测量用电子全站仪采用瑞士徕卡 TC2002、TC2003 或 TCA2003,测量精度为测距 1 mm + 1 ppm,测角 0.5″。

(2)加工索导管中心定位件。

①定位板。

加工定位板 2 个,定位板采用 10 mm 厚度钢板加工而成,置于顶口的定位板采用比索导管直径稍小的圆形钢板,在圆心钻一个 1 mm 直径的小孔,便于架立测量棱镜杆,在底端的定位板加工成半圆板,在圆心处钻一个凹槽,便于架立测量棱镜杆。定位板示意见图 18-2。

②定位架。

依托索塔上的劲性骨架和塔柱钢筋,用手拉葫芦和角钢做成初步定位架,使索导管可以在大概位置初步调整定位。通过精确测量定位后,最终固定索导管。

(3)安装定位件到套管。

将上口的定位板直接安放到索导管上口,限位器卡在索导管口,并检查其安装是否稳固;用钢尺从上口精确测量一个固定尺寸到下口的坡口位置,将下口定位板点焊固定在索导

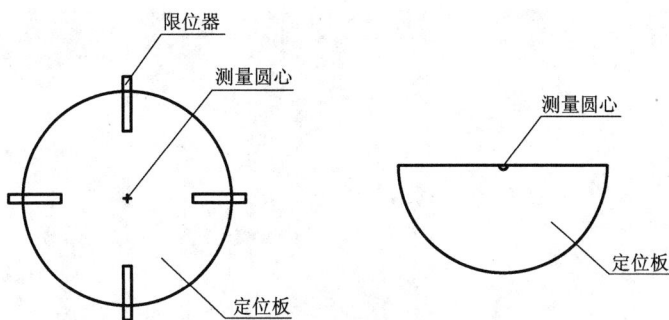

图 18 – 2　定位板示意图

管上，固定前用三角尺来确定定位板与索导管的垂直度。将上下定位板之间的距离用钢尺精确复核后报测量组，便于计算套管三维坐标。

（4）安装并初步定位索导管。

通过吊机将索导管起吊安装到塔柱上，根据塔柱上的已知标高和初步位置用钢尺测量，将钢套管初步定位。

（5）精确定位并固定钢套管（图 18 – 3）。

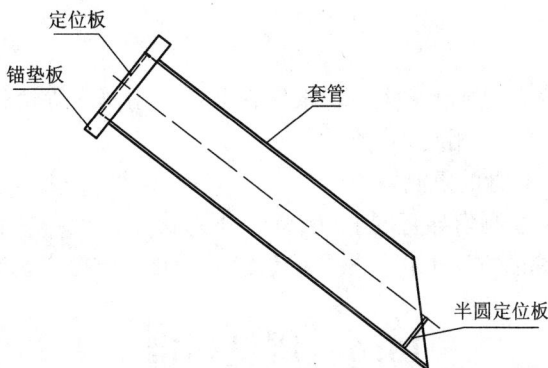

图 18 – 3　钢套管定位器

①控制网的布设加密。

在索塔和斜拉索索导管施工时，为了能精确测量定位索导管，需在索塔的岸侧和江侧加密布设测量控制点。索塔的岸侧控制点布设于岸上桥轴附近适当位置，索塔的江侧控制点布设在另一索塔的横梁或承台上或对岸的适当位置。并将增设的控制点纳入原控制网进行测量平差。

②定位板安装（图 18 – 4）。

将定位板的圆板安装在斜拉索索导管的顶口，使定位板表面与钢套管顶口重合，将半圆定位板安装在下口，要求和钢套管中心线垂直，从顶口测量两块定位板之间的距离，并根据设计提供的空间坐标计算两个圆心的空间三维坐标。

图 18 - 4　定位板安装

③索导管定位安装施工。

将安装有定位板的钢套管吊装到索塔上,用定位架初步将索导管进行定位。在晚上
21：00至次日凌晨6：00、温度恒定的时间对斜拉索索导管进行精确测量定位。采用高精度
的电子全站仪,用三维坐标法对斜拉索索导管管的上、下口中心进行测量,并通过手拉葫芦
等工具进行不断调整,直到使其误差在允许范围内。测量复核确认之后,将其固定在索塔劲
性骨架上。

④混凝土浇筑。

在其他工序完成、浇筑混凝土之前,将索导管上下口用海绵等堵住,防止混凝土进入管
内。混凝土浇筑工艺与常规的相同。

(6)混凝土浇筑前索导管的复测。

索塔混凝土浇筑前,复测索导管的上口中心,下口由于模板安装后不能通视,采用吊垂
球复核中心和钢尺量标高的方法进行复核。确认没有变化后方可浇筑混凝土。

18.6　质量标准

(1)通过对误差分析计算,可以得到索导管的定位精度分析：

①锚固点索导管的定位精度要求,锚固点三维坐标中误差的允许值

$$MX = MY = MZ = \Delta_{限}/2 = \pm 5 \text{ mm}$$

②索导管轴线定位的允许误差值

$$M\Delta X = M\Delta Y = M\Delta Z = \Delta D_{限}/2 = \pm 2.5 \text{ mm}$$

③实测锚固点索导管的定位精度分析。

根据测量误差精度分析,影响精度分析值较大的主要是测量距离的远近程度、测量仪器
的测距和测角精度、测量温度。索导管的自身加工误差对测量精度影响也很大。

④提高定位精度的措施与方法。

为了能使索导管的定位误差满足设计和规范要求,在定位时将测量仪器置于稳妥可靠的
适当距离(一般在600 m以内);采用高精度电子全站仪(测距 1 mm + 1 ppm,测角 0.5″);测

量时段选在温度恒定的晚上21：00至次日凌晨6：00；消除索导管加工误差影响，采用特殊装置直接测量索导管中心点。

⑤钢筋混凝土索塔斜拉索索导管的允许高程为±10 mm，轴线偏差为10 m，且要求两端同向。

斜拉桥索导管施工质量执行《公路工程质量检验评定标准》。索导管施工允许偏差见表18 - 3。

表18 - 3　斜拉桥索导管实测项目

项次	检查项目	规定值或允许偏差	检查方法和频率	权值
1	锚固点高程/mm	≤5 mm	水准仪或全站仪：每锚固点	1
2	孔道位置/mm	≤5 mm，且两端同向	尺量：每孔道	2

⑥斜拉索索导管加工及安装施工质量执行《公路工程质量检验评定标准》(JTG F80/1—2017)。

⑦测量定位需要执行《工程测量规范》(GB 50026—2007)和设计要求。

⑧定位板采用Q235钢板加工，按照比斜拉索索导管内径小2 mm尺寸在车间加工制作。

⑨安装斜拉索索导管下口的定位板时，定位板与索导管基本垂直时才能点焊固定，并用钢尺精确测量两块定位板的距离，推算下口定位板中心的三维设计坐标。

⑩测量用电子全站仪要求精度为测距1 mm + 1 ppm，测角0.5″。仪器要求在有相关资质的专业检测单位进行标定才能使用。

(2)电子全站仪及辅助工具的检校，应符合下列规定：

①新购置的仪器或大修后，应进行全面检校。

②测距使用的气象仪表，应送气象部门按有关规定检测。

③测量定位时必须在天气晴朗、风力不能超过4级并通视良好时进行。

④由于测量人员高空作业，常规棱镜杆不好操作，影响测量精度，因此加工了长度为40 cm的特制短棱镜杆代替常规的长棱镜杆进行测量。

18.7　成品保护

索导管安装完成后，要固定好、焊牢，注意后续工序中尽量不要搅动导管。

18.8　安全环保措施

(1)本工艺执行《建筑施工安全检查标准》(JGJ 59—2011)、《建筑施工高处作业安全技术规范》(JGJ 80—2016)、《建筑机械使用安全技术规程》(JGJ 33—2012)、《施工现场临时用电安全技术规范》(JGJ 46—2005)。

(2)施工现场要求符合高空作业的要求和条件，做好高空作业的各种防范措施。并按符合安全规定及安全施工要求进行布置，完善各种安全标识。

（3）在施工现场，往往高空交叉作业较多，因此操作前必须搭设好操作架，作业人员系好安全带。

（4）施工现场的临时用电严格按照《施工现场临时用电安全技术规范》的有关规定执行。

（5）索导管定位时，做记号用的油漆等必须注意不得随意摆放，防止四处流淌造成污染。

（6）在施工作业场所，注意不要将施工垃圾和生活垃圾随意丢弃，以免造成污染。焊渣、黄油、锈迹等施工完毕后及时清除。

18.9　质量记录

（1）测量定位记录表、测量复核记录表。

（2）索导管安装质检记录表。

19　平行钢丝斜拉索安装施工工艺

19.1　总则

19.1.1　适用范围

本工艺标准适用于各类跨径斜拉桥的平行钢丝斜拉索安装。

19.1.2　编制参考标准及规范

(1)《公路桥涵施工技术规范》(JTG/T F50—2011)。

(2)《公路工程质量检验评定标准》(JTG F80/1—2017)。

(3)《公路工程施工安全技术规范》(JTG F90—2015)。

(4)《钢结构工程施工质量验收规范》(GB 50205—2017)。

(5)《大跨度斜拉桥平行钢丝拉索》(JT/T 775—2016)。

19.2　术语

19.2.1　斜拉索总成

包含锚具、索体、密封防腐构件、附属件等在内的斜拉索总装件。

19.2.2　平行钢丝斜拉索

按照预定长度及规格要求,将确定根数的高强度镀锌钢丝紧密排列成截面呈正六边形或缺角六边形、经左旋轻度扭绞后包绕高强度聚酯纤维再挤压高强度聚乙烯(HDPE)护套的钢丝束。

19.2.3　斜拉索锚具

斜拉索索体与主梁及桥塔间的连接构件,斜拉索张力通过其传递给主梁或桥塔。

19.3 施工准备

19.3.1 技术准备

(1)组织审查设计图纸。

(2)编制斜拉索施工方案、吊装方案。

(3)由设计或监控单位根据设计、应力、线形要求确定斜拉索张拉力。

(4)进行技术交底。

19.3.2 材料准备

(1)主要结构材料：斜拉索、锚具等。

(2)主要施工材料：各类起吊设备、牵引设备的钢丝绳及辅助牵引的钢绞线牵引、张拉杆、反力架等。

19.3.3 机具准备

塔吊、放索盘、10 t 卷扬机、5 t 卷扬机、千斤顶、切割机、滑轮组、单门滑轮、手拉葫芦、牵引小车等(表 19-1)。

表 19-1 主要设备型号及数量统计表

序号	名称	单位	数量	备注
1	塔吊	台	1	
2	放索盘	个	4	
3	卷扬机	台	8	10 t 4 台、5 t 4 台
4	滑轮组	组	8	50 t 6 轮 4 组，30 t 4 轮 4 组
5	单门滑轮	个	10	与卷扬机配合使用
6	千斤顶	台	4	按设计要求配备
7	切割机	台	4	按设计要求配备
8	油泵车	台	6	与千斤顶配套
9	手拉葫芦	个	20	10 t、5 t、2 t 三种型号
10	滚轮	个	120	斜拉索在滚轮上牵引平移
11	电梯	台	1	人员及小型设备垂直运输

19.3.4 作业条件

(1)斜拉索经工厂加工完成并通过验收。

(2)已确定斜拉索的运输路线及索盘上桥方式，并完成相关水域的封航。

（3）塔吊完成试吊，卷扬机、滑轮组完成试运行，并满足使用要求。

（4）工作人员已经交底培训，持证上岗。

19.3.5　劳动力组织（表19－2）

表19－2　平行钢丝斜拉索施工劳动力组织

工种	人数/人	工作地点	职责范围
现场技术负责人	1	整个施工现场	负责整个过程施工技术问题
现场施工负责人	1	整个施工现场	负责跟班组织施工管理工作、协助总指挥等
技术员	2	钢箱梁吊装现场	负责跟班解决施工中的技术难题，跟班组织施工
安全员	1	整个施工现场	负责跟班检查安全设施、安全措施的执行情况及安全教育工作，对安全生产负责
质检员	1	整个施工现场	负责跟班检查工程质量，组织工序转换前的质量检查
电工	2	整个施工现场	负责现场施工用电机、用电设施的维护
塔吊工	1	塔吊司机	负责塔吊操作、吊装施工
吊装工	10	施工现场	负责所有吊装作业的实施
电焊工	1	施工现场	负责小型构件现场加工、焊接
卷扬机操作员	3	施工现场	负责卷扬机操作、斜拉索牵引
合计	23		

注：该表未计行政人员、后勤人员等。

19.4　工艺设计和控制要求

19.4.1　技术要求

（1）斜拉桥主梁的安装大多是在主塔完成后进行的，斜拉索的安装同时应根据主梁的总体施工方案确定，并在主梁相应节段施工完成后进行对应的斜拉索安装。

（2）每根索在张拉后都进行一次检测，视检测结果进行必要的索力调整，使斜拉索索力误差控制在设计允许范围内。调整索力时必须同时观测梁段控制点标高，使其标高误差在允许范围内；同时对索塔和相应梁段进行应力测试，并对索塔位移进行观测。

（3）全桥合龙后，若需调整索力，则按施工控制单位和监理工程师指令进行索力调整，然后在拉索与锚管间安装减振装置。减振器一般为高阻尼橡胶制品，安装时使减振器的减振环与拉索外圈和锚筒管的内圈紧密结合在一起，以保证其起到相应的效果。

（4）施工前，应对斜拉索安装牵引索力进行计算，确定牵引头的构成，强度应满足要求；同时，施工过程中所用的工具设备在加工制作前必须经过严格的受力分析与计算。

19.4.2 材料质量要求

(1)钢丝绳:质量品种、规格必须符合设计要求和现行国家标准的规定,有质量证明书、试验报告单,进厂后做质量检查,合格后方可使用。

(2)吊点抱箍:抱箍应有足够的长度,其夹紧用的螺栓应有足够的强度,拧紧后应使抱箍与斜拉索之间(垫有橡胶皮)产生足够的摩擦力,以防止抱箍受力后产生滑移。

19.4.3 职业健康安全要求

(1)高处作业人员、特种机械操作人员必须经过专业的技术培训及专业考试合格,持证上岗,并必须定期进行体格检查。

(2)严禁患有恐高症的人员从事高处作业。

19.5 施工工艺

19.5.1 工艺流程

平行钢丝斜拉索安装施工工艺图如图 19-1 所示。

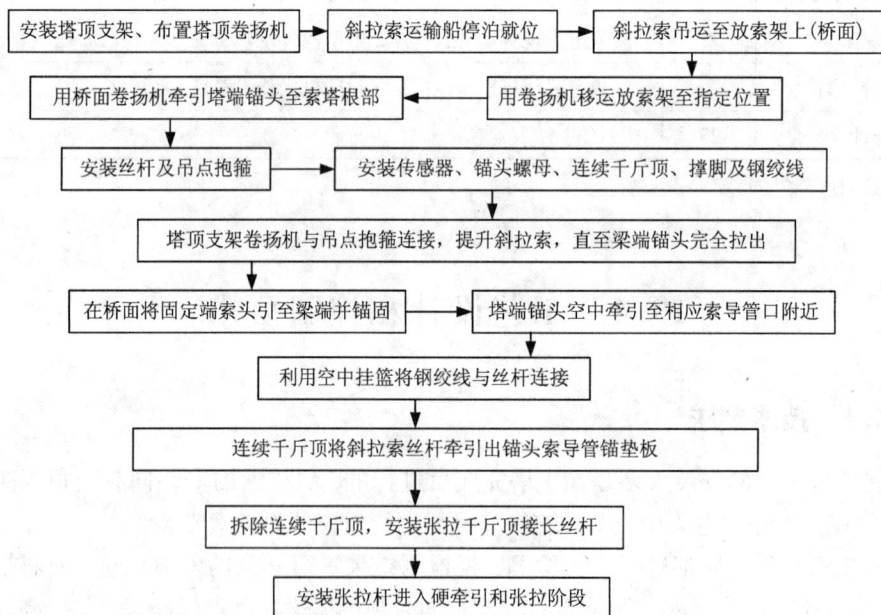

图 19-1 平行钢丝斜拉索安装施工工艺图

19.5.2 操作工艺

(1)挂索方案的选择。

斜拉索是斜拉桥上部结构连接塔、梁的构件，它将主梁上的荷载传给主塔，与塔、梁的连接受它们的结构特点影响，挂索方法一般服从于全桥上部结构施工的总体方案和步骤安排。除塔、梁同步作业的情况外，原则上斜拉桥主梁的安装应该是在主塔完成后进行的，斜拉索的安装一般是与主梁施工同步进行，挂索方法主要受主梁施工方案的影响。不同结构形式的主梁有各自不同的施工方法，对挂索施工有不同的要求。

因此，挂索只能根据主梁施工的总体要求来选择其施工方案。斜拉索锚固于塔、梁上，为满足斜拉索的锚固和安装要求，塔、梁锚点处需提供一定的安装及操作净空。但有时因结构构造的原因，施工净空受到限制或一端根本无法提供施工操作条件时，则挂索方法就需根据实际情况进行调整，选择合适的挂索设备来满足施工要求，并解决结构尺寸条件的限制，取得尽可能高的使用效率。

常用的挂索施工方案：

①塔端软牵引＋硬牵引＋硬张拉。

此法施工方法简明，挂索设计也相对较简单，常用于主梁为预制安装或梁端没有操作条件而塔端有操作净空的斜拉桥，以及中、小跨径斜拉桥。一般情况下，为获得较高的施工效率，塔端需安装大吨位的电动卷扬机、滑车组和张拉设备等。同时，为提供施工方便，塔上还需安装临时牵引锚固件、转向滑轮、脚手架等一系列施工辅助件。施工作业大多在塔上进行，高空作业较多，且安全风险较大。

挂设原则是：先利用塔上起吊设备将斜拉索锚头提升到距塔上索道管一定高度，再将梁端斜拉索锚头安装到位，最后塔端锚头利用软、硬牵引装置牵引到位。

工艺流程如图 19－2 所示。

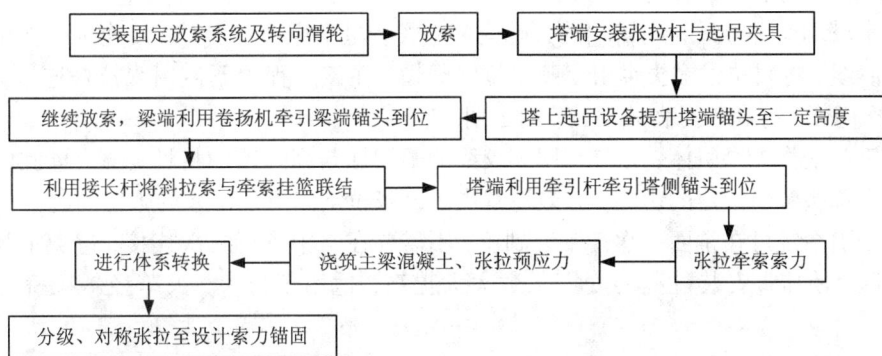

图 19－2　塔端软牵引＋硬牵引＋硬张拉工艺流程图

②梁端软牵引＋硬牵引＋硬张拉。

此法适用于主梁采用支架法或挂篮悬浇法施工且塔端没有足够的操作净空的情况。因主要的施工作业是在梁面或梁端施工平台上完成，故作业条件相对较好，而塔端也只需布置较简易的辅助设备。大部分牵引、张拉及相应的辅助设备安装在宽松的梁面或作业平台上，施工的安全性大大提高。此外，因低吨位的牵引在梁端进行，可适当放宽对卷扬机的能力要求。适用于特大、大跨径斜拉桥。

挂设原则是：先挂塔端，利用塔上起吊设备使斜拉索锚头在塔端锚固板上戴上螺母，再挂斜拉索梁端，梁端斜拉索锚头上安装好张拉杆及牵引杆，通过牵引杆分步牵引斜拉索安装到位。

工艺流程如图19-3所示。

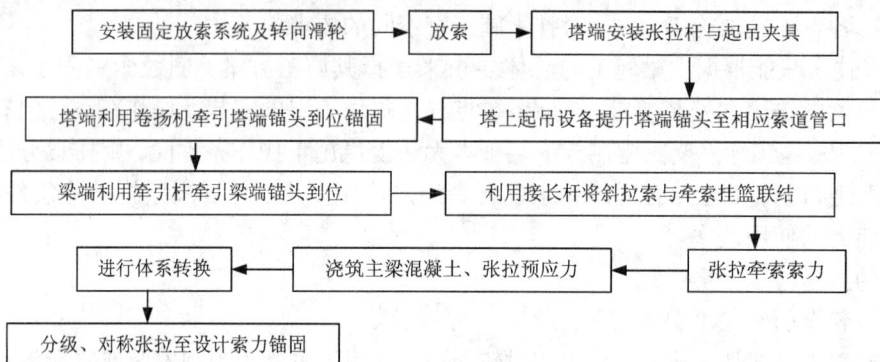

```
┌──────────────────────┐   ┌──────┐   ┌──────────────────────┐
│安装固定放索系统及转向滑轮│──▶│ 放索 │──▶│塔端安装张拉杆与起吊夹具│
└──────────────────────┘   └──────┘   └──────────┬───────────┘
                                                  │
┌──────────────────────────┐   ┌──────────────────▼───────────┐
│塔端利用卷扬机牵引塔端锚头到位锚固│◀──│塔上起吊设备提升塔端锚头至相应索道管口│
└────────────┬─────────────┘   └──────────────────────────────┘
             │
┌────────────▼──────────────┐   ┌──────────────────────────┐
│梁端利用牵引杆牵引梁端锚头到位│──▶│利用接长杆将斜拉索与牵索挂篮联结│
└──────────────────────────┘   └──────────────┬───────────┘
                                              │
┌────────────┐   ┌──────────────────┐   ┌─────▼──────┐
│进行体系转换│◀──│浇筑主梁混凝土、张拉预应力│◀──│张拉牵索索力│
└─────┬──────┘   └──────────────────┘   └────────────┘
      │
┌─────▼──────────────────┐
│分级、对称张拉至设计索力锚固│
└────────────────────────┘
```

图19-3　梁端软牵引+硬牵引+硬张拉

③塔端全软牵引张拉法

此法是塔顶卷扬机牵引丝在桥面直接与软牵引系统连接，直接将斜拉索锚头牵引至戴帽位置后安装锚固螺帽。即先将斜拉索牵引端工具锚牵引至塔内行星千斤顶内，用夹片锁定钢绞线后再安装梁端锚头，然后利用塔端内的大吨位穿心式行星千斤顶牵引直接连接于斜拉索塔端锚头的钢绞线，将斜拉索锚头牵引至戴帽位置戴帽，再换用高压小流量油泵进行张拉操作，一次安装完成全部牵引及张拉工序。

全软牵塔端安装方式利用塔端的大吨位穿心式行星千斤顶牵引，直接连接于斜拉索塔端锚头的钢绞线，将斜拉索锚头牵引至戴帽位置戴帽，在该过程中不使用张拉杆连接，使工艺简化、操作简便，有利于提高效率、节约工期。

采用钢绞线作为牵引体，充分利用钢绞线的柔韧性与高强度的特性；解决塔腔内净空不够对斜拉索锚头牵引锁定的影响，有效地解决了因张拉空间不足带来的施工问题。

全软牵引系统可在桥面一次性安装到位，不需要在空中进行二次连接，避免了张拉杆易折断的风险，使挂索安装过程的安全系数大大提高，适用于特大、大跨径斜拉桥的斜拉索安装。

（2）斜拉索牵引方法选择。

斜拉索挂设指在现场进行放索、牵引、安装的全过程，具有所需起吊设备大、牵引力大、牵引距离长、机械设备多等特点。因此，要根据设计要求和施工条件选择牵引方法。

通常采用的牵引方法有卷扬机牵引法、辅助设施牵引法、软牵引法、硬牵引法等。

1）卷扬机牵引法。

斜拉索所需牵力较小时，可直接采用卷扬机牵引，分为塔端和梁端牵引两种：

①塔端采取索塔施工时的提升吊机，用特制的扁担梁捆扎斜拉索起吊。斜拉索前端由索塔索道管内伸出的塔顶大吨位的卷扬机钢丝绳作为牵引索引入索塔索道管内。

②梁端采取在梁上放置转向滑轮的方法，牵引绳从索管道中伸出，用吊机将索吊起后，随锚头逐渐地由大吨位的卷扬机牵入索道管，缓慢放下吊钩，向索道管口平移，直至将锚头

穿入索道管内。

2）辅助设施牵引法。

在索塔上部安装一根斜向悬索作为导索。当斜拉索上桥后，前端拴上牵引索，在导索上每隔一段距离设置一个吊点，吊起斜拉索，使斜拉索沿导索运动，将牵引索从预穿索道管中引出即可。因吊点较多，易保持斜拉索大致呈直线状态，两端无须用大吨位千斤顶牵引。

3）软牵引法。

采用钢绞线做牵引杆接长斜拉索，用穿心式行星千斤顶将斜拉索锚具牵引至张拉锚固面。

4）硬牵引法。

根据需要硬牵引的长度确定张拉杆长度，若需张拉杆太长时可加刚性张拉接长杆。接长杆可采用多根 50 cm 左右长度的短拉杆连接而成，与主拉杆连接后，使其总长度满足牵引长度。利用千斤顶多次运动，逐渐将张拉端拉出锚固面，并逐根拆掉多余的短拉杆，安装锚固螺母。

5）分步牵引法。

根据斜拉索在安装过程中索力递增的特点，而分别采用不同的工具，将斜拉索安装到位。首先用大吨位的卷扬机将斜拉索一端拉至锚固面，然后用穿心式张拉千斤顶将斜拉索另一端先软牵引再硬牵引至张拉锚固面。该牵引法在大多数斜拉桥中采用，方便可靠。

（3）斜拉索起吊、运输、放索。

1）斜拉索起吊上桥。

斜拉索在工厂生产及检验后卷盘成型，经运输汽车或驳船运至工地。整盘起吊上桥，运至放索点放索支架上放索。斜拉索起吊设备吊重应大于斜拉索加索盘的重量，斜拉索越重，所需的提升及梁上运输设备的能力也就越大。一般选用 10 ~ 16 t 塔式吊机辅助塔端挂索，对于小于塔式吊机起吊能力的轻索，直接用塔式吊机起吊上桥；对于大于塔式吊机起吊能力的重索，设置龙门吊机等起吊设备。

也可采用将上索、放索、移索结合的做法，即在桥下放索的同时，提升斜拉索的一端上桥，到梁面经防护设施转向水平牵引，将索平铺在梁面放索道上水平拖动，直至整根斜拉索上桥并移动到位。

2）塔端索头起吊。

短索施工时，由于展索空间的限制，索盘起吊后搁置于塔根箱梁顶面，索盘将索放出；对于自身成盘的索，则需设置一个水平转盘，将索盘放在转盘上，边转动边将索放出。

塔端挂索在自由状态单点起吊索头时，随着起吊高度增加，水平力逐渐加大，为此不宜直接用塔式吊机挂索，应在塔顶设置吊索膺架及滑轮组作为挂索的上吊点，挂索时，在待挂索的上一层索道管口设转向滑轮或定滑轮，调整牵引方向将斜拉索向管口方向牵引。斜拉索起吊时牵引示意见图 19 – 4。

3）梁上放索设备（图 19 – 5）。

通常采用在梁上铺设放索滑道，安装放索支架，利用卷扬机、滑轮组等完成。在放索过程中，由于一端有较重的锚头盘在索盘的外侧，使放索盘偏心，加上索盘自身的弹性和牵引产生的偏心力，会使转盘转动时产生加速，导致散盘，容易损坏斜拉索保护层，危及施工人员安全，所以，对转盘要设刹车装置，或者以钢丝绳作尾索，用卷扬机控制放索。

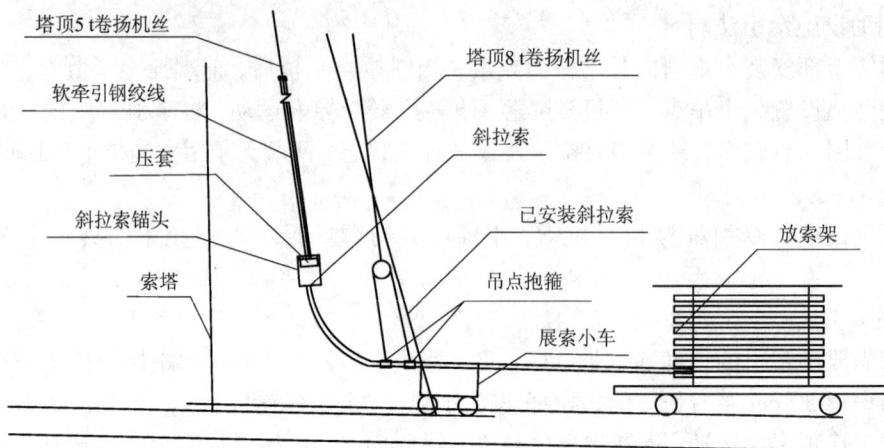

图 19 - 4　斜拉索起吊时牵引示意图

在放索和安索过程中，由于索自身弯曲，或者与桥面直接接触，斜拉索在移动中可能损坏其 PE 防护层或损伤索股。为避免此情况的发生，应采取以下方法：

①铺设地毯或厚棉垫，将挂设的斜拉索放在地毯或厚棉垫上。

②在桥面设置一条三向限位橡胶滚轮滑道，当索放出后，沿滚筒运动；或每隔 2 m 左右用 1 台承索小车来载索移动。

③梁面上铺设锚头小车限位走道，索锚头用锚头小车支承移动。

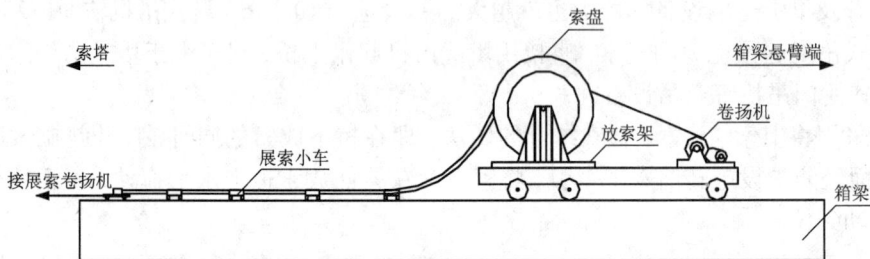

图 19 - 5　梁上放索示意图

4）梁端索头起吊。

利用 16 ~ 25 t 汽车吊机或设置简易吊架起吊梁端锚头、辅助梁端挂索。

5）操作平台。

无论采取哪种挂索方法，为方便将斜拉索牵引入塔端导管，可在塔顶设置吊架形成操作平台。塔顶吊架一般采用型钢组焊成三角形式，可满足起吊空间的要求。

当采取梁端张拉时，梁下牵索挂篮上应设置梁端挂索操作平台。塔顶吊架及卷扬机布置见图 19 - 6。

（4）斜拉索挂设。

1）挂设前准备工作。

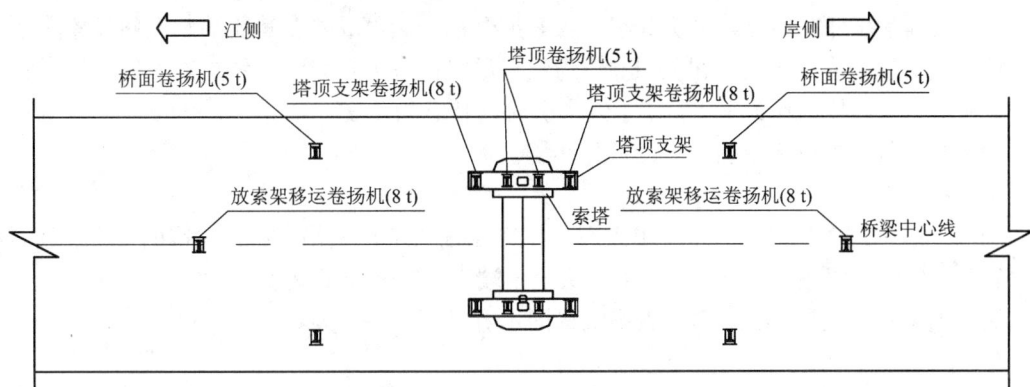

图 19-6　塔顶吊架及卷扬机布置图

　　①斜拉索挂设时极易因位置偏差而造成锚头外丝扣和 PE 保护层损伤，斜拉索张拉时因锚头与孔壁摩擦，极易使张拉吨位失准。故斜拉索挂设前，要对塔、梁索道管进行检查，对管道内粘着的水泥砂浆块、钢管接头不齐及焊渣、毛刺等要打平磨光，采用特制探孔器检查管道有无变形。

　　②斜拉索挂设前，应预先测定锚头安装位置，并在上、下端管进口的锚下垫板上放出管道十字中心线，做好标记，以便控制斜拉索和张拉千斤顶位置居中，不与预埋索道管接触。

　　③斜拉索挂设前，应安装好塔、梁挂设操作平台，保证操作安全可靠。操作平台还应采取加固保险措施，加设安全人梯、安全通道及栏杆。

　　④斜拉索挂设前，应安装好塔顶吊索膺架，吊架及其滑轮组吊点应保证安全可靠。滑轮组的卷扬机稳固安装在塔柱支架上。

　　⑤斜拉索挂设前，宜在塔上待挂索索道管塔外壁入口处安装挂索导向装置，使索锚头和斜拉索进索道管时不受损伤。

　　⑥斜拉索挂设前，在塔端或梁端安装待挂索索道管的转向滑轮并穿好引索钢丝绳，转向滑轮应固定牢靠。钢绞线软牵引设备按图安装就位，软牵引上的钢绞线挤压锚应逐根做拉力试验。

　　⑦梁面上应安装放索支承滚筒及锚头小车，以防护斜拉索。支承滚筒应采取措施与梁面间隔固定且抄平。梁上卷扬机按要求设置并固定。

　　⑧准备好张拉千斤顶、调索千斤顶、千斤顶撑脚、张拉杆、张拉杆螺母、过渡套、吊具及软牵引设备并做好标定。根据索头钢护套直径及索直径，准备各种吊索夹箍。

　　2）安装张拉杆与起吊夹具。

　　①一些斜拉桥的斜拉索固定端没有连接外接张拉杆的内螺纹，不能装张拉杆，故张拉杆安装在斜拉索张拉端。还有一些斜拉桥的斜拉索两端锚头均按张拉端设计，为牵引方便及调索需要，两端均可安装张拉杆。

　　②放索后，塔端斜拉索锚头提升前，先在该端锚头装上张拉杆，拧入设计深度，并在其前端装上斜拉索牵引锚座；同时，在该端锚头钢护套及斜拉索上分别安装起吊夹具或软吊点，作为塔顶滑轮组及高塔吊的提升吊点。

245

③梁端斜拉索锚头用张拉杆与牵索挂篮接长杆联结形成牵索，因牵索挂篮的弧形纵梁内净空小，该端张拉杆在斜拉索锚头提起进入索道管前安装好，并在其前端装上斜拉索牵引锚座在该端锚头钢护套上安装起吊夹具，作为汽车吊机的提升吊点，在斜拉索上安装滚动吊点装置，利用挂篮后挂钩作为吊点，便于索牵引时调整索的角度。

4）先挂梁端，再塔端牵引挂设的操作步骤。

①塔端索头提升。

利用高塔吊或塔顶滑轮组采用单点起吊将塔端锚头抽出起吊，随着大钩的提升，放索盘徐徐转动，将斜拉索放出，起吊斜拉索锚头至梁端安装前要求的高度。

②梁端索锚头安装到位，斜拉索梁端锚固示意见图19-7。

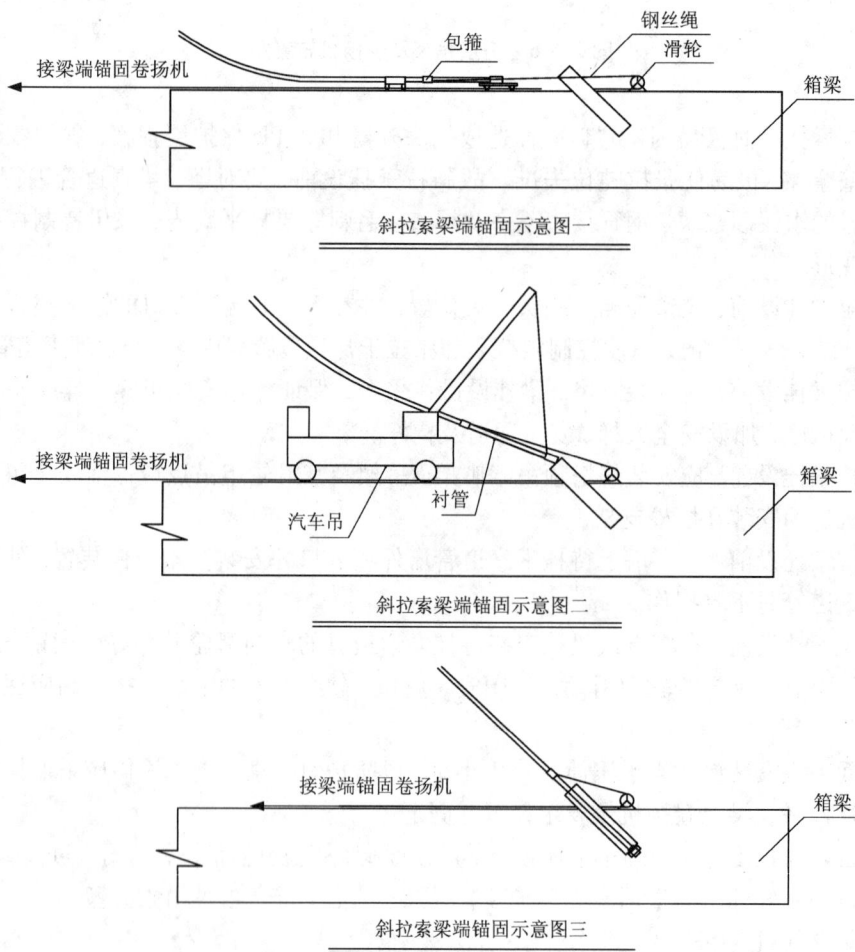

接梁端锚固卷扬机　包箍　钢丝绳　滑轮　箱梁

斜拉索梁端锚固示意图一

接梁端锚固卷扬机　汽车吊　衬管　箱梁

斜拉索梁端锚固示意图二

接梁端锚固卷扬机　箱梁

斜拉索梁端锚固示意图三

图19-7　斜拉索梁端锚固示意图

塔端索头提升到位后，用吊机将余下斜拉索盘起吊翻身，使另一端锚头翻在剩余斜拉索最上层。抽出锚头放在锚头小车上，用设在已浇筑混凝土梁段前端的卷扬机通过正对索道管的转向滑轮将锚头沿放索滑道徐徐向梁端牵行。当锚头拉至已浇筑混凝土梁段前端时，将穿过梁上索道管的卷扬机钢丝绳与斜拉索锚头连好,用汽车吊机或挂篮后挂钩吊点辅助提起斜拉索,调整方向,使锚头对准斜拉索管。然后开动卷扬机,逐步将斜拉索下端拉入索道管之中,直至将梁端索锚头按照设计长度拉出锚板,戴上螺帽并固定。

梁端索锚头到位后,拆除卷扬机钢丝绳,与牵索挂篮接长杆连好,将斜拉索与牵索挂篮联结。

③塔端牵引作业。

梁端安装完毕后,开始进行塔端牵引作业,施工方法:

开动塔顶滑轮组,继续提升索头至塔外操作平台,挂设塔外倒链,然后空中对接,从管道内引出的塔顶卷扬机钢丝绳作为牵引绳,用倒链和卷扬机钢丝绳转换吊索位置,调整斜拉索前端位置,使张拉杆和锚头对准索道管进口,开动卷扬机将张拉杆拉至能在斜拉索张拉千斤顶后戴上螺帽后,用锁紧螺母在斜拉索锚固螺母后锁紧张拉杆,拆除牵引锚座及钢丝绳,在斜拉索千斤顶后安装相应的张拉杆螺母锚固张拉杆,再用斜拉索张拉千斤顶硬牵引,直至将斜拉索索头拉到牵索张拉前状态,锚固后完成塔端挂设。斜拉索塔端牵引示意见图19-8。

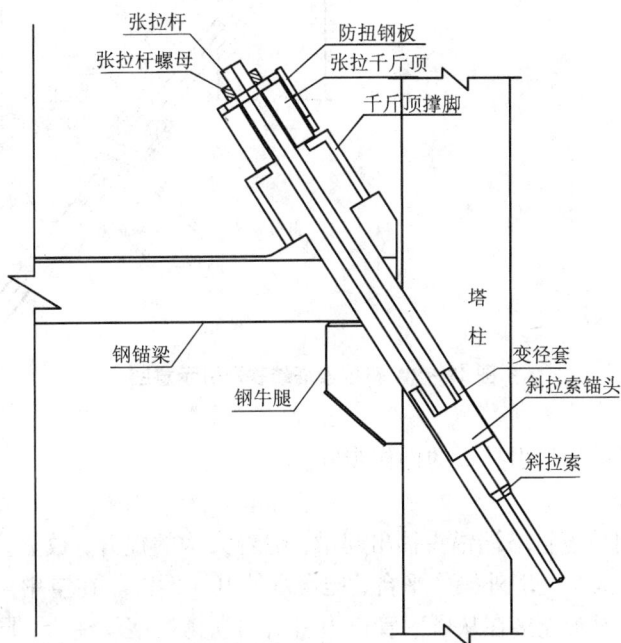

图 19-8 斜拉索塔端牵引示意图

对于较长的拉索,当塔内空间限制而难以利用张拉杆进行牵引张拉时,可采取软牵引法进行,施工方法:

开动塔顶滑轮组,继续提升索头至塔外操作平台,挂设塔外倒链,然后安装软牵引设施,同时收紧塔顶滑轮组钢丝绳和卷扬机钢丝绳,将已穿出索道管的软牵引钢绞线与安装在索张拉杆头的软牵引锚座相连,调匀钢绞线内力后放松滑轮组,拆除卷扬机钢丝绳,将拉力转换给软牵引钢绞线即可进行软牵引张拉。此时塔外倒链和滑轮组钢丝绳辅助作业,小吨位千斤顶循环作业将张拉杆拉出斜拉索张拉千斤顶能戴上螺帽后,用锁紧螺母在斜拉索锚固螺母后锁紧张拉杆，拆除软牵引设施，在斜拉索千斤顶后安装相应的张拉杆螺母锚固张拉杆，再用斜拉索张拉千斤顶硬牵引，直至将斜拉索索头拉到牵索张拉前状态，锚固后完成塔端挂设。斜拉索塔端牵引挂设完毕状态见图 19 - 9。

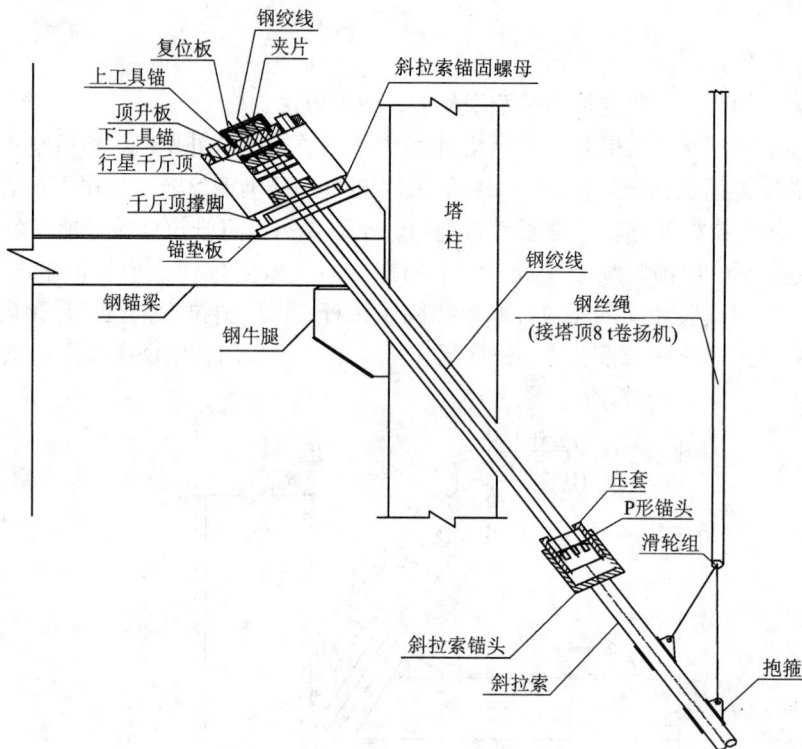

图 19 - 9　斜拉索塔端软牵引示意图

4) 先挂塔端，再梁端牵引挂设的操作步骤。

① 塔端索头提升。

利用高塔吊采用单点将塔端锚头抽出起吊，随着大钩的提升，放索盘徐徐转动，将斜拉索放出，起吊斜拉索锚头至塔外操作平台，挂设塔外 10 t 倒链。在空中用塔顶滑轮组吊点转换高塔吊吊点，并将索头连接在从塔索管道内引出的卷扬机钢丝绳上，同时收紧塔顶滑轮组钢丝绳和卷扬机钢丝绳，调整斜拉索前端位置，使张拉杆和锚头对准索道管进口。

② 塔端锚头安装到位。

开动卷扬机，逐渐把斜拉索锚头按照设计长度引出锚垫板外设计位置，带上斜拉索锚固螺母并固定。

③ 梁端牵引作业。

塔端索头提升到位后，用吊机将余下斜拉索盘起吊翻身，使另一端锚头翻在剩余斜拉索最上层。抽出锚头放在锚头小车上，用设在已浇筑混凝土梁段前端的卷扬机通过正对索道管的转向滑轮将锚头沿放索滑道徐徐向梁端牵行。当锚头拉至已浇筑混凝土梁段前端时，安装张拉杆，并将牵引杆穿过索道管、张拉千斤顶与斜拉索张拉杆头连好，用汽车吊机或挂篮后挂钩吊点辅助提起梁端索头，调整方向，使锚头对准斜拉索道管。梁端牵引作业分为短索和中、长索两种施工方法。

短索牵引拉力小，牵引杆可直接采用卷扬机钢丝绳，操作步骤为：开动卷扬机将张拉杆拉至设在牵索挂篮上的斜拉索张拉千斤顶后并戴上螺帽后，在斜拉索千斤顶后安装相应的张拉杆螺母锚固张拉杆，拆除牵引锚座及钢丝绳，再用斜拉索张拉千斤顶硬牵引，直至与牵索挂篮接长杆连好，将斜拉索与牵索挂篮联结，完成梁端挂设。

中、长索牵引拉力大，采用软牵引，操作步骤为：将已穿出索道管的软牵引钢绞线与安装在索张拉杆头的软牵引锚座相连，调匀钢绞线内力，将拉力转换给软牵引钢绞线即可进行软牵引张拉，此时挂篮后挂钩吊点辅助作业，小吨位千斤顶循环作业，将张拉杆拉出设在牵索挂篮上的斜拉索张拉千斤顶并能戴上螺帽后，在斜拉索千斤顶后安装相应的张拉杆螺母锚固张拉杆，拆除软牵引设施，再用斜拉索张拉千斤顶硬牵引，直至与牵索挂篮接长杆连好，将斜拉索与牵索挂篮联结，完成梁端挂设。斜拉索梁端牵引挂设完毕状态见图 19-10。

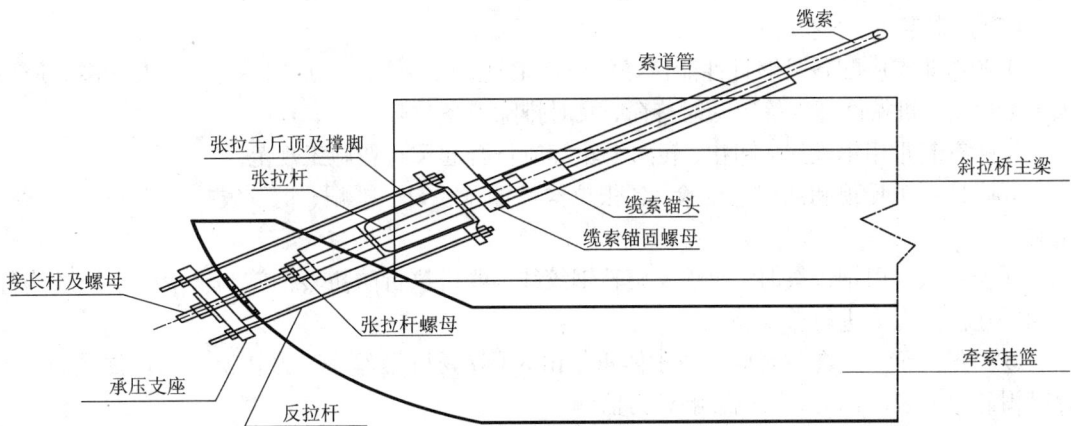

图 19-10　斜拉索塔端锚固示意图

5）临时抗振措施。

在主梁施工过程中，斜拉索的风振非常明显，直接影响主梁施工时的线形控制及施工质量，因此，施工过程中，在斜拉索下端与主梁之间设置临时减振装置。在索力检测时需拆除临时减振装置，检测完成后立即安装。成桥后安装永久减振阻尼器。斜拉索临时减振装置见图 19-11。

张拉在索塔内进行，油压表采用 0.4 级精度表。斜拉索锚头被牵引到位后，戴好拉索锚固螺母。行星千斤顶退顶、拆除软牵引设备。安装张拉千斤顶、变径套、张拉杆，戴好张拉千斤顶上端丝杆螺母。为防止斜拉索张拉时千斤顶油缸转动，在张拉千斤顶与张拉丝杆间安装防扭钢板。

根据钢箱梁悬臂端的荷载状态，斜拉索正式张拉分两次。张拉吨位由监控单位与设计单位提供。前后两次都必须同号四根斜拉索同时对称张拉，以防止索塔承受过大的弯曲应力。在张拉设备安装好以及钢箱梁焊接完成后，进行第一次张拉。为了减少温度、日照对张拉和梁体标高的影响，斜拉索第二次张拉一般在日落后 3 h 至第二天日出之前 1 h 进行。张拉过

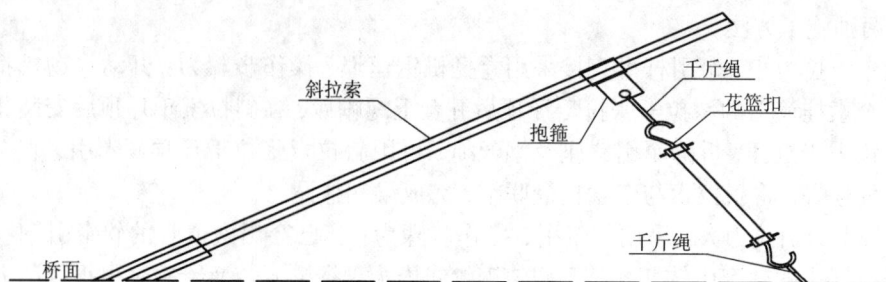

图 19 – 11　斜拉索临时减振装置

程中采取分级张拉形式,以每 10 t 为一级缓慢进行,并做好张拉记录。在张拉过程中,要不断拧紧斜拉索的锚固螺帽,防止千斤顶回油时,斜拉索产生冲击,损坏千斤顶和油泵。同时观察油压表读数,使两者基本保持一致,如果两者相差较大,应立即停止张拉并分析原因。

（5）挂索牵引、张拉操作要点:

①各作业点应配备足够且性能良好的通信工具,由专人统一指挥,实行专人专岗。应急人员如电工、机械修理工等应随时待命,及时排除设备故障。

②所有起重用钢丝绳、卸扣、转向滑轮等应符合起重行业施工规范。

③张拉用千斤顶和油表应校验,各张拉构件如张拉杆、螺帽、钢绞线挤压头等应做试拉试验。

④安装软牵引钢绞线时,应正反旋转钢绞线,严格执行防扭转措施。软牵引系统各构件之间的连接由专人进行检查验收。

⑤当张拉到一定吨位时应注意索体重量由 8 t 卷扬机钢丝绳受力转换为千斤顶受力,主提升滑轮组应及时卸力,以免影响索力监测。

⑥当软牵引将拉索冷铸锚头伸出锚垫板时,旋入预置在锚垫板上的拉索螺帽,并随着锚头的拉入及时下旋螺帽,减少风险。在拆除软牵引前至少保证旋入 5 圈螺牙。

⑦记录千斤顶油表读数,换算成索力值后校验表中数值,若有较大的偏差要及时调整。张拉记录能为后续的拉索安装提供参考。

⑧牵引用的钢绞线每次要进行仔细的检查,如有变形、损伤或夹痕过深要及时更换。

（6）索力控制。

①斜拉桥合龙前主梁呈双悬臂状态,施工以主梁线形控制为主,索力、线形双控;合龙后主梁已形成多跨连续梁,施工以索力控制为准。

②斜拉索索力的控制步骤按监控要求办理,宜采用"分次张拉,逐步到位"的方法。

③主梁施工过程中斜拉索张拉索力以千斤顶读数值控制,调索索力以斜拉索伸长值控制。各斜拉索张拉精度达到设计索力的 ±2% 以内。

④节段施工过程中应不断监控索力的变化,加强索力测试工作。每一节段完成后,各阶段索力值应及时汇总整理上报监控单位,便于对下一节段索力进行综合分析,确定调整措施和下一节段的立模高程。

⑤当斜拉桥主梁为悬浇混凝土箱梁时,主梁悬浇施工期间,为保证结构安全,要求主梁双悬臂对称施工状态下两侧已浇梁体重量差应逐块调整。两侧梁体按竣工截面计算的重量差

以及按入模混凝土数量统计的累计重量差均不得超过2%。

⑥索力测试是为了在主梁节段施工中监控索力的变化，必须根据监控要求严格进行。一般在拉索锚具与锚垫板设置压力传感器，实时监测索力。在边、中跨合龙前后以及二期恒载安装以后进行全面调索时，均需测定全桥索力。

⑦混凝土主梁斜拉桥斜拉索施工时，一般在一个节段混凝土浇筑过程中会对前一节段索力造成影响，需对前一节段索力进行调整。在边、中跨合龙前后以及二期恒载安装以后，需进行全面调索。施工过程中索力超过设计规定，也应进行索力调整。具体调索数量应严格按照监控要求执行。

（7）索力调整。

①遵循原则：调整后索力满足设计或规范要求。

②调索前将张拉千斤顶和配套油泵进行标定。对预计的调整值划分级次，根据标定得出的张拉值和油表读数之间的直线式：$Y = aX + b$（Y为油表读数，X为张拉力；a，b为由统计计算得出的常数），计算并列出每级张拉值和相应的油表读数。对索力检测仪器也应进行标定。

③调索前计算各级调整值并列出相应的伸长量。

④调索前做好索力检测和其他各种观测的准备工作。索力检测采用测量张拉杆拉力的方式，在张拉杆后螺母间安装穿心式压力传感器测量张拉力。

⑤调索按预定级次的相应张拉力，通过电动油泵进油或回油逐级调整索力。如果是降低索力，则先进油拉动斜拉索，使锚环能够松动，在旋开锚环后可回油使斜拉索索力降低。在调索过程中，如千斤顶达到行程允许伸长量，即可将斜拉索锚头的锚环旋紧，使其临时支承于锚固支承面上，这时千斤顶可回油并进行下一行程的张拉。如果调索是在斜拉索锚头还未牵出其锚固面的情况下进行，则由支撑在锚环上的张拉杆前螺母临时锚固。

⑥调索工作宜选择阴天或早晨进行。

19.6　质量标准

19.6.1　工程质量控制标准

（1）拉索张拉的顺序、级次数和量值应按设计规定执行。应以振动频率计测定的索力或油压表量值为准，以伸长值作校核。

（2）索塔顺桥向两侧的拉索（组）和横桥向对称的拉索（组）必须对称同步张拉。同步张拉时索力相差值不得超出设计规定。两侧不对称或设计拉力不同的拉索，应按设计规定的索力分级同步张拉，各千斤顶同步之差不得大于油表读数的最小分格，索力终值误差小于±2%。

（3）拉索张拉完成后，悬臂施工跨中合龙后，每组及每索的拉力误差超过设计（或监控单位提供）规定时应进行调整，调整时可从超过设计索力最大或最小的拉索开始（放或拉），直到调至设计（或监控单位提供）索力。

19.6.2　质量保证措施

（1）斜拉索进场时进行外观质量检查。

(2)吊装斜拉索时使用专用吊带,展索时桥面小车上垫置土工布或橡胶皮。

(3)张拉用的拉杆、变径套、张拉螺母、钢绞线、挤压 P 形锚头等应进行试拉试验。

(4)严格按照施工组织设计、技术方案进行施工,保证施工质量。

(5)实行、坚持技术交底制度,使所有施工人员掌握技术要领和质量要求。

(6)按三阶段控制即事前预防、事中保证、事后检查方式来控制施工质量。

(7)按自检互检、专职检查、配合监理工程师验收检查的三级质检体系,进行施工质量控制。

(8)明确质量标准,采用科学、先进的质量检验方法和先进的质检手段进行质检工作。

(9)严格按照质检制度和质检程序控制工程质量。

19.7 成品保护

(1)斜拉索包装时采取盘装,避免了圈装时放索施工过程中斜拉索与放索盘间的摩擦对斜拉索护套及螺旋线造成磨损。

(2)斜拉索牵引小车采取下设滚轮形式,使斜拉索与小车间不产生位移,同时在斜拉索与小车间利用木槽隔开。

(3)斜拉索施工时注意不要对成品有磕、碰、刮、划等硬接触。

(4)油漆作业时注意盛油漆的容器不要歪倒或泼洒在成品上。

(5)机械作业时注意避免油污(如黄油、千斤顶油泵、油管等)污染成品,作业前应对机械(如千斤顶、油泵等)进行检查或试验,确保不因发生意外故障(如密封圈漏油、油管爆裂等原因)而污染成品。

(6)严禁在斜拉索结构物上涂、抹、刻、划等。

(7)严禁有污渍的肢体或衣物、工具接触或用硬物敲击成品。

19.8 安全环保措施

19.8.1 安全措施

(1)斜拉索施工是高空作业,应遵守高空作业操作规程。

(2)所有相关作业人员,要时刻牢记"绝对不能发生高空落物"这一基本的安全意识。为防止使用的工具不慎掉落,需要对工具绑上防落绳,并系于身边。

(3)高空所有施工走道均设置栏杆及安全网,所有悬吊作业均采用封闭式吊篮。

(4)在不良气候条件下,如暴雨或风力达 6 级以上时、大雾天气时应停止挂索施工。

(5)挂索施工的内、外操作平台要做到安全可靠。

(6)斜拉索运至现场进行临时堆放,需在与硬性材料可能发生碰撞部位加垫橡胶皮。堆放地方远离气割、焊接作业区。

(7)斜拉索起吊、挂设升提、牵引、压锚等所有施工过程中,斜拉索吊点或拉伸受力点必须采用大直径纤维绳或与索直径配套的专用夹具捆绑,不得采用钢丝绳等硬性绳索捆绑、提吊斜拉索。

(8)斜拉索起吊、挂设提升、牵引、压锚前应清除各种障碍物。

(9)放索时注意控制斜拉索的摆动,防止放索小车翻倒、损伤斜拉索及作业人员。

(10)在斜拉索起吊上升开始前,在斜拉索上挂设抗风缆以减小斜拉索上升过程中的摆动与旋转。

(11)牵引张拉时,由于塔内空间较小,需采取必要措施保证操作空间和安全。夜间施工应配备足够的照明设施和器具,保证夜间施工安全。

19.8.2　环保措施

(1)严禁将生活、生产垃圾直接弃至江河里及周围场地,所有垃圾应统一运至专门处理场地进行处理。

(2)清洗或维修机械设备和施工设备的废水、废油严禁直接排入江河里及周围场地。禁止机械运转中产生的油污未经处理就直接排放。

(3)报废材料或设备应立即运出现场,对于施工中废弃的零碎配件、边角料、包装材料等应及时清理并搞好现场卫生,使自然环境不受破坏。

19.9　质量记录

(1)斜拉索的产品合格证、质量保证书。

(2)供应商提供的钢材和其他材料的合格证及试验报告。

(3)施工图、拼装简图、竣工图和设计变更文件,设计变更内容应在施工图中相应部位注明。

(4)斜拉索第一次、第二次张拉记录表,调索记录表。

(5)斜拉索安装施工记录。

(6)隐蔽工程检查记录。

(7)工序质量检验评定。

20 钢绞线斜拉索施工工艺

20.1 总则

20.1.1 适用范围

本工艺标准适用于公路及城市道路桥梁的斜拉索施工工作。

20.1.2 编制参考标准及规范

(1)《公路桥涵施工技术规范》(JTG/T F50—2011)。
(2)《公路工程质量检验评定标准》(JTG F80/1—2017)。
(3)《无粘结钢绞线斜拉索技术条件》(JT/T 771—2009)。

20.2 术语

20.2.1 钢绞线斜拉索

在钢绞线的两端装有锚具,能在工程结构中承受斜向拉力的拉索。

20.2.2 锚具

牢固连接在斜拉索端头的一种装置,通过它将外界的拉力传递给斜拉索。

20.2.3 导管

位于桥面或桥塔上的预留管道,便于斜拉索的安装与更换。

20.2.4 鞍座

位于索塔上,支撑斜拉索,改变索体方向穿过索塔,并将斜拉索的径向及不平衡荷载传递给索塔的构件。

20.2.5 索套管

包裹于钢绞线斜拉索最外层的 HDPE 塑料管或金属管,能保护钢绞线以抵抗机械冲击和腐蚀。

20.3　施工准备

20.3.1　技术准备

（1）复核施工设计图纸工程数量，复核钢绞线拉索、索套管、导管、鞍座的尺寸，确定其下料长度。

（2）熟悉和分析施工图纸和施工现场的环境，编制合理可行的斜拉索施工组织设计，向班组施工人员进行技术、操作、安全、环保交底，确保施工过程的工程质量和人身安全。

（3）选择合适的施工平台搭设方法，如采用脚手架或托架等作为支架，需对支架整体和各构件进行结构稳定性验算。

（4）确定张拉方法，根据设计索力，选择合适的张拉设备，并进行预检测和标定，施工中还需定期检测标定，换算成油表读数。

20.3.2　材料准备

钢绞线、高密度聚乙烯外套管（HDPE管）、连接套管、钢罩、锚具和张拉端及锚固端的锚垫板、锚头、其他临时构件。

20.3.3　机具准备

（1）起重、牵引设备：塔吊、卷扬机、滑轮、手拉葫芦。

（2）张拉设备：防扭转千斤顶、油泵、油表、单根张拉支座、索力传感器、标准负荷显示仪等，张拉设备需定期检测和标定。

（3）辅助设备：HDPE专用焊机、砂轮切割机、注油泵等。

（4）运输设备：平板车、装载机。

（5）安全设备：照明灯、安全帽、安全带等。

20.3.4　作业条件

（1）施工平台的搭设。

挂索施工平台的搭设方式应根据索塔的结构形式选择，一般采用塔外搭设施工脚手架的形式；若索塔较高可采取塔顶钢支架吊设活动平台的形式。

塔外挂索施工脚手架搭设：出于经济考虑，塔外挂索施工脚手架的搭设宜在塔柱施工之前与塔柱施工脚手架一起综合考虑。

梁端张拉平台：如钢绞线斜拉索张拉工作在梁上进行，可在挂篮底模上临时搭设扣管施工平台。

塔外脚手架的搭设应满足：

①挂索期间不与斜拉索空间位置冲突。

②方便塔外索导管口操作。

③通道畅通。

④结构安全。

（2）设备布置。

①塔吊布设在主塔附近，布设位置应考虑塔吊起重能力。

②两台卷扬机分别布设在主塔两侧，箱梁0#梁段的顶面上。并在每段有拉索梁段顶面相应布设固定定位滑轮的钢筋预埋件。

③在桥面的塔根部主梁上布置PE管焊接专用设备，用于将运至桥面上的短节PE管按照每根斜拉索的需要长度焊接接长。

④在桥面的适当位置设置钢绞线的放线架、导向轮和切割工作平台，以及切割和镦头的相关设备。

20.3.5 劳动力组织（表20-1）

表20-1 钢绞线斜拉索施工劳动力组织

工种	人数/人	工作地点	职责范围
施工队长	1	整个施工现场	负责跟班组织施工管理工作、协助总指挥等
技术员	2	整个施工现场	负责跟班解决施工中的技术问题，编写技术措施，现场数据测量与记录等
安全员	1	整个施工现场	负责跟班检查安全设施、安全措施的执行情况及安全教育工作，对安全生产负责
质检员	1	整个施工现场	负责跟班检查工程质量，组织各工种交接及检查质量保证措施的执行情况，对工程质量负责
装载机司机	1	库房至施工现场	设备、材料转运
塔吊操作员	1	施工现场	起吊设备、材料
挂索人员	15	施工现场	挂索相关包括钢绞线和索套管下料、安装等
专业张拉人员	4	施工现场	张拉相关包括油泵操作、装顶、夹片、锚具等
电工	1	整个施工现场	负责现场动力、照明、通信等电气系统的维修保护
材料员	1	材料仓库	负责施工材料供应及管理
总计	28		

注：此表为一个作业班施工配备人员，未计后勤、行政等人员。

20.4 工艺设计和控制要求

20.4.1 技术要求

（1）拉索在安装施工前，应按设计要求及拉索构造的不同制订相应的施工方案、施工工艺及施工安全技术方案。安装前还应全面检查预埋拉索导管的位置是否准确，发现问题应及时采取措施予以处理。

（2）安装和张拉拉索时，应进行专门的设计计算，以保证施工安全。张拉拉索用的千斤顶、油泵等机具及测力设备应按 JTG/T F50—2011 第七章的要求进行配套校验。张拉机具的张拉能力应大于最大拉索所需的张拉力。张拉千斤顶需具有防扭转功能。

（3）钢绞线安装前应对索鞍分丝孔、锚墩分丝孔进行编号，穿索时根据编号一一对应，以防止错孔导致钢绞线打绞。钢绞线拉索如一端设置了抗滑件，张拉时应先从未设置抗滑件一端开始张拉。

（4）每根索在张拉后都进行一次检测，视检测结果进行必要的索力调整，使拉索索力误差控制在设计允许范围内。调整索力时必须同时观测梁段控制点标高，使其标高误差亦在允许范围之内；同时对索塔和相应梁段进行应力测试，并对索塔位移进行观测。

（5）张拉完成并满足要求后，应及时完成防护安装并注油，注油工作应仔细进行，注油压力、注油压力保持时间应通过试验确定，防止油脂污染主体结构物。

20.4.2　材料质量要求

（1）钢绞线拉索采用的钢绞线、锚具应分别符合现行国家标准《预应力混凝土用钢绞线》（GB/T 5224—2014）和《预应力筋用锚具、夹具和连接器》（GB/T 14370—2015）的要求。成品钢绞线应盘绕成盘进行运输，在起吊、运输和存放时应采取措施防止其发生损坏、变形或腐蚀。

（2）斜拉索部件进场后应对钢绞线、锚头、夹片、HDPE 管等重要部件进行抽检：

①钢绞线抽检。

（A）钢绞线力学检验：按有关规范和设计要求进行。

（B）外观检查：

（a）外包聚乙烯皮是否光滑、均匀、对钢绞线包裹紧密，是否划伤、有缺陷（此项多半工作在挂索过程中进行）。

（b）外包聚乙烯皮的厚度应不小于 1.5 mm，以便有良好的保护钢绞线功能。

（c）外包聚乙烯皮的外径是否过大（有些体系的锚头对此有严格限定，聚乙烯皮外径过大容易将延伸管端部的密封圈带出理论位置而起不到密封油脂功能）。

（d）外包聚乙烯皮是否外观浑圆，无凹陷现象。

（e）将外包聚乙烯皮的钢绞线放直，在长度方向任一位置的 1.0 m 长度弯曲度最大不大于 25 mm。

（f）钢绞线不能有任何的机械损伤或腐蚀。

②锚头抽检。

（a）硬度检验：按有关规范和试验规程操作。

（b）外观检查：应全部检查，主要检查有无外观缺陷、表面裂缝、有关尺寸是否正确，对每孔均应做探入式检查，检查是否有扭孔、破损、孔洞、被杂物堵塞等情况。检查螺纹有无破损、碰伤、被水泥渣弄脏。

③夹片抽检。

（a）硬度检验：按有关规范和试验规程操作。

（b）外观检查：夹片是否有生锈、尺寸异常。

④保护罩 HDPE 管抽检。

主要为外观检查,检查是否连续挤压或为标准长度焊接,检查外表色泽是否褪色或改变,是否有划伤、被污物污染或其他缺陷,厚度是否均匀,圆度是否良好。

20.4.3 职业健康安全要求

(1)施工作业前做好详细的安全交底和技术交底。

(2)作业人员按要求穿戴安全帽、防护眼镜等安全防护用品,以防高压油泵管破裂喷油伤脸。

(3)作业现场加强安全巡查,无关人员严禁进入现场。

(4)特种设备操作人员必须持证上岗。

(5)张拉作业时,严禁人员站在构件两端,防止钢绞线、夹片断裂伤人。

(6)张拉台座应设置警示牌、挡板等安全措施,作业现场设置安全操作规程牌,拉警戒线。

(7)卷扬机钢丝绳必须定期检查,发现破损立即更换。

(8)张拉作业必须严格按照施工方案进行施工。

20.4.4 环境要求

(1)所有生活区及施工区排水畅通,建立必要卫生设施。

(2)清洗机械、施工设备的废水严禁直接排入周围场地内,禁止机械在运转中产生的油污未经处理就直接排放,禁止维修机械时油水直接排放至周围场地内。

(3)施工产生的废液、废渣不得排放到河流、水沟、灌溉系统中,以免造成河流和水源污染。

(4)报废材料应及时运出现场,并进行掩埋等处理。对于施工中废弃的零碎配件、边角料、水泥袋、包装箱等,及时清理并搞好现场卫生,以使自然环境不受破坏。

20.5 施工工艺

20.5.1 工艺流程

钢绞线斜拉索施工工艺流程图如图 20-1 所示。

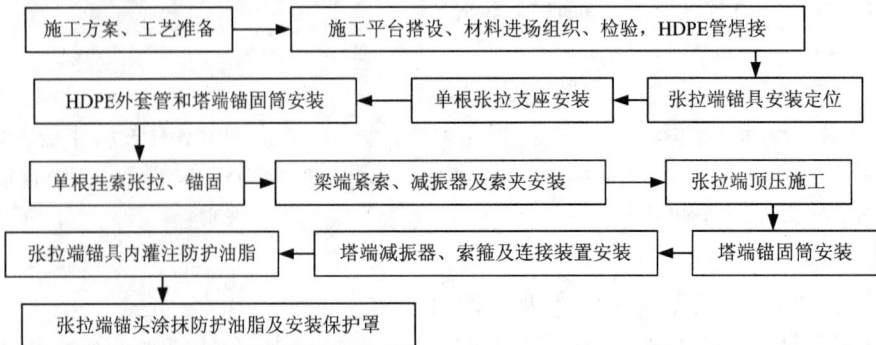

图 20-1 钢绞线斜拉索施工工艺流程图

20.5.2 操作工艺

(1)斜拉索外套管预制。

斜拉索外套管为高密度聚乙烯(HDPE)管。运抵现场的原材料长度较短。预制斜拉索外套管主要工作是将短节的 PE 管通过焊接机的镜面对焊形成每根斜拉索所需的长度。

①预制场地。

焊接工作需 20 m×100 m 的矩形工作区。刚开始挂设时桥面可能不具备设置焊接工作区的条件,应在地面上便于运输处设置焊接工作区进行 HDPE 管的焊接工作(焊接好的 HDPE 管经运输抵达墩位处由塔顶卷扬机起吊安装。安装时,应做好 HDPE 管的防护工作)。一旦桥面上具备设置工作区的条件,应尽快将焊接工作移至桥面上,以减少倒运、吊装工作量。

②焊接所需设备。

(A)带四个夹子的高质镜面对焊机。

(B)割管子用的电铣刀。

(C)熔融管子接头的加热片。

(D)能够控制焊接压力的液压控制器。

(E)数据显示器。

(F)装配焊接机及其附件。

(G)焊接 HDPE 管时所需的支撑架和工作台。

(H)支撑已焊好管子的滚轮车(PE 管小车)。

(I)在焊接区附近临时储放短节 HDPE 管的木架。

(J)所必需的小型工具和电源。

③镜焊。

焊接前,须先阅读焊接机操作手册,熟悉焊接机的全部功能,按操作要求进行操作,确保设备处于正常工作状态。

焊接程序如下:

(A)从技术部门获取焊接数据,包括:索号、索长、连接点数目、天气、作用在管子上的压力、加热时间和冷却时间等。

(B)在焊接机两面安排支撑架并确保其齐平,以保证管子的对齐。

(C)把短节 HDPE 管放在支撑架上,确保 HDPE 管排成一线且与焊接机齐平,然后把外包装塑料布去掉。

(D)把两根 HDPE 管移到一起并放入焊接机的夹子内。

(E)用工具将 HDPE 管夹牢,两 HDPE 管间留出约 90 mm 空隙(上紧夹子时,扭矩须平衡,否则会影响 HDPE 管的圆滑度)。

(F)把 2 根 HDPE 管移到一起做对齐测试,必要时对 HDPE 管做适当调整。

(G)把电铣刀放入两 HDPE 管间,启动电源开始切割两 HDPE 管的端部,直至端部齐平。

(H)把电铣刀移走并合拢管头,检查切割是否达到要求。

(I)根据不同直径 HDPE 管所需的温度和压力,编制液压控制和数据报告程序。

(J)把两 HDPE 管分开并放入加热片。

(K)移动两 HDPE 管贴近加热片,施加所需压力,熔融后会出现一黑色焊接环。

(L)加热完成的最后几秒钟,做好接管准备,在 3~4 s 内完成接管。为得到好的焊接效果,动作必须迅速熟练。

(M)按规定进行冷却。

(N)冷却结束后,去掉夹子并用塑料布把接头包起来保护。

(O)填写焊接接头质量报告书。

(P)移动 HDPE 管,进行下一根 HDPE 管的焊接,直至达到最终所需长度(应考虑温度变化时 HDPE 管热胀冷缩的影响)。

(2)锚具安装。

①梁上锚具的安装。

采用塔吊起吊,吊运至箱梁端口,用小车运送锚具至索导管位置,并通过手拉葫芦临时悬吊在设计位置附近。采用穿钢丝绳于索导管内的方法,通过索导管上口张拉钢丝绳使锚具就位(必要时采取临时辅助措施)。

②塔上张拉端锚具的安装。

塔端利用塔吊或塔顶提升卷扬机提升至待安装位置,人工辅助对中就位。

③锚具安装就位时要求。

(A)将锚板按注浆孔在下、排气孔在上定位好。

(B)中、边跨锚具组装件的锚板上成排孔道的中心线必须严格控制在同一垂直平面内。

(C)锚板的中心线与承压板(锚垫板)的中心线应力求保持一致,两者偏差不得超过5 mm。

(D)中、边跨锚板及塔上分丝管锚孔也必须相互对齐,以免钢绞线打绞。

(3)HDPE 外套管和锚固筒安装(图 20-2)。

图 20-2 HDPE 外套管和锚固筒安装

HDPE 套管吊装前,应先将按给定的长度焊好的套管运至中央分隔带上,然后将梁端整圆式防水罩、塔端连接装置、塔端锚固筒组装并固定好。

安装时,在套管两端头附近装上专用抱箍,专用抱箍内垫上一块 3~5 mm 橡胶板以增加摩擦。然后用塔吊将套管一端吊至塔上管口附近并用葫芦挂好。

按以上方法将两侧的 HDPE 管吊至塔端后,通过张拉锚具最上一排的一根钢绞线将其托住(其挂索张拉工艺与单根挂索张拉一致)。

(4)单根挂索。

①单根挂索工艺流程如图 20 - 3 所示。

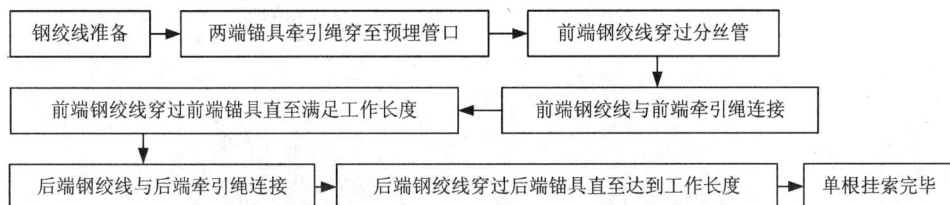

```
┌──────────┐   ┌────────────────────┐   ┌────────────────────┐
│ 钢绞线准备 │──▶│ 两端锚具牵引绳穿绳至预埋管口 │──▶│ 前端钢绞线穿过分丝管 │
└──────────┘   └────────────────────┘   └────────────────────┘
                                                      │
┌──────────────────────────┐   ┌────────────────────┐  ▼
│ 前端钢绞线穿过前端锚具直至满足工作长度 │◀──│ 前端钢绞线与前端牵引绳连接 │
└──────────────────────────┘   └────────────────────┘
    │
    ▼
┌──────────────────────┐   ┌──────────────────────────┐   ┌────────────┐
│ 后端钢绞线与后端牵引绳连接 │──▶│ 后端钢绞线穿过后端锚具直至达到工作长度 │──▶│ 单根挂索完毕 │
└──────────────────────┘   └──────────────────────────┘   └────────────┘
```

图 20 - 3 单根挂索工艺流程图

②单根挂索工艺。

(A)将单根成盘的钢绞线运至桥面穿索附近点,拆开钢绞线的缠包带,从内圈抽出钢绞线的一端(称前端,另一端称为后端),并用人工将其穿过 HDPE 管(称后端,另一端称为前端);

(B)人工将钢绞线按事先约定好的顺序先后穿过后端抗滑锚具、分丝管、前端抗滑锚具,继续将钢绞线穿出前端的 HDPE 管到达前端预埋管口,待前端钢绞线与牵引绳的穿束器连接好后,在牵引绳的引导下将钢绞线穿过前端锚具直至达到单根张拉所需的工作长度。

(C)前端钢绞线到位,随即将后端钢绞线与牵引绳连接,同样在牵引绳的引导下将钢绞线穿过后端锚具直至达到单根张拉所需的工作长度。

(D)前后两端调整好钢绞线后,单根挂索完毕。

(E)在单根挂索时,应注意对钢绞线的 HDPE 护套的保护并防止打绞现象发生。

③分丝孔编号。

为防止钢绞线打绞,应对索鞍分丝孔、锚墩分丝孔进行编号,穿索时根据编号一一对应。锚墩处锚板孔编号与索鞍分丝孔编号一致,如图 20 - 4 所示。

编号顺序为从左至右、从上至下依次编号,图 20 - 4 中仅示意前三排和最后一排。

(5)钢绞线张拉。

钢绞线斜拉索体系可采用整索或每索内钢绞线逐根张拉的安装工艺,索内钢绞线张拉应按"分级""等力"的原则进行。一般分为安装张拉、顶夹片、索力平均、索力监控四个程序。

①张拉设备。

钢绞线的安装张拉、索力平均、索力监控采用的是单根张拉千斤顶,千斤顶应按施工规范的要求进行校验。

②安装张拉。

为达到钢绞线受力均匀的目的,可采用如下四种控制方法:

(A)复拉法:采用多次循环张拉,使每根钢绞线索力趋向均匀。

(B)等伸长量法:通过严格控制每根钢绞线伸长值,使每根钢绞线索力均匀的方法。此

55孔分丝管锚垫板   43孔分丝管锚垫板

250AT-55锚板孔位排布   250AT-43锚板孔位排布

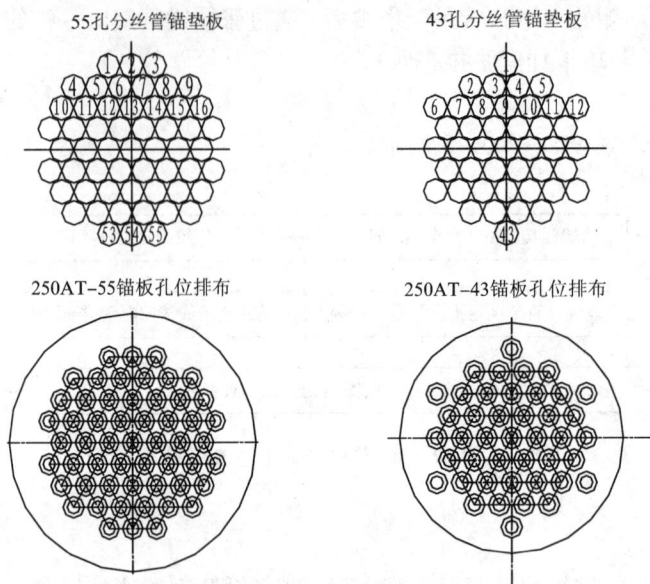

图 20 - 4　分丝孔编号图

法由于受测量误差和钢绞线材质不匀影响,精度较低。

(C)等张拉力法:拉索时将测力传感器装在首根穿挂的钢绞线上,以后穿挂的钢绞线的张拉力以当时测力传感器显示值进行控制,达到钢绞线索力均匀的目的。

(D)千斤顶测力法:挂索前通过理论计算取得按顺序张拉的各根钢绞线的拉力值,用校验过的单根钢绞线张拉千斤顶,将逐根张拉的钢绞线张拉至理论索力,使钢绞线索力趋于均匀的张拉方法。

③顶夹片。

安装张拉阶段的钢绞线多为低张力状态锚固,为防止夹片滑脱导致滑索现象发生,在安装张拉完每索内钢绞线后宜尽快对锚固端的夹片进行顶进工作或采取其他夹片防松措施。

④索力平均。

由于张拉时不同索内的钢绞线根数不同、桥面上临时施工荷载的变化、单根张拉千斤顶的校验误差以及张拉过程中的人为失误等因素的影响,往往在安装张拉后不容易达到同索内钢绞线拉力均衡的精度要求。通过索力平均可提高钢绞线拉力均匀的精度。其操作方法为:在夹片顶完后,用单根张拉千斤顶逐根检查钢绞线拉力情况,达到设计拉力的不作调整,与设计拉力有出入的重新调回至设计拉力。

对于不熟练的操作者,可在实际操作时采取在安装阶段将设计拉力适当降低(降低10%),在索力平均阶段采用复拉法逐步将钢绞线张拉至设计索力的办法进行。

⑤索力监控。

为保证斜拉索的受力状态达到设计状态要求,每循环挂完索后,宜在气温比较稳定时进行多索的索力检查,该项工作一般应与相关结构(如索塔、主梁等)同步进行。索力检查宜采用精度较高的单根张拉千斤顶进行。

由于弦振法测量平行钢绞线斜拉索的精度较低，不宜将其用于索力监控阶段的索力检查。

（6）调索。

在斜拉索实际索力与设计索力有较大出入或根据设计的需要必须进行斜拉索索力调整时进行。

对于需要减小索力的斜拉索，应事先在张拉端锚垫板与锚头之间加垫临时半圆垫片；调索时整体提拔锚头将半圆垫片取出，不足部分通过用单根张拉千斤顶或整体张拉千斤顶施顶后旋动螺母位置进行调整，将索力调整至设计值。考虑到夹片对钢绞线的咬痕不宜留在斜拉索两端夹片之间的索体内，因此尽可能避免采用单根张拉千斤顶直接放索的方法调整索力。

对于需要增加索力的斜拉索，经设计部门同意，可采用整体或单根调索的方法进行。

①调索前的准备工作。

（A）张拉端锚槽检查处理及锚头清理：采用穿心式整体张拉千斤顶调索时，在调索之前应对每个张拉端锚槽进行检查，对施工偏差较大、有碍整体张拉千斤顶安装的锚槽提前处理，锚垫板处混凝土面不平整、撑脚放置不稳的地方也应提前凿除处理，处理完后应及时清理锚头上的灰尘和混凝土残渣。

（B）张拉端钢绞线的切割：张拉后钢绞线在张拉端锚头后面伸出长度较大时，为提高调索效率、压缩调索周期、便于千斤顶及工具锚的安装，在调索之前应对张拉端钢绞线按千斤顶张拉要求长度事先进行切割。切割时应采用砂轮切割机。

②整体张拉千斤顶调索。

（A）张拉设备的起吊装置应安全可靠。安装顺序为：先撑脚，再穿心千斤顶，最后安装工具锚。撑脚就位后为防止其错位，应采取可靠措施将撑脚与索道管锚垫板连接。安装工具锚时因为张拉端锚头外的钢绞线束数较多且相互交错杂乱，应首先用鱼叉将其理顺，然后逐根穿进工具锚相应的孔眼内，上好夹片准备张拉。

（B）在每个张拉端锚具的外侧有一螺母旋在锚具上，通过旋转螺母可以调整一定的拉伸量，张拉伸长量在此范围时可通过张拉千斤顶后旋转螺母达到所需伸长量。张拉伸长量超过此范围需拔出钢绞线时，采用单根张拉千斤顶进行调整。

（7）锚头防护。

钢绞线斜拉索锚头防护目前多采用安装保护罩并在其内注油来对锚头加以防护。注油工作最好安排在索力调整以后进行。因为一旦注油完成，若需要再次调整索力，需要更复杂的调索工艺。对于锚固端锚头可先行注油。

向锚具内注油：每根钢绞线在锚头过渡管中分别通过一根延伸管进行保护，注油时油脂是通过夹片之间的孔隙在延伸管和钢绞线之间进行填充。注油时应保证足够的压力，以便油脂将延伸管和钢绞线之间的空气排空，进行有效填充（油脂被注入锚头过渡管口的密封圈处）。填充饱满后应及时在连接套管上戴好螺帽，以防油脂回流（锚固端锚头朝向斜下方，此问题应特别注意）。注油工作应仔细进行，注油压力、注油压力保持时间应通过试验确定。油脂的搬运、吊装、压注应小心，严禁防护油脂污染主体结构物。

（8）减振装置安装。

为了在振动中增加阻尼，在斜拉索的两端索道钢管内均安装有减振器。因减振器安装以后束内的钢绞线被包裹在一起而不易采用千斤顶准确测量每根钢绞线的拉力，故而减振器宜在斜拉索索力最终确定以后安装。

减振器有多种种类和型号，安装之前应仔细查阅图纸并与实物对照确认，了解其指导性安装方法，制定切实可行的安装工艺。

减振器的安装：提放 PE 管、夹紧钢绞线、安装减振器、PE 管就位等工序。

①提放 PE 管：在钢绞线安装后，为了防止杂物掉进索道管内而将 PE 管临时就位。在安装梁端减振器前将 PE 管的标准管部分连同其下的喇叭形钢罩提升，留出安装减振器的空间（可以采用塔上拉倒链提升或梁上顶推提升的办法进行，无论何种方法均要满足 PE 管和钢罩的受力要求，避免其划伤、变形或破坏）。在安装塔端减振器前应将 PE 管上端的热胀外套管部分下放，留出安装减振器的空间。热胀外套管下放之前应用尼龙绳捆好倒挂在其塔端索道管上，缓慢下放以防滑脱。

②夹紧钢绞线：在减振器安装之前索道管内的钢绞线是松散的，首先用夹紧器将钢绞线夹紧，然后才能安装减振器，因为减振器橡胶圈的内孔大小是按照夹紧后的尺寸设计的。减振器安装后松动撤除夹紧器，钢绞线向外绷紧侧压使橡胶圈紧紧地抱紧钢绞线。由于每根索的钢绞线数量不同，故不可能全部构成规则的统一形状，对夹紧器设计时应考虑其通用性，确保钢绞线夹紧后的理论位置，然后再进行夹紧工作。

③减振器的安装：应严格按照已确定的安装工艺进行安装。可用木锤慢慢将减振器沿钢绞线纵向滑向索道管内的理论位置，严禁用铁器敲打、扳撬橡胶圈使其就位，以防橡胶圈损伤。

④PE 管就位：减振器安装好确认无误后，将 PE 管按照设计上的理论位置安装就位，同时上好各种配件和螺栓。

20.6　质量标准

（1）在一根斜拉索中，单根张拉后各钢绞线索力的离散误差不宜超过 ±2%；整体张拉完成后，单个钢绞线索力的离散误差不宜超过 ±1%。

（2）拉索索力实测值与设计值的偏差不宜大于 5%，超过时应进行调整。调整索力时应对索塔和相应的主梁梁段进行变形和应力监测，并做好记录。

（3）矮塔斜拉桥张拉拉索时，每张拉完一根钢绞线，均应对索鞍两侧的管口进行封堵，保证雨水和杂物不进入管内。

（4）矮塔斜拉桥施工索鞍的预埋除应符合一般斜拉桥规定外，还需满足下列规定：管口高程的允许偏差为 ±10 mm；管口坐标的允许偏差为 ±10 mm，且两边同向。

20.7　成品保护

（1）斜拉索包装时采取盘装，避免了圈装时放索施工过程中斜拉索与放索盘间相摩擦，对斜拉索外皮造成磨损。

（2）斜拉索施工时注意不要对成品有磕、碰、刮、划等硬接触。

（3）机械作业时注意避免油污（如黄油、千斤顶油泵、油管等）污染成品，作业前应对机械（如千斤顶、油泵等）进行检查或试验，确保不因发生意外故障（如密封圈漏油、油管爆裂等原因）而污染成品。

（4）严禁有污渍的肢体或衣物、工具接触或用硬物敲击成品。

（5）锚头压注油脂时，严禁污染 PE 管、防护罩、梁体等。

20.8　安全环保措施

20.8.1　安全措施

（1）斜拉索安装前应向有关人员进行详细的安全交底。塔吊操作员、信号员等必须持证上岗。

（2）在梁、塔上进行吊装作业时，必须执行国家现行标准《建筑施工高处作业安全技术规范》（JGJ 80—2016）的有关规定。

（3）起重机吊装作业前应遵守下列规定：

①必须对施工现场作业环境、架空电线、地上建筑物、地下构筑物及钢桁梁重量和吊装距离进行全面了解。

②吊装作业应在平整坚实的场地上进行，起重臂杆起落及有效作业半径和高度范围内不得有障碍物。

③起重机不得架设在地下管线和构筑物之上。

④对松软层地基应采取加固处理，加固后的地基必须满足起重要求。

⑤起重吊装作业严禁在高压线下作业，如必须在其附近作业时，必须保持与高压线的安全距离，否则应在停电后才能进行吊装作业。

⑥吊装前检查起重设备和吊具是否符合安全要求，不符合要求应停止使用。

⑦6 级以上（含 6 级）大风或大雨等恶劣天气应停止起重作业。

（4）其他。

①钢绞线切割宜采用砂轮切割机，不得采用电弧切割。

②预应力张拉设备及仪表应定期维护和标定。

③张拉前应检查夹片的安装情况，张拉时千斤顶后方不得站人，不得在有压力的情况下旋转张拉工具的螺丝或油管接头。

④悬空张拉时，搭设牢固脚手架，以保证人员操作安全。

20.8.2　环保措施

（1）所有焊接、喷涂、除锈等施工人员都应佩戴防尘或护目的防护用品。

（2）斜拉索施工完成后，应对现场施工垃圾集中回收处理。

（3）在城区，夜间施工时应采取降噪措施，防止噪声扰民。

20.9　质量记录

（1）斜拉索现场安装记录。

（2）索力实测数据记录。

（3）索力应变测试数据记录。

（4）钢绞线、精轧螺纹钢筋、锚具、夹具的出厂合格证及复检报告。

（5）千斤顶、张拉油泵的标定记录。

21　钢绞线斜拉索换索施工工艺

21.1　总则

21.1.1　适用范围

本工艺标准适用于高速公路、城市桥梁工程中钢绞线斜拉桥换索施工。

21.1.2　编制参考标准及规范

(1)《公路桥涵施工技术规范》(JTG/T F50—2011)。

(2)《公路工程质量检验评定标准》(JTG F80/1—2017)。

(3)《预应力混凝土用钢绞线》(GB/T 5224—2014)。

(4)《预应力筋用锚具、夹具和连接器》(GB/T 14370—2015)。

21.2　术语

钢绞线拉索：涂防腐油脂(或石蜡)、镀锌、外包聚乙烯皮(或涂环氧树脂，再挤压外包聚乙烯皮)的钢绞线。

21.3　施工准备

21.3.1　技术准备

拉索更换前，应先做好调查研究、方案设计、施工组织设计、资源准备、方案评审等工作，保证换索过程的安全、可靠、质量优良，使得新换拉索及桥梁整体经久耐用，成本低廉。拉索的更换过程同时又是桥梁的一次全面检测、维修、加固的过程。

(1)结构现状调查。

①外观调查。

分索、塔、梁三部分。

(A)索的上下锚头处及锚箱锈蚀情况，拉索防护套完好状况。

(B)塔柱各部位裂缝与缺陷检查，桥塔横梁及与塔柱的接合部位的裂缝检查，竖向、侧向支座设置及位移状况检查。

(C)主梁各部位裂缝开展状况、发展与特征，桥面及索座裂缝情况，桥面伸缩缝损伤及工作状况。

②索力测定。

准确测定每一根拉索的索力是了解斜拉桥状态和新换索索力取值的基本依据。长期荷载作用下的实际索力与设计计算的索力常有较大差异，只有准确地测定旧索索力，才能修正设计差异，使新换索索力符合桥梁营运期的实际索力。索力测量常用的有油压表读数法、传感器压力计读数法、振动频率法、磁通量法、激光测振仪法。油压表读数法、传感器压力计读数法宜用于施工过程，不适用于成桥后的索力测量。振动频率法、磁通量法、激光测振仪法适合于测量成桥后拉索的索力。

③全桥几何尺寸测量。

用远红外全站仪或 GPS 全站仪、精密水准仪或数字水准仪对全桥(梁、塔、索、墩身)进行全方位的测量，即主梁的标高、平面位置、挠度曲线，塔柱的水平偏移，拉索的长度，上下钢套管的空间坐标，支座的压缩值、位移值，伸缩缝的缝宽、标高，墩身的水平位移与基础的沉降等。

(2)换索方案设计。

①结构设计。

结构现状调查完成后，将调查资料记录、汇总，对旧桥的整个结构进行全面分析、计算，并与建造该桥时的设计资料进行核对，修正计算误差与参数，根据前后设计荷载使用标准的不同，设计荷载与营运期实际荷载的差别，重新确定并计算换索以后该桥的设计方案。方案确定后，分别计算梁、塔、索的受力：原设计的梁、塔经几十年的营运后，是否需加固补强；设计荷载标准提高后，现有的梁、塔是否具有相应的承载能力；拉索的索力计算；拉索、锚具的选型；防护方案的确定等。

②施工组织设计。

施工组织设计的主要内容包括：

(A)施工队伍的选择，施工组织机构的确定。

(B)施工工期计划，特别是放索、挂索的时间安排。

(C)施工方案的确定：换索顺序；每次换索根数；拉索预应力解除方法；松放索、牵挂新索方案；对新旧索的保护措施；桥面行人、车辆通行的安全保护措施等。

(D)交通开放与管制措施。

(E)施工安全与质量保证措施。

(3)换索前对桥梁的维修加固。

根据对桥梁现状的调查和分析，必须对承重的结构部位和主要控制构件出现的缺陷进行维修和加固，以保证换索的顺利进行和施工过程中结构的安全。维修的内容主要有：桥面铺装的修补；伸缩缝的标高调整、维修或更换，防止出现跳车现象，减少对桥梁的冲击；外露钢筋的除锈、封堵；混凝土缺陷的修补；预应力管道的补充压浆；桥面标线、标志的完善。加固的内容主要有：启用备用束；增加体外预应力束；裂缝封闭及压注结构胶；结构粘贴钢板、粘贴碳纤维等加固措施。

21.3.2 材料准备

换索所需拉索、锚具、防护材料、减振器等。

21.3.3 机具准备

(1)吊车、卷扬机、脚手架管、滑轮、吊篮、钢丝绳、小型切割机、镦头机、手动或电动葫芦等。

(2)张拉设备:千斤顶、油泵、油表、换索支架、对讲机等。

21.3.4 作业条件

(1)搭设好稳固安全的换索操作施工平台。
(2)施工方案已经有关主管部门审批,并对有关人员进行技术交底。
(3)机械操作员、电工等特殊工种人员经培训持证上岗。
(4)桥面由专人进行交通管制工作。

21.3.5 劳动力组织(表21-1)

表21-1 钢绞线斜拉索换索施工劳动力组织

工种	人数	工种地点	职责范围
技术负责人	1	整个施工现场	负责斜拉索换索组织施工管理,技术方案的实施指导
工班长	1	整个施工现场	负责组织施工、协调各种交叉作业
安全员	1	整个施工现场	负责检查安全设施、安全措施的执行情况以及安全教育工作,对安全生产负责
质检员	1	整个施工现场	负责工程检查质量,保证措施的执行情况,对工程质量负责
千斤顶油泵操作员	2	斜拉索张拉锚固端	负责千斤顶油泵的操作
千斤顶操作员	4	斜拉索张拉锚固端	负责千斤顶的安装、卸除以及钢绞线斜拉索伸长量读尺
记录员	2	斜拉索张拉锚固端	负责张拉原始数据记录
电工	1	整个施工现场	负责现场机械、机具、照明安全用电
杂工	6	整个施工现场	钢绞线斜拉索的展索、穿索,旧索的回收整理以及其他事务
共计	19		

注:此表为一个作业班施工配备人员,未计后勤、行政等人员。

21.4　工艺设计和控制要求

21.4.1　技术要求

（1）对于刚性拉索宜采用整索松张，对于柔性拉索，锚头又为无黏结防护，宜采用先整体部分松张，再单束分束松张的方法。

（2）新换拉索的安装、张拉与建桥时拉索的方法相同。

（3）换索过程中须对梁、塔、索进行连续地监测，直至拉索更换完毕。监测的内容主要有变形观测、索力测量、裂缝观测。

21.4.2　材料质量要求

换索所需拉索、锚具、防护材料、减振器等，其材料应经检验符合中华人民共和国行业标准《公路桥涵施工技术规范》（JTG/T F50—2011）的有关规定和设计要求，有出厂合格证及材质和制作检验的有关质量记录。

21.4.3　职业健康安全要求

（1）高空作业人员、特种机械操作人员必须经过专业的技术培训及专业考试合格，持证上岗，并必须定期进行体格检查。

（2）凡患有高血压、心脏病、恐高症、癫痫病、严重贫血病等疾病及其他不适合高空作业的人员，不得从事高空作业。

（3）高空作业人员必须戴安全帽、系安全带、穿防滑鞋。

（4）施工现场设置安全通道和安全防护设施。

21.4.4　环境要求

（1）应尽量减少对周围水体的污染。

（2）应尽量减少对周围自然生态环境的破坏。

（3）减少对周围的噪声、光污染。

21.5　施工工艺

21.5.1　工艺流程

钢绞线斜拉索换索施工工艺流程如图 21-1 所示。

21.5.2　操作工艺

（1）拉索的松张。

不同类型的拉索有不同的松张方法，对于刚性拉索宜采用整索松张；对于柔性拉索，锚头又为无黏结防护，宜采用先整体部分松张，再单束分束松张的方法。拉索松张前，先拆除

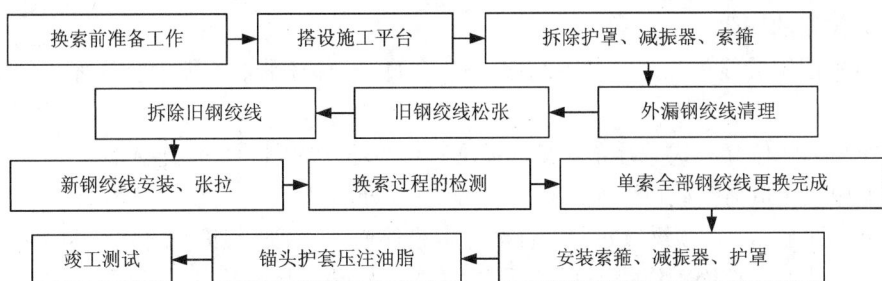

图 21-1　钢绞线斜拉索换索施工工艺流程图

防护罩、夹片顶压板，外露钢绞线除锈并用钢丝刷清理干净，锚环外螺牙除锈，清理、修复螺牙，拉索两端防水罩、减振器拆除，拉索两端 1 m 范围内外防护套(如 HDPE 套)拆除，做好拉索松张的准备。

①柔性拉索松张。

柔性拉索索股之间为无黏结防护，松张施工过程为安装时拉索张拉的逆过程。

(A)当锚具为镦头锚与夹片锚的组合式锚具时，如 OVM 锚具，则松张方法为：

(a)拉索整体部分松张。当锚环下有开合式垫圈时，用拉锚式千斤顶配张拉杆，千斤顶活塞无负荷运行一段行程，安装工具锚圈，启动油泵，千斤顶施力，使锚环有 1~2 cm 的松动，拆除锚环下垫塞的垫圈，拧松工作锚圈，使锚圈外端面与锚环螺牙外端面平齐，千斤顶回程。

(b)安装拉丝式小吨位(150~160 kN)分束张拉千斤顶，千斤顶活塞无负荷伸长至距最大行程 5~8 cm 时暂停。

(c)安装相应的工具锚、工具夹片，启动油泵，千斤顶施力，将工作锚中的夹片退出。

(d)千斤顶回程至最小行程 3 cm 左右时，工作锚安装工具夹片，并轻轻打紧，千斤顶继续回程，放松工具锚，进入下一个周期的施工。

重复上述步骤，直至放松拉索的全部预应力。当一端松张，拉索预应力仍不能解除时，可采用塔端、梁端同时松张的方案，一般说来即可达到松张目的。

(B)当锚具为纯夹片式锚环时，如 VSL 锚具，则松张方法为：

(a)将单根钢绞线的索力松张至 15 kN 以下，换千斤顶安装到换索支架上，并穿过两根钢绞线。给千斤顶缓慢、平稳地供油，张拉钢绞线直至将夹片拔出。人工取出夹片，千斤顶回油松张。如果一个行程无法将索力放张至 15 kN 以下，应上紧夹片将钢绞线临时锚固住后，千斤顶活塞空行一定行程，再次张拉将夹片拔出，然后回油放张。重复上述操作，直至将索力放张到 15 kN 以下。

(b)连接卷扬机和钢绞线。移开换索千斤顶；解除换索专用连接器与钢绞线的连接；移换索支架；用切割机地离钢绞线的末端约 50 mm 处进行环向切割，只保留中间一根钢丝；将塔内卷扬机钢丝绳与镦头螺丝牢固连接。

(c)将需要更换的钢绞线抽出；卷扬机牵引钢绞线，将夹片取出。缓慢放下钢丝绳直至钢绞线的镦头处到达塔外预埋管口末端。在固定端锚具处使用桥面卷扬机牵拉钢绞线，将其拉出 HDPE 外套管。在梁端预埋管口处，解除塔内卷扬机钢丝绳与钢绞线在张拉端处的连接。用桥面卷扬机将需要更换的钢绞线完全抽出固定端锚具，完成拉索的松张。

②刚性拉索的松张。

刚性拉索因钢绞线相互之间均黏结成整体，只能整体松张，不能单独松张、更换。松张方法为：

（A）安装大吨位穿心式千斤顶，安装张拉杆与锚环外周螺牙拧合连接。

（B）千斤顶无负荷空载运引至距最大行程 3~5 cm 时暂停，安装工具锚圈。

（C）启动油泵，千斤顶继续运行，直至拉索锚环松动，工作锚圈离开锚垫板 1~2 cm，测量并记录拉力大小，拧松工作锚圈至最远位置（锚圈外端面与张拉杆前端面相抵）。

（D）千斤顶回程，拉索松张，拧松千斤顶工具锚圈，拆除张拉杆、千斤顶。

一般来说经过初步松张的拉索，其预应力尚未全部解除，放松牵引力仍然很大，需进一步松张。但国内已建造的斜拉桥对刚性拉索的整体松张、设计考虑得尚不完善。锚环的预留长度不够长，虽然锚环能自由地通过锚垫板、索道钢管，但安装张拉杆后，张拉杆套锚环外，加大了断面尺寸，张拉杆就无法通过锚垫板、钢套管，限制了拉索的进一步松张。将拉索的锚环制作成变截面，大直径段锚环用来整体张拉，初级整体放张；小直径段锚环用来连接张拉杆，使张拉杆外径能通过锚垫板与钢套管进行多级松张。拉索初级松张后，拉索拉力已减小，根据受力计算，切断拉索外露的部分股钢绞线，切断一股拉索钢绞线换一根牵引钢绞线，并穿入同外径、同孔数锚环中。拉索外露钢绞线与牵引钢绞线均用挤压锚具固定。用拉丝式张拉法连续松张，直至解除拉索的全部预应力，满足换索松张的要求。

（2）拉索的降落。

拉索的降落有整体降落与分束降落两种。

①整体降落与平行钢丝拉索降落方法相同。

②分束降落方法如下：

（A）在待降落拉索上安装滑动式吊篮。

（B）分段用手提式砂轮切割机切割、分解、拆除拉索最外层防护套，并予及时回收。

（C）拆除索箍，分离单股拉索之间的黏结。

（D）将单股钢绞线两端头部拉出钢套管。

（E）单股钢绞线两端用专用连接套与两台卷扬机牵引索相连。

（F）梁端卷扬机牵引钢绞线顺桥向水平移动，塔端卷扬机同步同速放松，直至该钢绞线全部降落至桥面，拆除两端连接套，钢绞线卷盘回收运走，卷扬机牵引索恢复原状。至此，完成一根钢绞线的降落，重复第（C）~（F）步，即可完成整根拉索的降落。

（3）新换拉索的安装、张拉。

新换拉索的安装、张拉与建桥时拉索的方法相同。需要注意的是：随着桥梁设计荷载的提高，拉索的受力与型号会跟着改变，则相应的锚具、千斤顶、挂设拉索时的牵引方法、牵引力也应相应地改变；其次，随着技术的进步，拉索的防护与减振技术也在不断地改进和发展，防护体系与减振措施的变化，要求施工方法也要相应地变化，如内置式变换为外置式。

（4）换索过程的监测。

在拉索更换过程中桥面交通仍维持开放，由于部分拉索拆除，主梁的受力增大，与被拆拉索相邻的拉索受力重分配，拉力相对均会增大，给桥梁的营运留下了不安全因素，因此，换索过程须对梁、塔、索进行连续监测，直至拉索更换完毕。监测的内容主要有变形观测、索力测量、裂缝观测。

(5)竣工测试。

换索以及伴随着换索过程进行的桥梁加固维修完成后，桥梁的工作状态较之以前一般都会有程度不同的改变。为了弄清桥梁结构的这种变化，为换索以后桥梁的安全营运和合理养护提供依据，一般对换索后的斜拉桥要进行竣工验收测试。换索后竣工测试的内容与新建桥梁竣工测试的内容大致相同，主要包括以下内容：

①恒载作用下拉索索力的测定。

②静载试验。

③动载试验。

④桥梁动力特性的测试。

21.6　质量标准

(1)在一根斜拉索中，单根张拉后各钢绞线索力的离散误差不宜超过 ±2%；整体张拉完成后，各钢绞线索力的离散误差不宜超过 ±1%。

(2)拉索索力实测值与设计值的偏差不宜大于5%，超过时应进行调整。调整索力时应对索塔和相应的主梁梁段进行变形和应力监测，并做好记录。

(3)对于钢绞线拉索每张拉完一根钢绞线，均应对索鞍两侧的管口进行封堵，保证雨水和杂物不进入管内。

21.7　成品保护

(1)斜拉索包装时采取盘装，避免了圈装时放索施工过程中斜拉索与放索盘间相摩擦，对斜拉索外皮造成磨损。

(2)斜拉索施工时注意不要对成品有磕、碰、刮、划等硬接触。

(3)机械作业时注意避免油污(如黄油、千斤顶油泵、油管等)污染成品，作业前应对机械(如千斤顶、油泵等)进行检查或试验，确保不因发生意外故障(如密封圈漏油、油管爆裂等原因)而污染成品。

(4)严禁有污渍的肢体或衣物、工具接触或用硬物敲击成品。

(5)锚头压注油脂时，严禁污染 PE 管、防护罩、梁体等。

21.8　安全环保措施

21.8.1　安全措施

(1)斜拉索换索前应向有关人员进行详细的安全交底。吊装司机、信号员等必须持证上岗。

(2)在梁、塔上进行吊装作业时，必须执行国家现行标准《建筑施工高处作业安全技术规范》有关规定。

（3）起重机吊装作业前应遵守下列规定：

①必须对施工现场作业环境、架空电线、地上建筑物、地下构筑物及钢桁梁重量和吊装距离进行全面了解。

②吊装作业应在平整坚实的场地进行，起重臂杆起落及有效作业半径和高度范围内不得有障碍物。

③起重机不得支设在地下管线和构筑物之上。

④对松软层地基应采取加固处理，加固后的地基必须满足起重要求。

⑤起重吊装作业严禁在高压线下作业，如必须在其附近作业时，必须保持与高压线的安全距离，否则应在停电后才能进行吊装作业。

⑥吊装前检查起重设备和吊具是否符合安全要求，不符合要求应停止使用。

⑦6级以上（含6级）大风或大雨等恶劣天气严禁起重作业。

（4）其他。

①钢绞线切割宜采用砂轮切割机，不得采用电弧切割。

②预应力张拉设备及仪表应定期维护和标定。

③张拉前应检查夹片的安装情况，张拉时千斤顶后方不得站人，不得在有压力的情况下旋转张拉工具的螺丝或油管接头。

④悬空张拉时，搭设牢固脚手架，以保证人员操作安全。

⑤换索过程中一定要进行严格的交通管制，防止发生交通事故。

21.8.2　环保措施

（1）所有焊接、喷涂、除锈等施工作业人员都应佩戴防尘或护目的防护用品。

（2）换索施工完成后，应对现场施工垃圾集中回收处理。

（3）在城区，夜间施工时应采取降噪措施，防止噪声扰民。

21.9　质量记录

（1）斜拉索现场安装记录。

（2）索力实测数据记录。

（3）索力应变测试数据记录。

（4）钢绞线、锚具、夹具的出厂合格证及复检报告。

（5）千斤顶、张拉油泵的标定记录。

22　平行钢丝斜拉索换索施工工艺

22.1　总则

22.1.1　适用范围

本工艺标准适用于高速公路、城市桥梁工程中平行钢丝斜拉桥换索施工。

22.1.2　编制参考标准及规范

(1)《公路桥涵施工技术规范》(JTG/T F50—2011)。

(2)《公路工程质量检验评定标准》(JTG F80/1—2017)。

(3)《斜拉桥用热挤聚乙烯高强钢丝拉索》(GB/T 18365—2018)。

22.2　术语

平行钢丝拉索:将高强钢丝扭绞在一起,同时用热挤双层 PES7 聚乙烯保护层、端头冷铸合金镦头锚并进行预张拉后制成,并卷成索盘运至现场。

22.3　施工准备

22.3.1　技术准备

拉索更换前,应先做好调查研究、方案设计、施工组织设计、资源准备、方案评审等工作,保证换索过程的安全、可靠、质量优良,使得新换拉索及桥梁整体经久耐用,成本低廉。拉索的更换过程同时又是桥梁的一次全面检测、维修、加固过程。

(1)结构现状调查。

①外观调查。

分索、塔、梁三部分。

(A)拉索的上下锚头处及锚箱锈蚀情况,拉索防护套完好状况。

(B)塔柱各部位裂缝与缺陷检查,桥塔横梁及与塔柱的接合部的裂缝检查,竖向、侧向支座设置及位移状况检查。

（C）主梁各部位裂缝开展状况、发展与特征，桥面及索座裂缝情况，桥面伸缩缝损伤及工作状况。

②索力测定。

准确测定每一根拉索的索力是了解斜拉桥状态和新换索索力取值的基本依据。长期荷载作用下的实际索力与设计计算的索力常有较大差异，只有准确地测定旧索索力，才能修正设计差异，使新换索索力符合桥梁营运期的实际索力。索力测量常用油压表读数法、传感器压力计读数法、振动频率法、磁通量法、激光测振仪法。油压表读数法、传感器压力计读数法宜用于施工过程，对成桥后的索力测量不合适。振动频率法、磁通量法、激光测振仪法适合于测量成桥后拉索索力。

③全桥几何尺寸测量。

用远红外全站仪或 GPS 全站仪、精密水准仪或数字水准仪对全桥（梁、塔、索、墩身）进行全方位的测量，即主梁的标高、平面位置、挠度曲线，塔柱的水平偏移，拉索的长度、上下钢套管的空间坐标，支座的压缩值、位移值，伸缩缝的缝宽、标高，墩身的水平位移与基础的沉降等。

（2）换索方案设计。

①结构设计。

结构现状调查完成后，将调查资料记录、汇总，对旧桥的整个结构进行全面的分析、计算，并与建造该桥时的设计资料进行核对，修正计算误差与参数，根据前后设计荷载使用标准的不同，设计荷载与营运期实际荷载的差别，重新确定并计算换索以后该桥的设计方案。方案确定后，分别计算梁、塔、索的受力：原设计的梁、塔经几十年的营运后，是否需加固补强；设计荷载标准提高后，现有的梁、塔是否具有相应的承载能力；拉索的索力计算；拉索、锚具的选型；防护方案的确定等。

②施工组织设计。

施工组织设计的主要内容包括：

（A）施工队伍的选择，施工组织机构的确定。

（B）施工工期计划，特别是放索、挂索的时间安排。

（C）施工方案的确定：换索顺序；每次换索根数；拉索预应力解除方法；松放索、牵挂新索方案；对新旧索的保护措施；桥面行人、车辆通行的安全保护措施等。

（D）交通开放与管制措施。

（E）施工安全与质量的保证措施。

（3）换索前对桥梁的维修加固。

根据对桥梁现状的调查分析，必须对承重的结构部位和主要控制构件出现的缺陷进行维修和加固，以保证换索的顺利进行和施工过程中结构的安全。维修的内容主要有：桥面铺装的修补；伸缩缝的标高调整、维修或更换，防止出现跳车现象，减少对桥梁的冲击；外露钢筋的除锈、封堵；混凝土缺陷的修补；预应力管道的补充压浆；桥面标线、标志的完善。加固的内容主要有：启用备用束；增加体外预应力束；裂缝封闭及压注结构胶；结构粘贴钢板、粘贴碳纤维等加固措施。

22.3.2　材料准备

换索所需拉索、锚具、防护材料、减振器等。其材料应经检验符合中华人民共和国行业标准《公路桥涵施工技术规范》(JTG/T F50—2011)的有关规定和设计要求,有出厂合格证及材质和制作检验的有关质量记录。

22.3.3　机具准备

(1)吊车、卷扬机、放索盘、滑轮、钢丝绳、手动或电动葫芦等。
(2)张拉设备:千斤顶、大吨位穿心式千斤顶撑架、张拉杆、油泵、油表、对讲机等。

22.3.4　作业条件

(1)搭设好稳固安全的换索操作施工平台。
(2)施工方案已经有关主管部门审批,并对有关人员进行技术交底。
(3)机械操作员、电工等有关特殊工种人员经培训持证上岗。
(4)桥面由专人进行交通管制工作。

22.3.5　劳动力组织(表22-1)

表22-1　平行钢丝斜拉索换索施工劳动力组织

工种	人数/人	工种地点	职责范围
技术负责人	1	整个施工现场	负责斜拉索换索组织施工管理,技术方案的实施指导
工班长	2	整个施工现场	负责组织施工、协调各种交叉作业
安全员	1	整个施工现场	负责检查安全设施、安全措施的执行情况以及安全教育工作,对安全生产负责
质检员	1	整个施工现场	负责工程检查质量,保证措施的执行情况,对工程质量负责
千斤顶油泵操作员	4	斜拉索张拉锚固端	负责千斤顶油泵的操作
千斤顶操作员	8	斜拉索张拉锚固端	负责千斤顶的安装、卸除以及斜拉索伸长量读尺
卷扬机操作员	8	塔顶和桥面	卷扬机操作
记录员	4	斜拉索张拉锚固端	负责张拉原始数据记录
电工	1	整个施工现场	负责现场机械、机具、照明安全用电
杂工	20	整个施工现场	新斜拉索的展索、穿索、旧索的回收整理以及其他事务
共计	50		

注:此表为一个作业班施工配备人员,未计入后勤人员。

22.4 工艺设计和控制要求

22.4.1 技术要求

(1)松张设备与张拉设备相同,采用大吨位穿心式带撑架的千斤顶,松张与松索要综合考虑,对于短索、长索、超长超重索,分别安装不同的放张设备。

(2)单根索索重小于20 t,宜用卷扬机配滑轮组走丝降落;单根索索重大于20 t,宜用承重导索降落。

(3)同一根索的上游、下游、江侧、岸侧施工同步对称进行。

(4)换索过程中须对梁、塔、索进行连续地监测,直至拉索更换完毕。

22.4.2 材料质量要求

换索所需拉索、锚具、防护材料、减振器等,其材料应经检验符合中华人民共和国行业标准《公路桥涵施工技术规范》(JTG/T F50—2011)的有关规定和设计要求,有出厂合格证及材质和制作检验的有关质量记录。

22.4.3 职业健康安全要求

(1)高空作业人员、特种机械操作人员必须经过专业的技术培训及专业考试合格,持证上岗,并必须定期进行体格检查。

(2)凡患有高血压、心脏病、恐高症、癫痫病、严重贫血病等疾病及其他不适合高空作业人员,不得从事高空作业。

(3)高空作业人员必须戴安全帽、系安全带、穿防滑鞋。

22.4.4 环境要求

(1)应尽量减少对周围水体的污染。

(2)应尽量减少对周围自然生态环境的破坏。

(3)减少对周围的噪声、光污染。

22.5 施工工艺

22.5.1 工艺流程

平行钢丝斜拉索换索施工工艺流程如图22-1所示。

22.5.2 操作工艺

(1)拉索的松张。

拉索的松张,是换索工程中的关键步骤。根据设计规范规定:设计中应考虑正常车辆运行时,可更换任一根拉索而结构不致被破坏。拉索作为可更换构件,应设计成具有可更换

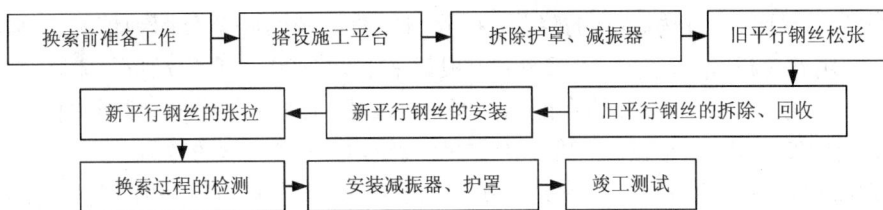

图 22 – 1 平行钢丝斜拉索换索施工工艺流程图

性。为保证梁塔对称受力，规范中所指的一根拉索应该包括上游、下游、江侧、岸侧共 4 根单索。拉索松张要同时使用 4 套千斤顶及其配套张拉杆、工具锚圈、电动油泵等。机具准备好，开始松张，程序如下：

①清理工作。先拆除上下锚头外端的防护罩，清除锚杯内外螺牙间的油脂、尘屑、除锈，对变形损坏的螺牙进行修复，将锚垫板面上的锈屑、混凝土渣屑清洗干净。拆除拉索两端防水罩、减振器，维修、保养备用。

②松张设备安装。松张设备与张拉设备相同，采用大吨位穿心式带撑架的千斤顶，松张与松索要综合考虑，对于短索、长索、超长超重索，分别安装不同的放张设备。

（A）对于短索，用千斤顶配合张拉杆松张。

（B）对于长索，可用多根张拉杆，分多级松张。

（C）对于超长、超重索，采用张拉杆放张后，拆除穿心式千斤顶，更换连续快速千斤顶松张。

③松张方法。

（A）松张设备安装好后，同一根索的上游、下游、江侧、岸侧施工同步对称进行。在不安装工具锚的情况下千斤顶无负荷伸长活塞，距最大行程 5 cm 左右时暂停。

（B）安装工具锚圈一，启动油泵，活塞千斤顶顶伸至工作锚圈离开锚垫板 1~2 cm，读取实际索力大小。

（C）拧松工作锚圈，千斤顶缓慢回程，工作锚圈同步拧松，回程至距活塞最小行程 2~3 cm 时暂停。

（D）拧紧工作锚圈，千斤顶继续回程，拧松工具锚圈，完成一个行程的松张。当拉杆足够长时，重复（A）~（D）步，可完成短索的松张；当拉杆长度不够时，换用多级叠合拉杆。换长拉杆时，塔外需用吊点控制斜拉索空间位置，以保证安全。

（E）安装第二节张拉杆及相应的工具锚圈，此时因拉杆外径变小，工作锚圈已不起作用，相应的安装由两个半圆环组成的开合式工作锚圈临时锚固拉索与拉杆，重复（A）~（D）步，可完成中长索的松张。

（F）对于超长、超重的索，经多级拉杆松张后，索力仍比较大，需要换用钢绞线代替拉杆，用带外螺牙的夹片群锚锚环与拉杆端头相连，先退出千斤顶，将夹片式工具群锚锚环穿入钢绞线中，置于千斤顶前端，作为临时工作锚。重新安装千斤顶，换用不同的垫板，再安装一套夹片式群锚锚环置于千斤顶后端，作为工具锚。参照（A）~（D）步逐渐松张，直至拉索张力小于松索时卷扬机的牵引力。

（2）拉索降落与回收。

①拉索张力松张后，开始拉索的降落、拆除与回收。拉索降落分两种情况，单根索索重小于20 t，宜用卷扬机配滑轮组走丝降落；单根索索重大于20 t，宜用承重导索降落。在塔柱端降索至一定长度、梁端锚头开始自由下降时，要在梁端锚头挂尾索，缓慢放松，防止拉索突然下降，造成安全事故，同时尾索能托住拉索，减少塔端牵引索的拉力。

②拉索回收先将梁端锚头牵出索道钢护筒口，摆放到桥面，塔端边降落，梁端边平移、边卷盘，直至拉索全部降落桥面，卷至索盘上运离桥面。

（3）新换拉索的安装。

新换拉索的安装施工与初建时拉索安装方法基本相同，不同的是拉索索长的计算与确定有两种方法：

①根据初建时拉索的下料长度，观测并测量安装、营运后拉索实际长度与计算长度的差异，修正误差后确定下料长度。

②拉索更换前，测量拉索上下索道钢护筒口的坐标，利用计算公式计算下料长度。新换索的索力由换索方案设计时确定。

（4）换索过程的监测。

拉索更换过程中桥面交通仍维持开放，由于部分拉索拆除，主梁的受力增大，与被拆拉索相邻的拉索受力重分配，拉力相对均会增大，给桥梁的营运留下了不安全因素，因此，换索过程须对梁、塔、索进行连续地监测，直至拉索更换完毕。监测的内容主要有变形观测、索力测量、裂缝观测。

（5）竣工测试。

换索以及伴随着换索过程进行的桥梁加固维修完成后，桥梁的工作状态较以前一般都会有程度不同的改变。为了弄清桥梁结构的变化情况，为换索以后桥梁的安全营运和合理养护提供依据，一般对换索后的斜拉桥要进行竣工验收测试。换索后竣工测试的内容与新建桥梁竣工测试的内容大致相同，主要包括以下内容：

①恒载作用下拉索索力的测定。

②静载试验。

③动载试验。

④桥梁动力特性的测试。

22.6 质量标准

22.6.1 工程质量控制标准

斜拉索张拉按照《公路桥涵施工技术规范》（JTG/T F50—2011）执行。

（1）拉索张拉的顺序、级次数和量值应按设计规定执行。应以振动频率计测定的索力或油压表量值为准，以伸长值作校核。

（2）索塔顺桥向两侧的拉索（组）和横桥向对称的拉索（组）必须对称同步张拉。同步张力的不同步索力相差值不得超出设计规定。两侧不对称或设计拉力不同的拉索，应按设计规定的索力分级同步张拉，各千斤顶同步之差不得大于油表读数的最小分格，索力终值误差小于±2%。

（3）拉索张拉完成后，每组及每索的拉力误差超过设计（或监控单位提供）规定时应进行调整，调整时可从超过设计索力最大或最小的拉索开始（放或拉），直到调至设计（或监控单位提供）索力。

22.6.2　质量保证措施

（1）斜拉索进场时进行外观质量检查。

（2）吊装斜拉索时使用专门的吊带，展索时桥面小车垫置土工布或橡胶皮。

（3）张拉用的拉杆、变径套、张拉螺母、钢绞线挤压P形锚头等应进行试拉试验。

（4）严格按照施工组织设计、技术方案进行施工，保证施工质量。

（5）实行、坚持技术交底制度，使所有施工人员掌握技术要领和质量要求。

（6）按三阶段控制即事前预防、事中保证、事后检查方式控制施工质量。

（7）按自检互检、专职检查、配合监理工程师验收检查的三级质检体系，进行施工质量控制。

（8）明确质量标准，采用科学、先进的质量检验方法和先进的质检手段进行质检工作。

（9）严格按照质检制度和质检程序控制工程质量。

22.7　成品保护

（1）斜拉索包装时采取盘装，避免了圈装时放索施工过程中斜拉索与放索盘间相摩擦，对斜拉索护套及螺旋线造成磨损。

（2）斜拉索牵引小车采取下设滚轮，使斜拉索与小车间不产生位移，同时在斜拉索与小车间利用木槽隔开。

（3）斜拉索施工时注意不要对成品有磕、碰、刮、划等硬接触。

（4）油漆作业时注意盛油漆的容器不要歪倒或泼洒于成品上。

（5）机械作业时注意油污（如黄油、千斤顶油泵、油管等）污染成品，作业前应对机械（如千斤顶、油泵等）进行检查或试验，确保不因发生意外故障（如密封圈漏油、油管爆裂等原因）而污染成品。

（6）严禁在斜拉索结构物上涂、抹、刻、划等。

（7）严禁有污渍的肢体或衣物、工具接触或用硬物敲击成品。

22.8　安全环保措施

22.8.1　安全措施

（1）高空所有施工走道均设置栏杆及安全网，所有悬吊作业均采用封闭式吊篮，挂索施工的内、外操作平台都要做到安全可靠。

（2）斜拉索换索施工时考虑大桥结构的总体受力情况，采用限制交通的措施，严格禁止大型载重车辆通行。

（3）斜拉索运至现场进行临时堆放，需在与硬性材料可能发生碰撞部位加垫橡胶皮，堆放地方远离气割、焊接作业区。

（4）斜拉索起吊、挂设提升、牵引、压锚等所有施工过程中，斜拉索吊点或拉伸受力点必须采用大直径纤维绳或与索直径配套的专用夹具捆绑，不得采用钢丝绳等硬性绳索捆绑、提吊斜拉索。

（5）斜拉索起吊、挂设提升、牵引前应清除各种障碍物。

（6）放索时注意控制斜拉索的摆动，防止放索小车翻倒、损伤斜拉索及作业人员。

（7）在斜拉索起吊上升开始前，在斜拉索上挂设抗风缆减小斜拉索上升过程中的摆动与旋转。

（8）牵引张拉时，由于塔内空间较小，需采取必要措施以保证操作空间和安全。夜间施工应配备足够的照明设施和器具，保证夜间施工安全。

22.8.2　环保措施

（1）严禁将生活、生产垃圾直接抛入江河里面和周围场地，所有垃圾应统一运至专门处理场地进行处理。

（2）清洗或维修机械设备和施工设备的废水、废油严禁直接排入江河里面和周围场地。禁止机械在运转中产生的油污未经处理就直接排放。

（3）将报废材料或设备立即运出现场，对于施工中废弃的零碎配件、边角料、包装材料等应及时清理并搞好现场卫生，以使自然环境不受破坏。

22.9　质量记录

（1）斜拉索的产品合格证、质量保证书。

（2）供应商提供的钢材和其他材料的合格证及试验报告。

（3）施工图、拼装简图、竣工图和设计变更文件，设计变更内容应在施工图中相应部位注明。

（4）斜拉索第一次、第二次张拉记录表，调索记录表。

（5）斜拉索安装施工记录。

（6）隐蔽工程检查记录。

（7）工序质量检验评定。

23   斜拉桥预应力混凝土主梁前支点挂篮施工工艺

23.1   总则

23.1.1   适用范围

本工艺标准适用于悬臂浇筑的大跨度预应力钢筋混凝土斜拉桥。

23.1.2   编制参考标准及规范

(1)《公路桥涵施工技术规范》(JTG/T F50—2011)。
(2)《公路工程质量检验评定标准》(JTG F80/1—2017)。
(3)《公路工程施工安全技术规范》(JTG F90—2015)。
(4)《公路工程水泥及水泥混凝土试验规程》(JTG E30—2005)。

23.2   术语

前支点挂篮:是利用待浇梁段斜拉索作为挂篮前支点支撑力,施工中挂篮后部锚固在已浇梁段上,行走时前端两侧连于牵索纵梁上,前、后挂钩落于主梁顶面轨道上行进的一种大型挂篮。

23.3   施工准备

23.3.1   技术准备

(1)熟悉和分析施工图纸、施工现场的施工环境、气候资料,编制前支点挂篮施工的专项施工方案,向班组进行书面的技术交底和安全交底。

(2)当漂浮体系的斜拉桥采用前支点挂篮进行主梁施工时,为确保结构中施工阶段的安全,一般在施工中在塔、梁间应设置竖向、纵向、横向临时约束,同时在边墩设置墩、梁间竖向临时约束。墩、梁间竖向临时约束在边跨合龙支撑安装就绪后,解除临时约束。塔、梁间约束在塔下现浇段施工时安装,在中跨合龙段钢支承结构安装完毕后拆除,并做好约束解除前后主梁位移变化观测记录。对于塔梁墩固结的斜拉桥则不需要临时固结。

（3）在选择合适的墩顶梁上预留前支点挂篮后端锚固点，墩顶梁的施工方法可采用托架或膺架为支架，就地浇筑混凝土。托架或膺架要经过设计，计算弹性及非弹性变形。

（4）挂篮要经过设计计算，选择合适的挂篮形式。

（5）挂篮加工完成后必须进行加工试拼及加载试验。挂篮所需要的材料是可靠的，有疑问时应进行材料力学性质试验。

（6）挂篮支承平台除了要有足够的强度和刚度外，还应有足够的平面尺寸，以满足现场作业需要。

（7）前支点挂篮施工前对施工人员进行全面的技术、操作、安全交底，确保施工过程中工程质量和人身安全。

23.3.2　材料准备

（1）原材料：水泥、石子、砂、钢筋、钢绞线、锚具、波纹管等，有持证材料员和试验员按规定进行检验，确保其材料质量符合相应标准。

（2）混凝土配合比设计及试验：按混凝土设计强度要求，分别做泵送混凝土配合比及普通混凝土配合比的试验室配合比、施工配合比，并满足施工的全部要求。

（3）挂篮所需钢材按要求检验合格。

23.3.3　机具准备

（1）起重设备：塔吊、吊车、浮吊、卷扬机等。

（2）安全设备：安全帽、防滑鞋、安全带、救生衣、灭火器、防护网等。

（3）钢筋加工设备：电焊机、钢筋切断机、钢筋弯曲机、钢筋拖车。

（4）斜拉索（环氧钢绞线）张拉设备：HDPE 管材热熔焊接机、单孔千斤顶及配套油泵、单孔振弦式压力传感器、穿心式千斤顶及配套油泵、张拉反力架等。

（5）挂篮行走设备：油顶、油泵。

（6）混凝土灌注、运输设备：混凝土拌和站、汽车泵、砼输送泵、混凝土罐车、振捣器等。

23.3.4　作业条件

（1）施工场地三通一平完成，所有机具设备准备就绪。

（2）前支点挂篮施工前应由技术负责人对施工人员进行培训、技术安全交底。做到规范、熟练掌握挂篮行走、斜拉索穿索张拉、起重、立模、钢筋绑扎、混凝土浇筑、张拉、压浆等技术，要有应对安全紧急救援的措施，操作人员要保持稳定。

（3）遇到大风、暴雨等天气情况，应停止一切起重及高空作业。

（4）混凝土施工配合比已审批。

23.3.5　劳动力组织

斜拉桥预应力混凝土主梁前支点挂篮施工劳动力组织表如表 23-1 所示。

表 23 - 1　斜拉桥预应力混凝土主梁前支点挂篮施工劳动力组织表

工种	人数/人	工作地点	职责范围
施工负责人	1	整个施工现场	负责跟班组织施工管理工作、协助总指挥等
工班长	1	挂篮施工现场	负责跟班组织施工,协调各工种交叉作业等
技术员	1	整个施工现场	负责跟班解决施工中的技术问题,编写技术措施等
安全员	1	整个施工现场	负责跟班检查安全设施、安全措施的执行情况及安全教育工作,对安全生产负责
质检员	1	整个施工现场	负责跟班检查工程质量,组织各工种交接及检查质量保证措施的执行情况,对工程质量负责
测量员	2	整个施工现场	负责挂篮放样、挂篮高程等测量
模板工	8	挂篮施工现场	负责挂篮模板安装
钢筋工	12	挂篮施工现场	负责连续箱梁钢筋等制作安装
电焊工	8	挂篮施工现场	负责连续箱梁钢筋接头等焊接
普工	8	挂篮施工现场	负责转运各种施工材料等
挂篮操作员	12	挂篮施工现场	负责挂篮移动及斜拉索张拉等
吊装工	6	挂篮施工现场	负责吊装
电工	2	挂篮施工现场	负责现场动力、照明、通信等电气系统的维修保养
总计	63		

注:此表为一套挂篮作业施工配备人员。

23.4　工艺设计和控制要求

23.4.1　技术要求

(1)挂篮设计应具有足够的强度、刚度和稳定性,按照力学传递顺序逐个验算构件承载力及稳定性,受力主桁架结构形式宜简单,挂篮施工、行走时的抗倾覆稳定系数不得小于 2。

(2)加压过程应严格按照施工方案和技术交底进行施工。可采用五级加载法,各级荷载分别为:20%、60%、80%、100%、120%,分别记录下每个加载段的变形量。加载过程应均匀布置配重,防止严重偏压失稳。

(3)挂篮行走时,临时施工荷载尽量靠后,移动时保证平稳,挂篮上、下游必须保证同步,可测量距离进行控制,保证挂篮就位后平面位置偏差在允许范围内。

(4)斜拉索的张拉在塔柱端进行,严格按施工控制细则进行,保证塔柱和挂篮横向、纵向对称分级同步张拉,控制索力张拉最大允许误差为 ±2%,中间索力(第一、第二张拉索力)允许误差为 ±5%,如有偏差,张拉时要综合考虑索力和挂篮已浇梁段标高及线形控制要求,进行反复多次张拉调整工作。

(5)混凝土必须对称浇筑,严格控制混凝土方量,以确保两边不平衡荷载,满足施工控制细则要求,在混凝土浇筑过程中同时观察塔柱偏位及主梁标高变化,检查挂篮锚固体系、模板、支架等是否出现异常情况。

23.4.2 材料质量要求

(1)水泥:应选择同厂家同品牌强度等级为 42.5 MPa 的低热硅酸盐水泥(P·LH)、中热硅酸盐水泥(P·MH),性能符合《中热硅酸盐水泥、低热硅酸盐水泥、低热矿渣硅酸盐水泥》(GB 200)的技术要求。不得选用早强型硅酸盐水泥或早强型普通硅酸盐水泥。水泥的比表面积不得大于 350 m²/kg。水泥出厂时间不得大于 3 个月,且不得受潮结块。

(2)细骨料:应选用石英含量高、颗粒浑圆、具有平滑筛分曲线的中砂,其细度模数控制在 2.7~3.1。砂中有害杂质应严格按《建设用砂》(GB/T 14684—2011)控制,特别是含泥量(淤泥和黏土总量)不得超过 2%,最好采用同一料场的砂。

(3)粗骨料:应选用热膨胀较小的石灰岩、玄武岩或花岗岩,最大粒径不大于 25 mm,尽可能采用多级配或连续级配的粗骨料,降低粗骨料的空隙率。选定骨料前应进行必要的验证,以确保不出现碱骨料反应。粗骨料中有害杂质应严格按《建设用卵石、碎石》(GB/T 14685—2011)控制,特别是含泥量不得超过 1%,最好采用同一料场的石料。

(4)外加剂:除高效减水剂(不宜采用复合多功能减水剂)、缓凝剂外,不得掺加其他任何外加剂。外加剂的品种应与所用水泥相匹配,其质量应符合《混凝土外加剂》(GB/T 8076—2008)的规定,其使用应符合《混凝土外加剂应用技术规范》(GB 50119—2013)的规定。

(5)掺合料:粉煤灰应选用符合《用于水泥和混凝土中的粉煤灰》(GB/T 1596—2017)规定的 I 级粉煤灰,或《用于水泥、砂浆和混凝土中的粒化高炉矿渣粉》(GB/T 18046—2017)规定的矿渣粉。

(6)拌和用水:除符合《公路桥涵施工技术规范》(JTG/T F50—2011)外,水中氯离子含量超过 500 mg/L 的水不得使用。

(7)钢筋:采用 HPB300 钢筋,其技术标准应符合《钢筋混凝土用钢 第1部分:热轧光圆钢筋》(GB/T 1499.1—2017)的规定,HRB335、HRB400 钢筋应符合《钢筋混凝土用钢 第2部分:热轧带肋钢筋》(GB 1499.2—2018)的规定。

(8)钢材:采用 Q235B 型钢和钢板其技术标准应符合《碳素结构钢》(GB/T 700—2006)、《碳素结构钢和低合金钢热轧厚钢板和钢带》(GB/T 3274—2017)的规定。

(9)钢筋机械连接接头:直径≥22 mm 的钢筋采用机械连接,其技术标准应符合《钢筋机械连接技术规程》(JGJ 107—2010)中Ⅱ级接头以上性能要求。

(10)预应力钢绞线及锚具:应符合《预应力混凝土用钢绞线》(GB/T 5224—2014)的规定。

23.4.3 职业健康安全要求

(1)高空作业人员、特种机械操作人员必须经过专业的技术培训及专业考试合格,持证上岗,并必须定期进行体格检查。

(2)严禁患有恐高症的人员从事高空作业。

23.4.4　环境要求

（1）在工程的实施期间，采取合理可行的措施以疏通施工区域内部环境污水。设计施工必要的导流设施导引水流，使之对施工区域及基本的工程设施等不会导致侵蚀及污染；设置必要的拦污净化处理设施，防止含有污染物或可见悬浮物的污水直接排放入河流中，应尽量减少对周围水体的污染。

（2）机械设备操作时，尽量减少噪声、废气等污染。

23.5　施工工艺

23.5.1　工艺流程

斜拉桥预应力混凝土主梁前支点挂篮施工工艺流程如图23-1所示。

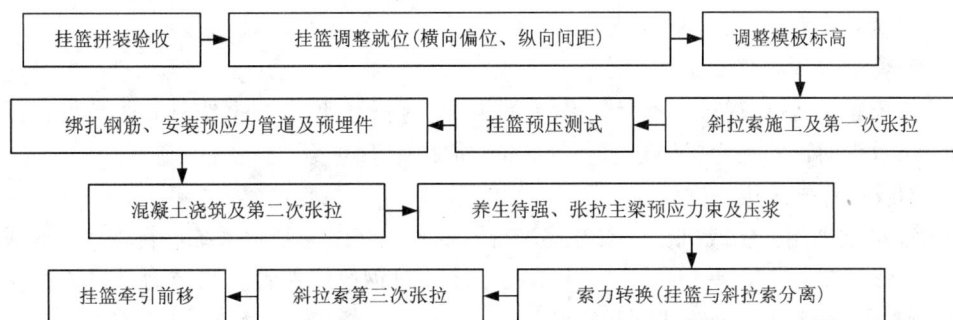

图23-1　斜拉桥预应力混凝土主梁前支点挂篮施工工艺流程图

23.5.2　操作工艺

（1）挂篮拼装验收。

墩顶现浇段完成后，依据挂篮设计资料，确定挂篮拼装控制线。依据实际起重能力选择合理的方案。然后按照"先主桁、次底篮、再模板、最后其他附属结构"的顺序进行挂篮的拼装。

（2）挂篮调整就位。

①挂篮前移就位后，标高调整机构千斤顶工作，提升撑杆支撑住翼板底面，放松行走反压滚轮。

②安装主纵梁前锚杆组，逐步提升主纵梁前锚杆组，并同步下放标高调整机构的撑杆，保持挂篮的平衡，提升挂篮。

③安装止推机构，操作止推千斤顶，使挂篮平面定位；定位后，挂篮的纵向中心线与桥轴线间偏差不大于10 mm；挂篮中心线前、后端偏差不大于10 mm。

④安装主纵梁后锚杆组及中横梁锚杆组。

（3）调整模板标高。

根据监控指令调整模板标高,同时调整止推千斤顶、标高调整千斤顶及锚杆组,使挂篮精确定位,并满足预变形要求。

(4)斜拉索施工及第一次张拉。

①索道管安装。

索导管根据设计图纸下料,下料后用砂轮打磨割口,上下口尺寸精度控制在设计规范以内,经检查确认索导管尺寸符合设计要求后,在预先制作的定位三脚架上用葫芦吊起索导管,使其与锚板垂直对中,然后对称点焊固定,再复测垂直度,符合设计要求后再补焊全缝,索导管加工垂直度满足设计及规范要求,按图纸要求焊上加劲板,固定螺旋筋。

索导管的定位指标有两项:

(A)锚板中心孔的位置和高程。

(B)索导管的倾斜度。

②钢绞线穿索(环氧钢绞线)。

(A)穿索顺序。

为确保组成斜拉索的各钢绞线平行,以及方便顺利穿索,根据斜拉索的特点,采用的合理穿索顺序为:从上至下、逐排穿索。

(B)钢绞线准备。

正式穿索前,对钢绞线进行剥套、镦头的工作。剥套长度应根据锚具和张拉设备尺寸决定;钢绞线镦头的目的是为机械穿索进行准备,加快施工进度。

(C)钢绞线穿索及第一次张拉。

钢绞线穿索采用人工或机械穿索方式进行。钢绞线穿索与牵索系统进行连接,形成挂篮前支点;在张拉端,安装单孔反力架,用单孔千斤顶对钢绞线按计算张拉力进行逐根穿索张拉并顶压锚固,直至所有钢绞线穿索完毕。

(D)索力平均。

为将斜拉索中各根钢绞线间的索力差控制在设计允许范围内,每束斜拉索中所有钢绞线挂索张拉完毕后,需检查各钢绞线索力是否相等。若索力不等,则必须进行索力平均。索力平均采用等值张拉法,与第一次张拉同时进行。

索力平均后测量复核张拉后的模板标高,如与监控计算情况不符时,查找原因,并考虑是否需要重新释放索力,再次张拉。

(5)挂篮预压试验。

挂篮拼装完成,对 2# 块斜拉索进行第一次张拉后,为了检验挂篮的性能和安全,消除结构的非弹性变形,获取挂篮弹性变形曲线的参数,为主梁施工提供数据,应对挂篮进行预压,预压荷载为最大块件重的 1.1 倍,试压通常采用水箱等荷载加压法等。

(6)绑扎钢筋、安装预应力管道及预埋件。

①钢筋在模板上准确放样,定位绑扎牢固、保护层厚度、钢筋焊接符合规范要求。

②预应力管道在运输、安装时防止碰撞而导致变形,安装时用定位钢筋精确定位,定位钢筋间距在直线段为 1.0 m,曲线上为 0.5 m。当预应力管道位置与其他钢筋有冲突时,只能调整其他钢筋的位置,保证预应力管道的位置准确不变,移动、割断钢筋是在征得设计单位、监理单位同意的情况下进行的。钢筋安装与预应力管道布设交叉进行,施工时将做到保证预应力管道的连接不漏浆,注意钢筋安装时不损伤预应力管道。

③所有预埋件均严格按照设计要求准确预埋到位。

（7）浇筑混凝土及第二次张拉。

①按主梁施工控制要求两端对称分层浇筑混凝土，先浇筑两个主肋处及横梁处的混凝土，浇筑时需从挂篮前端分层向后浇，此时挂篮尾端受向上的压力，检查梁底与挂篮间的所有支垫及锚固，以保持挂篮位置正确。

②当混凝土浇筑到一半时，根据监控指令及时进行第二次张拉，并监测索力张拉情况、测量模板标高情况，检查是否符合设计要求。

③斜拉索第二次张拉为整体张拉，具体步骤为：

（A）将索力转换装置与斜拉索锚具连接。

（B）在弧形板上安装穿心式千斤顶、张拉杆及张拉螺母。

（C）将张拉杆与索力转换架连接。

（D）启动穿心式千斤顶，整体张拉斜拉索，使节段前端的立模标高调整到规定标高。

④斜拉索第二次张拉结束后继续浇筑混凝土直至完成，每一节段混凝土的浇筑方量应严格控制，使梁段的自重误差控制在3%以内。

（8）养生待强、张拉主梁纵向预应力束及压浆。

在混凝土初凝后，用无纺土工布覆盖新浇混凝土表面，洒水且保持湿润状态，养护时间不得少于7 d；待强度达到设计规定值后，拆除内模板及前端腹板侧模，进行预应力张拉，张拉过程中先张拉纵向预应力钢筋，从主肋方向向中线附近对称张拉，再张拉横向预应力钢绞线，张拉采用从上而下的原则；钢束张拉完毕，用环氧树脂水泥浆尽快封锚，在封锚达到一定强度再压浆；压浆前先对孔道进行清洗，并用压缩空气冲去孔内积水，水泥浆由孔道低点压入，空气和余浆由高点排气孔排出。为了保证压入孔的水泥浆密实，压浆以达到孔道排出饱满的水泥浆为止。

（9）斜拉索体系转换。

①混凝土养生到设计强度后，完成顶、底板预应力筋张拉施工，再进行斜拉索体系转换，首先张拉斜拉索，旋紧梁底锚具上的螺母，使其与锚垫板密贴。

②索力转换装置中的千斤顶活塞前行5 cm左右后，旋紧千斤顶前端拉杆上的张拉螺母，千斤顶再次进油张拉，使弧形板上的锁定螺母脱离弧形板，并将其外旋出7 cm左右。

③千斤顶回油，则索力从挂篮的弧形板上转移到混凝土梁体上的锚板上，完成斜拉索体系转换工序。

斜拉索体系转换的结构示意见图23-2。

（10）斜拉索第三次张拉。

根据监控单位指令，第三次张拉斜拉索至设计值，并进行锚固，使各节段满足索力、伸长量以及各梁端高程的各个施工阶段监控参数要求。斜拉索第三次张拉步骤与第一次相同。所有拉索张拉完毕后，由监控单位对拉索索力进行检测，若实际索力与设计或监控要求不符，则进行调索。

（11）挂篮牵引前移。

①斜拉索第三次张拉结束后，拆除止推机构，铺好行走钢板滑道（滑道板原则上应在混凝土凝固前放置，以保证滑道面与混凝土嵌合紧密，或者在混凝土凝固后用高标号砂浆找平滑道底面再放置滑板）。

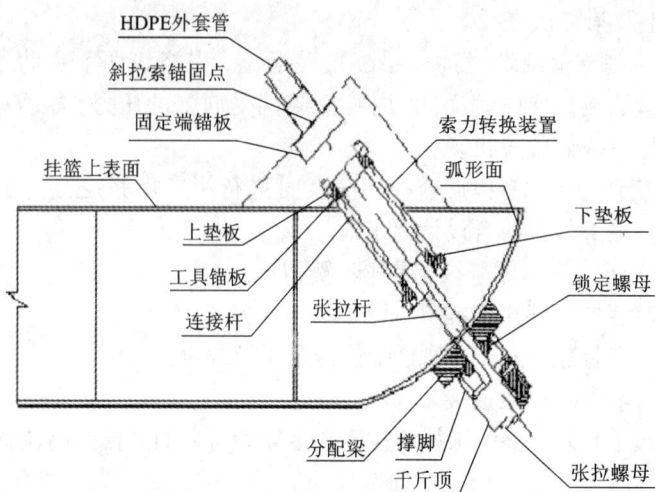

图 23 – 2　斜拉索体系转换示意图

②放松主纵梁后锚杆组及中横梁锚杆组。

③放松主纵梁前锚杆组，使梁体与挂篮脱离，提升标高调整机构，使挂篮保持前后平衡，挂篮下降，使挂腿落至钢板滑道上。

④挂篮主纵梁尾端的行走反压滚轮就位（用以抵抗挂篮的悬臂倾覆力），做好挂篮前移准备。

⑤安装牵引机构，将千斤顶固定在梁端的反力座上，用于牵引的精轧螺纹钢筋一端与千斤顶连接，另一端与挂篮的挂腿相连，通过挂篮前端牵引千斤顶的同时反复顶拉，使挂篮前移，若桥纵向坡度较大，应在挂腿后端设置反向拽拉链，以防止挂篮滑入桥下。挂篮前移示意见图 23 – 3。

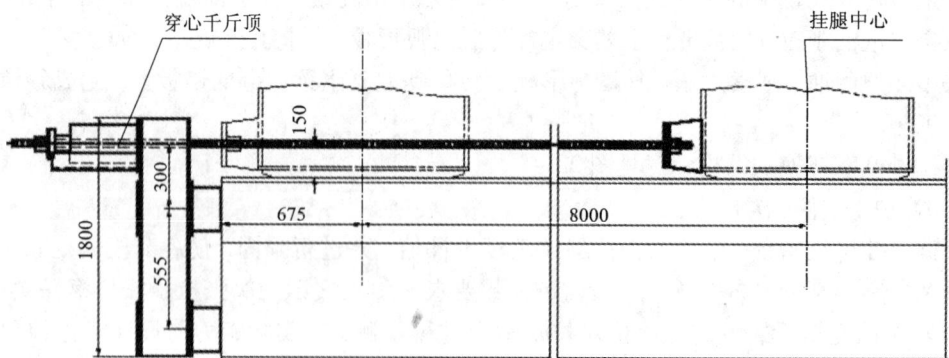

图 23 – 3　挂篮前移示意图

（12）质量控制措施。

①混凝土所用的水泥、砂、石、水、外掺剂及混合材料的质量和规格必须符合《混凝土结

构设计规范》(GB 50010—2010)、《公路钢筋混凝土及预应力混凝土桥涵设计规范》(JTG D62—2018)和《公路桥涵施工技术规范》(JTG/T F50—2011)的规定,严格按规定的配合比施工。

②千斤顶及油表灯斜拉索张拉工具,必须事先经过检查和标定。

③穿索前应将锚箱孔道毛刺打平,避免损伤斜拉索。

④施工过程中必须对索力、高程及塔柱变形进行观测,并记录当时的温度。

⑤施工梁段前,必须对0#块件的高程、桥轴线作详细复核,符合设计要求后方可进行悬臂梁段的施工。

⑥施工必须对称进行,斜拉索张拉的次数、量值和顺序应按设计规定或施工控制要求进行。

⑦施工跨中合龙前,应调整超出允许范围的索力值。合龙段两侧的高差必须在设计允许范围内。

⑧梁体不得出现露筋和空洞现象,不得出现宽度超过设计和规范规定的受力裂缝。否则必须查明原因,经过处理后方可继续施工。

⑨施工过程中,当索力和高程超过设计允许偏差时,必须按施工控制的要求进行调整。

⑩接头的形式、位置,胶结材料的性能和质量,以及其他技术指标必须满足设计要求,接缝填充密实。

23.6 质量标准

(1)支架和模板的强度、刚度、稳定性应满足施工技术规范的要求。

(2)梁体不得出现露筋和空洞现象。

(3)预埋件的设置和固定应满足设计和施工技术规范的规定。

(4)实测项目。

斜拉桥预应力混凝土主梁前支点挂篮质量实测项目如表23-2所示。

表23-2 斜拉桥预应力混凝土主梁前支点挂篮质量实测项目表

项次	检查项目		规定值或允许偏差		检查方法和频率
1	混凝土强度/MPa		在合格标准内		参考《混凝土强度检验标准》
2	轴线偏位/mm		$L \leqslant 100$ m	10	经纬仪:每段检查2点
			$L > 100$ m	$L/10000$	
3	断面尺寸/mm	高度	+5,-10		尺量:每段检查2个断面
		顶宽	±30		
		底宽或肋间宽	±20		
		定、底、腹板厚或肋宽	+10,-0		

续表 23 - 2

项次	检查项目		规定值或允许偏差		检查方法和频率
4	索力/kN	允许	满足设计和施工控制要求		测力仪：测每索拉力
		极值	符合设计规定，设计未规定时与设计值相差 10%		
5	梁锚固点或梁顶高程/mm	梁段	满足施工控制要求		水准仪或全站仪：测量每个锚固点或每梁段中点
		合龙后	$L \leqslant 100$ m	± 20	
			$L > 100$ m	$\pm L/5000$	
6	横坡/%		± 0.15		水准仪：检查每梁段
7	锚具轴线与孔道轴线偏位/mm		5		尺量：全部
8	预埋件位置/mm		5		尺量：每件
9	平整度/mm		8		2 m 直尺：检查竖直、水平两个方向，每侧每 10 m 梁长测一处

(5)外观鉴定。

①线形平顺，梁顶面平整，每段无明显折变。

②相邻块件的接缝平整密实，颜色一致，棱角分明，无明显错台。

③混凝土表面不应出现蜂窝、麻面，如出现必须修整。

④混凝土表面一般不应出现非受力裂缝。裂缝宽度超过设计规定或设计未规定时超过 0.15 mm 必须处理。

⑤梁体内不应遗留建筑垃圾、杂物、临时预埋件。

23.7 成品保护

23.7.1 梁体施工

(1)浇筑混凝土前，应注意模板、钢筋、预应力筋、波纹管的保护，不得攀踩污染钢筋，浇筑混凝土时保护好索道管、钢筋、模板，避免松动、移位、变形。

(2)钢筋保护层厚度按设计图纸要求，其保护层垫块不得遗漏。

(3)在移位挂篮时，应对称匀速进行，避免大的冲击。

(4)拆模板时保护好结构，避免碰撞。

23.7.2 施工监控

(1)采用全站仪测量索塔的变位。

(2)配合监控单位，埋设量测应力应变的传感元件。

(3)严格按照施工程序进行施工。

(4)严格控制和管理施工荷载，尽可能地减少偏载和超载影响。

（5）测量各梁段的轴线偏差和高程，及时将测量数据提供给监控方。

（6）测量气温，为有关的温度改正计算提供数据。

（7）严格按监控方给出的高程、索力等控制值，进行主梁施工和斜拉索安装施工，不断修正已出现的误差，防止误差累计。

（8）配合监控方测定索力，并按要求调整主梁高程和索力。

23.8　安全环保措施

23.8.1　危险源辨识

（1）挂篮支架作业。

①支架结构自身的安全——主要指结构因承载力和稳定性不够而不能满足使用要求。

②支架结构加工、安装过程误差——主要指结构加工和安装过程中与原设计不符合，使结构的实际受力性能与原设计计算模型不吻合，而造成的结构安全隐患。

③支架结构超载使用——主要指支架上乱堆乱放或横梁浇筑高度未严格按照施工方案执行。

④挂篮和前移及拆除过程中的施工安全。

（2）高空作业。

①挂篮安装过程的坠落风险。

②挂篮施工过程的坠落风险。

③挂篮拆除过程的坠落风险。

（3）施工现场安全用电。

①主干线和支干线线路总体线路设置不合理造成的危险。

②用电系统不合理造成的危险。

③不规范用电造成的危险。

23.8.2　安全措施

（1）施工前，对挂篮各构件进行检查，在保证各构件焊接可靠、无疲劳裂纹等前提下按设计说明书进行挂篮拼装；挂篮组拼后，要进行全面检查，并做静载试验。

（2）使用的机具设备（如千斤顶、滑轮、手拉葫芦、钢丝绳等），应进行检查，不符合安全规定的严禁使用。

（3）检查预埋件和锚固点的位置及坚固程度是否符合设计要求。

（4）双层作业时，操作人员必须严守各自岗位职责，并应防止工具掉落等。

（5）挂篮拼装及组装中，应根据作业地点的具体情况设置安全防护设施。

（6）挂篮移动、底模标高调整时，应设专人统一指挥，且作业人员应站在铺设稳固的脚手板上。

（7）挂篮行走时，要缓慢进行，速度控制在 0.1 m/min 以内。挂篮后部各设一组溜绳，以保安全。滑道要铺设平整、顺直，不得偏移。挂篮行走和浇筑混凝土时，其稳定系数符合《公路桥涵施工技术规范》（JTG/T F50—2011）的规定。

(8)挂篮的牵索系统安装后,应进行全面检查,首次使用前,应按最大施工荷载进行加载试验。

(9)挂篮安装时或行走到位后,应先安装好锚固和止推装置。

(10)在斜拉索安装和使用过程中,要注意检查,保持受力均衡。

(11)挂篮行走前应检查后锚固及各部受力情况,发现隐患应及时处理。行走时亦应密切注意有无异状,并慢速稳步到位。

(12)浇筑混凝土前,应对挂篮锚固、拉索及限位装置进行全面检查。

23.8.3　环保措施

施工中将严格执行《公路建设项目环境设计规程》及《环境保护法》的有关要求,严格遵守国家和地方控制污染的法律法规,维护施工区的环境。

(1)在施工的实施期间,采取合理可行的措施以疏通施工区域内部环境的污水。设计施工必要的导流措施导引水流,使之对施工区域及基本的工程设施等不会导致侵蚀或污染;设置必要的拦污净化处理设施,防止将含有污染物或可见漂浮物的污水直接排放入河流。

(2)机械设备操作时,尽量减少噪声、废弃物等污染。

(3)配备专职安全员,施工现场的张拉操作人员、电工、焊工、机械工等特殊工种必须持证上岗操作,杜绝违章作业。

(4)原材料、半成品均摆放整齐有序,保持预制场整洁。

(5)千斤顶、油泵、机械设备定时保养,防止油污泄漏。

23.9　质量记录

(1)斜拉桥上部结构测量记录及放样记录。

(2)对原材料型号、材质进行检查,并出示出厂合格证。

(3)水泥出厂合格证。

(4)钢筋出厂合格证以及钢筋试验单抄件。

(5)钢筋隐蔽验收记录及评定。

(6)混凝土试块 28 d 标养抗压试验强度及评定。

(7)模板高程、尺寸的检验记录。

(8)张拉记录表。

(9)压浆现场检查记录及压浆试块 28 d 标养抗压强度。

(10)浇筑现场检查记录。

(11)千斤顶、油表标定报告。

(12)混凝土强度试验报告。

(13)测量(墩梁的高程、挠度、位移)记录。

24　斜拉桥钢箱梁安装施工工艺

24.1　总则

24.1.1　适用范围

本工艺标准适用于各种跨径的斜拉桥钢箱梁安装。

24.1.2　编制参考标准及规范

(1)《公路桥涵施工技术规范》(JTG/T F50—2011)。
(2)《公路工程质量检验评定标准》(JTG F80/1—2017)。
(3)《公路工程施工安全技术规范》(JTG F90—2015)。
(4)《钢结构工程施工质量验收规范》(GB 50205—2017)。

24.2　术语

24.2.1　钢箱梁

支承桥面、与桥面结合成一体并将恒荷载及活荷载通过拉索传递给索塔或通过梁底支座传递给墩台的钢制箱形结构。

24.2.2　悬臂拼装法

在桥塔两侧设置吊架,平衡地逐段向跨中悬臂拼装钢箱梁的方法。

24.2.3　抗滑移系数

高强度螺栓连接中,使连接面产生滑动时的外力与垂直于摩擦面的高强度螺母预拉力之和的比值。

24.2.4　超声波探伤

利用超声波对结构或钢材焊接进行质量检验的方法。

24.2.5　射线探伤

利用 X、γ 射线对结构或钢材焊接进行质量检验的方法。

24.3　施工准备

24.3.1　技术准备

(1)组织审查设计图纸。
(2)编制运梁方案、支架方案、吊装方案、合龙方案。
(3)由专门的测量、监控人员根据相关要求确定钢箱梁安装标高。
(4)进行技术交底。

24.3.2　材料准备

(1)主要结构材料：钢箱梁节段。
(2)施工辅助材料：钢材、焊条、焊丝、焊剂、高强螺栓、油漆等。

24.3.3　机具准备

桥面吊机、吊具、运梁船、浮吊、千斤顶、卷扬机、钢板清理机、切割机、超声波探伤仪、X射线探伤仪、空压机等。

24.3.4　作业条件

(1)钢箱梁经工厂加工完成并通过验收。
(2)已确定钢箱梁的运输路线及运梁船的锚定位置，并完成相关水域的封航。
(3)桥面吊机、浮吊吊具已完成试吊，并满足使用要求。
(4)工作人员已经过交底培训，持证上岗。

24.3.5　劳动力组织(表24-1)

表24-1　斜拉桥钢箱梁安装施工劳动力组织

工种	人数/人	工作地点	职责范围
技术负责人	1	整个施工现场	负责整个过程施工技术问题
施工负责人	1	整个施工现场	负责跟班组织施工管理工作、协助总指挥等
技术员	2	钢箱梁吊装现场	负责跟班解决施工中的技术难题，跟班组织施工
安全员	1	整个施工现场	负责跟班检查安全设施、安全措施的执行情况及安全教育工作，对安全生产负责
质检员	1	整个施工现场	负责跟班检查工程质量，组织工序转换前的质量检查
测量员	2	整个施工现场	负责钢箱梁安装高程控制、线形控制

续表 24 – 1

工种	人数/人	工作地点	职责范围
电工	1	整个施工现场	负责现场施工用电机、用电设施的维护
起重工	4	塔吊或吊车司机	负责现场材料转运、上桥
吊装工	20	施工现场	负责所有吊装作业的实施
电焊工	12	钢箱梁拼装现场	负责钢箱梁的拼装、焊接
桥面吊机操作员	8	桥面吊机	负责桥面吊机操作机维护
合计	53		

注：该表未计行政人员、后勤人员等。

24.4　工艺设计和控制要求

24.4.1　技术要求

（1）主梁安装施工应缩短主梁悬臂时间，尽量使一侧固定，以提高抗风稳定性，必要时应采用临时抗风措施。

（2）应进行钢梁的连日温度变形观测，确定适宜的合龙温度及实施程序。

（3）钢箱梁的焊接应尽量在无应力状态下进行，以减小残余应力。

24.4.2　材料质量要求

（1）钢材：品种、规格必须符合设计要求和现行国家标准的规定，有质量证明书、试验报告单，进厂后做探伤试验，合格后方可使用。

（2）焊条、焊丝、焊剂：所有焊接用材料必须有出厂合格证，并与母材强度相适应，其质量应符合现行国家标准。

（3）高强螺栓：螺栓的直径、强度应符合设计要求和现行国家标准的规定，并有出厂质量证书，在复试合格后方能使用。

（4）油漆：品种、规格应符合设计图纸要求，并有出厂合格证。

24.4.3　职业健康安全要求

（1）高空作业人员、特种机械操作人员必须经过专业的技术培训及专业考试合格，持证上岗，并必须定期进行体格检查。

（2）严禁患有恐高症的人员从事高空作业。

24.4.4　环境要求

（1）应尽量减少对周围水体的污染。

（2）应尽量减少对周围自然生态环境的破坏。

（3）减少对周围的噪声、光污染。

24.5 施工工艺

24.5.1 工艺流程

斜拉桥钢箱梁安装施工流程如图24-1所示。

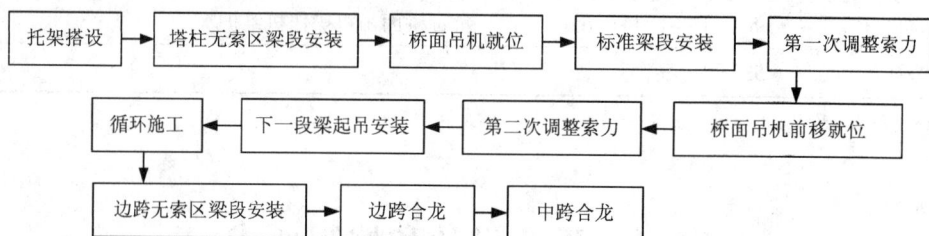

图24-1 斜拉桥钢箱梁安装施工流程图

24.5.2 操作工艺

（1）钢箱梁安装及定位。

斜拉桥钢箱梁的安装一般分为边跨及辅助跨、无索区0#块、标准梁段、合龙段施工，而各个区的梁段起吊安装施工所使用的方法又依据设备条件、地形地理、水位通航情况等不同而使用不同的方法。

①边跨及辅助跨钢箱梁安装。

（A）临时排架。

一般预制钢箱梁由船舶水运至桥位处起吊架设，为保证运梁船和设备（如浮吊）不能到达的无水区和浅水区域钢箱梁的运输和安装，需在辅助墩和主引桥过渡墩间搭设临时支架，并在辅助墩外一定水域内增设适当的临时墩，以搭放用于运移和临时搁置钢箱梁的施工排架和移梁轨道，以便利用浮吊将边跨梁段至其上，然后沿轨道纵移就位焊接或临时搁置，待以后由0#块逐段延伸过来的桥面吊机起吊拼焊，完成岸边钢箱梁的架设，见图24-2。

（B）吊、移梁工艺。

因大型浮吊起吊扒杆长度的限制和浮吊船本身需要一定的吃水深度，因此前面起吊的钢箱梁必须要纵移才能就位。这样，可在排架上安装与钢箱梁纵隔板间距一致的工字钢作轨道，在其表面涂抹润滑剂并放置钢木滑块，吊放钢箱梁块件于其上，用连续千斤顶配以精轧螺纹钢（或钢绞线）牵引滑移就位的方法来完成向岸侧的纵向移动。

②无索区梁段安装。

考虑施工浮吊的实际吊装能力，无索区一般划分为几个梁段。另外，为使该梁段的架设焊拼方便快捷，也有将无索区划分为0#和1#两组整体梁段起吊安装的。整体起吊安装后即临时固结、挂第一对斜拉索和在其上组装桥面吊机，以便实施后面梁段的对称悬拼施工。

（A）搭设支承托架。

在完成索塔封顶后，即开始在索塔搭设无索区梁段支承托架，并在其上铺设移梁轨道。

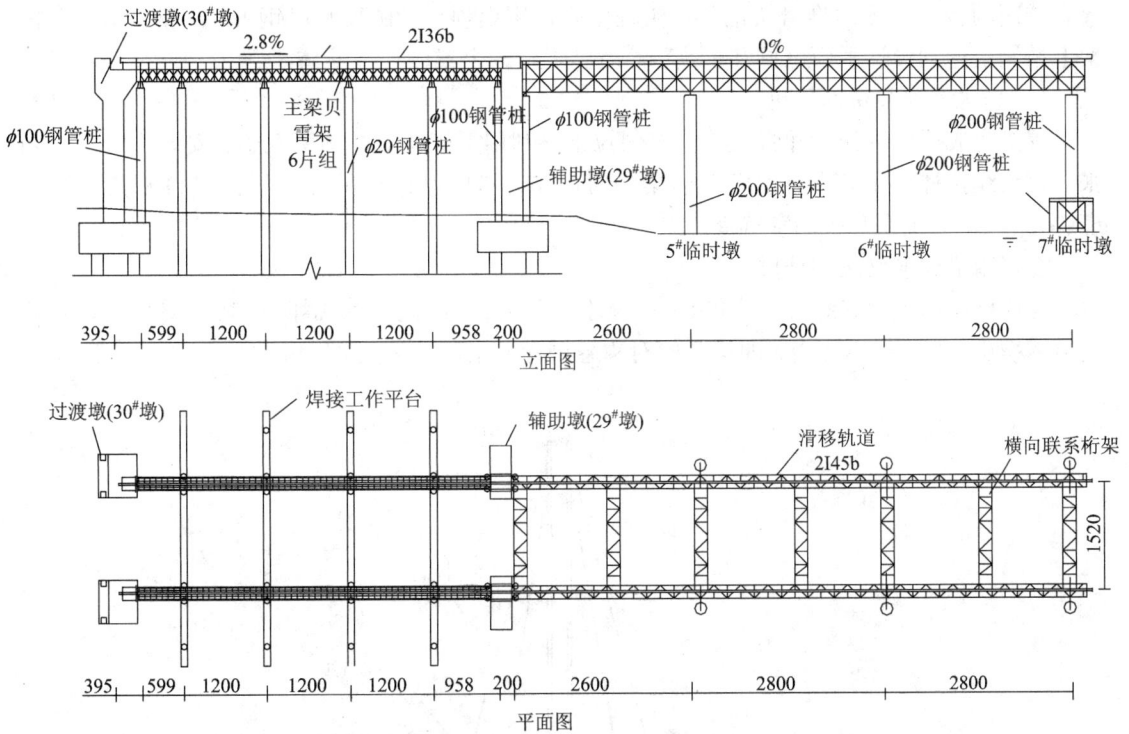

图 24 - 2 边跨钢箱梁施工排架布置图

托架可用钢管桩为主立柱，桩顶用万能杆件或其他桁架组拼平台，见图 24 - 3。在托架与梁体之间需预留一定的高度，以便于安装梁体的微调或移动装置。

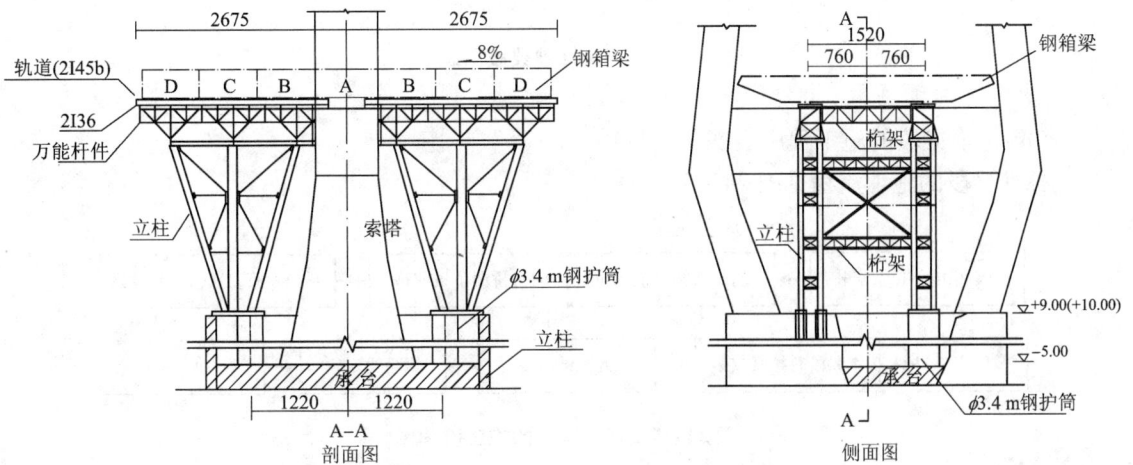

图 24 - 3 无索区支架布置图

（B）吊、移梁工艺。

吊梁工艺与上述临时排架吊梁大致相同。所不同的是由于施工空间的限制，移梁方案一般宜选用两台千斤顶顶推滑块前移，初就位后再用扁顶、机械顶配以钢楔块、钢板等，在托架上精调至达到设计平面位置和标高，然后施焊将几个梁段连成一体。

（C）挂索、安装桥面吊机。

焊接完成后即可挂设并张拉第一对斜拉索。利用下横梁上的预留孔道，安装临时支座和张拉钢绞线拉杆，将0#块与索塔下横梁临时固结，然后通过浮吊吊装桥面吊机及其滑行轨道、操作平台、油泵总控制室等。

③钢箱梁标准梁段的悬拼。

完成桥面吊机的安装、试吊和第一对斜拉索的第二次张拉后，拆除0#块与支承托架间的支承钢楔块，改为拉索受力，即可开始对称悬拼标准梁段。见图24-4。

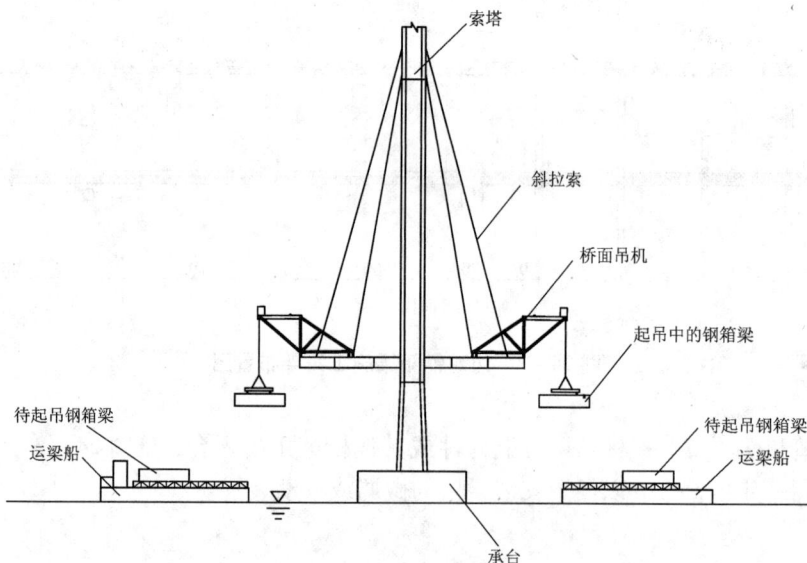

图24-4 标准梁段吊装

（A）标准梁段的施工程序。

标准梁段的施工流程见图24-5。

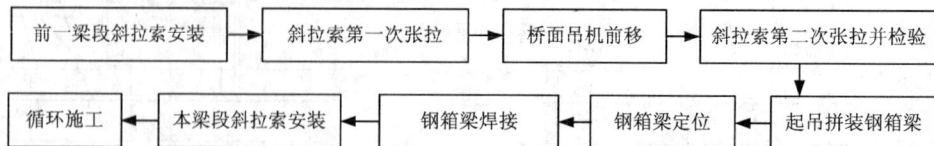

图24-5 标准梁段的施工流程图

（B）吊梁。

斜拉索第二次张拉后，即可进行吊梁，标准吊梁工艺如下：

（a）运梁船自泊就位，定位误差控制在50 cm以内。

(b)使吊机扁担梁下降，并与待吊钢箱梁段临时吊耳用销子连接，调整吊点重心位置，保证钢箱梁段水平起吊。

(c)缓慢提升，使初始受力控制每个吊点在250 kN以内后暂停，以检查吊机、前支点、后锚点、吊索、吊具、吊耳情况。

(d)用联动控制箱将江侧、岸侧主吊千斤顶同时施力2×500 kN。

(e)按(d)的办法两边同时施力至2×1000 kN，千斤顶回程待命。运梁船压水，以平衡船体，同时拆除钢箱梁保险装置(运输时用)。

(f)起吊钢箱梁，两端主梁对称起吊，每500 kN为一级逐级加压，以保证悬臂施工的平衡力矩。如果同一段梁上、下游不水平，可通过单独控制上游或下游主吊千斤顶行程来调整水平。

(g)钢箱梁起吊到位对接后，用定位销钉把起吊梁段与已安装梁段临时固定。

(C)调梁、初匹配。

如桥面设有纵坡，需通过缓慢操作扁担梁上千斤顶微移吊点重心位置来调整钢箱梁顺桥向的倾斜度，使梁段接口的缝隙宽度大致相等(将差值控制在5 mm以内)。在两片梁之间挂上纵向和斜向手拉葫芦即可将梁拉拢，就位后打入钢梁顶、底面中间位置的匹配件，连以螺栓并锁定主吊千斤顶。在夜晚至日出前再次进行微调，通过测量钢箱梁四角点设定位置的标高和轴线来精确定位。其中钢箱梁两侧主腹板处需焊上反力架并以机械千斤顶来调平，精调合格后打入全部匹配件并连好螺栓，即可实施现场打磨焊接或安装高强连接螺栓。

钢箱梁施工接口匹配原则是确保接口匹配质量，以接口刚性从强到弱的顺序依次完成匹配。钢箱梁接口匹配控制程序如下：

起吊钢箱梁与前一梁段平齐→对齐主腹板→安装顶板对拉螺杆，临时连接件→测量主梁高程及轴线→调整主梁前端高程及轴线→安装底板对拉螺杆、临时连接件→测量主梁前端高程及轴线→调整主梁前端高程及轴线至合格。

(D)挂索、初张拉、吊机前移、第二次张拉。

为了确保钢箱梁的焊接质量，斜拉索的安装应在主梁接口的周边隔缝全部焊完后进行。

在对应的锚垫板上安装反力架、千斤顶、传感器，接好油泵，即可进行斜拉索的初张拉。通过油泵油表、传感器和桥面上索力测量装置对张拉力进行控制，直至达到设计的初始张拉值为止。

初张拉、钢箱梁接口焊接完成后，桥面吊机即可卸载，收起扁担梁。先将吊机行走轨道前移就位固定好，再利用千斤顶将吊机前滑移支点落于轨道上，解除后锚点反力销。上、下游各用一台液压牵引装置(或机械卷扬机)，同时牵引桥面吊机沿轨道缓缓向前滑移，到位后用千斤顶压下后锚点，打入保险销。最后顶起前滑块，并在四个前支点下塞入适当厚度的钢板，保持上、下游等高。

吊机前移就位后，到夜晚即可进行斜拉索的第二次张拉，张拉控制的原则是以梁面标高控制为主，斜拉索索力控制为辅。将此时在主梁上的施工荷载严格控制在索力允许范围内，尽量满足线形要求。

(2)钢箱梁合龙段施工。

①边跨合龙。

排架上的几块梁段在合龙前已拼焊成整体。合龙块由运梁船运输到位后以吊机起吊，先与悬臂梁连接(江侧对应梁段同步起吊),合龙口江测梁段斜拉索完成第一次张拉后,对合龙口两端进行48 h连续观测,确定合龙时间。从排架整体梁段可能需要微调标高的角度考虑,过渡墩和辅助墩支座与垫石间先留2 cm空隙(采用2 cm钢板支垫四角),合龙段标高确定后,再压浆充实。此时排架上的辅助跨梁段由辅助墩和过渡墩上的永久支座支承。通过设在过渡墩上的千斤顶顶推前移,与合龙段对接,精确定位后焊接。然后进行合龙口江侧梁段斜拉索的第二次张拉,实现边跨合龙。

由于排架上整体梁段处于简支状态,其弯曲变形使对接口形成转角。为此,在过渡墩永久支座两侧设竖向千斤顶调整。

②主跨跨中合龙。

(A)常规方法。

斜拉桥中跨合龙施工主要有两种常规方法:一种为配切法;另一种为常规的几何尺寸法。这两种方法均以控制合龙口的思路进行合龙。按该思路合龙时,要求在合龙前对合龙口两端已安装悬臂梁之间的相对状态进行精确调整控制,使合龙口合龙前的空间位置状态基本与合龙后的一致。为达到该目的,通常在合龙前采用在合龙口两侧悬臂梁端设置配重(合计换算重量等于合龙段重量),以适应中跨合龙段重量对桥梁线形及合龙口相对状态的影响;同时,在合龙前需完成合龙口两端已安装悬臂梁段相对轴线、高程位置的调整。为保证合龙口两端已安装悬臂梁在调整后不因外部条件的变化而导致相对位置的变化,一般要在合龙口两端的悬臂梁间设置劲性骨架,以锁定合龙口两侧的悬臂梁,使合龙前合龙口两端悬臂梁保持联动,确保相对轴线、高程位置不发生变化。

该方法操作复杂,辅助工序较多,且不安全因素多,风险大。由于合龙口两端悬臂梁段前端空间位置的影响无法配置太多的重量以及合龙时对劲性骨架刚度的要求,致使采用以往施工方法合龙时,中跨合龙段一般长度(5~7 m)远小于标准梁段长度(一般标准梁段长度为15 m),致使该区段环向焊缝密集,对桥梁的整体受力不利。

(B)基于合龙缝控制的合龙施工方法。

(a)合龙施工流程。

基于合龙缝控制的合龙施工流程图见图24-6。

(b)合龙前线形调整。

合龙前2~4个梁段需根据全桥联测情况对钢箱梁平面偏差进行适当修正,以保证合龙段顺利安装。标高及线形通过调整索力予以调整。轴线偏位可通过合龙口宽度纵向调整装置的不均匀顶推及合龙口焊缝锁定装置进行调整。合龙缝两端梁段平面位置偏差可通过张拉合龙缝斜向交叉拉结的钢绞线予以调整。线形调整必须在夜间气温变化不大时进行,以保证与合龙时温度状态一致。线形调整主要根据设计指令值依靠索力进行调整。

(c)合龙方法。

合龙前,应在合龙口一侧塔区的钢箱梁与塔柱下横梁间设置好合龙口宽度纵向调整装置,使用时仅对主桥一侧钢箱梁进行纵向偏移;根据实际需要,也可同时在两侧塔区均设置合龙口宽度纵向调整装置,对主桥两侧的钢箱梁均进行纵向偏移调整。

在完成合龙口两端所有悬臂梁段安装后,对合龙口两端已安装梁段在不同温度条件下进行多次观测,得出在各温度条件下合龙口两端已安装钢箱梁总长,根据以上测量值推算出合龙口两端已安装钢箱梁在设计温度下的总长,由此计算出合龙段钢箱梁在设计温度下的长度

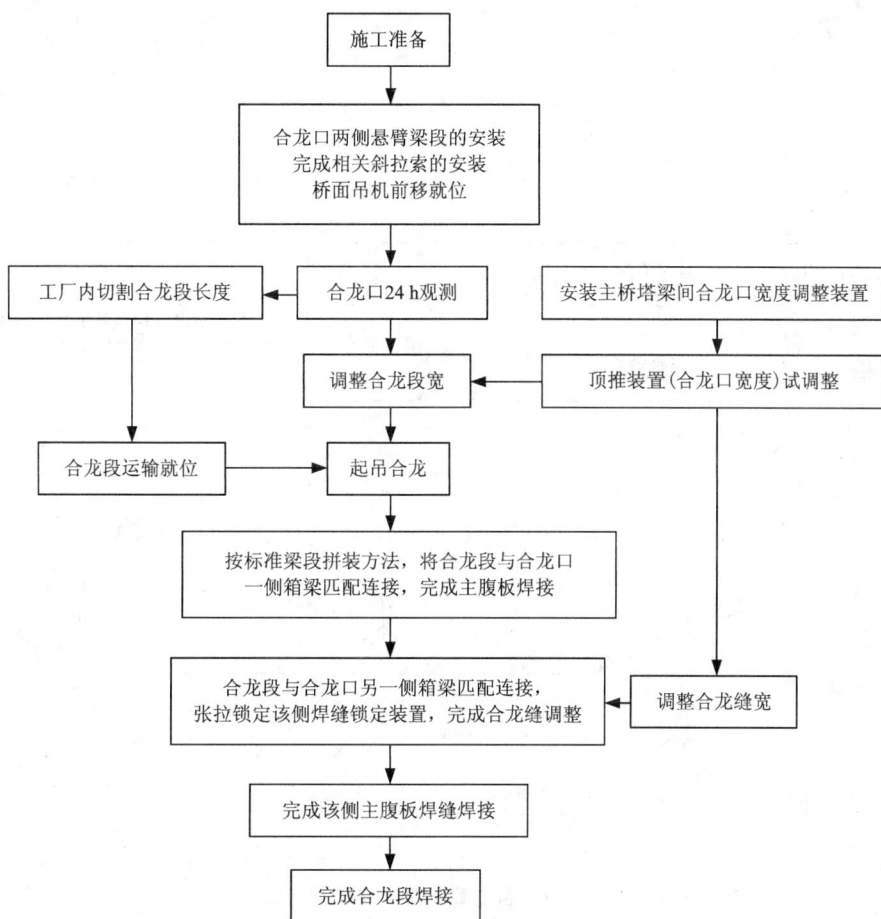

图 24 - 6　合龙施工流程

值。由该长度值经温度修正后(修正温度为下料时的温度),对预先已加工好并预留有足够长
度的合龙段钢箱梁进行下料。合龙口宽度纵向调整装置见图 24 - 7。

　　根据合龙口与下料后合龙段钢箱梁长度的差值,由主桥一侧塔区钢箱梁合龙口宽度调整
装置对该侧主桥悬臂钢箱梁施加纵桥向水平力,调整合龙口宽度以适应合龙段钢箱梁长度。

　　吊装中跨合龙段就位,按标准梁段的拼装方法首先完成合龙段与主桥另一侧合龙口钢箱
梁的匹配、拼装及主腹板的焊接,完成第一道拼装缝的初步拼装。然后,开始合龙段与装有
合龙口宽度纵向调整装置侧的悬臂钢箱梁间第二道拼装缝(即合龙缝)的拼装工作:由主桥该
侧塔区钢箱梁纵向顶推装置对该侧钢箱梁施加反向顶推力,调整合龙口宽度,同时,调整第
二道拼装缝(即合龙缝)两端梁段的轴线、高程位置及缝宽,并使合龙缝两端的梁段在预留一
定焊缝宽度的条件下顶紧,完成合龙缝两端梁段的匹配。锁定预先设置的焊缝锁定装置,使
合龙焊缝在无应力的条件下完成焊接,完成中跨合龙施工。合龙口宽度纵向限位装置见
图 24 - 8。

　　该技术不但在中跨合龙段满足精度要求的情况下大大简化了施工过程,而且取消了合龙

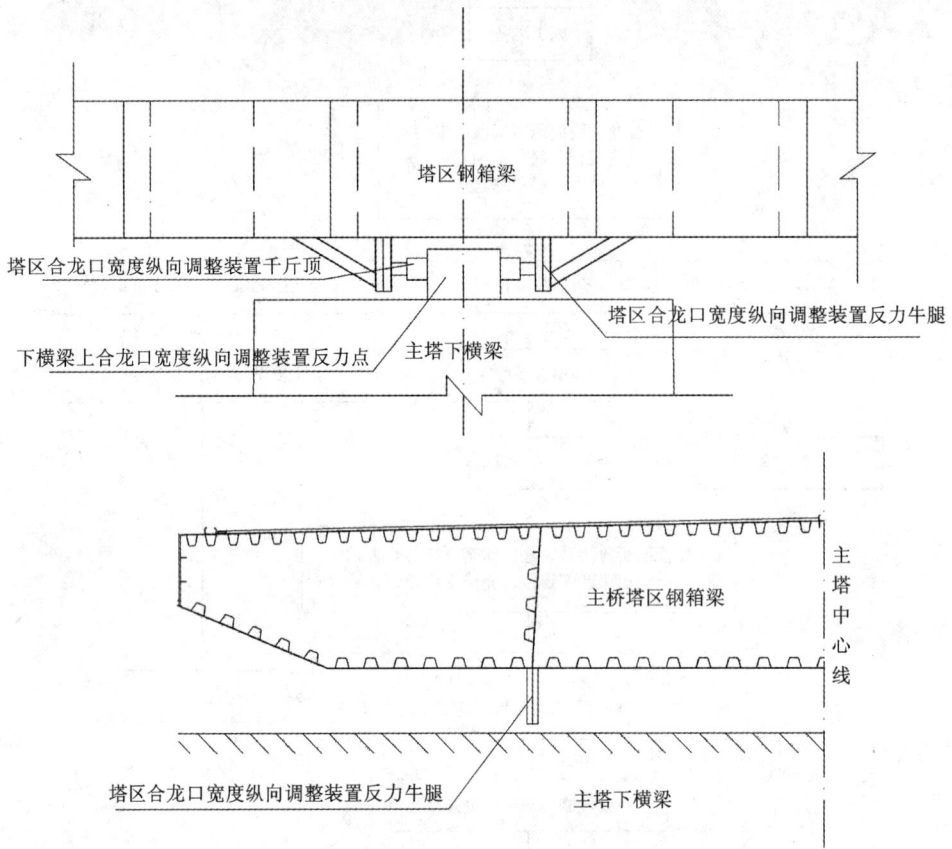

塔区钢箱梁

塔区合龙口宽度纵向调整装置千斤顶

塔区合龙口宽度纵向调整装置反力牛腿

下横梁上合龙口宽度纵向调整装置反力点

主塔下横梁

主桥塔区钢箱梁

主塔中心线

塔区合龙口宽度纵向调整装置反力牛腿

主塔下横梁

图 24 - 7　合龙口宽度纵向调整装置

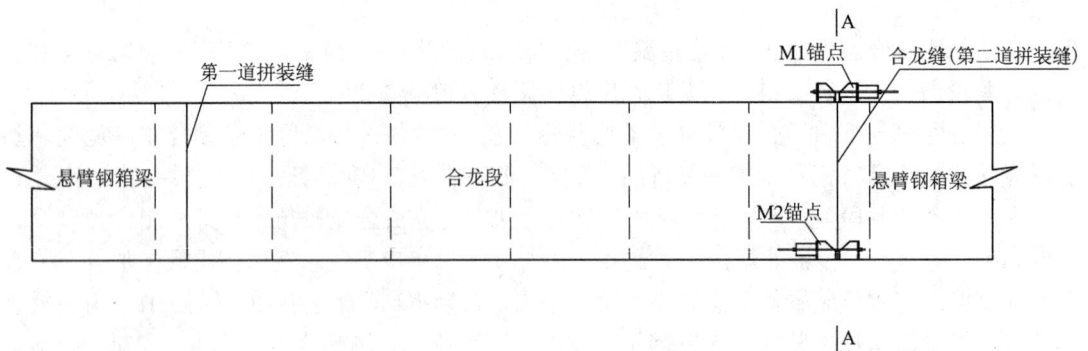

第一道拼装缝

M1锚点

合龙缝（第二道拼装缝）

A

悬臂钢箱梁

合龙段

M2锚点

悬臂钢箱梁

A

图 24 - 8　合龙口宽度纵向限位装置

口两端悬臂梁段前端的配重及合龙口两端悬臂梁段间的劲性骨架，使斜拉桥中跨合龙施工工序更加简单、便捷。同时，可优化当前合龙段梁段的设计长度，使其节段长度可基本保持与标准节段一致，有利于箱梁的结构受力。中跨合龙施工方案见图 24 - 9。

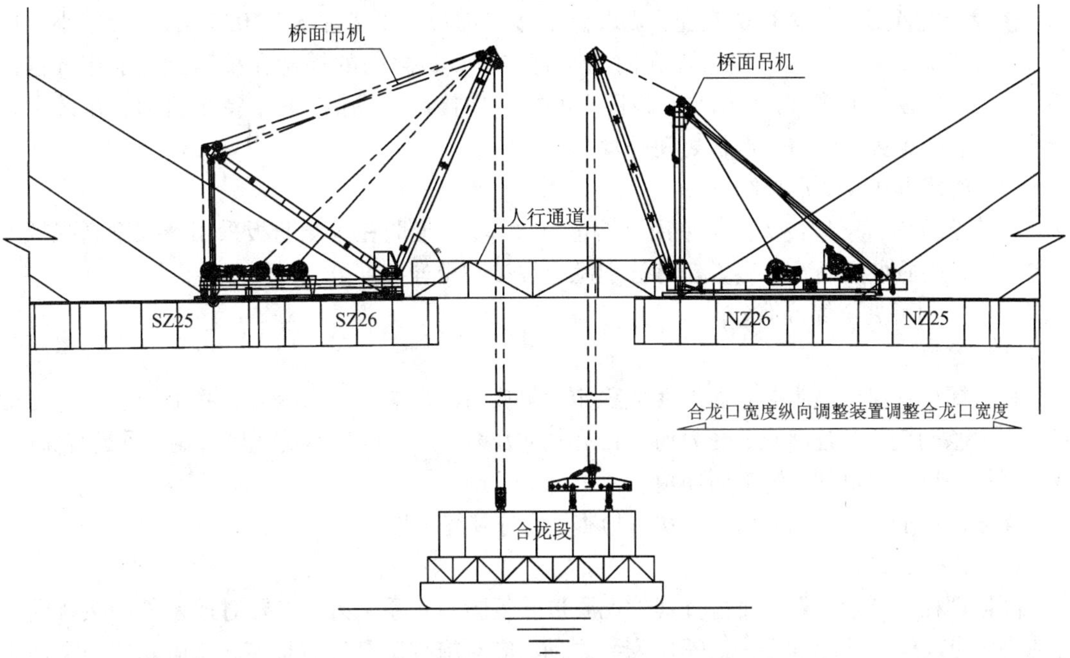

图 24 - 9   中跨合龙施工方案图

（3）钢箱梁安装临时固结措施。

斜拉桥钢箱梁悬臂拼装施工过程中，因悬臂不断伸长，受风荷载以及施工荷载影响，结构的稳定性和安全性差，塔梁需临时固结。常用的方法是：在钢箱梁与塔柱下横梁（或墩顶）间设临时支座以承受压应力；在下横梁腹板与隔板（或墩顶）上安装钢支座与钢箱梁横隔板直接施焊或以钢拉杆相连接，以承受拉应力。主梁合龙后即予解除。

（4）钢箱梁安装过程中的抗风措施。

①边跨设置临时墩，以减小双悬臂自由长度，尽快实现一端悬臂有约束施工。

②在最大单悬臂状态下，可以通过设置阻尼器以及临时缆绳风等方法来抑制振动、防止扭转。

（5）钢箱梁的连接。

①全焊接。

钢箱梁采用的焊接方法有自动焊、半自动焊和手工焊三种。

焊接质量在很大程度上取决于施焊状况。施焊位置有：俯焊、仰焊、平焊等。焊接时所采用的材料品质、机具胎型的质量、电流强度、电弧电压、焊丝的输送速度及焊接速度等也都直接影响焊接质量。

桥位焊接，即现场整体化焊接，是形成最后整体钢箱梁的关键步骤。现场高空作业条件比工厂差得多。一般工地焊接环境要求：风力小于 5 级、温度高于 5℃。

②栓焊结合。

钢箱梁桥面板用焊接（陶瓷衬垫单面焊双面成型工艺），U 形肋采用高强度螺栓连接，这是斜拉桥钢箱梁拼装目前最适宜的连接方式。

（A）精匹配。

在焊接之前对接口进行精匹配，要求保证接口面板高低差不大于 0.5 mm，为减小内应力，对桁式纵隔板，将位于接口隔仓内的圆管与节点板之间的焊缝在精匹配之前用气刨刨开，通过千斤顶压平接口，并用与马板固定的方法使接口完成精匹配，待吊机前移吊装下一个梁段后，再焊接圆管与节点板之间的焊缝。

（B）连接方法及变形控制。

钢箱梁桥面板工地接头面板采用全熔透对接焊，U 形肋在两侧肋板采用摩擦型高强螺栓连接，其焊接质量控制及栓接方法可分别见全焊接和全栓接部分。

变形控制可见全焊接部分。

③全栓接。

高强螺栓连接的特点是：受力性能稳定，耐疲劳，能承受动力荷载，适用于承受应力交变和应力急剧变化的连接点，受力均匀，无次应力集中。连接时不受气候影响，质量有保证，最大好处是拼装速度快，施工周期短。

高强螺栓的安装分为：初拧及初拧检查；终拧及终拧检查。

（A）螺栓安装。

高强螺栓安装前，除全面检查其外观质量并复验扭矩系数外，先要对连接处的接触面进行清理，使其保持洁净和干燥；螺栓安装之前，应对施拧工具进行标定，还应先按一定规则安装冲钉，并在安装中随时调整钢箱梁间隙，调整梁体的标高和轴线。

（B）初拧和初拧检查。

初拧螺栓的顺序，是从螺栓群中央向四周逐渐扩展施拧。因此，用高强螺栓替换冲钉时，也是从中间开始换起。根据螺栓的部位和操作环境条件，电动扳手和手动扳手都可使用，初拧扭矩为终拧扭矩值的 60%～70%。

初拧检查，主要是检查螺栓安装的外观质量以及有无漏拧情况；外观检查是指查看有没有将螺母和垫圈装反，查看螺栓的朝向是否一致。这一检查主要是在初拧前进行，但为确保螺栓的安装质量，在终拧前还应安排一次外观检查，以免因装错螺栓和垫圈方向而影响螺栓的拧紧。

（C）终拧和终拧检查。

终拧是使高强螺栓的轴向预应力达到并保持设计值的最重要施工步骤。终拧的施拧顺序为先中间，后向四周扩展。终拧过的螺栓都应做好标记，以免漏拧或重复施拧。终拧用的扳手应在试验室进行标定，并应出具书面标定书作为依据，再经现场标定后才能使用。使用电动扳手、气动扳手终拧螺栓时必须是连续地施拧，中途不得停顿，否则容易造成超拧。

终拧检查是在两个节点的高强螺栓全部终拧完成之后，由专检人员进行检查，终拧时检查所用的扳手，是带有示功表盘的专用检查扳手。对于超拧的螺栓应及时换下来，重新安装螺栓，并做相应的终拧检查。

（6）施工控制及体系转换。

钢箱梁施工控制的基本思路是：主、边跨钢箱梁悬臂拼装以无索区索塔的下横梁上正中间的钢箱梁块件为基准，辅助跨钢箱梁支撑拼装以过渡墩的永久支座上的钢箱梁块件为基准，各自向着合龙方向逐步进行钢箱梁拼装施工。在拼装过程中，通过跟踪分析，逐步对标高、索力、内力、轴线、对接焊缝进行控制，保证斜拉桥主梁的顺利合龙。

对于漂浮体系或半漂浮体系的钢箱梁斜拉桥，在以索塔为中心的主梁对称悬拼施工中，为控制悬拼过程中不平衡重量和风压及风致振动对结构安全构成威胁，均应在塔梁或墩梁接触处设置拉压临时支座。其中抗压性能由钢支座提供，钢支座支承在下横梁顶的预埋钢板上。在合龙前，钢支座与箱梁底面和下横梁顶面是焊连在一起的，以限制主梁结构在悬拼过程中的漂浮或扭转失稳；抗拉性能则由固定在钢支座和下横梁上的预应力钢绞线提供。

在中跨合龙过程中采用以下措施解除拉压临时支座，在不影响中跨合龙段施工质量的前提下，完成斜拉桥的体系转换。

①经过合龙前 24 h 的昼夜观测，选定温度较均匀的晚上 22 点至第二天早上 7 点稳定时段完成合龙段主要安装工作，并在主要焊缝完成后的此时段内迅速解除拉压临时支座。

②在合龙口设置临时劲性骨架，以限制合龙口两端的竖向错动，设置斜交叉对拉葫芦等工具，以限制合龙口的横向错动。在合龙段钢箱梁纵向两端，以及合龙口两侧主梁悬臂端设置抗拉压临时栓接加强件，以抵抗焊缝口的变化趋势。

③在解除临时支座的抗拉作用时，先剖开钢支座与下横梁预埋板之间的焊缝，然后解除钢绞线。在解除钢绞线过程中，应采用压重的方法阻止主梁因应力突然释放而可能发生的弹性上挠。当钢绞线全部解除后，再逐步卸载，以使主梁平稳完成其所积蓄的弹性能量的释放。

24.6 质量标准

24.6.1 焊缝质量控制

除按《公路桥涵施工技术规范》(JTG/ T F50—2011)要求执行外，焊缝超声波探伤范围、内部质量分级及检验等级也应符合表 24 - 2《焊缝超声波无损探伤范围、内部质量分级及检验等级》的规定。同时超声探伤、磁粉探伤、渗透探伤及射线探伤应分别符合现行标准《焊缝无损检测超声检测技术、检测等级和评定》(GB/T 11345—2013)、《焊缝渗透检验方法和缺陷痕迹的分级》(JB 6062)及《金属熔化焊焊接接头射线照相》(GB 3323—2005)规定。见表 24 - 2。

表 24 - 2 焊缝超声波无损探伤范围、内部质量分级及检验等级

项目	探伤方法	适用范围	探伤范围	质量等级	检验等级
对接焊缝	超声波	桥面板、桥底板、风嘴(参与了强度计算的纵、横向对接焊缝)	全长	I 级	B 级
	超声波	U 形肋、球扁钢、扁钢等对接焊缝；隔板对接焊缝；加劲肋的对接焊缝	全长	II 级	B 级
角焊缝	超声波	U 形肋、球扁钢、扁钢与桥面板、桥底板、风嘴的角焊缝；加劲肋的对接	全部杆件两端各 1 m，中间加焊 1 m	II 级	B 级
	超声波	锚箱本体的角焊缝及与锚箱连接处的角焊缝	全长	II 级	B 级
	磁粉或渗透	锚箱本体的角焊缝与锚箱连接处的角焊缝	全长	—	—

桥面板、桥底板、风嘴(锚箱)纵向对接焊缝应按接头数量10%进行射线探伤,探伤范围为接缝两端250~300 mm,缝长大于2 m,中间加探250~300 mm,横缝按接头长5%随机抽样进行探伤。

24.6.2 梁段悬臂拼装质量标准(表24-3)

表24-3 梁段悬臂拼装质量标准表

项次	项目		规定值或允许偏差	
1	轴线偏位		$L \leqslant 200$ m	10
			$L > 200$ m	$L/20000$
2	锚固点高程或梁顶高程/mm	梁段	满足施工控制要求	
		合龙后	$L \leqslant 200$ m	±20
			$L > 200$ m	$L/10000$
3	梁顶水平度/mm		20	
4	相邻节段匹配高差/mm		2	
5	连接	焊缝尺寸	符合设计要求	
		探伤		
		高强螺栓扭矩	±10%	

24.7 成品保护

(1)涂装后的构件4 h内不得淋雨。

(2)运输过程中应随时注意钢箱梁的位置,防止在途中被碰撞发生扭曲等变形。

(3)钢箱梁在运梁平台上应稳定,防止倾覆。

(4)在安装钢箱梁的过程中,应防止待安装箱梁对已安装箱梁的碰撞破坏。

(5)不得在已安装箱梁上任意施焊;不得在箱梁上任意引弧。

(6)避免其他硬物对钢箱梁的构件产生刮擦。

24.8 安全环保措施

(1)起重工、焊工、电工、起重机司机必须经专门培训,持证上岗。

(2)吊装作业应指派专人统一指挥,并检查起重设备各部件的可靠性和安全性,应进行试吊。

(3)电焊机应安设在干燥、通风良好的地点,周围严禁存放易燃、易爆物品。焊接钢板时,施焊部位下面应垫石棉板或铁板。

(4)各种电气设备应配有专用开关,室外使用的开关、插座应外装防水箱并加锁,在操作处加设绝缘垫层。

（5）设备、材料和构件要求分类码放，堆放场地必须平整坚实，码放高度要执行有关规定，并有防护措施。

（6）吊装过程必须严格遵守高空作业及水上作业的安全规定。

（7）钢材的切割、号料均在厂房内施工，应采取措施降低噪声和浮尘的污染。

（8）所有焊接、喷涂、喷砂等施工作业的人员均应佩戴相应的防护用品，防止噪声、粉尘和强光对人体的伤害。

（9）喷砂作业时，应采取围挡或封闭措施，防止噪声和粉尘污染周围环境。

24.9 质量记录

（1）钢箱梁的产品合格证。

（2）材料供应商提供的钢材和其他材料的合格证及试验报告。

（3）超声波探伤报告、磁粉探伤报告、高强螺栓检测报告、射线探伤报告及产品试板的试验报告。

（4）施工图、拼装简图、竣工图和设计变更文件，设计变更内容应在施工图中相应部位注明。

（5）钢箱梁抗滑移系数。

（6）焊缝检测报告，涂层检测资料。

（7）钢箱梁预拼装检查记录。

（8）钢箱梁整体检查记录。

（9）焊缝重大修补记录、高强螺栓摩擦面抗滑移系数试验报告。

（10）钢箱梁吊装施工记录。

（11）钢箱梁安装沉降观测记录。

（12）隐蔽工程检查记录。

（13）工序质量检验评定。

25 斜拉桥边跨混凝土箱梁高空预制拼装施工工艺

25.1 总则

25.1.1 适用范围

本工艺标准适用于特大桥梁大型混凝土箱梁的施工,特别是对梁体裂缝控制要求高,或不允许产生任何裂缝的大型混凝土箱梁的施工,且该工艺能很好地应用于施工场地受限、无法利用大型吊装设备进行施工的工程。

25.1.2 编制参考标准及规范

(1)《公路桥涵施工技术规范》(JTG/T F50—2011)。
(2)《公路工程质量检验评定标准》(JTG F80/1—2017)。
(3)《工程测量规范》(GB 50026—2007)。
(4)《建筑施工高处作业安全技术规范》(JGJ 80—2016)。
(5)《钢结构工程施工质量验收规范》(GB 50205—2017)。
(6)《公路工程施工安全技术规范》(JTG F90—2015)。

25.2 术语

25.2.1 短线匹配法箱梁预制

将箱梁分成若干短节段,将成桥坐标系考虑各种因素(如混凝土收缩、徐变等)影响后,经安装坐标系转化后再转化为预制线形坐标系,在预制台座上固定模板系统内流水生产的一种工艺。

25.2.2 移梁支架

移梁支架是由支架钢管桩和钢箱梁组成,从箱梁预制平台等高延伸出去,它既是箱梁移动的轨道,也是存放箱梁的场所。

25.2.3　箱梁拼装

箱梁经移梁支架移到待拼位置,经过测量定位和拼装面涂胶后,通过用纵向预应力张拉,将两段梁紧密结合在一起。

25.3　施工准备

25.3.1　技术准备

(1)熟悉和分析施工现场的地质及地貌、环境。

(2)熟悉理解图纸设计并对数据进行复核。

(3)编制及确定施工组织设计,在施工前对有关人员进行详细的质量、安全等技术交底。

(4)建立健全质量保证体系。

(5)测量放样进行施工作业。

25.3.2　材料准备

(1)支架系统:钢材、焊条、焊丝、焊剂、油漆按要求检验合格并完成备料。

(2)箱梁预制:水泥、砂、石子、钢材、预应力钢绞线等,由持证材料员和试验人员按规定进行检测,确保原材料的质量符合质量标准要求。

(3)箱梁移运、拼装:黄油、环氧树脂黏结剂满足质量要求。

25.3.3　机具准备

斜拉桥边跨混凝土箱梁高空预制拼装施工机具准备如表 25 - 1 所示。

表 25 - 1　主要施工设备汇总表(单个平台)

序号	名称	型号	数量	备注
1	拌和站	75 m³/h	1 座	—
2	输送泵	HBT60	2 台	—
3	装载机	ZL50	2 台	—
4	汽车吊	25 t	1 台	—
5	振动打桩锤	ICE44 - 50	1 台	—
6	塔吊	120 t·m	1 台	—
7	插入式振捣棒	—	12 台	—
8	电焊机	—	9 台	—
9	氧割设备	—	6 套	—
10	钢筋加工设备	—	1 套	—

续表 25 -1

序号	名称	型号	数量	备注
11	滑座	—	40个	应根据实际情况确定
12	卷扬机	5 t	1台	—
13	机械顶	10 t	4台	—
14	机械顶	20 t	4台	—
15	牵引千斤顶	120 t	2台	—
16	张拉千斤顶	25 t	2台	—
17	张拉千斤顶	80 t	2台	—
18	张拉千斤顶	500 t	2台	—
19	三向千斤顶	600 t	8台	—

25.3.4 作业条件

(1)施工现场达到三通一平。

(2)机具、材料已运达工地,并已完成试运行。

(3)完成高空预制平台和移梁支架的搭建。

(4)对操作人员进行技术、安全、环保交底。

(5)做好当地老百姓的协调工作,在施工范围周边设置警示线及标示等。

(6)做好施工场地内及周边的排水、排污措施。

(7)设置施工部位及施工材料等标示标牌。

(8)工作人员已经过交底培训,持证上岗。

25.3.5 劳动力组织

斜拉桥边跨混凝土箱梁高空预制拼装施工劳动力组织如表25 -2 所示。

表 25 -2　主要施工人员汇总表(单个平台)

工种	数量/人	工作地点	职责范围
主管负责人	1	整个施工现场	负责与施工作业一切相关事务
技术员	1	整个施工现场	负责图纸及技术方案复核、现场技术讲解交底、配合质检员进行质量控制
施工员	1	整个施工现场	负责现场工人调配、施工进度控制安排、施工方案现场讲解交底,配合安全员进行安全控制
测量员	2	整个施工现场	负责施工部位的测量控制
安全员	1	整个施工现场	负责施工部位的安全控制、对施工人员的安全教育、检查安全措施、解决安全隐患

续表 25 – 2

工种	数量/人	工作地点	职责范围
质检员	1	整个施工现场	负责施工部位的质量控制，对施工人员的质量教育、与监理联系沟通等
吊装员	2	整个施工现场	负责现场材料设备吊装
电焊、氧割工	8	整个施工现场	负责钢材焊接和下料
钢筋工	8	整个施工现场	负责钢筋制作和安装
模板工	4	整个施工现场	负责模板的制作、安装、拆卸、维护
张拉压浆操作员	4	整个施工现场	负责施工现场张拉压浆及移梁
塔吊操作员	1	整个施工现场	塔吊操作维护
普工	6	整个施工现场	配合各主要工种一切作业及现场清理维护等
总计	40		

注：此表为一个作业组的人员配备，不包括后勤人员及材料人员等，在砼浇筑时所有人员都要参与。

25.4　工艺设计和控制要求

25.4.1　技术要求

（1）预制平台应满足强度要求，并具备足够刚度，最大程度消除不均匀沉降。

（2）匹配段箱梁准确测量、调整平面、轴线位置，实现精确匹配预制，以确保拼装精度。

（3）箱梁节段同步、匀速、平稳移运，以确保移梁安全。

（4）保证高空支架存梁时间，设置可自由滑动的支座，使梁段在自由收缩状态下完成大部分收缩变形，并有效防止梁体裂缝的出现。

25.4.2　材料质量要求

各种施工用材的品种、规格必须符合设计要求和现行国家标准的规定，并有出厂合格证、质量证明书、试验报告单等。

25.4.3　职业健康安全要求

（1）高空作业人员、特种机械操作人员必须经过专业的技术培训及专业考试合格，持证上岗，并必须定期进行体格检查。

（2）严禁患有恐高症的相关人员从事高空作业。

25.4.4　环境要求

（1）应尽量减少对周围水体的污染。

（2）应尽量减少对周围自然生态环境的破坏。

（3）减少对周围的噪声、光污染。

25.5   施工工艺

25.5.1   工艺原理

本工艺由三道工序组成：短线法预制、移梁、梁段拼接。

（1）短线匹配法预制原理。

梁段浇筑时，待浇梁段的后端设固定端模，而另一端则为已浇好的前一梁段后端面，以该两段的相对位置来控制其线形变化，以其形成的匹配接缝来确保相邻块体拼接精度，当后一梁段浇筑完成并初步养生后，前一节段即滑移运走，而把新浇梁段转移到匹配梁段位置上。如此周而复始，从而完成整桥的梁段预制。

（2）支架移梁拼装工艺原理。

利用与支架预制台座等高的移梁支架，将预制好的节段在移梁支架上用千斤顶牵引、滑移到设计安装位置附近完成大部分收缩徐变。在支架上逐块进行节段的拼装，拼装时先在接合面涂刷环氧树脂黏结剂，用调梁千斤顶调整待拼节段的标高和平面位置，并与前一节段拼接，对已设置的工艺预应力索进行张拉，使接缝间的黏结剂在规定压力 0.25～0.35 MPa 下固化，24 h 后张拉结构预应力钢束，并进行管道压浆，设置转换垫块，将调梁千斤顶卸载抽出，再进行下一节段的拼装，直至完成所有节段的拼装，形成连续的多跨连续梁桥。

25.5.2   工艺特点

（1）采用短线匹配法节段预制施工，工艺成熟，占地面积小，梁段在台座上流水生产，实现了模板标准化和工厂化，施工质量易保证，预制速度快。

（2）采用在高空移梁支架上进行梁段移运及拼装，解决了场地受限的问题，且避免了梁段多次转运的问题，并使复杂的梁段拼装工序变得简单，可操作性强。

（3）不需要大型吊装设备和架桥机设备，梁段预制后只需利用牵引设备在支架上纵向移动到设计安装位置，同时预制节段直接在支架上存放，不需要另外设置存梁区和多次转运。

（4）采用节段预制拼装，对支架变形的控制要求相对降低；相对现浇支架现浇施工而言，回避了对支架零沉降变形的要求，消除了因支架沉降变形而产生的梁段裂纹。

（5）梁段的分节段预制，可有效地消除相邻梁段因龄期差别而产生的收缩裂纹。同时，由于预制梁段的浇筑体积较小，在支架上存放待强时，采用可自由滑动的滑块垫支，在梁体本身收缩应力的作用下，梁体可自由收缩，有效地防止了本身裂纹的出现。

（6）由于梁段在支架上存放时已完成大部分梁段收缩变形，可最大限度减小成桥后混凝土收缩、徐变变形，保证成桥质量。

25.5.3   工艺流程

本工艺标准施工采用高桩平台预制场预制→移梁→存梁→拼装的施工方法。具体流程如图 25 - 1 所示。

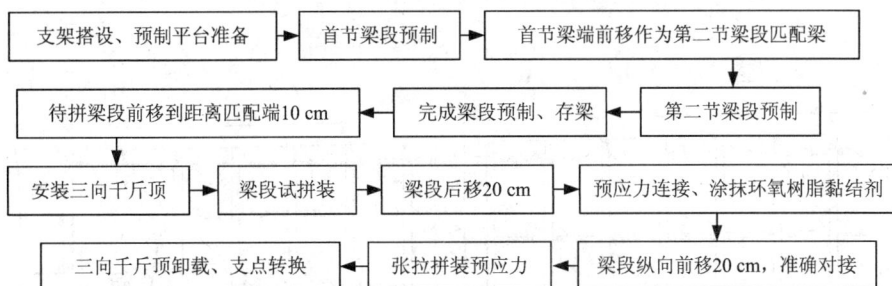

图 25 - 1　斜拉桥边跨混凝土施工箱梁高空预制拼装施工工艺流程图

25.5.4　操作工艺

(1)梁段高空预制平台(图 25 - 2)。

①出于对预制效率、工期以及经济等因素考虑,可设置一个或多个预制平台。多个预制平台可分别预制相应的梁段,提高效率、节约工期。

②预制平台的设置位置应根据现场实际情况确定,同时为防止平台沉降及变形对梁段预制质量的影响,平台构件均以沉降及变形控制。其下部支撑钢管立柱采用多点密布设置,基础应具备足够的承载力,尽量支撑在承台上,以防止过大沉降及不均匀沉降影响梁段的预制质量。上部主支撑横梁应采用刚度较大的构件,以有效控制其挠度变形。重点部位应进行相应的结构加强。

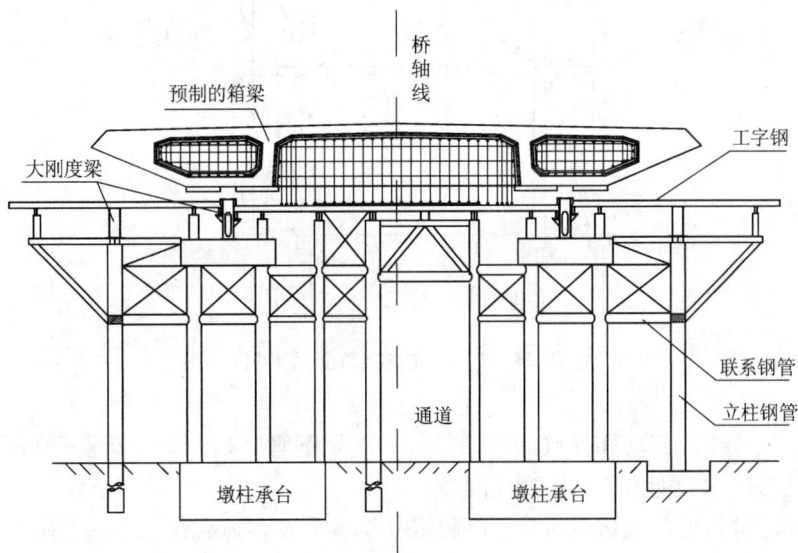

图 25 - 2　预制平台示意图

（2）移梁支架结构（图25-3、图25-4）。

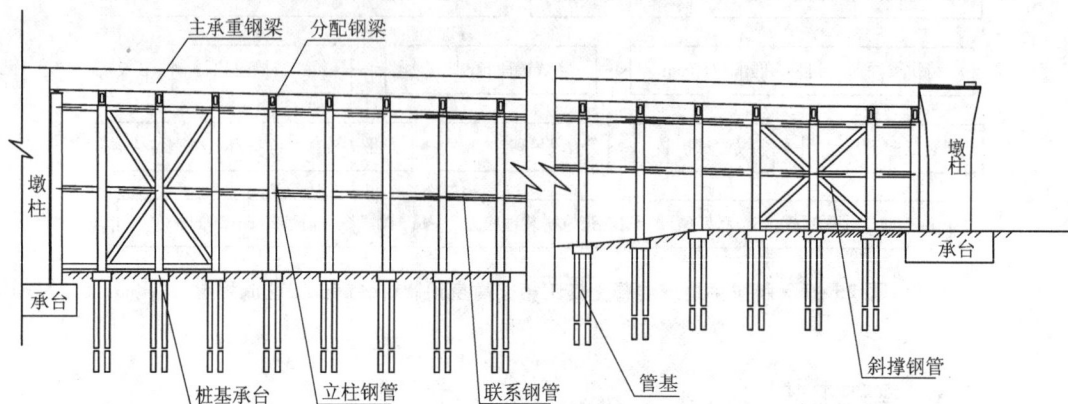

图25-3 移梁支架立面示意图

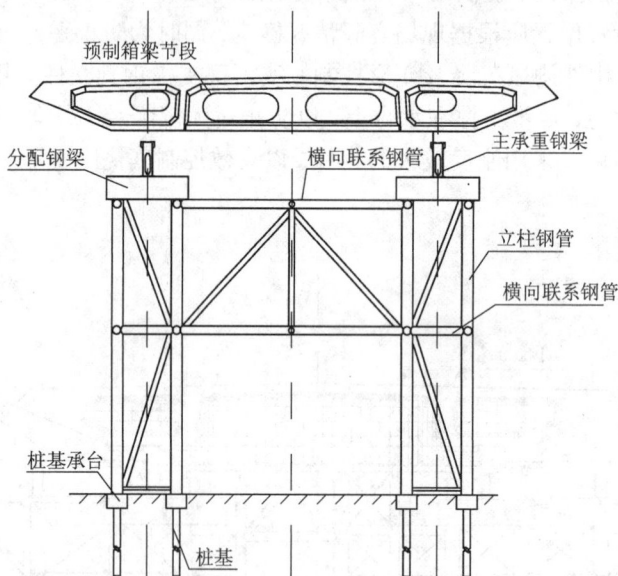

图25-4 移梁支架断面示意图

①移梁支架是梁段移动和存放的承重结构，支架钢管立柱下的单个基础可采用桩基础，桩基础具有足够的承载能力，并控制其沉降。

②桩基础应进行专门的试桩试验，以确定其承载力及在荷载作用下的沉降量。

③支架钢管立柱横桥向每排布置四根，每两根为一组，钢管上口的顺、横桥向均用联系钢管连成整体。墩位旁边的钢管支撑在承台上。在钢管顶横桥向设置一道分配钢梁，作为主承重梁的支撑。在钢管顶面顺桥向设置两道钢梁，作为箱梁节段移动和存放的滑轨及主要承重梁。考虑到温度影响，钢梁一端与墩身连接；另一端与墩身间留设一定间距，设置伸缩逢。

④顺桥向钢管立柱布置间距，即主要承重梁的跨径布置应根据荷载大小及构件的强度、刚度确定。

(3)梁段匹配预制。梁段的精确匹配预制对后期的梁段拼装及线形控制非常重要，也是该工艺标准中的关键技术之一。匹配梁段的调整应根据监控指令对待浇梁段的位置及角度要求进行计算放样定位(图25-5)。

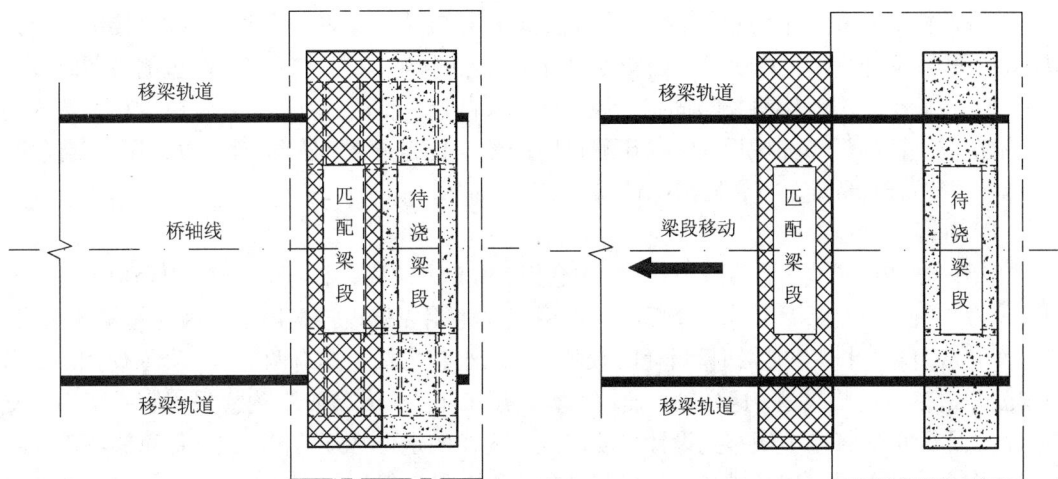

图 25-5 箱梁节段匹配预制示意图

①测量人员根据匹配梁段作为新浇梁段端模时的测量数据，以及匹配梁段与待浇梁段间的相互位置关系，计算出待浇梁段所处位置。

②根据测量及监控数据，通过梁底的四个三向千斤顶进行匹配梁标高和平面位置的调整。

③匹配梁定位之后，安装待浇梁段的底模及侧模。安装模板时应使待浇梁段的纵向坡度与匹配梁的纵向坡度一致，以确保后期拼装的成桥线形。

④钢筋骨架入模前，在匹配梁的匹配面上薄而均匀地涂刷一层隔离剂，然后在匹配梁与侧模和内模接触部位贴好止浆材料。

(4)模板工程。

箱梁模板由专业钢结构加工厂加工，采用具有足够强度、刚度和稳定性，并能可靠地承受施工过程中的各项荷载的定型钢模。

①模板组成。

模板系统由外模、内模和底模组成，均为钢结构。外模由侧模和端模组成，内模由小仓人洞模、小仓模、中仓模、中仓人洞模、中仓腹板模、中仓顶板模等组成。

②模板安装和固定。

模板安装前先检查模板的几何尺寸，板面是否平整、光洁、有无凹凸不平并及时对开裂破损的地方进行补焊、整修，模板在使用前必须要清理灰尘、除锈打磨、擦拭干净后涂刷脱模剂。模板拼缝处需加工成企口缝，便于拼装咬合，在混凝土结构面比较复杂处的模板还需选择一处或两处镶嵌木条做拆卸缝，便于模板拆卸。模板安装时，模板下部应设置挡块，上

部用 φ20 mm 对拉杆固定。模板接缝间采用高密海绵胶条处理,确保接缝平齐无错台、严密不漏浆。

(A)底模。

先用塔吊将模板初步就位,然后根据测量数据,利用千斤顶进行调整。模板调整好后,按 80 cm×80 cm 的间距用槽钢盒上放置铁楔块进行支撑。

(B)侧模。

顶升侧模时首先将上倒角与匹配梁及固定端模相应位置对好,贴紧,穿好铰接销并上好限位板,然后顶升侧模平稳上升。当侧模顶升至离匹配梁 1~2 cm 时应将两边侧模同时顶升并由专人在侧模上方观察侧模与固定端模和匹配梁的接触情况,防止顶升侧模过程中造成的匹配梁偏位。侧模调整完成后,应重新测量匹配梁与固定端模间的相对位置,确保无误后,将外侧模调节撑杆固定,拧紧防滑螺帽。

(C)内模。

箱梁内模按照小仓人洞模、小仓模、中仓模、中仓人洞模、中仓腹板模、中仓顶板模等不同部位将它拼装成型后,用塔吊分部吊入再用螺栓将相邻模板连接固定。因为箱梁体型大,结构面异常复杂,拼装和拆卸模板耗时较长,所以小仓内模制作有两套,一套在使用时,另一套就开始整体拼装成型,这样轮换使用大大缩短了箱梁制作周期。内模采用脚手架钢管支撑,通过螺旋顶托将模板调整到设计尺寸固定。内模的定位必须精准,以确保箱梁各部尺寸无误。小仓模底部通过对拉螺栓与底模相连后,能更好地保证其不错位,不上浮,无须在其顶部进行压模固定。

(D)端模。

端模安装前需通过测量在底模(或顶模)上用油漆画出端模边线样,然后用塔吊将端模吊到设计位置进行安装,安装完成后将端模与侧模、底模、内模进行连接和固定。对于体积较大的端模,还必须在外侧加焊刚性支撑固定,以防倾覆。

③模板拆卸。

拆模时先松动对拉螺丝,抽出对拉杆,然后用人工配合塔吊拆卸模板,拆模后及时清理修整模板,并将模板、钢管架、扣件、顶托、对拉杆等分类堆放整齐。(注意:拆模时先从镶嵌有木条的拆卸缝处开始,注意对成品混凝土的保护)

模板拆卸按部位不同,分两次完成:

(A)模板应在混凝土达到一定强度时方可拆除。常温下一般混凝土浇筑完成 24 h 后,开始对箱梁外侧模、端模和内模的竖向模板(如隔模板、腹板模等),以及预应力深埋锚盒进行拆除。应避免在烈日、冰冻、大风等环境下进行拆模。

(B)在箱梁第一次张拉完成后,再开始顶板模和底板模的拆卸施工。因钢模较重,塔吊无法吊到箱室内的模板,人工移动模板较为困难,因此应利用支撑内模的脚手架做成滑道,顶板模拆除后直接落在滑道上,能够安全、省力、快速地将模板移出。大部分浇筑的箱梁基本都在相差不大的位置,因此在拆卸底模时,尽量保证底模和底模的支撑系统的当前位置,仅竖直降模,让箱梁落实在移梁支座上,这样能方便下一片梁的底模安装,只需升上底模,稍做调整即可。

(5)钢筋及预应力工程。

所有钢筋应根据型号或编号,在枕木或水泥托架上分类整齐堆放,并做好防潮、防污染、防混杂措施。根据箱梁设计图，制定下料单，进行钢筋下料成型，按照施工图纸进行绑扎。

①钢筋加工。

钢筋加工前，技术员必须就原材料尺寸对比图纸中的钢筋尺寸进行仔细计算，在保证符合设计要求的前提下，按尽量减少钢筋接头的原则，统筹安排定制钢筋下料单，并按下料单进行钢筋下料，以节约成本，提高施工效率。钢筋加工应按箱梁钢筋安装的顺序对不同部位的钢筋进行加工，以保证钢筋能及时加工，及时转运安装。

②钢筋安装。

钢筋安装分为平台预制和现场绑扎两部分。平台预制是指在箱梁混凝土养生待强到箱梁底模安装之前，通过平台上的钢筋制作模架（角钢制作成"目"或"田"字形，上刻有尺寸，简单实用），分别制作箱梁的腹板钢筋、底板下层钢筋、隔墙钢筋和人洞钢筋等。底模完成后，用塔吊将预制好的钢筋吊到设计位置（吊装预制钢筋的同时应在其下方绑好保护层垫块），再通过现场绑扎完成所有钢筋安装。钢筋绑扎前由测量人员复测模板的平面位置及高程，钢筋绑扎和焊接应严格按施工、设计规范要求施工。当通气孔、预应力系统与钢筋发生冲突干扰时，根据图纸要求，可适当调整钢筋位置，不能直接切除。

③预应力系统。

箱梁采用三向预应力体系，纵向预应力钢束和预应力钢筋分布在顶板、底板，横向预应力钢绞线分布在顶板、底板和隔板，竖向预应力钢筋分布在腹板。

（A）纵横向预应力系统加工及安装。

（a）波纹管的安装。

在布管安装前，应按设计规定的管道坐标进行放样，设置定位钢筋，定位钢筋的间距不宜大于 0.8 m，对于曲线管道宜适当加密，定位钢筋的间距不得大于 0.5 m。波纹管用"U"形定位钢筋固定，使其在混凝土浇筑期间管道不产生位移，接缝牢固密封。对用波纹管成孔的预应力钢筋孔道，要向波纹管孔道中穿入钢管，以增强孔道的刚度，防止在浇筑混凝土时孔道偏移变形。波纹管两端用海绵及胶带封堵密实。在浇筑混凝土时，定时转动钢管，以保证后期穿预应力钢筋时孔道的畅通，钢管在混凝土浇筑完成后抽出。在浇筑下一节段箱梁时，钢管应伸进上一节段孔道不少于 20 cm，以保证孔道的顺接。纵向预应力钢筋的波纹管，在匹配梁处应注意安放纵向预应力钢筋连接器的预埋管。预埋管直径 10 cm，长 80 cm，居中套着波纹管，两端封堵后，紧贴匹配梁，通过顶板钢筋及"U"形钢筋将其固定。

（b）纵横向预应力钢绞线的安装。

对扁型波纹管采用人工穿束，用黄胶带缠裹待穿端头，将其从一头慢慢穿入扁型波纹管道内。对于根数较多的预应力钢绞线束，采取整束卷扬机牵引的方法，先使牵引钢丝绳通过外侧模架子上的转向滑轮，穿入管道内，牵引钢丝绳在另一端穿出后绑上钢绞线接头，用卷扬机通过转向滑轮慢慢把钢绞线引进管道内。

（B）竖横向预应力系统加工及安装。

腹板处分布有两层竖向预应力，竖向预应力系统等在平台上安装成形（图 25-6）。

钢管、螺旋钢筋与上、下锚垫板焊接牢固，波纹管两端用海绵和胶带封堵密实，用上、下螺帽拧紧，以固定波纹管和预应力钢筋位置。在预制腹板钢筋时将其安放在腹板钢筋笼内，竖向预应力系统用"U"形定位钢筋固定在腹板钢筋上，紧贴着上、下锚垫板下部必须各设一道"‖"形架立筋，以保证在浇筑混凝土时竖向预应力系统不下坠、松散变形，所有竖向预应

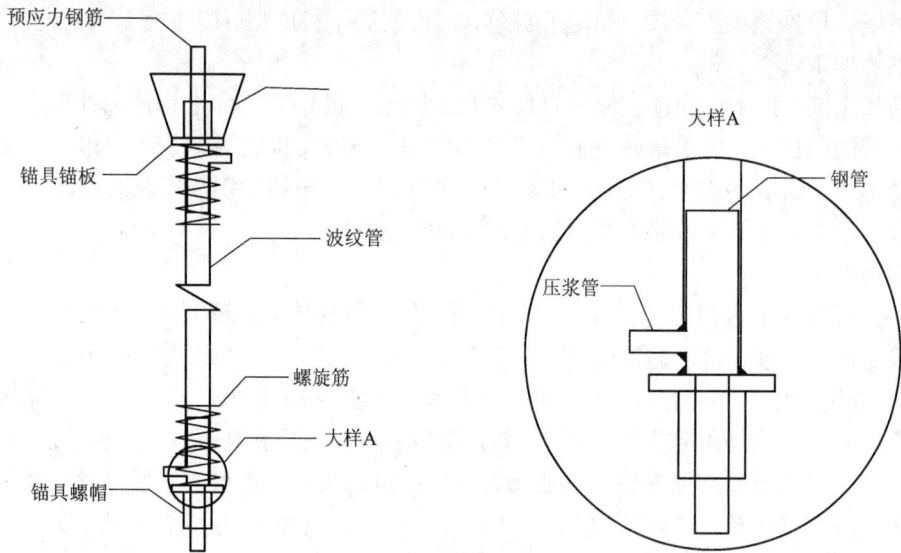

图 25 -6 竖向预应力系统图

力钢筋的进浆孔、出浆孔均设在顶板，纵向同层相邻两个竖向预应力管道，通过下部预留的铁管，用大一号塑料管连接，形成一个压浆回路。

④钢筋安装及预应力系统施工顺序。

（A）先安装支座预埋钢板，再依次吊装隔墙钢筋、底板下层钢筋和腹板钢筋等，通过现场绑扎将其连成整体。

（B）安装底板端模后，焊固定波纹管的架立筋，安装隔墙、底板处的竖向、纵向、横向预应力波纹管及锚具。

（C）安装底齿板钢筋、底板上层钢筋以及两边实心翼板处钢筋。

（D）在内模及顶板端模安装校正固定后，进行顶板下层钢筋绑扎。

（E）焊箱梁顶部预应力波纹管的架立筋，安装横向和纵向预应力波纹管及锚具。

（F）安装顶齿板钢筋、顶板上层钢筋、护栏钢筋以及各种预埋件等。

⑤钢筋安装及预应力系统施工注意事项。

（A）严格按要求制作好的预制钢筋，采用梅花形点焊形成骨架，在吊装时应穿入钢管，吊点设置在钢管上，保证在吊装时预制钢筋不会松散、变形。各部分预制钢筋在连成稳定整体前，必须用铁丝或钢管固定，以防倾倒。

（B）钢筋绑扎时应特别注意普通钢筋与波纹管、预埋件的位置、关系及安装顺序问题，减少不必要的返工。

（C）分部钢筋安装完成后，应对相关部位的模板进行清理，以保证混凝土外观质量。

（D）顶板、底板、腹板内有大量的预埋波纹管，为了不使波纹管损坏，尽量不要在波纹管附近进行电焊和氧割，无法避免时应采取防护措施。

（E）在模板上焊割接钢筋时，需对模板进行隔离保护，以防焊渣掉落在模板上及高温令脱模剂失效，使模板生锈，在成品混凝土表面出现焊渣、黑斑及锈迹。

（F）为后期混凝土施工考虑，若混凝土结构内钢筋排列较密时，应适当调整普通钢筋位置,留出振捣棒活动空间,便于振捣。

(G)整片箱梁的钢筋、模板安装好后,还应注意临时施工安全护栏、拆模孔、张拉吊顶孔的预留。

(H)预应力穿束完成后,要将预应力管道口和锚盒内进行封堵,并将裸露在外的钢绞线进行包裹,防止水泥浆漏入堵塞锚头和波纹管,影响预应力束的张拉。

(I)纵向波纹管内的钢管拆除时间应根据实际情况调整,避免塌孔或抽拔钢管困难。

(6)混凝土工程。

通过对混凝土原材料把关、配合比选定、埋设循环水管以及混凝土搅拌、运输、浇筑过程的控制,以及后期通过混凝土养护,防止箱梁混凝土出现裂缝,保证箱梁混凝土施工质量。混凝土浇筑时,采用合理的布料系统,严格控制浇筑方量,防止梁段移运时超重,对梁体外观尺寸按 1 m 间距布置控制点,严格控制梁体各部分的浇筑厚度。

①作业前的准备工作。

浇筑前,要对所有操作人员进行详细的技术交底,并对模板、钢筋、预应力系统和水循环散热系统的稳固性,以及混凝土的拌和、运输、浇筑系统所需的机具设备进行一次全面检查,符合要求后方可开始施工。

②箱梁混凝土浇筑。

(A)混凝土布料。

混凝土采用两条输送泵直接泵送到预制场,配以活动溜槽布料入模。底板和腹板混凝土利用串筒卸落,控制自由卸落高度不大于 2 m。严格按分层厚度要求进行布料,不允许出现振捣棒赶料的现象。

(B)混凝土浇筑顺序。

横断面上混凝土浇筑顺序按底板、腹板、顶板顺次浇筑。底板浇筑时,应先浇筑两边腹板位置,后浇筑底板中部位置;腹板混凝土应尽量对称浇筑,控制两腹板浇筑高差不得大于 60 cm;顶、翼板混凝土从翼板边和顶板中心向腹板位置浇筑,最后在腹板位置结束。混凝土浇筑下料时,严禁直接在斜度及面积较大的模板上下料,因为此处下料混凝土存不住水泥浆,只剩下被钢筋挡下的粗骨料,缺少水泥浆的粗骨料干得很快,拆模后会突显粗骨料和空洞。

(C)混凝土的振捣。

混凝土的振捣采取传统工艺,在此不作论述。

③收浆、抹面及标高控制。

在箱梁顶板及翼板的浇筑过程中,为确保箱梁顶面的平整度符合规范要求,可在箱梁顶面横向每隔 2 m 布置一个高程点,全断面共 2 排,并在标高点上焊接水平钢筋,混凝土在振捣平整后,利用铝合金水平尺和木抹将混凝土面收平抹面。在混凝土近初凝前还需进行两次收浆抹面,以减少收缩裂纹发生。

④混凝土养生与温度控制。

混凝土浇筑完成后,及时在顶板表面覆盖塑料薄膜和土工布,并由专人洒水养生,每天浇水次数视具体情况而定,以能保持混凝土处于足够润湿状态为宜。

⑤预制箱梁混凝土施工注意事项。

(A)浇筑时,下料应均匀、连续,不要集中猛投而产生混凝土的阻塞,在钢筋密集处,启动插入式振捣棒以辅助下料。

（B）浇筑过程中派专人检查模板、钢筋、预应力系统及各种预埋件的位置和稳固情况，发现问题及时处理。

（C）浇筑过程中要随时检查混凝土的坍落度和干硬性，严格控制水灰比，不得随意增加用水量，前后台密切配合，以保证混凝土的质量。

（D）混凝土浇筑完成后注意要排除顶面浮浆，并及时将现场冲洗干净。

（7）预应力的张拉。

箱梁内设置了横、纵、竖三向预应力，箱梁预应力的张拉分四次进行：

①在箱梁混凝土强度达到90%设计强度后，张拉顶板和底板横向预应力束及腹板竖向预应力束和部分横隔板束，张拉力度为设计的50%（因为超宽幅箱梁徐变大，一次性张拉至100%后做匹配梁会影响成桥线形，误差的累积甚至会对梁体结构造成影响）。张拉后拆除箱梁顶模及底模，将新浇箱梁通过移梁千斤顶牵引滑移到匹配梁段位置上。为确保后期拼装的成桥线形，测量人员需对匹配梁梁顶的控制点进行观测，根据测量结果和监控指令，决定是否要在移梁支点加强钢板下方安放四个三向千斤顶，对箱梁的三维位置进行调整。

②在新浇箱梁达到拆模强度时，对匹配梁的已经张拉到50%的预应力束，进行张拉到设计应力，然后移梁到存梁位置。

③梁段在支架上存放一段时间，最大限度减小成桥后混凝土收缩、徐变变形，然后将箱梁移至拼装位置进行拼装，箱梁拼装时先张拉部分顶、底板纵向钢束，使拼接面环氧树脂黏结剂在 0.25 ~ 0.35 MPa 压力下固化，24 h 后张拉剩余纵向预应力。

④梁段完成纵向拼装后张拉剩余的横隔板束。

（8）梁段移运、存放。

①箱梁预制节段在移梁支架上的运输采用牵引系统牵引、滑动移梁的方法。牵引系统由骑马式滑座、千斤顶、拉杆、扁担梁和反力架组成（图25－7）。

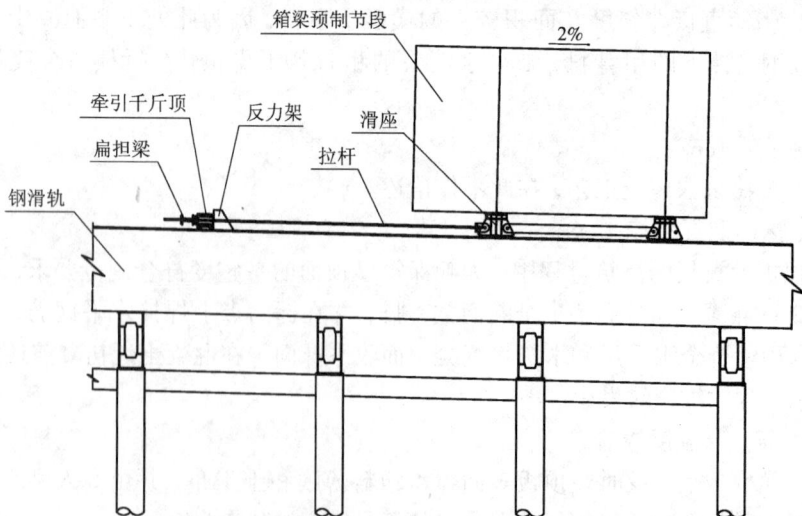

图 25－7　移梁示意图

②梁段下设置骑马式滑座，滑座采用钢结构，滑座与箱梁混凝土间设置板式橡胶支座，降低支架不均匀变形对四个支点力的影响。滑座与滑轨间设置 NGB 滑板，滑轨摩擦面涂黄油以减小滑动摩阻力(图 25 – 8)。

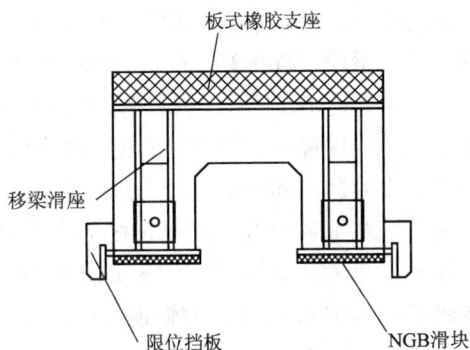

图 25 – 8　滑座大样图

③每台千斤顶配以精轧螺纹钢筋做拉杆，拉杆的一端和滑座连接；另一端与千斤顶前端的扁担梁相连，千斤顶通过拉杆提供动力滑动移梁。

④钢滑轨上按照一定间距设置反力架，作为千斤顶固定装置。反力架与钢滑轨焊接(图 25 – 9)。

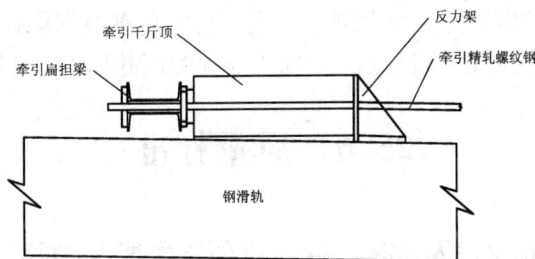

图 25 – 9　牵引系统大样图

⑤钢滑轨应顺直，同一断面滑轨标高应一致，移梁前应将滑轨表面清理干净，移梁时应严格控制左右两侧同步前进，两侧千斤顶前后差距过大时，应及时进行调整。

⑥移梁过程中应注意保持匀速、平稳移动，控制移动速度。

⑦在移动过程中由于支架变形不一致，有可能出现滑座支点脱空，导致梁体受扭的情况，拟采取以下措施来保障梁体的结构安全：

(A)移梁支架安装时注意控制移梁轨道的标高和线形，严格控制轨道顶面的平整度，移梁前进行移动预压试验，观测支架变形情况。

(B)在滑座与轨道之间设置橡胶支座，使移梁过程中的不均匀状况通过自身进行一定的调节。

⑧梁段移运至设计位置附近按照规定时间进行存放，以消除梁段大部分的收缩变形，最

大限度地减小成桥后混凝土收缩、徐变变形,保证成桥质量。

(9)梁段拼装。

①试拼装。待拼装节段纵移到距离匹配面约10 cm的位置,在移梁支点加强钢板下方安放四个三向千斤顶。根据测量结果及监控指令,利用三向千斤顶精确调整待拼梁段的标高、平面位置及桥轴线位置,调整到位后,保证标高、横向水平位置不变,梁段纵向前移10 cm,使待拼梁段与已拼梁段紧贴,检查梁段块件标高、桥轴线和匹配面情况。

②正式拼装。三向顶的纵向水平千斤顶顶推待拼梁段后退30 cm,连接好纵向预应力束,梁段前移紧贴已拼梁段,检查梁段块件标高、中线和匹配面情况;在接合面涂刷环氧树脂黏结剂,用调梁千斤顶调整待拼节段的标高和平面位置,并与前一节段拼接。

③混凝土黏结剂采用优质环氧树脂胶产品,使用时根据施工期的气温条件以及工人操作的熟练程度选用具体型号。涂抹厚度在正常情况下为3 mm,涂抹要求饱满、均匀。为防止在预应力束张拉过程中,黏结剂受挤压进入到预应力管道,在管口处设3~4 mm的O形密封圈,O形密封圈应具有较强的可压缩性。

④完成整个涂胶作业后,纵向千斤顶将梁段向已拼装梁段靠拢,并准确拼接,涂抹作业应在45 min内完成,在90 min内完成拼接,在涂抹黏结剂的过程中以及拼装后2 h内,采用防雨布沿拼接缝进行遮盖,防止雨水侵入和阳光直射。

⑤选用部分顶板、底板纵向精轧螺纹钢筋作为拼装预应力,最好设置工艺预应索,作为拼装预应力。按照设计要求张拉拼装预应力束,张拉控制力通过设计计算,确保环氧胶在0.25~0.35 MPa的压应力下固化。环氧树脂胶固化后(约24 h),张拉剩余纵向预应力束,在张拉完24 h内及时进行压浆,预应力的施工应符合相关技术规程和质量标准。

⑥梁段拼装好后,抽出滑座,安设刚性支座,刚性支座根据梁体地面与轨道面的间距,采用钢座垫设而成。刚性支座安设好后,三向千斤顶卸压并抽出,进行下一梁段拼装。

25.6 质量标准

25.6.1 高桩预制平台及移梁、存梁支架的刚度及稳定性

(1)支架体系的桩基础及小型混凝土承台应满足承载力要求。

(2)分配梁、主承重钢梁及支架结构体系各构件焊接时焊脚高度与构件最小厚度相同。

(3)施工时,钢梁和滑轨的安装应以测量仪器严格控制,横桥向平面偏差不大于5 mm,同一断面各滑轨顶面高差不大于3 mm,以防止在移梁存梁过程中,梁段出现一个支点脱空,形成三支点受力的不利情况。

(4)移梁支架使用前,应进行移动试压试验,观测支架的弹性及非弹性沉降及支点反力的变化情况及其关键部位应力情况。

25.6.2 钢筋及混凝土工程

(1)钢筋的加工、绑扎及焊接等应符合设计图纸要求,设计图未作具体要求的应符合《公路桥涵施工技术规范》(JTG/T F50—2011)的相关要求。对于预制钢筋片、大体积拼装成型的模板,在吊装前用钢管加以支撑、固定,防止其在吊装过程中松散、变形。

（2）严格认真进行试验配比设计，并不断优化完善，选择最佳配比。混凝土坍落度18～20 cm，初凝时间 8～10 h。

（3）严格控制好混凝土的浇筑顺序，由于梁体较大，应采取分层的方法连续浇筑。浇筑时，必须配备插入式振捣器振实各部位。并在完成一段顶板浇筑后，采用振动梁整平，确保平整度。在振捣时，随时测量，以保证横向线形。

（4）加强混凝土的养护，混凝土初凝后立即进行养护。在养护期间，应保证混凝土表面湿润，防止雨淋、日晒和受冻。因此，初凝后对混凝土外露面采用土工布等物覆盖，覆盖时间不少于《公路桥涵施工技术规范》（JTG/T F50—2011）所规定的时间。常温下，硅酸盐水泥应不少于 7 d。

（5）安装模板时，应使用油压千斤顶将模板紧贴匹配梁梁体，以防止匹配梁位置出现错台现象。混凝土拆除模板后，应按《公路桥涵施工技术规范》（JTG/T F50—2011）及《公路工程质量检验评定标准》（JTG F80/1—2004）对混凝土质量进行检验。

（6）混凝土浇筑完成养护期间设专人值班测定混凝土内部与表面温度，温差一旦接近25℃，及时向上级汇报同时采取相应措施。

（7）箱梁顶板模和底模必须要在第一张拉完成后才能拆除，防止箱梁梁体混凝土因自重沉降，造成裂缝。

25.6.3 预应力施工的质量控制

（1）预应力材料进场后，应对钢绞线，锚具、夹片进行抽样检查，并进行静载锚固性能试验，执行《公路工程质量检验评定标准》（JTG F80/1—2004）。

（2）张拉千斤顶及油表均应已校检并在检校期内，张拉机具应具备良好的使用性能。张拉时，采取油表读数与钢绞线伸长量"双控"的方式保证预应力的准确性。

（3）构件验收：张拉前需压砼试块，构件达到设计规定的张拉强度后，经过监理工程师确认后，才能进行张拉。

（4）所有预应力管道的位置必须按设计图纸准确定位并可靠固定，管道要顺直，并具有足够的刚度和密封性，接头处严防漏浆和卷口。

25.7　成品保护

（1）加强油泵、千斤顶的防漏油措施，设置接油盆，将液压设备都放置在接油盆内，杜绝在张拉和移梁过程中对成品箱梁造成污染。

（2）吊装作业时注意不能让吊装物品与成品箱梁边角发生碰撞，造成损伤。

（3）箱梁压浆和拼装完成后及时对梁体进行清洗清理。

（4）严禁在箱梁上放置过重的物件。

（5）箱梁模板拆除及移梁时加强对梁体边角的保护。

（6）箱梁节段在移梁支架上移运、存梁、拼装时，应保持稳定，防止倾覆。

（7）箱梁节段拼装时，应满足环氧树脂涂装工作的干燥、洁净要求，并有效覆盖，防止雨季施工时雨水影响拼装质量。

（8）箱梁砼养护严格按施工组织方案执行。

25.8　安全环保措施

25.8.1　安全措施

（1）移梁过程是箱梁施工中非常重要的环节之一，在这样大吨位、大悬臂、大偏载状态下进行移梁，施工难度较大，如何确保移梁过程的安全是施工的重点。

①移梁支架安装时注意控制两道钢梁的标高和线形，严格控制滑轨顶面的平整度，移梁前进行移动预压试验，观测支架变形情况。

②钢滑轨应顺直，同一断面滑轨标高应一致，高差不大于 3 mm，移梁前应将滑轨表面清理干净。

③匹配梁段与新浇筑梁段脱离时，脱离速度不宜过快，左右千斤顶要保持同步。

④移梁过程中应注意保持匀速、平稳移动，控制移动速度。

⑤通过计算调整受力支点位置、设置板式橡胶块来防止在移动过程中出现三支点受力的不利情况。

（2）认真执行相关安全操作规程，严格按照建立完善的安全组织机构，建立健全各种切实可行的规章制度。

（3）设置必要的工作平台和安全设施，危险之处设立警告牌。

（4）机械设备应有安全装置，所有机械操作员和现场吊装人员必须严格遵守有关安全操作规程。

（5）施工用电应认真贯彻国家强制性行业标准《建筑施工安全检查标准》（JGJ 59—2011）。

（6）高空作业应严格按照《建筑施工高处作业安全技术规范》（JGJ 80—2016）执行。

（7）高空预制平台边缘及上下人行梯处要加焊栏杆，并挂好安全网。

（8）加强塔吊、千斤顶、钢丝绳等机具设备的维修养护，发现问题，及时处理。

25.8.2　环保措施

（1）认真贯彻部颁标准（JGJ 59—2011）中文明施工规范，虚心接受当地行政主管部门、业主及工程师的指导和监督管理，从工程开工到竣工验收移交，始终如一地做好文明施工工作。

（2）对施工界限内水土及生态环境进行保护，营造良好环境工程。工程完工后，及时彻底进行现场清理，并按设计图要求对现场采取植被覆盖或其他处理措施。

（3）在施工作业区周边设置排水沟和沉淀池，对施工区域的水资源进行保护，施工污水应经过处理后排放。

（4）混凝土拌和站设置防尘措施，防止粉尘污染环境。易挥发物品应密闭存放。

（5）生活垃圾集中堆放，定期进行喷药消毒，防止病毒传播，并及时统一处理。

25.9　质量记录

（1）施工放线测量记录表。

（2）水准测量记录表。

（3）钢筋检查记录表。

（4）钢筋安装质量交验单。

（5）后张法预应力管道质量交验单。

（6）预应力张拉记录表。

（7）预应力孔道压浆记录表。

（8）混凝土施工原始记录表。

（9）施工支架沉降观测记录。

（10）预制、拼装等各工序现场质量检验表。

图书在版编目（CIP）数据

悬索桥和斜拉桥施工工艺标准／湖南路桥建设集团
有限责任公司编著. —长沙：中南大学出版社，2019.7
（公路工程施工工艺标准系列图书）
ISBN 978 - 7 - 5487 - 3663 - 9

Ⅰ.①悬… Ⅱ.①湖… Ⅲ.①悬索桥－桥梁施工－技
术标准②斜拉桥－桥梁施工－技术标准
Ⅳ.①U448.25 - 65②U448.27 - 65

中国版本图书馆 CIP 数据核字(2019)第 125814 号

悬索桥和斜拉桥施工工艺标准

湖南路桥建设集团有限责任公司　编著

□责任编辑	刘颖维	
□责任印制	易建国	
□出版发行	中南大学出版社	
	社址：长沙市麓山南路	邮编：410083
	发行科电话：0731 - 88876770	传真：0731 - 88710482
□印　　装	长沙印通印刷有限公司	

□开　　本	787×1092　1/16　□印张 21.75　□字数 546 千字	
□版　　次	2019 年 7 月第 1 版　□2019 年 7 月第 1 次印刷	
□书　　号	ISBN 978 - 7 - 5487 - 3663 - 9	
□定　　价	138.00 元	